BS项目开发效率手册

Foxtable+Layui+Excel

@周菁 著

U0247241

人民邮电出版社

北京

图书在版编目（CIP）数据

BS项目开发效率手册：Foxtable+Layui+Excel / 周菁著. -- 北京：人民邮电出版社，2020.11
ISBN 978-7-115-54679-1

Ⅰ. ①B… Ⅱ. ①周… Ⅲ. ①网络服务器—手册
Ⅳ. ①TP368.5-62

中国版本图书馆CIP数据核字(2020)第152428号

◆ 著　　　　周　菁
责任编辑　赵　轩
责任印制　王　郁　马振武

◆ 人民邮电出版社出版发行　　北京市丰台区成寿寺路 11 号
邮编　100164　电子邮件　315@ptpress.com.cn
网址　https://www.ptpress.com.cn
固安县铭成印刷有限公司印刷

◆ 开本：787×1092　1/16
印张：36.5　　　　　　　2020 年 11 月第 1 版
字数：865 千字　　　　 2024 年 7 月河北第 2 次印刷

定价：99.00 元

读者服务热线：**(010)81055410**　印装质量热线：**(010)81055316**
反盗版热线：**(010)81055315**
广告经营许可证：京东市监广登字 20170147 号

前言

20 年前的易表，今天的 Foxtable

我和 Foxtable 软件作者贺辉先生相知已久，尽管从未谋面。

现在的年轻一代可能对他非常陌生，但提起当年大名鼎鼎的易表软件，我相信很多现在已经身居企事业单位中高层的管理人士都会有所耳闻，甚至可能还用它开发过自己的管理软件。

没错，这个软件的作者就是贺辉，当年西安交大毕业的高材生，他在网络尚属起步阶段的 20 年前，就开发和发布了易表，据说付费用户超过 10 万，盗版用户更加不计其数。

当年的易表为何如此深受欢迎？就是因为作者在企业多年的摸爬滚打，让他深刻体会到企业在数据管理方面的需要和痛处；而市场上清一色的大而全的软件，根本不能适应这种需求。于是，易表诞生了，这是一款可以让用户根据自身业务需要灵活定制个性化管理系统的软件，时至今日仍然有众多企业在使用它。

2008 年，易表的迭代版本 Foxtable 面市，它仍以解决企业管理中的数据痛点和难点为中心，帮助众多企业（尤其是中小微企业）以极低的成本实现完全自主化的信息化平台搭建之路。一直到今天，贺辉还在不断地完善 Foxtable 软件，从 C/S 到 B/S、从 PC 端到移动端、从桌面程序到服务器端程序……

20 年的毅力和坚守，不该致敬么？

jQuery，更是 JS 时代的经典

jQuery 诞生于 2006 年，从它发布的第一个稳定版本开始，就已经支持 CSS 选择符、事件处理和 Ajax 交互。在随后的数年中，它便以"Write Less，Do More"（写得更少、做得更多）的设计宗旨迅速受到开发人员的追捧而成为 JavaScript 的标配。

近几年，随着不少基于 MVVM 底层的框架崛起，jQuery 受到越来越多人的质疑，认为这种传统的 DOM 操作方式已经落伍了。个人认为，新技术的产生是一件好事，但它与传统成熟框架之间并非是替代的关系，没必要给它们贴上好或者不好的标签。况且，一个项目采用哪种框架开发，还要视不同的开发者或者不

同的用户需求而定。

在这种情况下，Layui 作者继续坚守 jQuery，秉持"返璞归真"和"经典模块化"的初心，将 Layui 框架从 2016 年开始的 1.0 版本不断持续更新到 2020 年初的 2.5.6 版本，可谓是对 jQuery 最好的致敬。而我，也希望通过此书向 Layui 作者致以敬意。

其实，以我个人的理解，Layui 作者的"返璞归真"，就是希望摒弃前端工具中的冗杂设置，让开发者以 HTML、CSS 和 JavaScript 来书写代码。这也正是绝大多数 jQuery 支持者的观点：就写个前端页面而已，有必要安装、学习一大堆额外的"大礼包"么？

成为独当一面的高效能人士

撇开框架争议不谈，仅就 Layui 来说：由于该框架是基于 jQuery 的，因而任何一个稍有 HTML、CSS、JavaScript 及 jQuery 知识的读者，都可直接使用本框架而无需再去下载安装其他任何工具。

如果你是一个类企业管理人员，那么恭喜你，本书更是你的最佳选择。这里给出两点建议：

第一，如果你的网页开发基础非常薄弱，可直接使用 Excel 报表搭建自己的项目，具体请参考本书第 3 章。这种做法是最简单的，只要在服务器端写上几行代码就行。不管三七二十一，先做出项目给自己一些成就感再说。

第二，如果你已具备相当好的网页开发基础，建议再深入学习 Foxtable 的数据处理功能，这样你就不再是一个单纯的前端开发人员，而是同时具备强大数据处理能力的后端管理者。

上述两条建议，对于中小微企业来说，还有着特别的意义：此类企业虽有信息化建设的需求，但经费有限。通过此方式不仅可以培养本公司的专业开发人才，节省数十甚至数百万元的投入，对于员工个人来说，也能提高职场竞争能力，甚至因此改变职场规划或人生。

总之，这是一本涵盖了 BS 项目前端与后端的实战开发书籍。期待您通过学习本书，成为独当一面的高效能人士。

周菁

2020 年 4 月

01 使用 Foxtable 轻松搭建服务器

1.1	**服务器的启用与停止**	**002**
1.1.1	本机访问	002
1.1.2	在局域网内访问	003
1.1.3	外网访问	003
1.1.4	服务器搭建注意点	004
1.2	**初试页面访问**	**006**
1.2.1	文件路径问题	008
1.2.2	限制用户访问的文件类型	008
1.3	**HTTP 请求与响应**	**009**
1.3.1	概况信息	010
1.3.2	请求头与响应头	010
1.3.3	请求体与响应体	011
1.4	**获取客户端请求信息**	**012**
1.4.1	e 参数	013
1.4.2	获取客户端请求体数据的 5 种方式	015
1.4.3	获取客户端请求头参数	019
1.4.4	获取客户端 Cookie 信息	020
1.5	**响应客户端请求**	**023**
1.5.1	e.WriteString 方法	023
1.5.2	e.WriteFile 及 e.Redirect 方法	025
1.5.3	e.ResponseHeaders 属性	026
1.5.4	e.CacheTime 属性	027
1.5.5	e.ResponseEncoding 属性	028
1.6	**让 B/S 和 C/S 使用同一个数据源**	**028**
1.6.1	什么是三层架构	028
1.6.2	在服务器端建立 Web 数据源	029
1.6.3	在 C/S 客户端使用 Web 数据源	031

02 Foxtable 数据接口

2.1	**客户端数据提交**	**036**
2.1.1	请求体数据提交	036
2.1.2	文件数据提交	040
2.1.3	请求头数据提交	047
2.2	**数据编码与解码**	**048**
2.2.1	前后端编码解码函数	049
2.2.2	jQuery 中的 param 编码方法	054
2.3	**JSON 数据接口**	**055**
2.3.1	JObject 类	055
2.3.2	JArray 类	056
2.3.3	JObject 与 JArray 遍历	059
2.3.4	JToken、JValue 与 JProperty 类	060
2.3.5	JSON 数据接口实例	061
2.4	**提高数据接口的并发能力**	**064**
2.4.1	主线程和子线程	065
2.4.2	异步函数和同步函数	067
2.4.3	使用异步函数提高数据接口的并发能力	068

CONTENTS
目 录

03

Excel 报表接口

3.1 常规 Excel 报表 **074**

3.1.1 工作簿（Book） 077

3.1.2 工作表（Sheet） 079

3.1.3 行（Row）或列（Col） 080

3.1.4 单元格（Cell） 081

3.1.5 图片（Picture） 082

3.1.6 样式（Style） 082

3.2 Excel 报表模板 **084**

3.2.1 细节区和数据引用 084

3.2.2 指定报表有效区域 087

3.2.3 使用表达式或单元格公式
动态生成列数据 087

3.2.4 设置数据输出范围 089

3.2.5 设置数据输出顺序 089

3.2.6 换页控制 090

3.2.7 3 种表内统计模式 092

3.2.8 直接统计报表 099

3.2.9 关联表报表 100

3.2.10 多行细节报表及图片引用 103

3.3 Excel 报表接口 **109**

3.3.1 生成报表的技巧 109

3.3.2 Excel 报表接口前端示例代码 111

3.3.3 让接口以 HTML 方式返回下载信息 112

3.3.4 让接口发送 Excel 报表文件 113

3.3.5 在浏览器中直接查看 Excel 报表 114

3.3.6 将 Excel 报表扩展为网页生成器 117

04

灵活使用 SQL 语句

4.1 学习准备 **122**

4.1.1 菜单方式测试 SQL 语句 122

4.1.2 编码方式执行 SQL 语句 123

4.2 数据表、视图及数据源 **127**

4.2.1 列数据类型 128

4.2.2 数据表操作命令 129

4.2.3 视图操作命令 132

4.2.4 数据源的重要方法及属性 134

4.3 数据记录的添加、删除和修改 **135**

4.3.1 添加数据记录 135

4.3.2 删除数据记录 136

4.3.3 修改数据记录 137

4.4 单表数据记录查询 **137**

4.4.1 必需关键字 Select 137

4.4.2 关键字 From 138

4.4.3 表达式谓词 Top 和 Distinct 139

4.4.4 查询条件 Where 140

CONTENTS
目 录

4.4.5　分组依据 Group By　141

4.4.6　排序依据 Order By　144

4.5　多表数据记录查询　145

4.5.1　3 种最基本的连接方式　145

4.5.2　并集与合集　151

4.5.3　子集、补集与差集　154

4.5.4　子查询　156

4.5.5　将多表连接用到数据更新中　160

4.6　运算符与函数　162

4.6.1　运算符　162

4.6.2　空值及逻辑值的处理　164

4.6.3　条件判断函数　165

4.6.4　字符处理函数　169

4.6.5　数学函数　170

4.6.6　日期时间函数　171

4.6.7　数据类型转换函数　173

4.7　SQL 调用过程及函数　175

4.7.1　不带参数的存储过程　176

4.7.2　带参数的存储过程　177

4.7.3　带返回值的存储过程　181

4.7.4　同时带有输入参数、输出参数及
　　　　返回值的存储过程　182

4.7.5　SQL 调用函数　183

4.8　SQL 事务与异步操作　186

4.8.1　SQL 事务操作　186

4.8.2　异步执行事务　187

5.1　页面元素基础　190

5.1.1　页面元素基础色调　190

5.1.2　内置的背景色 CSS 类　192

5.1.3　字体图标　193

5.1.4　动画　194

5.2　区块元素及时间线　196

5.2.1　引用区块　196

5.2.2　字段集区块　197

5.2.3　时间线　197

5.3　按钮　201

5.3.1　按钮主题　201

5.3.2　按钮尺寸　201

5.3.3　圆角按钮　203

5.3.4　图标按钮　203

5.3.5　按钮组　204

5.3.6　按钮容器　205

5.4　徽章　205

5.4.1　圆点徽章　206

5.4.2　椭圆徽章　206

5.4.3　边框徽章　207

5.4.4　与其他元素搭配使用　207

5.5　静态表格　208

CONTENTS
目　录

5.6 面板 210

5.6.1 卡片面板 210

5.6.2 折叠面板 211

5.6.3 让折叠面板具备交互功能 212

5.7 选项卡 218

5.7.1 选项卡风格 218

5.7.2 响应式运行效果 220

5.7.3 在选项卡中使用徽章 220

5.7.4 带关闭功能的选项卡 221

5.7.5 选项卡的动态处理 222

5.7.6 选项卡事件监听 225

5.8 导航 226

5.8.1 水平菜单导航 226

5.8.2 垂直菜单导航 228

5.8.3 导航可选属性 229

5.8.4 导航主题 230

5.8.5 在导航中使用徽章和图片 230

5.8.6 导航更新渲染 231

5.8.7 导航事件监听 232

5.9 面包屑 232

5.10 进度条 234

6.1 表单输入类型 240

6.1.1 字符输入框 240

6.1.2 密码输入框 242

6.1.3 数值输入框 242

6.1.4 选择输入框 243

6.1.5 复选框 246

6.1.6 单选框 247

6.1.7 多行文本框 248

6.1.8 表单数据操作按钮 248

6.2 表单元素预设属性 249

6.3 行内表单组装及方框风格 250

6.3.1 行内表单组装 251

6.3.2 表单方框风格 253

6.4 表单数据的取值、赋值及提交验证 254

6.4.1 表单数据的取值与赋值 255

6.4.2 表单数据提交验证 256

6.5 表单事件监听 257

6.5.1 选择框、复选框及单选框的
事件监听 260

6.5.2 提交事件监听 262

6.6 日期时间组件 263

6.6.1 常用属性 264

6.6.2 常用方法 276

6.6.3 常用事件 277

6.7 颜色选择器组件 278

6.7.1 常用属性 278

CONTENTS
目 录

6.7.2　常用事件　281

6.8　滑动条组件　282

6.8.1　常用属性　282

6.8.2　常用事件　285

6.8.3　常用方法　285

6.9　文件上传组件　286

6.9.1　常用属性　287

6.9.2　常用事件　293

6.9.3　常用方法　303

6.9.4　多文件上传列表实例　307

07

工具类组件

7.1　目录树组件　314

7.1.1　节点属性　314

7.1.2　目录树属性　317

7.1.3　常用事件　320

7.1.4　常用方法　322

7.2　穿梭框组件　323

7.2.1　常用属性　325

7.2.2　常用方法　328

7.2.3　穿梭事件　328

7.3　轮播组件　329

7.3.1　常用属性　331

7.3.2　常用事件及方法　333

7.4　评分组件　334

7.4.1　常用属性　335

7.4.2　常用事件　337

7.5　信息流加载　337

7.5.1　常用属性　337

7.5.2　图片信息流加载　341

7.5.3　图片懒加载　342

7.6　代码修饰器　344

7.6.1　原样展示代码　344

7.6.2　其他常用属性　346

7.7　弹出层组件　347

7.7.1　弹出层原始核心方法　348

7.7.2　不同类型弹出层的快捷使用方法　359

7.7.3　基于页面层定制的两个实用弹出层：

　　　　选项卡和相册　365

7.7.4　其他常用方法　369

7.7.5　常用事件　376

7.8　util 工具集　384

7.8.1　fixbar 固定块　384

7.8.2　toDateString、timeAgo 及

　　　　countdown 时间方法　386

CONTENTS
目　录

7.8.3	digit 整数前置补零方法	388
7.8.4	escape 字符转义方法	388
7.8.5	event 批量处理事件方法	389

08

数据表组件

8.1 分页组件 | **394**

8.1.1 常用属性 | 394

8.1.2 常用事件 | 398

8.2 动态表格与列属性 | **400**

8.2.1 多层表头 | 402

8.2.2 列类型 | 404

8.2.3 列宽与列对齐 | 406

8.2.4 列的冻结、隐藏与排序 | 407

8.2.5 列样式 | 409

8.2.6 列工具栏 | 412

8.2.7 列合计与列数据编辑 | 414

8.3 表格常规属性 | **415**

8.3.1 分页相关属性 | 416

8.3.2 外观相关属性 | 418

8.3.3 头部工具栏属性 | 419

8.3.4 数据排序属性 | 423

8.3.5 其他属性 | 423

8.4 表格数据加载属性 | **424**

8.4.1 服务器数据返回格式 | 425

8.4.2 按需请求加载数据 | 429

8.4.3 数据分页处理 | 431

8.4.4 请求参数编码类型 | 434

8.4.5 请求头属性 | 435

8.4.6 返回合计行数据 | 437

8.4.7 数据渲染完成后的回调 | 438

8.5 表格基础方法 | **439**

8.5.1 获取表格选中行数据 | 440

8.5.2 重载表格数据 | 441

8.5.3 重置表格大小 | 442

8.5.4 导出表格数据 | 442

8.6 事件监听 | **443**

8.6.1 单元格常规编辑事件监听 | 443

8.6.2 单元格表单事件监听 | 445

8.6.3 单元格操作按钮事件监听 | 451

8.6.4 头部工具栏事件监听 | 453

8.6.5 数据行单双击事件监听 | 459

8.6.6 排序单击事件监听 | 463

8.7 laytpl 模板 | **467**

8.7.1 从一个最简单的实例讲起 | 468

8.7.2 模板分隔符 | 469

8.7.3 模板语法 | 470

CONTENTS
目 录

9.1　多终端调试环境　478

9.1.1　页面文件要求　478

9.1.2　终端设备分类　479

9.1.3　终端设备环境　480

9.1.4　终端设备模拟效果　481

9.2　栅格系统　482

9.2.1　行列定义　482

9.2.2　列间隔与列偏移　484

9.2.3　栅格嵌套　491

9.2.4　布局容器　492

9.3　页面整体布局　494

9.3.1　后台页面布局　495

9.3.2　前端页面布局　500

9.3.3　在页面头部加上轮播　502

9.3.4　在页面中加载内容　505

9.4　卡片式常规内容布局　508

9.4.1　标题式列表卡片　508

9.4.2　图文混合式列表卡片　509

9.4.3　动态式列表卡片　512

9.4.4　留言板卡片　515

9.4.5　菜单导航卡片　519

9.4.6　产品说明及客户资料卡片　523

9.4.7　商品卡片　527

9.4.8　轮播卡片　529

9.5　卡片式图表内容布局　536

10.1　从一个最简单的示例讲起　546

10.1.1　使用 define 方法定义模块　547

10.1.2　使用 use 方法加载模块　550

10.2　功能模块设置　551

10.2.1　使用 config 方法配置模块　551

10.2.2　使用 extend 方法扩展模块　552

10.3　其他全局方法　554

10.3.1　本地数据存储方法　555

10.3.2　layui.img 方法　557

10.3.3　layui.sort 方法　557

10.3.4　layui.url 及 layui.router 方法　558

10.4　内置的 class 样式类及扩展属性　559

10.4.1　公共基础类　559

10.4.2　模块专用类　560

10.4.3　元素扩展属性　564

10.5　内置的字体图标一览表　564

CONTENTS
目　录

第01章

使用 Foxtable
轻松搭建服务器

在传统方式下，要架设一个服务器需要经过很多个步骤。即便在 Windows 操作系统中使用最常见的 IIS 来搭建网站，新手也很难搞定。如果换成 Foxtable，就会简单许多，这是很简单的服务器架设方式。

主要内容

1.1 服务器的启用与停止

1.2 初试页面访问

1.3 HTTP 请求与响应

1.4 获取客户端请求信息

1.5 响应客户端请求

1.6 让 B/S 和 C/S 使用同一个数据源

1.1 服务器的启用与停止

打开 Foxtable 命令窗口，输入以下代码并执行：

```
HttpServer.Prefixes.Add("http://127.0.0.1/")
HttpServer.WebPath = "d:\web"
HttpServer.Start()
```

其中，HttpServer 是一个全局变量，用于开启和关闭 Http 服务。Prefixes 是它的属性，表示所有定义好的 http 服务集合。既然是个集合，就可以使用 Add 方法添加服务，这里的 IP 地址"127.0.0.1"表示本机。

WebPath 是 HttpServer 的属性，表示网站目录。如果你有一些需要在页面中调用的静态文件（例如图片文件、供下载的文件、CSS 及 JS 文件、现成的 HTML 页面文件等），都可以放到该属性所指定的目录中。如果没有，则此属性设置可以省略。

Start 是 HttpServer 的方法，表示启动 Http 服务；如果要关闭服务，则可使用 Close 方法。

上述代码执行之后，打开电脑上的浏览器，在地址栏输入：

```
http://127.0.0.1/
```

这时会发现该地址访问正常，只不过页面上一片空白，这表明服务已经启动，此时你的电脑就相当于一台服务器了。如果在 Foxtable 的命令窗口执行以下代码：

```
HttpServer.Close()
```

再次在浏览器上打开"127.0.0.1"，则访问出错，这就表明服务已经停止。

当然，在关闭服务之前，你也可以使用 IsRunning 属性来判断 HttpServer 是否正在运行。

1.1.1 本机访问

如前所述，如果服务器就搭建在本机上，为方便测试，只需在 HttpServer 的 Prefixes 的属性中添加"127.0.0.1"这样一个 IP 地址即可。在实际访问时，既可使用"127.0.0.1"，也可使用"localhost"来访问本机的服务器，如图 1-1 所示。

图 1-1

1.1.2 在局域网内访问

当在 Prefixes 属性中添加的 IP 地址为 "127.0.0.1" 时搭建的服务器只能在本机中使用。如果希望局域网内的所有用户都可通过浏览器访问你的电脑（服务器），那么可以将 IP 地址改成你在局域网中的地址，或者在服务启动后使用以下代码添加 IP 地址：

```
HttpServer.Prefixes.Add("http://192.168.1.102/")
```

请注意，如果在服务启动后需要使用 Start 方法重启，必须先用 Close 方法关闭服务。为避免这种麻烦，当需要添加其他服务时，可以在启动后直接在命令窗口用 Add 方法添加。

本机在局域网内的地址可通过网络连接中的属性查看，如图 1-2 所示。

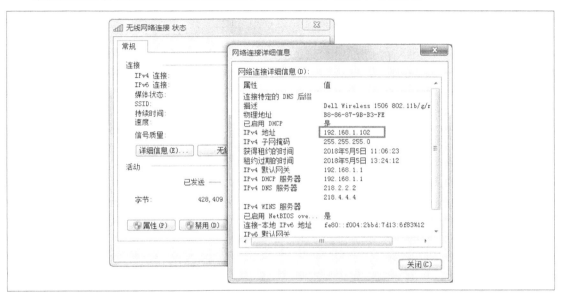

图 1-2

上述代码执行之后，局域网内的所有电脑（包括同一个局域网内的手机、平板电脑等移动终端）都可通过在浏览器中输入地址 "192.168.1.102" 访问你的电脑。

1.1.3 外网访问

如果你希望将你的数据服务开放给全球的用户，那么你必须拥有一个外网可以访问的独立 IP 地址，或者租用其他服务商的服务器。租用的服务器必须能够运行 Foxtable（或者 Foxtable 发布的项目），并且你还需要把服务商提供给你的 IP 地址（或者绑定的域名）添加到 HttpServer 的 Prefixes 属性中。

为方便操作，可以在 Foxtable 中设计一个对话框，如图 1-3 所示。该对话框包括两个按钮：一个是【开启服务】，另一个是【关闭服务】。两个按钮的单击事件代码如前所述。或者将开启服务的代码

图 1-3

写在项目的 AfterOpenProject 事件中，这样即可在项目打开的同时开启服务。

1.1.4 服务器搭建注意点

第一，关于端口问题。默认情况下，所有 Http 服务的端口号都是 80。如果因种种条件限制需要使用其他端口，则可以在添加服务时指定端口号。例如：

```
HttpServer.Prefixes.Add("http://192.168.1.102:32177/")
```

对于非 80 端口的服务，通过浏览器访问时也要加上端口号。例如：

```
http://192.168.1.102:32177/
```

第二，为满足 Foxtable 搭建的服务器在各种环境下的访问需求，可使用以下代码更简便地开启服务：

```
HttpServer.Prefixes.Add("http://*/")
HttpServer.Start()
```

这样用户就可以通过指向服务器的任何一个 IP 地址来访问 Http 服务，包括本机 IP、局域网 IP 和公网 IP 地址。这是一种最简捷的处理方法，只要在 Foxtable 中设计好各种功能，发布后的项目就能在任何电脑中使用，无须再因 IP 地址的变动而修改代码。

第三，项目测试过程中可以在命令窗口开启服务，此时即使将命令窗口关闭，服务仍将继续进行。若要关闭服务，则可以执行 HttpServer 的 Close 方法，也可直接退出 Foxtable 项目。

第四，当使用其他电脑访问新建立的 Http 服务时，如果无法访问，通常是系统防火墙导致的。如果碰到这种情况，可新建一个入站规则，让防火墙允许客户端访问我们的 Http 服务。现以 Windows7 操作系统自带的防火墙为例，新建一个入站规则，步骤如下。

● 在 Windows7 操作系统的控制面板中，打开"系统和安全"窗口，单击"Windows 防火墙"，如图 1-4 所示。

图 1-4

● 在"Windows 防火墙"窗口中，单击"高级设置"，如图 1-5 所示。

图 1-5

● 在"高级安全 Windows 防火墙"窗口中单击"入站规则"，然后在右侧单击"新建规则"，如图 1-6 所示。

图 1-6

● 在"新建入站规则"窗口中，选择规则类型为"端口"、协议类型为"TCP"，并在"特定本地端口"中输入你的 Http 服务所采用的端口号，如图 1-7 所示。

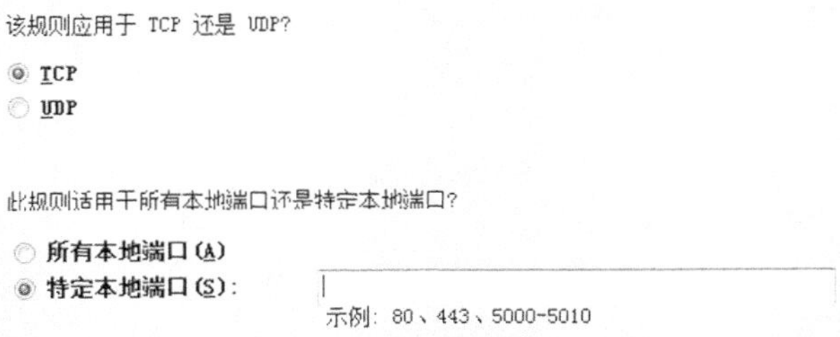

图 1-7

● 接着在"操作"界面选择"允许连接"单选项，如图 1-8 所示。

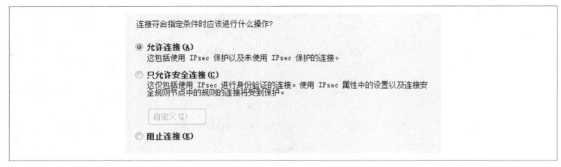

图 1-8

● 在"配置文件"界面勾选所有复选框，如图 1-9 所示。

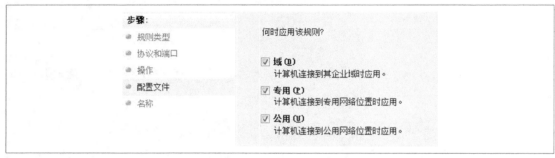

图 1-9

● 最后输入规则名称即可新建一个入站规则。名称可以随便取，最好方便识别。

1.2 初试页面访问

　　服务器搭建完成后，初始状态下访问的页面是空的。这很正常，毕竟之前只是搭建了一个空的服务器而已。想立即看到效果？很简单，在指定的服务器目录中随便放一些内容进去就可以了。例如，在 D 盘的 web 文件夹中存有一些现成的页面或文件，如图 1-10 所示。

图 1-10

其中，test.html 是页面文件，zp.png 是图片文件，images 文件夹中还有一些其他的文件。

要访问这些现成的内容，必须在启动 Http 服务时（或者在服务启动之后），通过 WebPath 属性指定这些静态文件的所在目录。例如：

```
HttpServer.WebPath = "d:\web"
```

指定之后就可以在浏览器中访问了。假如 test.html 的完整代码如图 1-11 所示。

```
<!DOCTYPE html>
<html lang="zh-cn">
<head>
    <meta charset="UTF-8">
    <title>测试页面</title>
</head>
<body>
    <p>我是用来在网页中显示的!</p>
    <b style="color:red">我是加粗而且加了红色的内容</b><br>
    <button onclick='alert("您单击我了!")'>操作按钮</button>
</body>
</html>
```

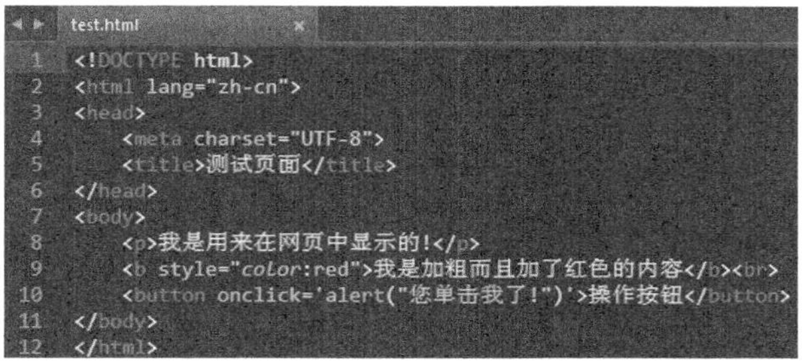

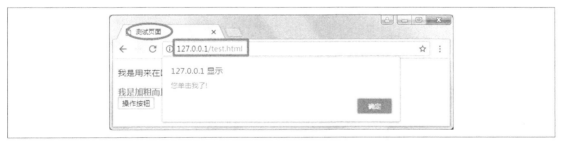

图 1-11

在浏览器中输入以下地址：

```
127.0.0.1/test.html
```

回车之后，即可正常打开该页面。单击其中的【操作按钮】，JS 代码也能顺利执行，如图 1-12 所示。

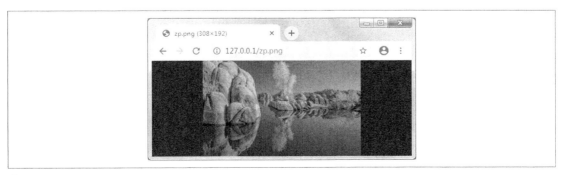

图 1-12

同样的道理，你也可以通过修改要访问的文件名来打开一个图片文件，如图 1-13 所示。

图 1-13

是不是非常简单？

由此可见，当要访问指定目录中的现有文件时，只需指定 HttpServer 的 WebPath 属性即可。

1.2.1　文件路径问题

虽然看起来很简单，但对新手来说，这里面还是有些诀窍的。文件路径便是其中之一。

图 1-13 所示的"127.0.0.1"代表访问的"d:\web"目录，后面加上"zp.png"表示访问该目录下的"zp.png"文件。如果加上"test.html"则表示访问该目录下的"test.html"文件。如果在地址栏输入：

```
127.0.0.1/images/ep.bmp
```

则表示访问"d:\web\images"目录中的"ep.bmp"文件。

这里需要特别强调的是，只有将网站资源放到指定的网站目录中（或者其中的子目录中），才可以访问它。如果将资源放到指定目录的外部，那么是无法访问到它的。

例如，将图片 ep.bmp 放到"d:\res"目录中，而你的网站项目指定的目录是"d:\web"，那么通过浏览器 Web 方式是无法对其进行访问的，即使你在页面中使用类似于下面的 img 标签也不行：

```
<img src="d:/res/ep.bmp">
```

请注意，如果请求的是 ZIP、RAR、MDB 等无法通过浏览器直接打开的文件类型，则会直接弹出下载窗口。

1.2.2　限制用户访问的文件类型

默认情况下，HttpServer 允许用户访问 WebPath 属性所指定目录中的以下类型文件：JPG、GIF、PNG、BMP、WMF、JS、CSS、HTML、HTM、ZIP、RAR、TXT、JSON、SVG、TTF、WOFF、WOFF2、EOT、ICO、MAP、DOC、DOCX、XLS、XLSX。

如果你不希望用户下载某些类型的文件，或者希望再增加一些其他类型的文件以供下载，可使用 HttpServer 的 Extensions 属性进行删除或添加。该属性是一个集合，用于管理可发送文件的扩展名。例如：

```
HttpServer.Prefixes.Add("http://*/")
HttpServer.WebPath = "d:\web"
HttpServer.Extensions.Remove(".doc")        ' 不允许下载扩展名为 .doc 的文件
HttpServer.Extensions.Remove(".docx")       ' 不允许下载扩展名为 .docx 的文件
HttpServer.Extensions.add(".table")         ' 添加扩展名为 .table 的文件供用户下载
HttpServer.Start()
```

请注意，这里的扩展名必须是小写的，且必须以符号"."开头。

1.3 HTTP 请求与响应

为帮助大家更好地理解、消化接下来所要学习的知识，本节先大致讲解一下 HttpServer 中的请求、响应等相关概念。同时，你可以使用谷歌浏览器控制台作为前端页面开发的调试工具。为方便说明问题，本节中的 test.html 文件在实际调试时已经删除。

打开浏览器，按 F12 键即可进入控制台，如图 1-14 所示：

图 1-14

其中，左侧为页面内容显示区域，右侧为控制台查看及代码调试区域。拖曳两个区域之间的分隔线条，可调整两个区域的显示大小，单击控制台区域右上角的叉号按钮可关闭控制台。

控制台中有 3 个使用频率非常高的页签，分别是 Elements、Console、Network。

"Elements"页签用于查看页面中所有的页面元素。当你在后续的开发过程中需要选择其中的某个元素对其设置样式或重置事件时，在这里就能很轻松地找到它。Elements 清晰的层次结构将帮助你写出非常精准的选择器代码。

"Console"页签用于输出页面错误信息，你也可以在这里输入并调试各种 JS 代码。

"Network"页签用于查看网络请求及服务器响应信息。

这里输入的网址为"127.0.0.1/test.html"，如图 1-14 所示。如果把控制台切换到"Network"页签，显示效果如图 1-15 所示。

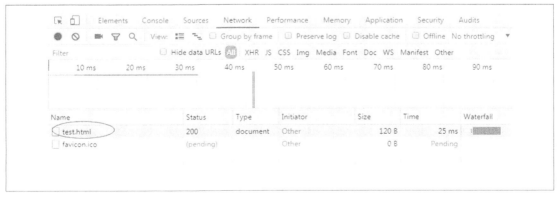

图 1-15

单击其中的"test.html"，即可看到与该页面请求相关的全部网络信息，如图 1-16 所示。

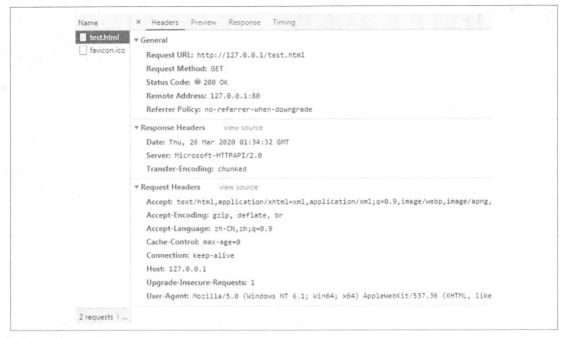

图 1-16

在这里又有 4 个页签可供选择："Headers"页签包含了该请求的全部重要信息，"Preview"页签可预览服务器返回的数据，"Response"页签为服务器响应数据，"Timing"页签表示本次请求所耗费的时间。

本节重点讲解的内容就是"Headers"页签。

1.3.1　概况信息

这里的 General 表示概况信息，如图 1-17 所示。

```
▼ General
    Request URL: http://127.0.0.1/test.html
    Request Method: GET
    Status Code: ● 200 OK
    Remote Address: 127.0.0.1:80
    Referrer Policy: no-referrer-when-downgrade
```

图 1-17

在这个 General 中，可以很清晰地看到本次请求的 URL、请求方式（GET 还是 POST）、请求状态、远程服务器地址等。至于最后一个属性 Referrer Policy 就先不管它了，因为讲起来会比较复杂，也极少用到。

1.3.2　请求头与响应头

当浏览器根据你所输入的 URL 地址创建并发送请求时，会自动将本地浏览器等相关信息提交给服务器，这个就是请求头（Request Headers）。

在这里，我们可以看到 Host（请求域名）、User-Agent（所使用的浏览器）、Accept（可以接受的服务器返回内容类型）等信息都被提交给了服务器，如图 1-18 所示。

```
▼ Request Headers      view source
    Accept: text/html,application/xhtml+xml,application/xml;q=0.9,image/web
    Accept-Encoding: gzip, deflate, br
    Accept-Language: zh-CN,zh;q=0.9
    Cache-Control: max-age=0
    Connection: keep-alive
    Host: 127.0.0.1
    Upgrade-Insecure-Requests: 1
    User-Agent: Mozilla/5.0 (Windows NT 6.1; Win64; x64) AppleWebKit/537.36
```

图 1-18

当服务器接收到请求之后，也会返回一个响应，该响应包括了与请求相关的信息，这个就叫响应头（Response Headers），如图 1-19 所示。

```
▼ Response Headers      view source
    Date: Thu, 26 Mar 2020 01:34:32 GMT
    Server: Microsoft-HTTPAPI/2.0
    Transfer-Encoding: chunked
```

图 1-19

很显然，这里包含了服务器响应时间、服务器名称及返回数据的编码类型等信息。

1.3.3　请求体与响应体

请求头由客户端浏览器自动提交，响应头由服务器端自动返回。如果你需要强制修改或添加其中的某些属性，可通过后面即将学习的代码知识来完成。

但请求体和响应体就不一样了，只有在真正提交实体数据的时候，才会有请求体；服务器端只有在返回实体数据的时候，才会有响应体。如前面的例子只是在浏览器中访问了一个根本不存在的 test.html 网页，所以在 Network 中就不会显示出请求体和响应体。

现在我们将浏览器的 URL 改成：

```
http://127.0.0.1/test.html?a=123&b=456
```

尽管 test.html 不存在，但该地址被回车确认之后，它仍然会向 127.0.0.1 请求此页面，同时以 GET 方式向服务器提交两个数据（a 和 b）。这时单击浏览器控制台中的"Network"页签，就能发现它已经有了请求体，如图 1-20 所示。

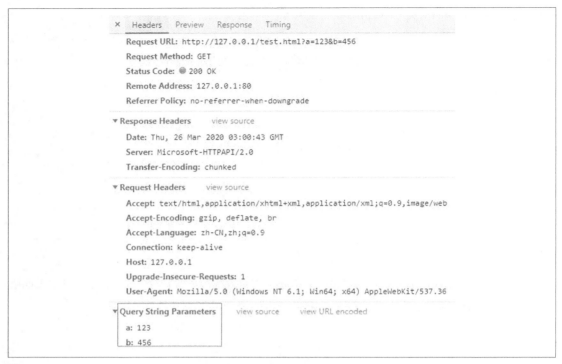

图 1-20

这个请求体就是以 GET 方式提交的两个参数数据。由于服务器端并没有返回任何数据，所以当你单击图 1-20 中的 "Preview" 或 "Response" 页签时，里面不会有任何数据。这两项中的内容也可称之为响应体。

如果请求的 test.html 页面是存在的，且同时在页面中添加了表单，并将表单数据以 POST 方式向服务器提交，则请求体又会改变，如图 1-21 所示。

如果服务器端针对客户端浏览器的请求做出了响应，则不仅可以在 "Preview" 或 "Response" 页签中看到具体的响应内容，Response Headers（响应头）中也会多出 Content-Length、Content-Type 等属性，用于说明响应的内容长度或类型。

图 1-21

1.4 获取客户端请求信息

如果要让服务器对客户端浏览器做出响应，就必须先知道客户端究竟有什么样的请求。

Foxtable 服务器如何获知客户端浏览器的请求？又该如何做出响应？当然需要用到事件，这个事件就是 "网络监视器" 中的 "HttpRequest"，也就是在用户发出 Http 请求时所触发的事件。

单击菜单【管理项目】—【监视】功能组中的【网络监视器】按钮，如图 1-22 所示。

图 1-22

在弹出的"网络监视器"对话框中选择"HttpRequest"事件，如图 1-23 所示。

图 1-23

单击该事件右侧的【…】按钮后就可以输入代码了。代码输入完成后，再单击"网络监视器"对话框中的【应用】或【确定】按钮，该事件代码即可生效。

请注意，由于架构问题，打开"网络监视器"对话框时会有几秒的延迟，这对开发效率会有一些影响。为避免此问题，建议在代码设置完成后单击【应用】按钮，这样就无须关闭"网络监视器"对话框，再次修改代码时可以省去打开"网络监视器"对话框的时间。

1.4.1　e 参数

为灵活处理客户端浏览器的访问需求，HttpRequest 事件专门提供了一些 e 参数。最常用的有下面 3 个：

Host：返回用户请求地址栏中的 IP 地址（或域名）。
Port：返回用户请求地址栏中的端口号。
Path：返回用户请求地址栏中的路径（含文件名）。

例如，用户输入的访问路径是"http://127.0.0.1/images/ep.bmp"，则 3 个 e 参数的返回值分别是：

```
Host: 127.0.0.1。
Port: 80（此为默认值，输入地址时可省略）。
Path: images\ep.bmp。
```

请注意，e 参数 Path 所获取的路径分隔符号是"\"，不是"/"。

有了这些 e 参数之后，我们就可以通过用户输入的路径或文件名来区分其请求。例如，在 HttpRequest 事件中输入以下代码：

```
Select Case e.Path
    Case ""
        MessageBox.Show(" 没有输入任何的路径 ")
    Case "test"
        MessageBox.Show(" 页面文件不存在 ")
    Case "test.html"
        MessageBox.Show(" 您访问了 test.html")
End Select
```

上述代码的逻辑非常简单：根据用户所请求的路径文件名进行判断，并按 3 种情况分别处理。

❶ 如果仅仅输入 IP 地址或域名

例如浏览器访问地址为"127.0.0.1"，这时得到的 e.Path 属性值就是空字符串，因而 Foxtable 服务器端会弹出提示信息"没有输入任何的路径"，如图 1-24 所示。

图 1-24

❷ 如果 IP 地址或域名后面带上 test

如果输入的地址为"127.0.0.1/test"，则 e.Path 的属性值为"test"，这时就会弹出另外一种提示信息，如图 1-25 所示。

图 1-25

❸ 如果 IP 地址或域名后面带上 test.html

如果这个指定的文件刚好存在，那么将直接打开"test.html"页面。例如：

```
127.0.0.1/test.html
```

如果此文件不存在，则弹出提示信息"您访问了 test.html"。

由此可见，当使用前后端分离模式开发网页项目时，所使用的 e.Path 属性值一定不能和现有的文件重名，否则将会直接打开文件而跳过这里的事件处理代码。

1.4.2　获取客户端请求体数据的 5 种方式

❶ 使用 e 参数的 GetValues 属性，获取客户端浏览器以 GET 方式提交的数据

稍微有一点表单使用经验的用户都知道，表单数据的提交方式默认都是使用的 GET 方式。例如将页面文件 test.html 中的 body 部分代码改为：

```
<form action="127.0.0.1">     <!-- 也可直接使用点号表示当前服务器 -->
    <input type="text" name="user">
</form>
```

这种数据提交默认使用 GET 方式。由于该表单数据直接提交到 127.0.0.1，且没有使用路径，为了简单起见，我们可以在 Foxtable 服务器端的 HttpRequest 事件中使用以下代码获取客户端浏览器提交过来的值：

```
Dim str As String = e.GetValues("user")
MessageBox.Show("服务器端接收到的值是：" & str)
```

例如在表单页面中输入"张三"，直接按回车键，Foxtable 服务器端将弹出图 1-26 所示的提示。

图 1-26

这就表明，Foxtable 可以使用 e 参数的 GetValues 属性来获取客户端浏览器通过 GET 方式提交的数据。

❷ 使用 e 参数的 PostValues 属性，获取客户端浏览器以 POST 方式提交的数据

如果将表单数据的提交方式改成 POST：

```
<form action="." method="post">
    <input type="text" name="user">
</form>
```

Foxtable 服务器端就必须改用 e 参数的 PostValues 属性来获取客户端浏览器通过 POST 方式提交的数据：

```
Dim str As String = e.PostValues("user")
MessageBox.Show(" 服务器端接收到的值是： " & str)
```

❸ 使用 e 参数的 Values 属性，获取客户端浏览器以 GET 或 POST 方式提交的数据

为了简单起见，也可直接使用 e 参数的 Values 属性获取客户端浏览器以 GET 或 POST 方式提交的全部数据。这样就不用区分客户端是以哪种方式提交了。

不论是 GetValues、PostValues，还是 Values，它们都属于字典属性，因而当提交的数据很多时，可以通过遍历的方式得到所有值。

例如将页面中的 body 部分改为：

```
<form action=".">
    <input type="text" name="user">
    <input type="text" name="age">
    <input type="submit">
</form>
```

这样提交的数据就不止一个，我们可以在 HttpRequest 事件中加上遍历：

```
Dim str As String = "服务器端接收到的值是:" & vbcrlf
For Each key As String In e.Values.Keys
     str = str + key & ":" & e.Values(key) & vbcrlf
Next
MessageBox.Show(str)
```

执行后的效果如图 1-27 所示。

图 1-27

❹ 使用 e 参数的 PlainText 属性，获取客户端浏览器提交的 JSON 等文本数据

此属性的使用频率虽然没有前面 3 种属性高，但仍然比较常见。

此属性的使用方法请参考 2.1 节。

❺ 使用 e 参数的 Files 属性，获取客户端浏览器上传的文件

和前面学习的 GetValues、PostValues 和 Values 一样，Files 同样是个字典属性。但它们也有明显不同的地方，其最根本的区别在于：前面 3 个属性的值都是字符串，而 Files 的值却是一个字符串集合。

例如，当客户端浏览器以 GET 或 POST 方式提交键名为 user 的数值时，可使用以下代码得到值：

```
e.GetValues("user") 或者 e.PostValues("user") 或者 e.Values("user")
```

如果用户提交的是文件，且键名是 fs，由于 Files 的值是字符串集合，因此必须在后面加上索引号才能获取到要上传的文件：

```
e.Files("fs")(0)     ' 获取第 1 个要上传的文件
```

如果要获取所有的上传文件，就必须对这个字符串集合进行遍历。例如将页面中的 body 代码改为：

```
<form action="." method="post" enctype="multipart/form-data">
    <input type="file" name="fs" multiple>
    <input type="submit">
</form>
```

要在服务器端获取用户要上传的全部文件，可使用以下示例代码：

```
Dim str As String = "用户要上传的文件有 :" & vbcrlf
For Each f As String In e.Files("fs")
     str = str & f & vbcrlf
Next
MessageBox.Show(str)
```

执行后的效果如图 1-28 所示。

图 1-28

当然，服务器端的作用并不只是获取要上传的文件名称，它更主要的作用是把用户所选择的文件保存到服务器。为此，e 参数专门提供了 SaveFile 方法，其语法格式为：

```
SaveFile(Key,UploadFile,LocalFile)
```

其中，第 1 个参数 Key 表示上传文件输入框中的 name 属性，也就是键名；参数 UploadFile 表示用户上传的文件名称（不含路径）；参数 LocalFile 表示要保存到本地服务器的文件名称（含路径）。

有了这个方法，只需将上述服务器端代码稍作修改，即可实现文件上传的完整功能：

```
Dim str As String = "用户已经上传的文件有 :" & vbcrlf
For Each f As String In e.Files("fs")
    str = str & f & vbcrlf
    e.SaveFile("fs",f,"uploadfiles/" & f)   ' 保存文件
Next
MessageBox.Show(str)
```

同样地，如果在页面中有多个文件上传输入框，例如其 name 属性的值分别是 fs、fs1、fs2 等，还可以继续在服务器端加上遍历代码，以便将用户选择的所有文件全部上传并保存到服务器。例如：

```
Dim str As String
For Each key As String In e.Files.Keys       ' 遍历不同的 name 文件
```

```
        str = str + key & "上传" & e.Files(key).Count & "个文件，分别是：" & vbcrlf
        For Each f As String In e.Files(key)    ' 遍历每个 name 中的文件集合
            str = str + f & vbcrlf
            e.SaveFile(key,f,"uploadfiles/" & f)
        Next
Next
MessageBox.Show(str)
```

1.4.3　获取客户端请求头参数

客户端浏览器向服务器发起访问请求时，都会带上请求头。

例如，当以 POST 方式向服务器提交表单数据时，其请求头内容如图 1-29 所示。

```
▼ Request Headers      view source
    Accept: text/html,application/xhtml+xml,application/xml
    signed-exchange;v=b3
    Accept-Encoding: gzip, deflate, br
    Accept-Language: zh-CN,zh;q=0.9
    Cache-Control: max-age=0
    Connection: keep-alive
    Content-Length: 23
    Content-Type: application/x-www-form-urlencoded
    Host: 127.0.0.1
    Origin: http://127.0.0.1
```

图 1-29

这里最重要的一个属性就是 Content-Type，它表示客户端浏览器向服务器端提交请求时的内容类型，其中的"application/x-www-form-urlencoded"说明这是正常的 form 表单数据，也就是以键值对的方式提交。

如果你在客户端浏览器执行的是文件上传，则 Content-Type 的属性值会变成"multipart/form-data"，这表示要将文件放到 FormData 中提交。除此之外，Content-Type 还有两种比较常用的类型：一种是 text/xml（微信用的就是这种数据格式），另一种是 application/json（Ajax 时代兴起的请求头，一般用于向服务器提交 JSON 文本）。关于这方面的应用实例，请参考 2.1 节。

Foxtable 服务器端要想获取客户端浏览器的请求头参数，可使用 e 参数的 Headers 字典属性。例如将服务器端的 HttpRequest 事件的代码改为：

```
Dim str As String
For Each key As String In e.Headers.Keys
    str = str & key & ": " & e.Headers(key) & vbcrlf
Next
MessageBox.Show(str)
```

Foxtable 服务器端这样就能得到客户端浏览器请求时的全部请求头信息，包括 Content-Type，如图 1-30 所示。

图 1-30

1.4.4　获取客户端 Cookie 信息

Cookie 用于在浏览器客户端记录访问信息。它最大的特点就是每次和服务器端交互时，都会在请求头中。

Cookie 可通过 document 对象的 cookie 属性进行创建、读取或删除，也可使用第三方插件。例如，将之前页面中的 JS 代码改为：

```
document.cookie = 'username=kbin';
$.post('.');    // 访问当前服务器
```

刷新页面，即可发现请求头已经自动携带该 Cookie 并提交给服务器了，如图 1-31 所示。

图 1-31

既然 Cookie 是存在于请求头中，由请求头提交给服务器的，那么 Foxtable 服务器当然就可以通过 e 参数的 Headers 属性来获取它。由于 Cookie 值都是有特定格式的，因此为方便获取 Cookie 中的指定值，Foxtable 在 e 参数中又专门提供了 Cookies 字典属性。

例如，要获取上述 Cookie 中的 username 的值，可以在 HttpRequest 事件中使用以下代码：

```
Dim str As String = e.Cookies("username")
MessageBox.Show(str)
```

刷新页面，服务器端将弹出 username 的值，如图 1-32 所示。

图 1-32

如果 Cookie 携带的值有多个，则可以使用遍历来得到全部的值。例如：

```
Dim str As String
For Each key As String In e.Cookies.Keys
    str = str & key & ": " & e.Cookies(key) & vbcrlf
Next
MessageBox.Show(str)
```

尽管 HttpRequest 事件的 e 参数还同时提供了 AppendCookie 方法，用于添加 Cookie，但从前后端分离的角度来说，笔者并不建议使用。当需要对 Cookie 进行增删改查操作时，最好还是直接使用 document 对象的方法。下面补充说明一些这方面的知识。

❶ 添加 Cookie

在之前的示例代码中已经添加了名为 username 的 Cookie，如果要同时添加多个 Cookie，则可以在 JS 代码中随便加上多行：

```
document.cookie = 'username=kbin';
document.cookie = 'age=30';
```

默认情况下，Cookie 的生命周期随着浏览器的关闭而结束。当然，你也可以根据需要给它设置过期时间。例如：

```
var d1 = new Date('2019-10-16 21:30:10');
document.cookie = 'username=kbin; expires=' + d1.toUTCString();
var d2 = new Date('2019-10-16 21:31:10');
document.cookie = 'age=30; expires=' + d2.toUTCString();
```

假如当前时间是 2019 年 10 月 16 日 21 点 29 分，上述代码执行后，username 的 Cookie 值将在 1 分 10 秒之后失效；age 的 Cookie 值将在 2 分 10 秒之后失效。即使你没有关闭浏览器，这两个 Cookie 值也都会自动消失。

假如当前时间是 2019 年 10 月 15 日，即使你关闭了浏览器，到第 2 天的上班时间它们仍然存在。

❷ 修改 Cookie

只要重新赋值即可自动修改 Cookie。例如修改 username 的值：

```
document.cookie = 'username=kbin';   // 原来的值
document.cookie = 'username=joe';    // 修改后的值
```

❸ 查询 Cookie

直接使用 document.cookie 即可得到全部的 Cookie 值：

```
console.log(document.cookie)
```

很显然，由于 Cookie 值并非一个个键值对，因此要获取其中的某个值还是比较麻烦的。建议编写一个函数来处理它。例如：

```
document.cookie = 'username=kbin';                // 创建 Cookie
console.log(getCookie('username'));               // 通过函数获取指定 Cookie 值：kbin
function getCookie(cname) {                        // 自定义的 getCookie 函数
    var name = cname + "=";
    var str = document.cookie;                    // 获取 Cookie
    var ca = str.split(';');                      // 拆分到数组
    for(var i = 0; i <ca.length; i++) {          // 遍历数组
        var c = ca[i];
        while (c.charAt(0) == ' ') {             // 删除空格
            c = c.substring(1);
        }
        if (c.indexOf(name) == 0) {              // 截取并得到值
            return c.substring(name.length, c.length);
        }
    }
    return "";
}
```

❹ 删除 Cookie

可以通过设置过期时间来删除 Cookie。例如，在 1 分钟之后删除 Cookie 中的 username：

```
var d = new Date();
d.setTime(d.getTime() + (1 * 60 * 1000));   //1*60 秒 *1000 毫秒
document.cookie = 'username=kbin;expires=' + d.toUTCString();
```

当然，你也可以直接设置一个过去的时间，将指定的 Cookie 立即删除。

❺ 中文及特殊字符处理

当你在 Cookie 中使用了中文或者其他特殊字符时，一般都需要进行编码处理，否则 Foxtable 获取到的 Cookie 值可能会出现乱码。关于这方面的知识，请参考第 2 章。

1.5　响应客户端请求

服务器在接收到用户的请求信息之后，就应该根据情况做出反应。这就是所谓的响应客户端请求。你可以根据用户访问的路径（e.Path）、提交的请求体参数（e.GetValues、e.PostValues、e.Values、e.PlainText、e.Files）、请求头参数（e.Headers）或者 e.Cookies 等分别做出响应。

其实，在上一节的所有示例中，Foxtable 服务器端都已经对客户端请求做出响应了，只不过这种响应使用的是 MessageBox 弹窗，且只能在服务器端弹出。很显然，此种响应方式只适合项目开发阶段的代码调试，真正的响应客户端请求应该将信息返回到客户端浏览器，并能够以友好的界面直接向用户展示。

这就需要用到 e 参数的几种方法。

1.5.1　e.WriteString 方法

该方法用于向客户端浏览器发送文本内容。

例如，在 Foxtable 服务器端的 HttpRequest 事件中写入以下代码：

```
Dim str As String = " 这是服务器发送回来的内容 <br> 你在客户端浏览器就能看到！"
e.WriteString(str)
```

然后刷新浏览器，页面效果如图 1-33 所示。

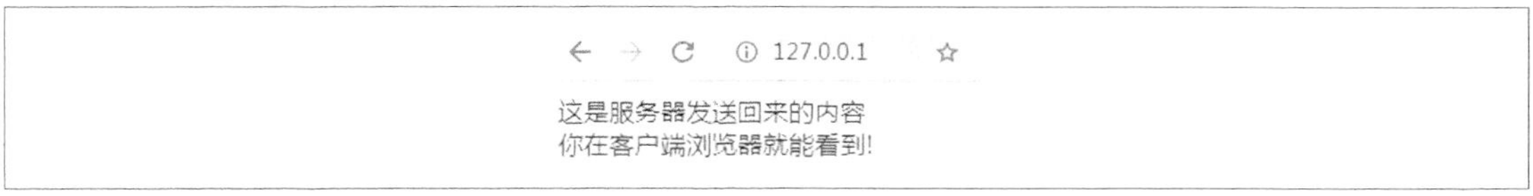

图 1-33

可能有的读者会感到困惑：在上一节中的换行不是使用的 vbcrlf 么？这里为什么换成了 br ？请注意，上一节的换行是 Foxtable 里的代码写法，因为它用的是 MessageBox 弹窗；而这里的 e.WriteString 方法是将文本内容发送到客户端浏览器的。如果要让它在浏览器中直接显示且同时具备换行效果，就必须使用 HTML 格式的字符串，br 就是 HTML 中的换行标签。

　　事实上，当采用前后端分离的开发模式时，很少需要通过 e.WriteString 方法拼接 HTML 字符串。这是因为在此种模式下，e.WriteString 方法一般都是直接返回数据，至于这些数据如何在浏览器中展示，将全部由前端进行处理。关于这方面的应用，请参考第 2 章。

　　再例如，当你要根据用户的访问路径分别向客户端浏览器返回不同的内容时，可以将上面的 HttpRequest 事件改成类似于下面的代码：

```
Select Case e.Path
    Case ""
        e.WriteString(" 我是返回的文字 ")
    Case "img"
        Dim html As String = "<p> 我是返回的图片 </p><img src='res/b1.png' width=
'100px'>"
        e.WriteString(html)
    Case Else
        e.WriteString(" 无效的请求地址 ")
End Select
```

　　当在浏览器地址中没有加上任何路径、仅使用 127.0.0.1 访问时，页面显示内容为"我是返回的文字"；如果加上 img，则返回一幅图片，如图 1-34 所示。

图 1-34

　　如果加上其他根本不存在的路径，例如 abc，将显示"无效的请求地址"，如图 1-35 所示。

图 1-35

　　在返回的内容中，你还可以加上客户端浏览器请求参数，或者根据请求参数对后台数据进行查询处理后再将结果返回。假如在发起请求时，你已经添加了名为 username 的 Cookie，现只需对上述代码中的第 1 个流程分支做如下修改：

```
Case ""
    e.WriteString(" 服务器端已经收到 username 的 Cookie 值 :" & e.Cookies("username"))
```

　　页面刷新后的效果如图 1-36 所示。

图 1-36

1.5.2 e.WriteFile 及 e.Redirect 方法

这两个方法在前后端分离的开发模式中，使用机会非常少，简单了解一下即可。其中，WriteFile 方法用于向客户端浏览器发送文件，Redirect 方法用于跳转到指定页面。

例如，在指定的网站目录中已经有一个现成的 test.html 页面文件。如果你希望在输入地址"127.0.0.1/test"之后也能直接打开该文件，就需要使用 e 参数的 WriteFile 方法。示例代码如下：

```
Select Case e.Path
    Case "test"
        If FileSys.FileExists(HttpServer.WebPath & "\test.html") Then
            e.WriteFile("test.html")
        Else
            e.WriteString("test.html 页面不存在！")
        End If
    Case Else
        e.WriteString("无效的请求地址！")
End Select
```

这里的 WriteFile 也可改为 Redirect，只不过 WriteFile 方法是将指定文件发送并写入当前页面中，而 Redirect 方法则直接跳转到指定的页面。两者的区别如图 1-37 所示。

图 1-37

尽管在浏览器地址栏中输入的都是"127.0.0.1/test"，当执行 WriteFile 方法时，由于它是把指定的文件内容写入当前页面，因此地址栏的内容不会发生变化；而当执行 Redirect 方法时，它会直接跳转到指定的页面，地址栏的内容会发生变化。

很显然，Redirect 方法所起到的作用就相当于 HTML 中的 a 标签。它不仅可以跳转到服务器中的一个具体页面，也能跳转到任何一个可用的网址。例如，将 HttpRequest 事件代码改成：

```
Select Case e.Path
    Case "fox"          ' 如果请求地址为 fox，就跳转到 Foxtable 官网
        e.Redirect("http://www.foxtable.com")
    Case "none"         ' 如果请求地址为 none，就跳转到 default
        e.Redirect("default")
    Case "default"    ' 如果请求地址为 default，就输出一串文字
        e.WriteString("Hello World")
End Select
```

当用户输入的访问地址为"http://127.0.0.1/fox"时，打开的是 Foxtable 的官方网站；当访问地址为"http://127.0.0.1/none"时，会跳转到名为"default"的页面，由于该页面并不存在，因此会执行上述流程中的第 3 个分支，也就是输出内容"Hello World"。

1.5.3　e.ResponseHeaders 属性

该属性用于向客户端浏览器发送头部信息（响应头）。这是一个字典属性，当需要添加头部信息时，可使用 Add 方法。

例如，在上述 HttpRequest 事件代码的第 3 个分支中加上以下代码：

```
e.ResponseHeaders.Add("brief","ok")
e.ResponseHeaders.Add("pages",600)
e.WriteString("Hello World")
```

当客户端浏览器跳转到"default"页面时，就能收到服务器端发来的响应头信息，如图 1-38 所示。

图 1-38

如果要在 JS 代码中获取服务器端返回的响应头信息，可使用 Ajax 轻松实现。关于这方面的应用实例，请参考第 2 章。

需要特别说明的是，e.ResponseHeaders 属性仅在某些特殊情况下才会用到。例如，在 IE 浏览器中上传文件之后，如果又出现了文件下载框，就可以在服务器端添加如下响应头信息：

```
e.ResponseHeaders.Add("Content-Type","text/html")
```

1.5.4　e.CacheTime 属性

该属性用于设置响应文件的缓存时间，单位为秒。它常用于 css、js、img 等类型文件的缓存，因为这些文件很少会频繁更新。当使用缓存之后，会在指定的时间范围内把文件缓存在客户端，这样当客户端浏览器再次使用这些文件时，就能直接使用缓存文件，无须再次访问服务器下载。

需要特别说明的是，对于前后端分离的页面而言，只有将指定文件类型从 HttpServer 允许发送的静态文件后缀名 Extensions 属性中移除，缓存功能才会有效。

例如，把页面文件 test.html 中的 body 部分的代码改为：

```
<body>
    <p> 页面加载图片示例 </p>
    <img src="t.jpg">
</body>
```

如果要对 jpg 类型的图片使用缓存功能，必须先将该类型从 Extensions 属性中移除：

```
HttpServer.Extensions.Remove(".jpg")
```

然后在 HttpRequest 事件中使用以下示例代码：

```
Dim fl As String = HttpServer.WebPath & e.path
If filesys.FileExists(fl)
    Dim idx As Integer = fl.LastIndexOf(".")
    Dim ext As String = fl.SubString(idx)
    Select Case ext
        Case ".jpg"
            e.CacheTime = 20        ' 缓存 20 秒
            e.WriteFile(fl)
    End Select
End If
```

接着在浏览器中打开页面文件 test.html，请注意查看浏览器控制台 "Network" 页签中关于该图片文件的响应头，如图 1-39 所示。

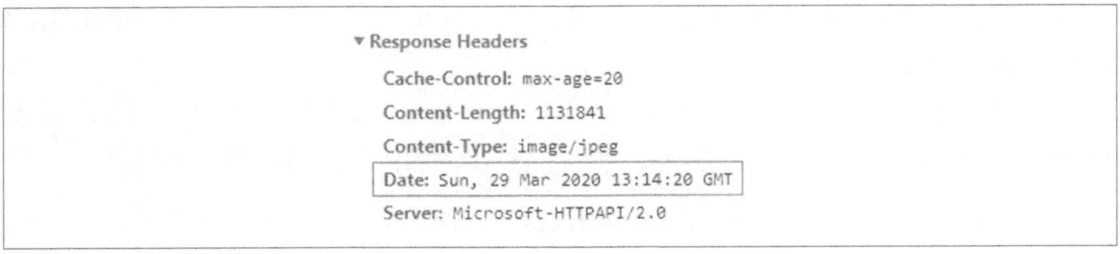

图 1-39

其中，矩形边框标示的部分就是该图片文件的响应时间。此时，不论你怎么刷新页面，只要是在第 1 次请求页面 test.html 之后的 20 秒之内，这个响应时间始终不会变化，这就表明该图片并没有从服务器重新加载，浏览器使用的是缓存后的图片。一旦超过 20 秒，该响应时间才会发生变化，表示又重新从服务器加载了文件。

从图 1-39 也可以看出，e.CacheTime 属性的作用就是向客户端浏览器发送了一个名为 Cache-Control 的响应头。因此，你也可以在 HttpRequest 事件中改用 ResponseHeaders 属性实现相同的效果：

```
Case ".jpg"
    e.ResponseHeaders.Add("Cache-Control","max-age=20")
    e.WriteFile(fl)
```

1.5.5 e.ResponseEncoding 属性

该属性用于设置向客户端浏览器发送文本内容时所采用的编码格式。例如：

```
e.ResponseEncoding = "gb2312" ' 设置网页编码格式为 gb2312
```

本属性在前后端分离的开发模式中一般可以忽略，仅在第 3 章的 Excel 报表中会用到。这是因为常规的页面代码都是使用专门的编辑器完成的（例如 SubLime Text、NotePad、Hbuilder X 等），实际开发时只需在编辑器中将页面编码格式统一指定为 UTF-8 即可。

1.6 让 B/S 和 C/S 使用同一个数据源

Foxtable 的 HttpServer 不仅可以作为服务器使用，还能帮你搭建出三层架构的应用系统，从而让你的 C/S 与 B/S 都能使用同一个数据源，实现桌面程序与页面程序的无缝衔接。

1.6.1 什么是三层架构

默认情况下，使用 Foxtable 开发的 C/S 桌面程序都是直接连接后台数据库的：客户端是

Foxtable 项目，服务器端是数据库，这样开发出来的项目就是两层架构。即使你的数据库在远程服务器上，只要是直连的，它仍然是两层架构。

但在实际应用中，相当多的企业由于各种原因，不能在网络上开放数据库端口，只允许客户端访问公开的 Web 服务器，而这个 Web 服务器可以通过内网与数据库相连，如图 1-40 所示。

图 1-40

在这种情况下，只要在 Web 服务器中安装一个 Foxtable 开发的服务器端项目，Web 服务器就可通过 HttpRequest 事件分别与客户端和数据库服务器进行交互了。由于在客户端和数据库服务器端之间多了一个 Web 层，客户端不再直接和数据库打交道，因而就变成了三层结构。

1.6.2　在服务器端建立 Web 数据源

要使用 Web 数据源，必须有一个运行于服务器端的 Foxtable 项目。此项目运行在服务器上，用于向客户端提供 Web 数据源。

现以 Foxtable 自带的 Access 数据库"多表统计 .mdb"为例，详细讲解在服务器端建立 Web 数据源的方法和步骤。

❶ 创建本地数据源

单击菜单【数据表】—【外部数据】中的【外部数据源】按钮，如图 1-41 所示。

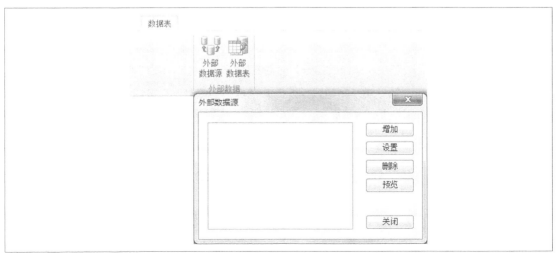

图 1-41

在弹出的"外部数据源"对话框中，【增加】按钮用于增加数据源，增加后的数据源名称将出现在列表框中；【设置】按钮用于重新设置现有的数据源；【删除】按钮用于删除数据源；【预览】按钮则用于预览指定数据源中的内容。

单击【增加】按钮，弹出"新建数据源"对话框，如图 1-42 所示。

图 1-42

在这里，我们可以手动输入或修改连接字符串，也可单击【生成器】按钮自动生成。当单击【生成器】按钮时，默认连接的就是 Access 外部数据，如图 1-43 所示。

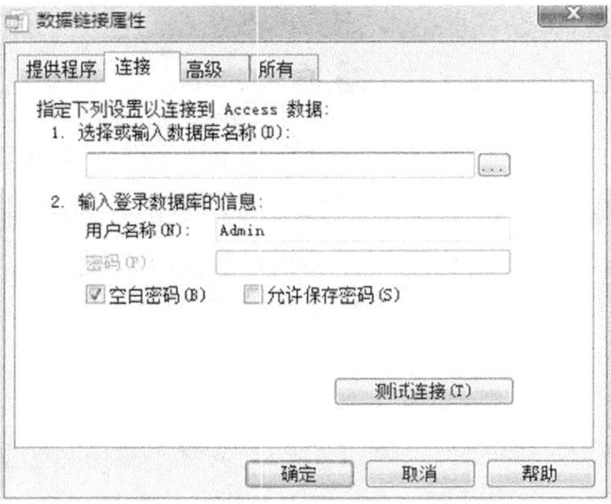

图 1-43

单击"选择或输入数据库名称"输入框旁边的【…】按钮，选中"多表统计 .mdb"文件，接着再单击【确定】按钮，即可在"新建数据源"对话框的编辑框中自动生成连接字符串。

连接字符串生成之后，再单击"新建数据源"对话框中的【确定】按钮，输入数据源名称（如 orders），即可完成本地数据源创建，如图 1-44 所示。

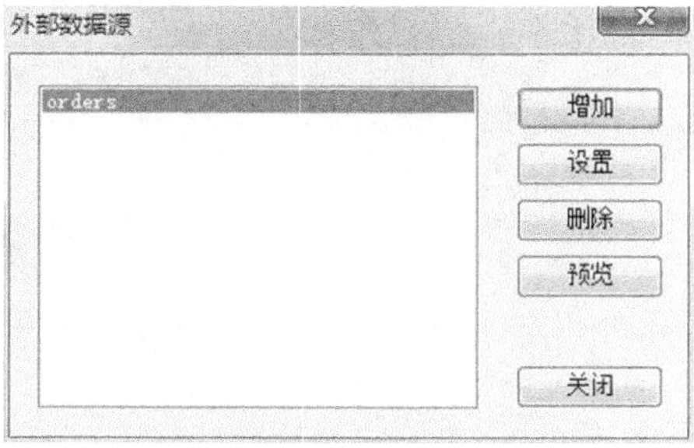

图 1-44

如果你有多个数据库，都可以通过上述步骤将其分别添加到外部数据源中。

❷ 开启 Http 服务

这个非常简单，只要在命令窗口输入 3 行代码即可完成：

```
HttpServer.Prefixes.Add("http://127.0.0.1/")
HttpServer.WebPath = "d:\web"
HttpServer.Start()
```

❸ 设置 HttpRequest 事件代码

要将服务器端的本地数据源转变为可供其他项目使用的 Web 数据源，必须使用 e 参数的 AsDataServer 方法，如图 1-45 所示。

图 1-45

是不是有点吃惊？怎么只有一行代码？是的，就是这么简单！

假如服务器上有多个数据源都要公开，可使用路径进行区分。例如：

```
Select Case e.Path
    Case "order"
        e.AsDataServer("orders")
    Case "Sale"
        e.AsDataServer("Sales")
End Select
```

由此可见，服务器端的数据源其实具有双重身份：对于服务器端的 Foxtable 项目来说，它是本地数据源；对于其他客户端的 Foxtable 项目来说，它又是 Web 数据源。

1.6.3　在 C/S 客户端使用 Web 数据源

要在 C/S 客户端使用 Web 数据源非常简单，只需将连接字符串设置为 Web 服务器的连接地址即可。

假定客户端和服务器端项目在同一台电脑（必须打开两个 Foxtable 项目，一个为服务器端，另一个为客户端），为了连接图 1-45 所示的 Web 数据源，可以按图 1-46 所示输入连接字符串。

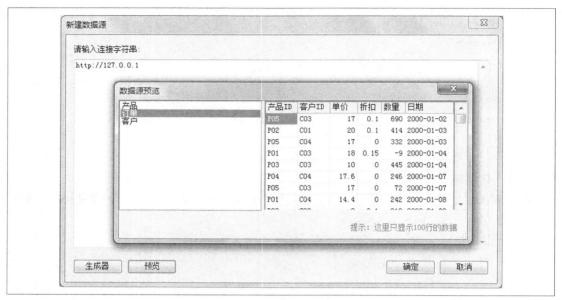

图 1-46

单击【预览】按钮即可查看该 Web 数据源所包含的表及数据。

如果服务器端使用路径区分了多个数据源，这里也一样可以加上路径。例如：

```
http://127.0.0.1/order
```

当然，Web 数据源也可以设置身份验证，客户端只有验证通过时才能使用 Web 数据源。具体方法请参考官方文档。

事实上，不仅 C/S 的项目可以使用 Web 数据源。如果你在多个地方布置了多个不同项目的 Foxtable 服务器，它们也都可以将数据源指向某个相同的位置或数据库，这样就能充分实现不同项目之间的数据共享。这正是 Foxtable 服务器相较于其他同类产品的最大优势之一。

第**02**章

Foxtable 数据接口

如前文所述，本书学习的 Foxtable 服务器重点是作为前后端分离模式下的数据接口来使用。也就是说，在这种模式中，Foxtable 服务器最主要的任务是向客户端浏览器"供应数据"，而非"生成页面"。

主要内容

2.1　客户端数据提交

2.2　数据编码与解码

2.3　JSON 数据接口

2.4　提高数据接口的并发能力

本章将系统地讲解和 Foxtable 服务器数据接口方法相关的知识。

2.1 客户端数据提交

Foxtable 服务器要向客户端浏览器"供应数据",肯定要先了解客户的需求。由 1.4 节可知，Foxtable 获取客户端请求信息的方式有以下几种。

● 使用 e 参数的 GetValues、PostValues、Values 和 PlainText 属性，可以获取客户端浏览器提交的请求体数据。此类数据既可以使用表单提交，也可以使用 Ajax 提交。

● 使用 e 参数的 Files 属性，可获取客户端浏览器上传的文件。这种文件上传既可以使用表单，也可以使用 Ajax，因为它在本质上还是属于请求体。

● 使用 e 参数的 Headers 属性，可获取客户端浏览器的请求头数据。这种请求头数据一般使用 Ajax 提交比较方便。

● 使用 e 参数的 Cookies 属性，可获取客户端浏览器自动携带的 Cookie 值。只要客户端浏览器中存在 Cookie，它就会随着请求头信息一起发送到服务器，无须专门提交。

这几种方式正是服务器了解客户端需求的所有渠道。由于表单提交默认会自动跳转页面，导致用户体验不佳，因而在实际项目开发过程中，更常使用的方式是 Ajax 提交。

2.1.1 请求体数据提交

凡是使用 e 参数的 GetValues、PostValues、Values 或 PlainText 属性可以获取到的数据，都属于请求体数据。本书之所以用到请求体数据的说法，主要是想和 Headers 及 Cookies 数据区别开来。

例如，我们在 Foxtable 服务器端的 HttpRequest 事件中使用以下代码来接收客户端浏览器提交的请求体数据：

```
Dim str As String
Select Case e.Path
    Case "dt"          '请求体数据
        For Each key As String In e.Values.Keys
            str = str & key & ":" & e.Values(key) & "<br>"
        Next
        str = "服务器已经接收到以下数据：<br>" & str
        e.WriteString(str)
End Select
```

客户端浏览器所使用的 test.html 页面代码如下：

```
<!DOCTYPE html>
<html lang="zh-cn">
    <head>
        <meta charset="UTF-8">
        <title> 测试页面 </title>
        <script src = "jquery.min.js"></script>  <!-- 引用 jQuery 库 -->
    </head>
    <body>
        <div>
            <p> 用户名称: <input type="text"></p>
            <p> 用户密码: <input type="password"></p>
            <p> 上传文件: <input type="file" id="t" multiple></p>
            <input type="submit">
        </div>
        <p> 这里用来显示服务器返回的内容 </p>
    </body>
</html>
```

　　由于要使用 Ajax 方式向服务器端提交数据，所以这里用不用 form 表单，甚至 input 是否有 name 属性都无所谓了。但要注意在使用 Ajax 方式提交数据的时候，一定不要忘记在页面头部引用 jQuery 库文件。

　　页面刷新后的效果如图 2-1 所示。

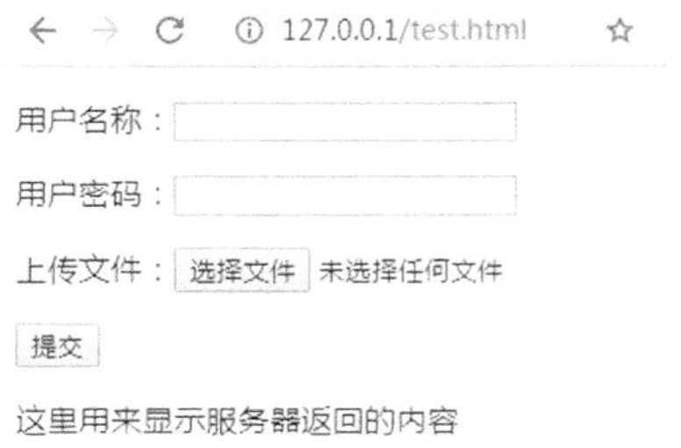

图 2-1

　　先来看 "用户名称" 和 "用户密码" 的数据提交。这两项都是非常普通的 input 输入框，要将它们提交到服务器，只需在页面 body 模块中加上以下代码：

```
<script>
    $(function(){
        // 在第 4 个 input（也就是【提交】按钮）上设置单击事件
        $('input:eq(3)').click(function(){
            $.ajax({
                url:'dt',            // 提交的服务器地址为 dt
```

```
                    method:'post',      // 默认是 get，改成 post
                    data:{              // 要提交的数据
                        username: $('input:eq(0)').val(),
                        password: $('input:eq(1)').val()
                    },
                    success:function(res){    // 提交成功后的操作
                        $('div+p').html(res)
                    }
                })
            })
        })
</script>
```

稍微具备一点 jQuery 知识的读者都应该能轻松读懂这段代码。它其实就是在【提交】按钮上绑定了一个 click 单击事件，在这个事件中执行了 Ajax 请求方法：请求提交的地址为 dt（必须和 HttpRequest 事件中的路径名称完全一致），提交方式为 post，提交数据为第 1、第 2 个输入框中的值（键名分别是 username 和 password），提交成功后将服务器端的返回值填写到页面 div 的相邻元素 p 中（代码里使用的是 jQuery 中的兄弟选择器）。

执行后的效果如图 2-2 所示。

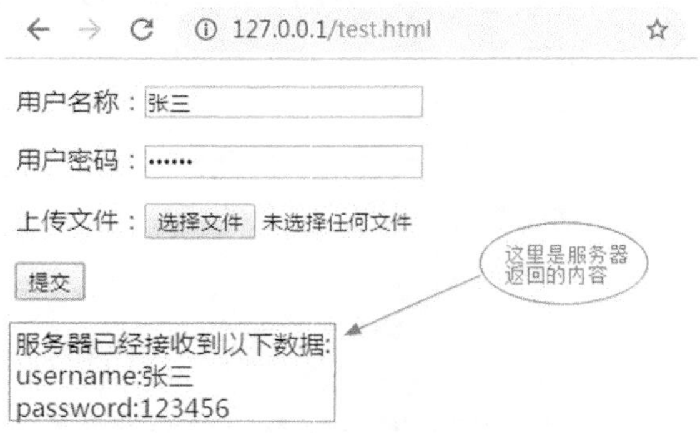

图 2-2

客户端数据提交、服务器内容返回与页面内容的免刷新更新，三者一气呵成，是不是感觉要比使用表单提交的方式好了许多？此时，如果打开浏览器控制台中的"Network"页签，也能看到提交的数据，如图 2-3 所示，以及服务器端的响应数据，如图 2-4 所示。

图 2-3

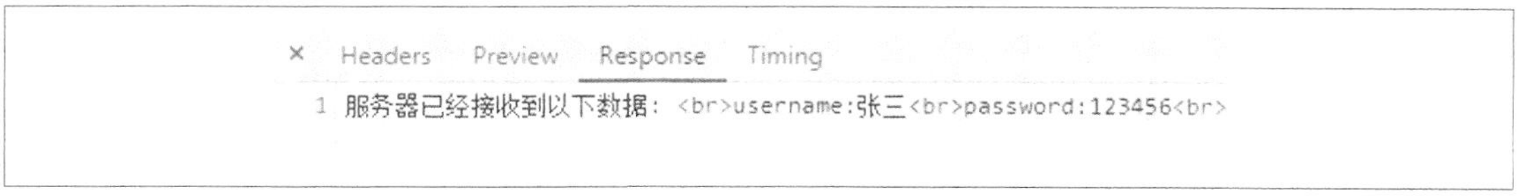

图 2-4

很显然，上述这个例子中的"用户名称"和"用户密码"仍然是以最常见的表单数据键值对形式提交的。其实也可以将它们拼接成一个完整的 JSON 字符串提交，这个时候就需要用到请求头了。以下是修改后的 JS 单击事件代码：

```
$('input:eq(3)').click(function(){
    var obj = {      // 这是要提交的数据对象
        username: $('input:eq(0)').val(),
        password: $('input:eq(1)').val()
    };
    $.ajax({
        url:'dt',           // 提交的服务器地址为 dt
        method:'post',      // 默认是 get，改成 post
        data:JSON.stringify(obj),   // 将要提交的 Object 对象转为 JSON 字符串
        success:function(res){      // 提交成功后的操作
            $('div+p').html(res)
        },
        contentType: 'application/json'
    })
})
```

当你需要向服务器提交 JSON 格式的字符串时，Ajax 请求有以下 3 个注意点：

第一，提交方式必须是 post 而不能是 get（常规的表单数据键值对提交的方式无所谓）；

第二，要提交的数据必须是 JSON 格式的字符串，一般可使用 JSON 的 stringify 方法转换；

第三，也是最关键的一点，必须将请求头中的 contentType 内容类型改成 application/json，其默认值是 application/x-www-form-urlencoded（表单数据键值对形式）。

刷新页面并重新单击【提交】按钮，查看浏览器控制台的"Network"页签，即可发现提交的数据已经发生变化，如图 2-5 所示。

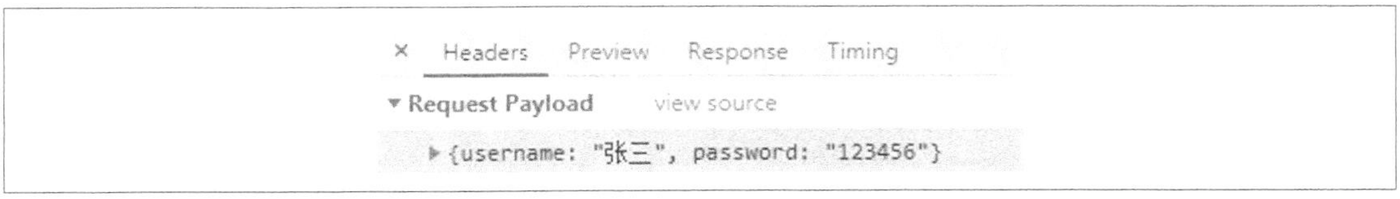

图 2-5

提交数据的不再是"Form Data"，而是"Request Payload"，且提交内容变成了一个 JSON

字符串。由于数据格式发生了变化，导致原有的服务器端处理程序已无法正常返回数据内容。

对于提交的这种 JSON 格式的字符串数据，Foxtable 服务器端必须使用 e 参数的 PlainText 属性来接收。以下是修改后的 HttpRequest 事件代码：

```
Dim str As String
Select Case e.Path
    Case "dt"         ' 请求体数据
        str = " 服务器已经接收到以下数据：<br>" & e.PlainText
        e.WriteString(str)
End Select
```

再次刷新页面，并重新提交数据，服务器返回的内容正常，如图 2-6 所示。

图 2-6

对于这种 JSON 格式的字符串，Foxtable 服务器端可以将它解析成一个个的键值对，然后再进行相应的数据处理。关于这方面的知识稍后将会学习到。

2.1.2　文件数据提交

所谓的文件数据提交，通俗地说，就是使用客户端浏览器向服务器端上传文件。这个其实也属于请求体数据的范畴，Foxtable 服务器端可使用 e 参数的 Files 属性获取到文件信息，并通过 SaveFile 方法将文件保存到服务器。

在第 1 章中已经就表单文件上传举了一个很完整的实例，这里再详细说明使用 Ajax 进行文件上传的方法。本部分内容一般读者可忽略。

❶ 获取选择的文件

仍以之前的页面代码为例，页面上传所使用的 input 标签为：

```
<input type="file" id="t" multiple>
```

该标签由于使用了 multiple 属性，因而可以选择多个文件。假如选择了 3 个文件，就会在【选择文件】按钮旁边显示 "3 个文件" 字样，如图 2-7 所示。

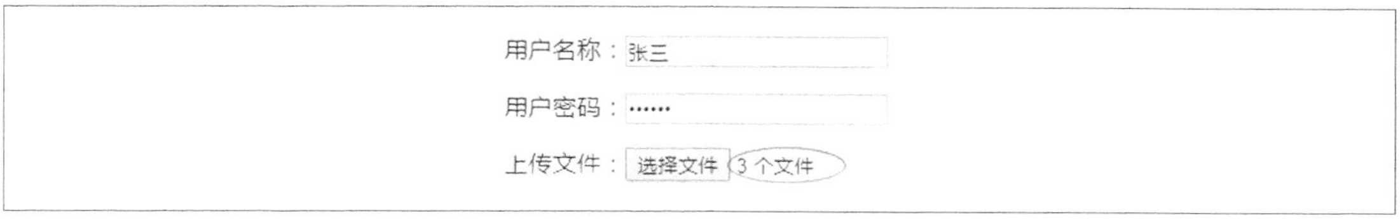

图 2-7

如果要获取这 3 个文件的具体名称，可以使用该 DOM 元素的 files 属性，如图 2-8 所示。

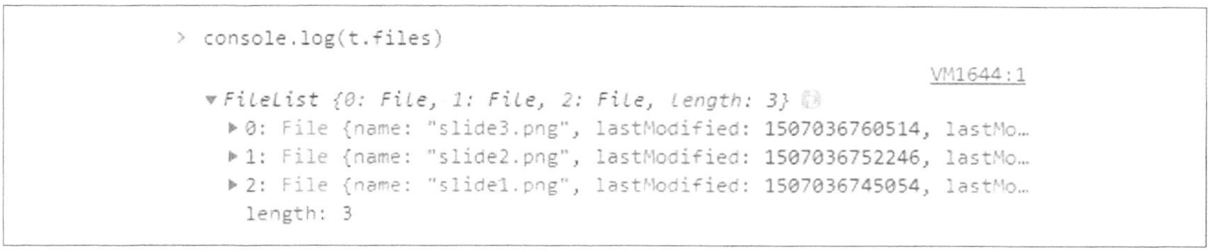

图 2-8

由此可见，files 的属性值是一个 Object 对象，它以从 0 开始的索引号记录了全部的选择文件信息，同时还有 length 属性用于表示所选择的文件数量。

展开其中的任何一个文件，可以看到所记录的文件的具体信息。例如，第 1 个文件的具体信息如图 2-9 所示。

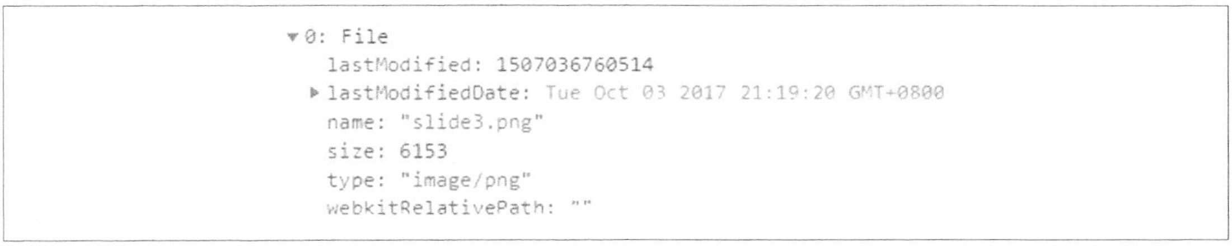

图 2-9

这里的 name 表示文件名称，size 表示文件大小，type 表示文件类型，lastModified 表示最后修改的时间戳，lastModifiedDate 表示最后修改的时间。

在了解了 files 属性的这些情况之后，就可以很轻松地使用遍历方式得到全部的选择文件信息。例如：

```
var str = '';
for(var i=0;i<t.files.length;i++){
    str += '第' + (i+1) + '个文件: ' + t.files[i].name + '\r\n'
}
console.log(str)
```

执行后的效果如图 2-10 所示。

```
> var str = '';
  for(var i=0;i<t.files.length;i++){
      str += '第' + (i+1) + '个文件: ' + t.files[i].name + '\r\n'
  }
  console.log(str)
  第1个文件: slide3.png
  第2个文件: slide2.png
  第3个文件: slide1.png
```

图 2-10

同样的道理，你也可以获取所选择文件的其他信息，包括文件大小、文件类型、最后修改的时间等。

请注意，上述代码中的 t.files 是针对带有 id 属性元素的一种简写方法，其标准写法应该是：

```
document.getElementById('t').Files
```

如果采用 jQuery 选择器的写法，则必须在后面加上 [0] 以转换为普通的 DOM 元素对象，例如：

```
$('#t')[0].files   或者  $('input:eq(2)')[0].files
```

❷ 将选择文件添加到 FormData 对象中

根据之前学习过的知识，我们已经知道，当通过表单方式上传文件时，必须将 form 标签的编码方式（enctype）设置为 multipart/form-data。如果改用 Ajax 上传文件，就必须将所有的选择文件都添加到 FormData 对象中，并直接向服务器提交这个 FormData 对象。

以下是修改后的 JS 单击事件代码：

```
$('input:eq(3)').click(function(){
    var fs = $('#t')[0].files;        // 全部选择文件
    var fd = new FormData();          // 创建一个空的 FormData 对象实例
    for(var i=0;i<fs.length;i++){     // 遍历选择的文件，并添加到 fd 变量中
        fd.append('upfs',fs[i])       // 上传文件的键名为 upfs
    };
    $.ajax({
        url:'dt',
        type:'post',                  // 必须使用 post 方式提交
        data: fd,                     // 要提交的数据必须是 FormData 对象
        processData : false,          // 不要对发送的数据进行处理
        contentType : false,          // 不要设置 Content-Type 请求头
        success:function(res){        // 提交成功后的操作
            $('div+p').html(res)
        }
    });
})
```

由上述代码可知，当使用 Ajax 上传文件时，一定要注意以下 3 点：

第一，提交方式必须是 post；

第二，上传的数据必须是包含了全部文件的 FormData 对象；

第三，processData 和 contentType 必须都为 false。

既然这里添加到 FormData 中的上传文件的键名是 upfs，那么服务器端的处理代码也要同步做出修改：

```
Dim str As String
Select Case e.Path
    Case "dt"
        For Each f As String In e.Files("upfs")
            str = str & f & "<br>"
            e.SaveFile("upfs",f,"uploadfiles/" & f)    '保存文件
        Next
        str = "服务器已经正确接收到以下文件:<br>" & str
        e.WriteString(str)
End Select
```

执行后的效果如图 2-11 所示。

图 2-11

其实，在 FormData 中还可以添加各种常规的表单数据。例如，在单击事件中加上如下两行代码：

```
var fs = $('#t')[0].files;        // 全部选择文件
var fd = new FormData();          // 创建一个空的 FormData 对象实例
for(var i=0;i<fs.length;i++){
    fd.append('upfs',fs[i])
};
fd.append('username', $('input:eq(0)').val());    // 将用户名称添加为 username
fd.append('password', $('input:eq(1)').val());    // 将用户密码添加为 password
$.ajax({…这里的参数保持不变…});
```

同时修改服务器端的处理代码，使之更加严谨：

```
Dim str As String
Select Case e.Path
      Case "dt"
            ' 常规请求体数据
            str = " 服务器已经接收到以下数据： <br>"
            For Each key As String In e.Values.Keys
                str = str & key & ":" & e.Values(key) & "<br>"
            Next
            ' 上传文件数据
            If e.Files.ContainsKey("upfs") Then    ' 如果客户端上传了文件
                str = str + " 服务器已经正确接收到以下文件:<br>"
                For Each f As String In e.Files("upfs")
                      str = str & f & "<br>"
                      e.SaveFile("upfs",f,"uploadfiles/" & f)   ' 保存文件
                Next
            End If
            e.WriteString(str)
End Select
```

这样就可以将常规的表单数据和要上传的文件数据一并提交到服务器端。执行后的效果如图 2-12 所示。

用户名称：张三

用户密码：••••••

上传文件： 选择文件 3 个文件

提交

服务器已经接收到以下数据:
username:张三
password:123456
服务器已经正确接收到以下文件:
slide3.png
slide2.png
slide1.png

图 2-12

❸ FormData 相关知识拓展

为帮助大家用好 FormData，现将 FormData 的相关知识补充如下。

● 创建 FormData 对象实例的两种方式。

▾ 一种是直接 new 一个空对象。例如：

```
var fd = new FormData();
```

当使用此种方式时，要提交到服务器端的数据必须使用 append 方法添加到 FormData 中，上例中的处理代码就是这样的思路。

另一种是使用页面中的已有表单来初始化对象。当使用此种方式时，表单必须用 form 表单创建，且其中的 input 输入框必须有 name 属性。例如：

```
<div>
    <p>用户名称: <input type="text"></p>
    <p>用户密码: <input type="password"></p>
    <p>上传文件: <input type="file" id="t" multiple></p>
    <input type="submit">
</div>
```

这其实并不是真正的表单，只是 div 区块。如果要将它作为初始化 FormData 的表单元素使用，则需改成这样：

```
<form>
    <p>用户名称: <input type="text" name="username"></p>
    <p>用户密码: <input type="password" name="password"></p>
    <p>上传文件: <input type="file" id="t" multiple name="upfs"></p>
    <input type="submit">
</form>
```

然后在 JS 中使用如下代码：

```
var form = $('form')[0];            // 获取页面中的指定表单元素
var fd = new FormData(form);        // 使用指定表单初始化 FormData 对象
```

这样处理之后，新创建的 FormData 对象中就会自动包含 username、password 和 upfs 这 3 个数据，而且三者的值会自动随着表单数据的变化而变化。

当采用此种方式时，之前单击事件中的 JS 代码需做如下修改：

```
$('input:eq(3)').click(function(e){
    e.preventDefault();             // 阻止【提交】按钮的默认操作，以避免跳转
    var form = $('form')[0];        // 获取指定表单
    var fd = new FormData(form);    // 用指定表单初始化 FormData 对象
    $.ajax({
        url:'dt',
        type:'post',                // 必须使用 post 方式提交
        data: fd,                   // 要提交的数据必须是 FormData 对象
        processData : false,        // 不要对发送的数据进行处理
        contentType : false,        // 不要设置 Content-Type 请求头
```

```
            success:function(res){         // 提交成功后的操作
                $('form+p').html(res)       // 这里的兄弟选择器要改成 form+p
            }
        });
    })
})
```

很显然，当使用现成的表单元素来初始化 FormData 时，JS 代码会简化很多，而且一样可以向 FormData 继续添加数据。例如：

```
fd.append('id', 1);                 // 添加 id
fd.append('token', 'sasasas');      // 添加 token
```

当然，这种添加数据代码应该写在 Ajax 提交数据之前。

● FormData 常用数据操作方法。

添加数据使用的是 append 方法，这在之前的代码中已经多次使用。需要说明的是，FormData 里存储的数据是以键值对的形式存在的，key 是唯一的，而它对应的值可能有多个。当使用 append 方法添加数据时，如果指定的 key 不存在，就会新增一条数据；如果 key 存在，就添加到数据的末尾。例如：

```
fd.append('k1', 'v1');
fd.append('k2', 'v2');
fd.append('k2', 'v3');
```

这样执行的结果就是，k1 的值为 v1，而 k2 的值就有了两个：v2 和 v3。

修改数据可使用 set 方法。如果指定的 key 不存在，则会新增一条；如果存在，则会修改对应值。当指定 key 存在多个值时，应使用数组。例如：

```
fd.set('k1', '1');              // 将 k1 的值改成 1
fd.set('k2', ['2', '3']);       // 将 k2 的两个值分别改成 2 和 3
fd.set('k2', '2');              // 将 k2 中的两个值都改成了 2
```

获取数据可使用 get 或 getAll 方法。其中，get 方法用于获取指定 key 中的第 1 个值，getAll 方法获取指定 key 的所有值。例如：

```
fd.get('k2');       // v2
fd.getAll('k2');    // ['v2', 'v3']
```

删除数据可使用 delete 方法。例如：

```
fd.delete('k2');
fd.get('k2');       // null
fd.getAll('k2');    // []
```

判断是否存在指定 key 的数据可使用 has 方法。例如：

```
fd.has('k1');        // true
fd.has('k2');        // false
```

2.1.3　请求头数据提交

在 1.3 节中，我们已经初步了解了请求头方面的知识，并且在 Foxtable 服务器端已经能获取到客户端浏览器的全部请求头参数。其实，在 Foxtable 服务器中获取这些常规的请求头信息并不十分重要，重要的是如何让服务器通过请求头数据对用户进行鉴权。

仍以之前的页面代码为例，我们现在希望用户在上传文件之前，先向服务器提交一个值为 sasasas 的 token 请求头信息。如果服务器收到此信息，就允许用户上传，否则给出警告提示，那么就可以在 Foxtable 服务器端使用以下代码：

```
Dim str As String
Select Case e.Path
    Case "dt"              ' 请求体数据
            …这里的代码与前面完全相同，无须修改…
    Case "headers"    ' 请求头数据
        If Array.IndexOf(e.Request.Headers.AllKeys,"token") = -1 Then
            str = "Nothing"   ' 没收到 token 时，返回 Nothing
        Else If e.Headers("token") <> "sasasas" Then
            str = "Error"        ' 收到的 token 不是 sasasas 时，返回 Error
        Else
            str = "Ok"           ' 正确时返回 Ok
        End If
        e.ResponseHeaders.Add("status",str)      ' 向客户端返回头信息
End Select
```

客户端浏览器如何向服务器提交请求头呢？同样是使用 Ajax 来提交。以下是修改后的【提交】按钮单击事件代码：

```
$('input:eq(3)').click(function(e){
    e.preventDefault();
    $.ajax({             // 这个 ajax 用来提交请求头信息
        url:'headers',
        type:'post',
        headers: {
            token:'sasasas',
```

```
        },
        complete:function(xhr){       // 请求头信息提交完成后的操作
            var sta = xhr.getResponseHeader('status'); // 获取返回的请求头信息
            if(sta=='Nothing'){              // 如果是 Nothing
                $('form+p').html('服务器没有收到令牌！')
            }else if(sta=='Error'){          // 如果是 Error
                $('form+p').html('令牌错误！')
            }else{                           //token 正确时才执行数据提交
                var form = $('form')[0];
                var fd = new FormData(form);
                $.ajax({                     // 这个 ajax 才是提交数据的
                    url:'dt',
                    type:'post',
                    data: fd,
                    processData : false,
                    contentType : false,
                    success:function(res){
                        $('form+p').html(res)
                    }
                });
            }
        },
    });
})
```

以上代码实际上是执行了两次 Ajax 提交：第 1 次仅提交请求头信息，请求的服务器地址是 headers，并根据服务器返回的头数据 status 的值来决定鉴权是否通过；只有当返回值既不是 Nothing 也不是 Error 时，才会执行真正的数据提交，这也就是第 2 次执行的 Ajax。因此，这里的第 1 个 Ajax 可以看成是预提交。

在实际的项目开发中，一般不需要执行两次 Ajax 提交。关于这方面的应用实例，请参考 6.9 节中的“文件上传”和 8.5 节中的“动态加载表格数据”。而这里之所以要使用两次 Ajax，最主要的目的是想向大家演示如何向服务器端提交请求头数据，以及如何向客户端浏览器返回响应头数据。

2.2 数据编码与解码

默认情况下，Ajax 数据请求都是明文方式，包括你在客户端浏览器中添加的 Cookie，默认也都是明文。出于安全考虑，你可以对一些关键数据进行编码传输。尤其是在使用 IE 浏览器时，如果在 URL 地址中使用了中文，则必须编码。

2.2.1 前后端编码解码函数

前端的 JS 及后端的 Foxtable 都提供了一系列的编码解码函数，如表 2-1 所示。本部分内容仅在某些特殊情况下会用到，一般读者可忽略。

❶ JS 编码解码函数

表 2-1

编码函数	对应的解码函数
encodeURI	decodeURI
encodeURIComponent	decodeURIComponent
escape	unescape

这 3 对函数都可以对字符串进行编解码，例如：

```
encodeURI('张三');                          //%E5%BC%A0%E4%B8%89
decodeURI('%E5%BC%A0%E4%B8%89');           // 张三
encodeURIComponent('张三');                 //%E5%BC%A0%E4%B8%89
decodeURIComponent('%E5%BC%A0%E4%B8%89');  // 张三
escape('张三');                             //%u5F20%u4E09
unescape('%u5F20%u4E09');                   // 张三
```

需要说明的是，这 3 对函数对于所有的字母和数字都是不转码的，另外还有一些特殊的字符也是不转码的。这也正体现了它们适合不同的使用场合。

● 前两对函数常用于 URL 的编码解码。

由上面的示例代码可知，它们的编码解码效果貌似是完全一样的，事实上也确实相近。它们除了对所有的字母和数字都不转码外，对 "-_.!~*'()" 这 9 个字符也不转码。

但对 URL 中经常用到的 ";/?:@&=+$,#" 这 11 个字符而言，两者的处理方式又完全不一样：encodeURI 和 decodeURI 函数仍然不转码，而 encodeURIComponent 和 decodeURIComponent 函数却正常转码。

例如在以下示例代码中，由于 encodeURI 函数对字符串中的？和 = 不转码，所以单击转码后的 URL 仍然可以正常访问并自动执行关键字搜索，如图 2-13 所示。

```
> var str = 'https://www.baidu.com/s?wd=狐表';
  encodeURI(str);
< "https://www.baidu.com/s?wd=%E7%8B%90%E8%A1%A8"
```

图 2-13

可是如果将代码中的 encodeURI 函数改成 encodeURIComponent 函数，则转码后的地址就不是有效的了，自然也就不会执行搜索，如图 2-14 所示。

```
> var str = 'https://www.baidu.com/s?wd=狐表';
  encodeURIComponent(str);
< "https%3A%2F%2Fwww.baidu.com%2Fs%3Fwd%3D%E7%8B%90%E8%A1%A8"
```

图 2-14

但在某些情况下又必须使用 encodeURIComponent 函数。仍以之前 Foxtable 服务器端的 dt 请求地址为例，如图 2-15 所示。

```
> var str = 'H&M';    //这是一个品牌
  str = 'http://127.0.0.1/dt?pp=' + encodeURIComponent(str);
< "http://127.0.0.1/dt?pp=H%26M"
```

图 2-15

由于要提交的品牌名称是"H&M"，且 encodeURIComponent 函数会对其中的"&"符号进行编码，所以单击编码后的链接字符串时，能正确地提交数据，如图 2-16 所示。

图 2-16

如果将代码中的编码函数改成 encodeURI 函数呢？由于它并不会对"&"符号进行编码，这样就会将"&"前后字符分割成两个提交参数，如图 2-17 所示。

```
> var str = 'H&M';    //这是一个品牌
  str = 'http://127.0.0.1/dt?pp=' + encodeURI(str);
< "http://127.0.0.1/dt?pp=H&M"
```

图 2-17

同时，服务器端收到的数据也就不正确了，如图 2-18 所示。

```
←  →  C   ① 127.0.0.1/dt?pp=H&M           ☆

服务器已经接收到以下数据：
pp:H
```

图 2-18

由此可见，表 2-1 中的第 1 组函数一般用于 URL 字符串的整体转码，而第 2 组函数一般用于 URL 参数值的转码。当然，前两对函数也可用于任何非 URL 字符串的转码，完全取决于你的应用需要。

● 第 3 组函数可用于任何字符的编码解码。

本组函数除了对所有的字母和数字都不转码外，对"*+-./@_"这 7 个字符也不转码。

❷ Foxtable 编码解码函数

作为服务器端的 Foxtable 也提供了两组函数，用于字符串的编码解码，如表 2-2 所示。

表 2-2

编码函数	对应的解码函数
UrlEncode	UrlDecode
HTMLEncode	HTMLDecode

这里的第 1 组函数，其作用和 JS 中的 encodeURIComponent、decodeURIComponent 函数完全相同，只适合转码具体的 URL 参数或者普通的字符串。例如在命令窗口执行如下代码：

```
Dim str1 As String = UrlEncode(" 张三 ")
Output.Show(str1)              '%e5%bc%a0%e4%b8%89
Dim str2 As String = UrlDecode(str1)
Output.Show(str2)              ' 张三
```

如果用它来处理整串 URL 字符就会出现问题。例如：

```
Dim str As String = UrlEncode("http://www.foxtable.com")
Output.Show(str)              'http%3a%2f%2fwww.foxtable.com
```

很明显，这个编码后的网址是有问题的，复制到浏览器地址栏根本不会访问到 Foxtable 公司官网。

至于第 2 组函数，它用来将页面中的 HTML 代码转为 HTML 实体。本组函数在前后端分离的网站开发模式中基本不会用到，因为所有涉及页面内容展示的部分都会在前端完成。本书第 7 章还会介绍专门的代码修饰器及相关的处理方法。

❸ 前后端之间的数据编码解码

仍以之前 Foxtable 服务器端的 dt 请求地址为例，当我们在浏览器控制台执行以下代码时：

```
location = 'http://127.0.0.1/dt?username=' + encodeURIComponent('张三 ');
```

Foxtable 可以直接返回正常数据，无须解码，如图 2-19 所示。

图 2-19

可是如果将代码中的函数改成 escape，或者改用 Ajax 方式提交编码数据，Foxtable 服务器返回的仍然是编码后的数据。这就说明还应该在服务器端执行解码操作。

● 前端编码、后端解码。

对于用 Ajax 方式提交的编码数据，不论你使用的哪个函数编码，服务器端都可以使用 UrlDecode 函数解码。例如：

```
$.post('dt',{
    username: encodeURI('张三')   // 也可改用 encodeURIComponent 或 escape 函数
})
```

服务器端修改后的示例代码：

```
For Each key As String In e.Values.Keys
    str = str & key & ":" & UrlDecode(e.Values(key)) & "<br>"
Next
```

对于随客户端浏览器自动提交的 Cookie 数据以及 IE 浏览器中的 URL 地址，如果其中用到了中文，请务必使用 JS 中的任意一种函数对它进行编码，否则服务器得到的将是乱码。

当对整个 Cookie 字符串进行编码时，一定要使用 encodeURI 函数，因为该函数对等号（=）是不编码的：

```
document.cookie = encodeURI('name=张三')
```

当你仅对 Cookie 值进行编码时，可使用 encodeURI、encodeURIComponent 和 escape 中的任何一个函数。例如：

```
document.cookie = 'name=' + encodeURI('张三')
document.cookie = 'name=' + encodeURIComponent('张三')
document.cookie = 'name=' + escape('张三')
```

对编码后的 Cookie 值或 URL 地址，Foxtable 无须解码即可正常获取数据：

```
e.Cookies("name")
```

● 后端编码、前端解码。

当你在 Foxtable 服务器端向客户端浏览器返回编码后的数据时，前端一定不能使用 decodeURI 和 unescape 函数解码，而只能使用 encodeURIComponent 函数来解码。

例如 Foxtable 返回的编码数据为：

```
Dim str As String = UrlEncode("3*7=20? 这个都不会 ?")
e.WriteString(str)
```

客户端在通过 Ajax 获取到该数据后，可以使用如下代码解码：

```
var str = decodeURIComponent(res);    // 假如 res 是服务器返回的编码数据
$('form+p').html(str)                  // 将解码后的数据填入页面 p 元素中
```

经反复测试发现，经 UrlEncode 函数编码后的内容，即使在客户端使用 decodeURIComponent 函数解码仍然会存在一些问题。例如上面的例子，如果在"这个都不会？"前面加个空格：

```
3*7=20？ 这个都不会？
```

客户端使用 JS 的 decodeURIComponent 解码后，这个空格会变成符号"+"。为彻底解决前后端编码解码的兼容性问题，还可以考虑使用另外一种终极解决方案。

❹ **让 Foxtable 与 JS 的编码解码完全兼容**

为方便和客户端浏览器的编码数据进行交换，同时也是为了两者的完美兼容，只要给 Foxtable 添加引用一个支持 JS 脚本的 dll 文件即可。该文件名称为"Microsoft.JScript.dll"，引用时需事先复制到 Foxtable 的安装目录下。操作步骤如下。

单击菜单【管理项目】—【设计】—【外部引用】，在弹出的"外部引用"对话框中单击【浏览】按钮，选择文件"Microsoft.JScript.dll"后再单击【添加】按钮，外部引用添加完成，如图 2-20 的左图所示。

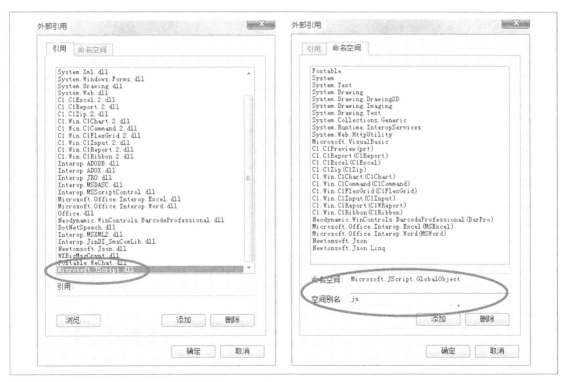

图 2-20

为编写代码方便，还可以设置别名：单击切换到"命名空间"页签，在"命名空间"文本框中输入"Microsoft.JScript.GlobalObject"，表示 JS 中的全局对象；在"空间别名"文本框中输入"JS"，如图 2-20 的右图所示。输入完毕，单击【添加】按钮即可完成命名空间的设置。

这样设置好之后，就可以直接在 Foxtable 中使用 JS 的编码解码函数。例如，在服务器端使用 escape 函数编码：

```
Dim str As String = js.escape("3*7=21? 这个都不会 ?")
e.WriteString(str)
```

那么客户端获取该数据后就可以使用对应的 unescape 函数解码：

```
var str = unescape(res);
$('form+p').html(str)
```

2.2.2 jQuery 中的 param 编码方法

jQuery 有一个全局方法 param，该方法是用于编码的，只不过它编码的是一个对象，也就是说可以包含多个键值对。例如：

```
var obj = {                      // 包含用户名和密码的对象
    username: ' 张三 ',
    password: '123456'
};
$.post('dt',{
    str: $.param(obj)           // 将 obj 编码成字符串提交，键名为 str
},function (res) {
    $('form+p').html(res)      // 将服务器解码后的返回内容填入页面 p 元素
})
```

这里的 param 方法实际上是使用 JS 中的 encodeURIComponent 函数进行编码，编码后的字符串用 "&" 将不同键值对连接起来。因此，Foxtable 服务器要想解码这个字符串，需要在 HttpRequest 事件中使用类似于下面的代码：

```
Dim str As String
Select Case e.Path
    Case "dt"
        str = e.Values("str")          ' 获取客户端提交的编码字符串
        Dim strs As String() = str.Split("&")     ' 分割为数组
        str = js.decodeURIComponent(strs(0)) & "," & js.decodeURIComponent
(strs(1))' 解码后拼接
        e.WriteString(str)
End Select
```

如果 obj 中的键值对没有用到特殊的字符，也可以使用 Foxtable 本身的 UrlDecode 函数解码。

所以上述代码的第 6 行也可以改写为：

```
str = urldecode(strs(0)) & "," & urldecode(strs(1))
```

2.3 JSON 数据接口

在前后端分离的开发模式下，Foxtable 服务器最重要的任务就是向客户端浏览器"供应数据"而非"生成网页"。而这种数据的供应，除了少数的状态响应值以外，其余的都应该是 JSON 格式数据。因此从某种程度上来说，Foxtable 在此模式中的作用，就是作为前端浏览器的 JSON 数据接口而存在的。

本节内容非常重要，是开发前后端分离项目的基础，更是一种基本功。而其中尤为关键的知识点就在于两个类：JObject（对象）和 JArray（数组）。

2.3.1 JObject 类

这个类就相当于 JS 中的 Object 对象。它的创建方式有两种，如下所述。

❶ 使用 New 关键字直接创建

示例代码如下：

```
Dim jo As New JObject              '变量类型为 JObject，但这里必须加上 New 关键字
jo("name") = "张三"               '设置属性 name 的值
jo("age") = 28                    '设置属性 age 的值
jo("office") = "职场码上汇"        '设置属性 office 的值
Output.Show(jo.ToString)          '通过 JObject 对象的 ToString 方法转换为字符串输出
```

❷ 根据现有的字符串解析生成

通过 JObject 类的 Parse 方法，可以将指定字符串解析为 JSON 对象。例如：

```
Dim str As String = "{'name':'张三','age':28,'office':'职场码上汇'}"
Dim jo As JObject = JObject.Parse(str)      '变量类型为 JObject
Output.Show(jo("name"))        '张三
Output.Show(jo("age"))         '28
Output.Show(jo("office"))      '职场码上汇
```

请注意，Foxtable 中的 JObject 对象和 JS 中的 Object 对象一样，要获取其中的某个属性值一样是要区分大小写的。如上面的代码，如果使用 jo（"Name"）就会取不到值。还有一点，这里取值必须使用圆括号而不是 JS 中的圆点。

❸ JObject 对象嵌套

不论是直接创建的 JObject 对象，还是通过字符串解析生成的 JObject 对象，在它们内部都可以再嵌套对象。例如：

```
Dim str As String = "{'name':'张三','age':28,'office':'职场码上汇'}"
Dim jo As JObject = JObject.Parse(str)
jo("card") = New JObject              '添加 card 属性，此属性值是 JObject 对象
jo("card")("bank") = "工行"           '给嵌套的对象设置 bank 属性
jo("card")("account") = "12345678"   '给嵌套的对象设置 account 属性
Output.Show(jo.ToString)             '将 JObject 对象转为字符串输出
```

输出内容如下：

```
{
    "name": "张三",
    "age": 28,
    "office": "职场码上汇",
    "card": {
        "bank": "工行",
        "account": "12345678"
    }
}
```

2.3.2　JArray 类

这个类相当于 JS 中的 Array 数组对象。它的创建方式有两种，如下所述。

❶ 使用 New 关键字直接创建

示例代码如下：

```
Dim ja As New JArray       '这里必须加上 New 关键字以创建新数组对象
ja.Add("张三")             '使用 JArray 对象的 Add 方法添加数组元素
ja.Add("李四")
ja.Add("王五")
Output.Show(ja.ToString)
```

其实，当创建新的数组对象时，还可使用另外一种更简便的方法：

```
Dim str() As String = {"张三","李四","王五"}
Dim ja As New JArray(str)   '将现有的数组直接作为 JArray 的参数，就不用再 Add 了
Output.Show(ja.ToString)
```

❷ **根据现有的字符串解析生成**

如果你不需要新建，也可根据现有的字符串解析生成 JArray 数组对象，这就要用到 JArray 类的 Parse 方法。例如：

```
Dim str As String = "[' 张三 ',' 李四 ',' 王五 ']"        ' 字符串类型的数组
Dim ja As JArray = JArray.Parse(str)            ' 将字符串解析为 JSON 格式的数组对象
For i As Integer = 0 To ja.Count - 1
    Output.Show(ja(i))                          ' 遍历输出数组中的每个元素
Next
```

❸ **在 JArray 及 JObject 中互相嵌套**

不论是通过 New 关键字直接创建的数组，还是通过字符串解析得到的数组，在其中都可以继续嵌套对象。例如：

```
Dim str() As String = {" 张三 "," 李四 "," 王五 "}
Dim ja As New JArray(str)      ' 创建了一个新数组 ja
Dim jo As New JObject          ' 创建一个新对象 jo
jo("name") = " 马六 "          ' 给对象添加属性及值
jo("age") = 38
ja.Add(jo)                     ' 将对象 jo 添加到数组 ja 中
Output.Show(ja.ToString)       ' 将数组转换为字符串输出
```

输出的字符串如下：

```
[
    " 张三 ",
    " 李四 ",
    " 王五 ",
    {
        "name": " 马六 ",
        "age": 38
    }
]
```

反过来，也可以在对象中嵌套数组。例如：

```
Dim jo As New JObject       ' 创建新对象 jo
jo("Name") = " 张三 "
jo("Group") = "VIP"
Dim ja As New JArray        ' 创建新数组 ja
ja.Add("manager")
```

```
ja.Add("developer")
jo("Roles") = ja            ' 将数组 ja 以键名 Roles 添加到对象 jo 中
Output.Show(jo.ToString)    ' 转为字符串输出
```

输出的字符串如下：

```
{
    "Name": " 张三 ",
    "Group": "VIP",
    "Roles": [
        "manager",
        "developer"
    ]
}
```

甚至还可以在添加的数组中继续嵌套对象。例如：

```
Dim jo As New JObject         ' 创建对象 jo
jo("dept") = " 销售部 "
jo("mpr") = " 赵刚 "
Dim ja As New JArray          ' 创建数组 ja
ja.Add(New JObject)           ' 给数组添加两个对象成员
ja.Add(New JObject)
ja(0)("name") = " 李云龙 "     ' 给第 1 个对象成员设置属性
ja(0)("age") = 36
ja(1)("name") = " 黄晓明 "     ' 给第 2 个对象成员设置属性
ja(1)("age") = 26
jo("staff") = ja              ' 将数组 ja 以键名 staff 添加到对象 jo 中
Output.Show(jo.ToString)      ' 将对象转为字符串后输出
```

输出的字符串如下：

```
{
    "dept": " 销售部 ",
    "mpr": " 赵刚 ",
    "staff": [
        {
            "name": " 李云龙 ",
            "age": 36
        },{
            "name": " 黄晓明 ",
```

```
            "age": 26
        }
    ]
}
```

2.3.3　JObject 与 JArray 遍历

在之前的示例代码中，都是使用指定属性名称的固定方式来获取 JObject 的属性值的。现在的问题是如何遍历 JObject 对象中的所有属性及其对应值呢？这就需要用到另外一个类 JToken。例如：

```
Dim str As String = "{'name':'张三','age':28,'office':'职场码上汇'}"
Dim jo As JObject = JObject.Parse(str)        ' 将字符串解析为 JObject 对象
Dim jt As JToken = jo                         ' 将 JObject 保存到 JToken 类型的变量中
For Each jp As JProperty In jt  ' 对于 JToken 类型的数据，可以使用 JProperty 遍历
    Output.Show(jp.name)                ' 通过 JProperty 的 name 属性输出键名
    Output.Show(jp.value)               ' 通过 JProperty 的 value 属性输出值
Next
```

其实，JObject 类的 Parse 方法是可以直接将字符串解析为 JToken 类型的。因此上述代码的加粗部分可以直接简写为一行：

```
Dim jt As JToken = JObject.Parse(str)
```

看到这里，可能有的读者会说：JObject 和 JToken 类貌似差不多啊，它们是不是可以混用？当然不可以！虽然两者都可以通过 Parse 方法解析得到 JObject 对象，但它们仍然有着非常大的差别。主要表现在：JToken 只能用来存放结果，不能创建；而 JObject 虽然可以通过 New 关键字创建，但是却不能对它遍历。

JArray 数组的遍历一样可以使用 For Each 语句。但要注意的是，当使用此语句遍历时，元素类型可以是 JValue，也可以是 JToken。例如：

```
Dim str As String = "['张三','李四','王五']"
Dim ja As JArray = JArray.Parse(str)
For Each v As JValue In ja
    Output.Show(v)
Next
```

由此可见，JToken 类的可用范围非常广。

2.3.4　JToken、JValue 与 JProperty 类

这 3 个类在前面的遍历中都用到过，现在通过一个具体的实例来深入地理解它们。

在实际的项目开发过程中，Foxtable 经常会接收到类似于下面的 JSON 格式字符串：

```
[
    {"name": " 李云龙 ","age": 36},
    {"sl": 88},
    {"bm": " 销售部 "}
]
```

例如该数据表有 10 多个行，用户仅修改了其中的 3 行数据。其中，第 1 行修改了 name 和 age 列，第 2 行修改了 sl 列，第 3 行修改了 bm 列。当用户同步保存数据时，Foxtable 服务器就将收到这样的 JSON 格式字符串，因为客户端默认提交的仅仅是修改后的内容，没有修改的部分并不会提交。

Foxtable 收到这样的字符串之后，怎么来遍历它呢？毕竟每个数组对象的属性都不一样。假如客户端提交过来的数组对象很多，且每个对象的属性更是五花八门，又该如何处理呢？

根据刚才学习的 JArray 的知识，遍历数组时要使用 JValue 表示当前遍历到的元素内容。但要注意的是，JValue 只适用于基本数据类型的遍历（也就是原生值，例如字符串、数字、布尔值等）。当数组元素是对象时，就要改用 JToken 来存放。例如：

```
Dim str As String = "[{'name':' 李云龙 ','age':36},{'sl':88},{'bm':' 销售部 '}]"
Dim ja As JArray = JArray.Parse(str)  '将字符串解析为数组对象
For Each r As JToken In ja              '对数组遍历时，每个数组元素的类型都是 JToken
    For Each jp As JProperty In r '将数组元素对象中的键值对再通过 JProperty 遍历
        Output.Show(jp.name)              '输出元素对象中的属性名称
        Output.Show(jp.value)             '输出元素对象中的属性值
    Next
Next
```

如果我们把这里要解析的字符串写得再复杂一点，既有原生值，也有对象和数组，又该怎么遍历呢？例如将上述代码中的 str 变量值修改为：

```
"['abc',123,[1,2],{'name':' 李云龙 ','age':36},{'sl':88},{'bm':' 销售部 '}]"
```

对于这种包含多种类型数据的数组，同样需要使用 JToken 来表示遍历到的元素，只不过需要加上类型方面的判断：

```
Dim str As String = "['abc',123,[1,2],{'name':' 李云龙 ','age':36},{'sl':88},
{'bm':' 销售部 '}]"
Dim ja As JArray = JArray.Parse(str)    '将字符串解析为数组对象
```

```
For Each r As JToken In ja            ' 对数组遍历时，每个数组元素的类型是 JToken
    If r.Type.ToString() = "Object" Then    ' 根据 JToken 类型进行判断。如果是对象
        For Each jp As JProperty In r
            Output.Show(jp.name)
            Output.Show(jp.value)
        Next
    ElseIf r.Type.ToString() = "Array" Then    ' 如果是数组
        For Each v As JValue In r
            Output.Show(v)
        Next
    Else                                       ' 如果是原生值
        Output.Show(r)
    End If
Next
```

由此可见，JToken 是一个基类，它不仅可以用来表示 JObject（JSON 对象），也可以表示 JArray（JSON 数组）、JProperty（JSON 属性）和 JValue（JSON 原生值）。当无法确定客户端返回的 JSON 字符串的类型时，都可使用 JToken 来表示，然后再根据 JToken 的 Type 属性值来判断其究竟是哪种类型，最后再给出相应的处理方案。以下是 Foxtable 对 JSON 数据处理的简单总结。

● JObject：用于操作 JSON 对象；既可使用 Parse 方法通过现有的字符串解析生成，也可通过 new 关键字创建。

● JArray：用于操作 JSON 数组；既可使用 Parse 方法通过现有的字符串解析生成，也可通过 new 关键字创建。

● JProperty：用于操作对象属性，多用于对象遍历；name 返回键名，value 返回键值。

● JValue：用于操作数组原生值，多用于数组遍历。

● JToken：抽象基类，可用于表示并存放各种 JSON 结果，包括 JObject、JArray、JProperty、JValue。

2.3.5　JSON 数据接口实例

在实际的项目开发过程中，客户端浏览器向服务器请求表数据是很常见的操作，这时就需要将符合条件的数据处理成 JSON 格式返回到客户端中。

现以 1.6 节创建的数据源"orders"为例。该数据源使用的是外部数据库"多表统计 .mdb"，这个库里有一个数据表"订单"，如图 2-21 所示。

现以该表为例，简单说明如何开发一个可以返回符合用户需求的 JSON 数据接口。

产品ID	▾	客户ID	▾	单价	▾	折扣	▾	数量	▾	日期	▾
P05		C03		17		0		72		2000/1/7	
P01		C04		14.4		0		242		2000/1/8	
P03		C02		8		.1		318		2000/1/8	
P01		C02		18		.2		772		2000/1/10	
P01		C04		14.4		.05		417		2000/1/10	
P03		C01		8		0		287		2000/1/11	
P04		C05		22		.05		500		2000/1/11	
P04		C03		22		0		-95		2000/1/12	
P02		C05		19		.1		170		2000/1/13	
P01		C03		14.4		.25		254		2000/1/14	
P02		C01		15.2		0		112		2000/1/14	
P02		C05		15.2		0		441		2000/1/14	
P05		C04		21.35		0		13		2000/1/16	
P02		C03		15.2		.1		183		2000/1/17	
P03		C04		10		0		-34		2000/1/17	
P01		C02		14.4		0		54		2000/1/20	

图 2—21

❶ 服务器端代码

由于这里的 Foxtable 项目仅仅是作为数据接口使用的，因而无须任何可视化的数据表，只要使用 SQLCommand 从指定数据源中动态查询数据即可。关于 SQLCommand 的完整用法，第 4 章还将详细说明。

以下是服务器端 HttpRequest 事件的完整代码：

```
Select Case e.Path
    Case "jsondata"                         '接口名称为 jsondata
        '查询条件
            Dim tj As String = "false"                  '默认为 false
            If e.Values.Containskey("cp") Then          '如果收到请求参数 cp
                tj = "产品 ID='" & e.Values("cp") & "'"
                '就按产品 ID 生成数据查询条件
            End If
            '加载数据
            Dim cmd As New SQLCommand                    '使用 SQLCommand 查询加载数据
            cmd.ConnectionName = "orders"                '指定数据源为 orders
            cmd.CommandText = "Select * From 订单 Where " & tj      '拼接 SQL 语句
            Dim dt As DataTable = cmd.ExecuteReader       '执行 SQL 语句并返回 DataTable
            '根据 DataTable 生成 JArray 记录数组
            Dim arr As New JArray
            For i As Integer = 0 To dt.DataRows.Count - 1   '遍历数据行
                Dim dr As DataRow = dt.DataRows(i)
                arr.Add(New JObject)     '每遍历一个数据行，就在 arr 数组中添加一个对象
                For Each dc As DataCol In dt.DataCols           '遍历行中的每一列
                    If dc.IsDate Then                           '如果是日期型列
                        arr(i)(dc.Name) = Format(dr(dc.Name),"yyyy-MM-dd")
```

```
                        Else If dc.IsBoolean Then              '如果是逻辑列
                            arr(i)(dc.Name) = CBool(dr(dc.Name))
                        Else If dc.IsNumeric Then              '如果是数值列
                            arr(i)(dc.Name) = val(dr(dc.Name))
                        Else                                   '如果是其他类型列
                            arr(i)(dc.Name) = dr(dc.Name).ToString()
                        End If
                    Next
                Next
                '生成包含总行数及全部数据记录的 JObject 对象
                Dim obj As New JObject              '声明一个新的 obj 对象
                obj("total") = dt.DataRows.Count  '将数据行数作为 obj 对象的 total 属性值
                obj("rows") = arr                 '将遍历得到的数组作为 obj 的 rows 属性值
                e.WriteString(CompressJson(obj))    '压缩后返回到客户端浏览器
End Select
```

以上代码包括以下 4 个部分。

第 1 部分是生成查询条件。默认为 false，也就是不返回任何数据。只有在收到客户端浏览器名为 cp 的请求参数时，才会生成查询条件。

第 2 部分是根据查询条件得到符合要求的全部数据。这些数据都保存在名为 dt 的临时 DataTable 中。

第 3 部分是遍历 DataTable 中的全部数据行，以生成包含所有数据记录的数组。

第 4 部分是生成用于返回到客户端浏览器的 JObject 对象。这个对象包含了两个属性：一个是总行数（total），另一个是记录行数组（rows）。

需要注意的是，不论是 JObject 还是 JArray，当需要将它们返回到客户端浏览器时，都必须先转换成字符串。转为字符串的方式有以下两种。

一种是使用 CompressJson 函数。该函数不仅可以将 JObject 或 JArray 转换为字符串，同时还会执行压缩，也就是去掉 JSON 格式中的空格和换行，这样更便于传输。

另一种是使用 JObject 或 JArray 的 ToString 方法。该方法仅能将 JObject 或 JArray 转换为字符串，但没有压缩功能，生成的字符串会包含 JSON 格式中的空格和换行。

❷ 使用接口

在 Foxtable 服务器端设置好上述事件之后，客户端浏览器即可使用这个名为 jsondata 的数据接口。

打开浏览器，如果在地址栏直接输入 jsondata，将得不到任何数据，因为该接口默认不返回任何数据，如图 2-22 所示。

```
←  →  C   ① 127.0.0.1/jsondata        ☆
{"total":0,"rows":[]}
```

图 2-22

如果在接口后面加上名为 cp 的条件，将自动从接口获得符合条件的全部数据。由于输入的条件为"cp=p01"，因而得到了 200 行的返回数据，如图 2-23 所示。

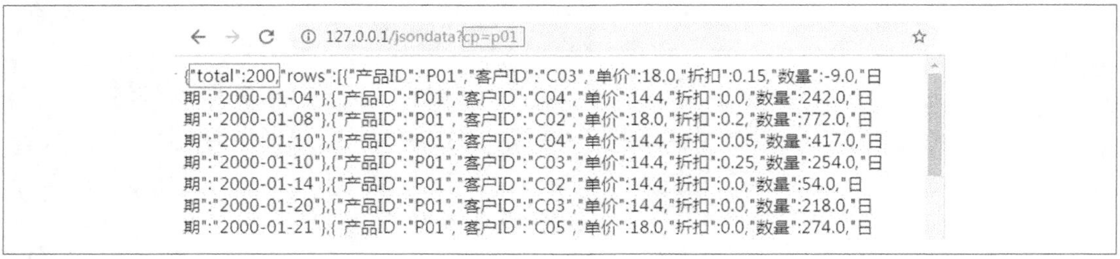

图 2-23

如果在接口后面输入的条件为"cp=p02"，那么得到的数据就变成了 292 行。

这种接口数据不仅可以通过在浏览器地址栏直接输入条件的方式来获取，也可使用 Ajax 代码的方式来请求得到。例如：

```
$.getJSON('jsondata',{
    cp:'p03'    // 请求参数
},function (res) {
    console.log(res)    // 在浏览器控制台输出服务器返回内容
})
```

也许你会对返回的数据感到困惑：获取的这一堆数据该怎么办？如何将它们在页面中以美观、有序的方式展示出来？别着急，本书第 5 章的前端框架可以迅速解决这些问题。

2.4 提高数据接口的并发能力

如果在同一时间内访问你所搭建的 Foxtable 服务器的用户数（并发用户数）很多，特别是这些请求还都需要做一些负荷较重的计算时（例如后台数据的增删改查、保存上传文件、生成报表等），那么就必须考虑提高 Foxtable 服务器的并发能力了，否则用户在访问时可能会出现比较明显的卡顿现象，甚至出现超时错误。

要提高服务器的并发能力，主要通过以下两个方面解决。

第一，服务器使用的数据源尽量选择 SQL Server 而不是 Access。这是因为 Access 作为桌面数据库，其并发能力非常有限，同时访问的用户一多，就很容易崩溃。

第二，采用异步编程。现在的电脑基本都是多核的，操作系统可以同时运行多个程序，而一个程序也可以同时执行多个任务。Foxtable 默认是单线程的，一段代码执行完毕后，才能执行后续代码；从任务角度看，每次只能处理一个任务，多个任务时必须排队执行，这种单线程执行方式通常称为同步执行。对普通的客户端程序来说，单线程足以满足要求；但对服务器端来说可能就会出现问题，尤其是在用户量比较大的情况下。因此，服务器端程序最好能同时响应多个用户的访问请求，缩短单个用户的等候时间，这就需要同时开启多个线程，使多段代码分别在不同的线程中同时执行；从任务角度来看，就是多个任务被同时处理，无须排队等候。这种多线程编程模式，通常称为异步编程。

传统的异步编程对于专业程序员来说，也是比较复杂的。所幸 Foxtable 进行了简化，基本不涉及复杂的概念和技巧，相信大家都能掌握。

2.4.1 主线程和子线程

在 Foxtable 中，所有代码（包括 Foxtable 自身的代码以及用户进行二次开发所编写的代码）默认都在同一个线程中运行，这个线程称为主线程。

UI（用户界面）的显示和刷新，以及对用户操作的响应（例如用户单击某个按钮、选择某个单元格），也都是在主线程中完成的，所以当主线程经常处于长时间大负荷的运算中时，用户会感觉程序有明显的卡顿甚至假死现象现象。

对于并发访问量比较大的服务器端程序，如果所有访问请求都在主线程中处理，UI 可能会经常性地出现无法响应的现象。当然，UI 对于服务器端程序而言并不重要，重要的是单个用户的等候时间也会延长甚至出现超时错误，这会严重影响用户的使用体验。

❶ 开启子线程

在主线程之外所开启的线程被称为子线程。在 Foxtable 中，子线程是通过异步函数开启的，专门用于处理每个用户的访问请求。

采用异步函数编程的服务器端程序的运行过程如图 2-24 所示。

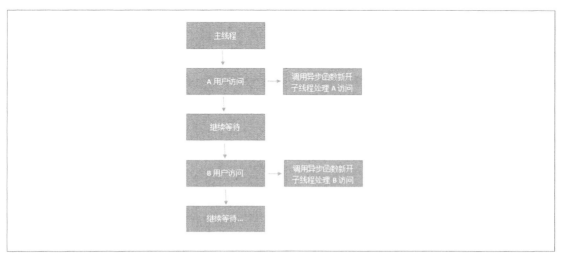

图 2-24

图 2-24 中左侧的蓝色方块为主线程，右侧的黄色方块为子线程。可以看到，由于每次收到新

的用户访问请求后，服务器端程序都会调用异步函数以新开一个专门用于处理此用户的访问的子线程，因此主线程始终不会被阻塞，可以随时接入新的访问请求。

❷ 返回主线程

在主线程中创建的类，包括 DataTable、Table 等，都不能在子线程中被访问到。可是如果只是直接读写后台数据，并将处理结果发送给客户端用户，那么便没有问题。但是当子线程需要调用上述对象（例如需要在服务器端的主界面动态显示在线用户），或者开启了多个线程分别负责一部分数据运算工作、完成后需要将计算结果返回给主线程统一处理时，就必须用到从子线程返回主线程的功能。

子线程通过调用同步函数返回主线程，运行过程如图 2-25 所示。

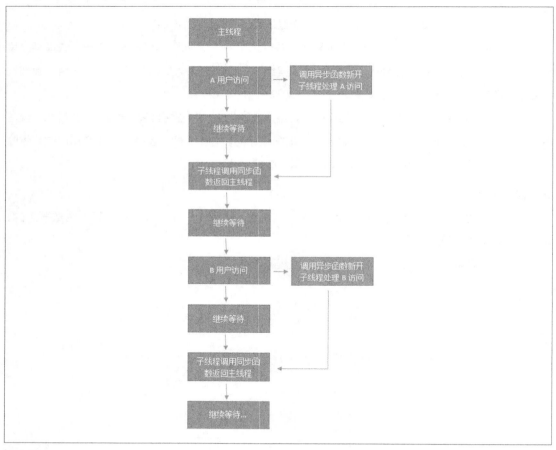

图 2-25

其中，左侧方块为主线程，右侧黄色方块为子线程。同样，主线程不会因为有用户访问而处于阻塞状态，不同的是子线程执行完毕后会调用同步函数返回到主线程继续执行部分代码。

由此可见，在 Foxtable 中进行异步编程非常的简单。

● 主线程调用异步函数开启一个子线程执行需要异步执行的代码。

● 子线程调用同步函数返回主线程执行需要同步执行的代码。

不管是异步函数还是同步函数，都可以传递参数，所以主线程和子线程之间可以相互传递数据。

子线程并非只能执行完毕后才能调用同步函数，实际上在子线程运行过程中，可以随时调用同步函数返回主线程执行，待同步函数在主线程执行完毕后（也可以不等待），继续执行子线程中的后续代码，且调用同步函数的次数不限。

2.4.2　异步函数和同步函数

事实上，在定义函数的时候，并不存在常规函数、异步函数和同步函数的区分，全部都是一样的定义方法。问题是如何实现异步函数和同步函数的调用效果呢？

例如，调用任何一个常规自定义函数的语法为：

```
Functions.Execute( 函数名 ，参数 1 ，参数 2 ，参数 3 ，…)
```

如果要使用异步方式调用，只需将上述语法中的 Execute 方法改为 AsyncExecute；如果要同步调用，可使用 SyncExecute 或 BeginSyncExecute 方法。这 3 个方法的语法和 Execute 完全相同。

这就是说，对于同一个函数，采用不同的方法调用将产生不同的运行效果。

调用自定义函数的 4 个方法如表 2-3 所示。

表 2-3

方法	说明
Execute	最常用的函数调用方法，既可以在主线程使用，也可以在子线程使用。当在主线程调用时，此函数就运行在主线程；在子线程调用时就运行在子线程。也就是说，Execute 不会改变函数的运行线程，被调用的函数始终和调用方处于同一个线程中
AsyncExecute	异步方式调用函数，一般在主线程使用。 当在主线程 (A) 调用时，被调用的函数将在一个新的子线程 (B) 中运行；当在子线程 (B) 调用时，被调用的函数又将会在另一个新的子线程 (C) 中运行。也就是说，AsyncExecute 始终会开启一个新的线程运行函数，所以它一般仅在主线程中使用。 由于该方法不等函数执行完毕就会返回调用方线程继续执行后续代码，因此 AsyncExecute 不会返回函数执行结果
BeginSyncExecute SyncExecute	同步方式调用函数。二者的区别如下。 子线程通过 BeginSyncExecute 调用函数后，不会做任何的等待，立即返回原来的位置继续执行后续代码，所以它不会返回函数的结果。 子线程通过 SyncExecute 调用函数后会一直等待，直到函数执行完毕，才会返回子线程继续执行后续代码，所以它会返回函数的结果。 多数时候，我们都会用 BeginSyncExecute 方法调用同步函数；如果希望获取同步函数的结果，可以使用 SyncExecute 方法调用。 这两个方法都应该在子线程中使用，因为在主线程中使用毫无意义

2.4.3 使用异步函数提高数据接口的并发能力

在之前的 HttpRequest 事件代码中，我们多次使用了 e 参数的 WriteString、WriteFile、AsDataServer 等方法。由于这些方法本身就是异步执行的，通常不会影响负载能力。

但对 2.3 节的数据接口实例而言，由于 HttpRequest 事件中的代码都是在主线程中同步执行的，且在这里还执行了两项负荷较重的运算：一个是执行 SQLCommand 数据查询，另一个是将全部的数据查询记录编码成 JArray 数组。当访问用户较多且数据量更大的时候，可能就会带来卡顿等问题。很显然，对于这样的数据接口，采用异步编程是最好的解决方案。

❶ 将 HttpRequest 事件的"重量"代码剥离出来，放到自定义函数中

这方面的重量代码主要有两大块。

一块是根据 DataTable 生成数据记录的 JArray 数组代码。自定义函数名为 tableJson，该函数的代码如下：

```
Dim dt As DataTable = Args(0)      '传入的 DataTable
'根据该 DataTable 生成 JSON
Dim arr As New JArray
For i As Integer = 0 To dt.DataRows.Count - 1   '遍历数据行
    Dim dr As DataRow = dt.DataRows(i)
    arr.Add(New JObject)      '每遍历一个数据行，就在 arr 数组中添加一个对象
    For Each dc As DataCol In dt.DataCols          '遍历行中的每一列
        If dc.IsDate Then                 '如果是日期型列
            arr(i)(dc.Name) = Format(dr(dc.Name),"yyyy-MM-dd")
        Else If dc.IsBoolean Then          '如果是逻辑列
            arr(i)(dc.Name) = CBool(dr(dc.Name))
        Else If dc.IsNumeric Then          '如果是数值列
            arr(i)(dc.Name) = val(dr(dc.Name))
        Else                               '如果是其他类型列
            arr(i)(dc.Name) = dr(dc.Name).ToString()
        End If
    Next
Next
Return arr        '将生成的数据记录数组返回
```

另一块是根据用户请求参数执行数据查询代码。自定义函数名为 getData，该函数的完整代码如下：

```
Dim e As RequestEventArgs = args(0)           '传入的 e 参数
'查询条件
Dim tj As String = "false"                    '默认为 false
If e.Values.Containskey("cp") Then            '如果收到请求参数 cp
```

```
         tj = "产品ID='" & e.Values("cp") & "'"          '就按产品ID生成数据查询条件
End If
'执行查询
Dim cmd As New SQLCommand
cmd.ConnectionName = "orders"
cmd.CommandText = "Select * From 订单 Where " & tj       '拼接SQL语句
Dim dt As DataTable = cmd.ExecuteReader                   '执行SQL语句并得到DataTable
'执行同步函数tableJson以得到数据记录数组
Dim arr As JArray = Functions.SyncExecute("tableJson",dt)
'创建JObject对象返回到客户端
Dim obj As New JObject                        '声明一个新的obj对象
obj("total") = dt.DataRows.Count              '将数据行数作为obj对象的total属性值
obj("rows") = arr                             '将遍历得到的数组作为obj的rows属性值
e.WriteString(CompressJson(obj))              '压缩成JSON字符串返回到客户端浏览器
e.Handled = True                              '通知系统，异步函数执行完毕，可以关闭信道
```

本函数有几个注意点需要特别强调一下，如下所述。

第一，在执行 SQLCommnad 得到 DataTable 之后，必须使用 Functions 中的 SyncExecute 方法同步执行另外一个自定义的 tableJson 函数。因为只有此方法才能同步得到返回值。

第二，必须使用一个变量来接收 HttpRequest 事件中的 e 参数。因为本函数是异步执行的，所以只有在传入 e 参数之后，才能在本函数里使用 WriteString 等方法。

第三，在本函数的最后，一定要使用"e.Handled=True"结束，以表示异步函数执行完毕。

❷ 在 HttpRequest 事件中异步执行自定义函数

由于已经将该事件中的核心数据处理代码都放到了自定义函数中，因而修改后的本事件代码异常简洁且逻辑清晰：

```
Select Case e.Path
    Case "jsondata"
        e.AsyncExecute = True        '通知系统，将采用异步方式生成数据
        Functions.AsyncExecute("getData", e)       '异步调用函数getData
End Select
```

也许有的读者会说，既然 Handled 是 e 参数的属性，那可不可以将它从 getData 函数改放到此事件中？例如：

```
Select Case e.Path
    Case "jsondata"
        e.AsyncExecute = True        '通知系统，将采用异步方式生成数据
        Functions.AsyncExecute("getData", e)       '异步调用函数getData
```

```
            e.Handled = True                    ' 通知系统，关闭信道
End Select
```

可以肯定地说，这样做是不可以的！因为 getData 函数是以异步方式执行的，这样做会在该函数还在子线程执行的时候，就把信道关闭了，这样客户端浏览器就接收不到任何数据。

那如果在 getData 函数中返回 JSON 数据，然后在 HttpRequest 事件中获取此数据呢？例如：

```
Select Case e.Path
    Case "jsondata"
        e.AsyncExecute = True              ' 通知系统，将采用异步方式生成数据
        Dim json As String = Functions.AsyncExecute("getData", e)
        ' 获取函数返回值
        e.WriteString(json)                ' 返回到客户端浏览器
        e.Handled = True                   ' 通知系统，关闭信道
End Select
```

这样也是不行的。因为你根本不可能准确获取到异步执行的函数返回值。如果你对此仍有疑问，建议结合 Ajax 的异步数据请求一起对比学习、理解，两者道理完全相同。

第03章

Excel 报表接口

Foxtable 服务器不仅可以用于 JSON 数据接口，还能直接用于数据查询、统计或者各种资料卡片的报表生成接口。需要特别说明的是，Foxtable 服务器端必须装有 Excel（最好是 2007 或以上版本），这样才能正常使用 Excel 报表功能。

主要内容

3.1　常规 Excel 报表

3.2　Excel 报表模板

3.3　Excel 报表接口

3.1 常规 Excel 报表

在将 Excel 报表功能真正用于接口之前，首先要了解 Excel 报表功能的基本操作。

Foxtable 提供了一个 XLS.Book 类，用于读写 Excel 文件。

仍以 1.6 节创建的数据源"orders"为例，现在想根据其中的"订单"表来生成包含指定列数据的 Excel 报表，可在命令窗口中执行以下示例代码：

```
' 生成 DataTable 数据
Dim cmd As New SQLCommand
cmd.ConnectionName = "orders"
cmd.CommandText = "Select 客户 ID, 数量 , 单价 , 日期 From 订单 Where 产品 ID='p01'"
Dim dt As DataTable = cmd.ExecuteReader
' 定义 Excel 工作簿
Dim Book As New XLS.Book
Dim Sheet As XLS.Sheet = Book.Sheets(0)    ' 引用工作簿默认都有的一个工作表
Sheet(0,1).Value = " 产品销售表 "              ' 在工作表的第 1 行第 2 列写上标题
For r As Integer = 0 To dt.DataRows.Count - 1       ' 遍历数据行
    Dim c As Integer = 0
    For Each dc As DataCol In dt.DataCols            ' 遍历数据列
        Sheet(r + 1, c).Value = dt.DataRows(r)(dc.Name)    ' 写入单元格
        c = c + 1
    Next
Next
' 生成 Excel 工作簿文件 ( 保存在网站指定目录的 reports 文件夹中 )
Dim file As String = HttpServer.WebPath & "reports\test.xls"
Book.Save(file)
' 打开 Excel 工作簿
Dim Proc As New Process
Proc.File = file
Proc.Start()
```

上述代码执行后，可得到图 3-1 所示的 Excel 报表。

这个例子虽小，却完整地演示了生成一个 Excel 报表文件的过程：首先定义一个工作簿 (Book)，Book 有一个 Sheets 集合，该集合包括所有工作表，可以通过其引用、添加和删除工作表。例如：

```
Dim Book As New XLS.Book
Dim Sheet As XLS.Sheet = Book.Sheets(0) ' 每个工作簿默认有一个工作表
Sheet.Name = " 订单 "          ' 将第 1 个表改名为"订单"
Dim Sheet2 As XLS.Sheet = Book.Sheets.Add(" 产品 ") ' 增加一个名为"产品"的工作表
```

```
Dim Sheet3 As XlS.Sheet = Book.Sheets.Add(" 客户 ")  ' 增加一个名为客户的工作表
Book.Sheets.Remove(" 客户 ")   ' 删除客户表
Book.Sheets.RemoveAt(1)      ' 删除第 2 个表
```

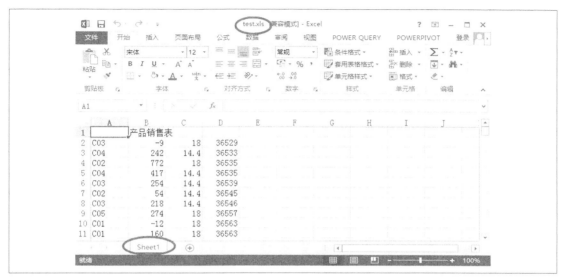

图 3-1

  Sheet 通过行列坐标引用指定位置的单元格，通过 Value 属性即可向单元格写入内容，同时还能设置样式甚至合并单元格。例如在之前示例代码的遍历结束之后，再加上以下代码：

```
Dim st As XLS.Style = Book.NewStyle          ' 定义样式
st.FontBold = True                           ' 字体加粗
st.ForeColor = Color.Red                     ' 字体颜色。背景色属性为 BackColor
st.AlignHorz = XLS.AlignHorzEnum.Center ' 水平居中对齐
st.AlignVert = XLS.AlignVertEnum.Center ' 垂直居中对齐
Sheet(0,0).Style = st
Sheet(0,0).Value = " 这是重新设置的新标题 "
Sheet.MergeCell(0,0,1,4) ' 从第 1 行和第 1 列开始，向下合并一行，向右合并 4 列
```

这样得到的 Excel 报表如图 3-2 所示。

	A	B	C	D
1		这是重新设置的新标题		
2	C03	-9	18	36529
3	C04	242	14.4	36533
4	C02	772	18	36535
5	C04	417	14.4	36535
6	C03	254	14.4	36539
7	C02	54	14.4	36545
8	C03	218	14.4	36546
9	C05	274	18	36557
10	C01	-12	18	36563
11	C01	160	18	36563

图 3-2

　　这样生成的 Excel 报表其实是有问题的，最明显的问题就是其中的日期列居然全部变成了数字。如果要让它显示成正常的日期，同样可以使用 Style 属性。以下就是同时添加了列标题的 Excel 报表的完整代码：

```
' 生成 DataTable 数据
Dim cmd As New SQLCommand
cmd.ConnectionName = "orders"
cmd.CommandText = "Select 客户 ID, 数量 , 单价 , 日期 From 订单 Where 产品 ID='p01'"
Dim dt As DataTable = cmd.ExecuteReader
' 定义 Excel 工作簿
Dim Book As New XLS.Book
Dim Sheet As XLS.Sheet = Book.Sheets(0)        ' 引用工作簿的第 1 个工作表
' 列标题及其宽度
Dim caps() As String = {" 客户 ID"," 数量 "," 单价 "," 日期 "}
Dim ws() As Integer = {100,80,80,120}
For i As Integer = 0 To caps.length -1
    Sheet(1, i).Value = caps(i)     ' 列标题
    Sheet.Cols(i).Width = ws(i)     ' 列宽
Next
Dim cap As XLS.Style = Book.NewStyle()
cap.AlignHorz = XLS.AlignHorzEnum.Center
Sheet.Rows(1).Style = cap                 ' 统一设置列标题样式
' 遍历数据写入单元格
For r As Integer = 0 To dt.DataRows.Count - 1        ' 遍历数据行
    Dim c As Integer = 0
    For Each dc As DataCol In dt.DataCols             ' 遍历数据列
        Sheet(r + 2, c).Value = dt.DataRows(r)(dc.Name)
        c = c + 1
    Next
Next
' 重新设置表标题
Dim st As XLS.Style = Book.NewStyle()     ' 定义样式
st.FontBold = True                        ' 字体加粗
st.ForeColor = Color.Red                  ' 字体颜色为红色
st.AlignHorz = XLS.AlignHorzEnum.Center   ' 水平居中对齐
st.AlignVert = XLS.AlignVertEnum.Center   ' 垂直居中对齐
Sheet(0,0).Style = st
Sheet(0,0).Value = " 这是重新设置的新标题 "
Sheet.MergeCell(0,0,1,4)
Sheet.Rows(0).Height = 60                  ' 重置表标题行高
' 重新设置日期样式
```

```
Dim rq As XLS.Style = Book.NewStyle()
rq.Format = "yyyy-MM-dd"
Sheet.Cols(3).Style = rq
'生成 Excel 工作簿文件（保存在网站指定目录的 reports 文件夹中）
Dim file As String = HttpServer.WebPath & "reports\test.xls"
Book.Save(file)
'打开 Excel 工作簿
Dim Proc As New Process
Proc.File = file
Proc.Start()
```

在这段代码中，已经用到了生成 Excel 报表 90% 以上最常见的样式或属性设置方法。上述代码的执行效果如图 3-3 所示。

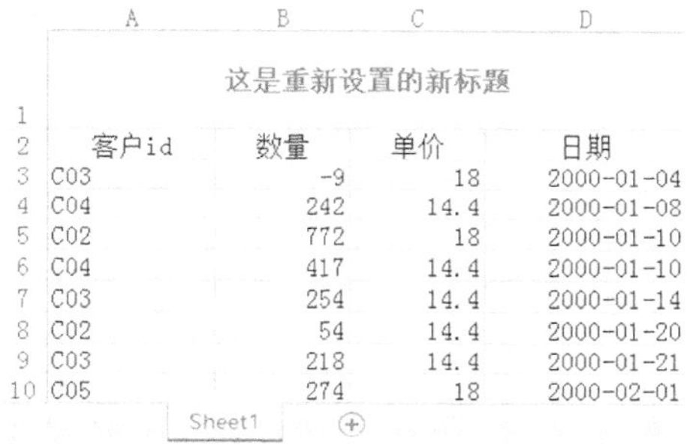

	A	B	C	D
1	这是重新设置的新标题			
2	客户id	数量	单价	日期
3	C03	-9	18	2000-01-04
4	C04	242	14.4	2000-01-08
5	C02	772	18	2000-01-10
6	C04	417	14.4	2000-01-10
7	C03	254	14.4	2000-01-14
8	C02	54	14.4	2000-01-20
9	C03	218	14.4	2000-01-21
10	C05	274	18	2000-02-01

Sheet1

图 3-3

下面详细介绍 Excel 报表的各个构成部分。

3.1.1 工作簿（Book）

既可以新建工作簿，也可以使用现有的 Excel 工作簿文件。例如：

```
Dim Book As New XLS.Book          '定义一个新的 Excel 工作簿
Dim Book As New XLS.Book("c:\reports\test.xls")    '使用现有的 Excel 工作簿
```

工作簿的常用属性及方法如表 3-1 所示。

表 3-1

	名称	说明
属性	Sheets	返回工作表集合，通过此集合获得指定位置的工作表
	DefaultFont	返回或者设置工作簿的默认字体
方法	Save	保存工作簿
	SaveToPdf	将工作簿保存为 PDF 文件（Excel 要使用 2007 及以上版本）

由此可知，不仅可以使用 Save 方法将 Excel 报表保存为 Excel 格式的文件，还可以使用 SaveToPdf 方法将 Excel 报表保存为 PDF 文件。示例代码如下：

```
Dim file As String = HttpServer.WebPath & "reports\test.pdf"    ' 文件后缀名为 .pdf
Book.SaveToPdf(file)                    ' 改用 SaveToPdf 方法保存
```

除了 SaveToPdf 方法之外，表 3-1 中最重要的就是 Sheets 属性了。这是一个工作表集合，通过该属性不仅可以获取与工作簿相关的属性信息，还能对工作表进行增加、插入或删除操作。例如：

```
Dim Book As New XLS.Book          ' 定义新的 Excel 工作簿，默认只有一个工作表
Book.Sheets.Add()                 ' 增加一个工作表
Book.Sheets.RemoveAt(0)           ' 删除第 1 个工作表
```

Sheets 集合的常用属性及方法如表 3-2 所示。

表 3-2

	名称	说明
属性	Count	获取工作簿中的工作表数量
	SelectedIndex	设置打开工作簿时，默认选择哪一个工作表
方法	Add	增加工作表
	Insert	在指定位置插入工作表
	Remove	删除指定名称的工作表
	RemoveAt	删除指定位置的工作表

其中，Add 方法可以带一个参数，用于指定新增工作表的名称。例如：

```
Book.Sheets.Add(" 统计 ")          ' 增加一个名为 "统计" 的工作表
```

使用 Insert 方法必须指定插入位置。使用该方法插入表的时候，也可同时指定插入表的名称。例如：

```
Book.Sheets.Insert(0," 订单 ")     ' 在第 1 个表的位置插入一个名为 "订单" 的工作表
```

Remove 和 RemoveAt 方法都能删除工作表，两者的区别在于：前者必须指定名称，后者必须指定位置。例如：

```
Book.Sheets.Remove(" 统计 ")        ' 删除名为 "统计" 的工作表
Book.Sheets.RemoveAt(0)           ' 删除第 1 个工作表
```

请注意，Sheets 中的 Add、Insert 和 Remove 方法还可对不同工作簿中的工作表执行增加、插入或删除操作。例如，下面的代码将 "订单" 工作表从文件 001.xls 移动到 002.xls：

```
Dim Book1 As New XLS.Book("C:\001.xls")
Dim Book2 As New XLS.Book("C:\002.xls")
Dim Sheet = Book1.Sheets("订单")
Book1.Sheets.Remove(Sheet)
Book2.Sheets.Add(Sheet)
Book1.Save("C:\001.xls")
Book2.Save("C:\002.xls")
```

3.1.2　工作表（Sheet）

工作表可使用位置或表名称来引用。例如：

```
Dim Book As New XLS.Book
Dim Sheet As XLS.Sheet = Book.Sheets(0)        '使用第 1 个工作表
Dim Sheet1 = Book.Sheets("统计")               '使用名为"统计"的工作表
```

工作表的常用属性及方法如表 3-3 所示。

表 3-3

	名称	说明
属性	DefaultColumnWidth	返回或设置默认列宽，单位为像素
	DefaultRowHeight	返回或设置默认行高，单位为像素
	GridColor	返回或设置网格线的颜色
	ShowGridLines	是否显示网格线
	ShowHeaders	是否显示表头
	Visible	是否显示工作表
	Name	返回或设置工作表名称
	Locked	是否锁定工作表，锁定后可禁止用户编辑
	Rows	返回行集合
	Cols	返回列集合
方法	MergeCell	合并单元格
	ClearMergedCells	取消合并单元格，无参数

例如：

```
Dim Book As New XLS.Book
Book.DefaultFont = New Font("宋体",9)          '设置整个工作簿的默认字体
Dim Sheet As XLS.Sheet = Book.Sheets(0)
```

```
Sheet.GridColor = Color.Pink          '设置指定工作表的网格颜色
Sheet.DefaultColumnWidth = 75          '设置指定工作表默认列宽
Sheet.Locked = True                    '禁止编辑工作表
Sheet.MergeCell(2,2,10,10)            '合并单元格
```

其中，MergeCell 方法的语法格式为：

```
MergeCell(RowFrom, ColFrom, RowCount, ColCount)
```

这里的 RowFrom 表示合并起始行，ColFrom 表示合并起始列，RowCount 表示要合并的行数，ColCount 表示要合并的列数。

工作表中的 Rows 和 Cols 分别表示行集合与列集合，通过它们可以获取指定工作表中的行列相关属性信息，且能对它们执行增加、插入或删除操作。Rows 及 Cols 都具备的属性及方法如表 3-4 所示。

表 3-4

	名称	说明
属性	Count	返回总行数或总列数
	Frozen	返回或设置冻结的行数或列数
方法	Add	增加行或列
	Insert	在指定位置插入行或列
	RemoveAt	删除指定位置的行或列

例如：

```
Dim Book As New XLS.Book("c:\reports\test.xls") '定义一个 Excel 工作簿
Dim Sheet As XLS.Sheet = Book.Sheets(0) '引用工作簿的第 1 个工作表
Sheet.Rows.Insert(0)          '在最前面插入一行
Sheet.Cols.Insert(0)           '在最前面插入一列
```

需要说明的是，由于工作表中的行或列都是自动增加的，因而很少会用到表 3-4 中的 Add 方法。

3.1.3 行（Row）或列（Col）

当需要对工作表中的指定行或列进行操作时，可通过 Rows、Cols 集合来指定。例如：

```
Dim Book As New XLS.Book("reports\test.xls") '定义一个 Excel 工作簿
Dim Sheet As XLS.Sheet = Book.Sheets(0)       '引用工作簿的第 1 个工作表
Dim r As xls.Row = Sheet.Rows(0)              '引用第 1 行
Dim c As xls.Col = Sheet.Cols(0)              '引用第 1 列
r.Height = 80                                  '设置指定行的高度
c.Width = 120                                  '设置指定列的宽度
```

对指定行或列的操作，一般都是直接简写，如下所示：

```
Dim Book As New XLS.Book("reports\test.xls")  ' 定义一个 Excel 工作簿
Dim Sheet As XLS.Sheet = Book.Sheets(0)       ' 引用工作簿的第 1 个工作表
Sheet.Rows(0).Height = 80                     ' 设置指定行的高度
Sheet.Cols(0).Width = 120                     ' 设置指定列的宽度
```

行、列的常用属性如表 3-5 所示。

表 3-5

名称	说明
Height	返回或设置行高，单位为像素。这是行属性
Width	返回或设置列宽，单位为像素。这是列属性
PageBreak	是否在该行或该列强制换页
Visible	是否显示该行或该列
Style	设置行或列的样式

3.1.4 单元格（Cell）

如果要引用某个具体的单元格，可通过给 Sheet 指定行、列位置来实现。例如：

```
Dim Book As New XLS.Book("reports\test.xls")  ' 定义一个 Excel 工作簿
Dim Sheet As XLS.Sheet = Book.Sheets(0)       ' 引用工作簿的第 1 个工作表
Dim cell As XlS.Cell = Sheet(0,0)             ' 引用第 1 行第 1 列的单元格
cell.Value = " 新的值 "                        ' 给该单元格重新赋值
```

和行、列一样，对于引用的单元格一般可以简写成这样：

```
Dim Book As New XLS.Book("reports\test.xls")  ' 定义一个 Excel 工作簿
Dim Sheet As XLS.Sheet = Book.Sheets(0)       ' 引用工作簿的第 1 个工作表
Sheet(0,0).Value = " 新的值 "                  ' 给指定单元格重新赋值
```

单元格的常用属性及方法如表 3-6 所示。

表 3-6

	名称	说明
属性	Value	返回或设置单元格的值
	Formula	返回或设置单元格公式
	Text	只读属性，返回单元格的文本内容
	Style	设置单元格样式
	Hyperlink	设置单元格的超链接
方法	Save	将单元格中的图片保存为文件

3.1.5 图片（Picture）

Value 属性不仅可以将单元格的内容设置为数据，还可以设置为一个 XLS.Picture 图片对象。

XLS.Picture 用于定义一个可插入 Excel 单元格的图片，其语法为：

```
New XLS.Picture(Image)
New XLS.Picture(Image, Left, Top)
New XLS.Picture(Image, Left, Top, Width, Height)
```

其中，Image 表示要插入的图片，Left 为单元格内的左边距，Top 为上边距，Width 为图片宽度，Height 为图片高度，它们的单位都是像素。

当没有为图片指定宽度和高度时，图片大小将使用原始尺寸。

这里的 Image 必须是用 GetImage 函数获取的图片。如果图片文件位于 Foxtable 所在项目文件夹的 Images 子目录下，只需指定文件名便可引用，否则还要包括路径。例如：

```
Dim img As XLS.Picture = New XLS.Picture(GetImage("ep1.bmp"),2,2,60,60)
Sheet(0,0).Value = img
```

当然也可以简写成一行：

```
Sheet(0,0).Value = New XLS.Picture(GetImage("ep1.bmp"),2,2,60,60)
```

3.1.6 样式（Style）

如前所述，只有行、列及单元格具备 Style 样式属性。这就表明我们可以对指定的行、列或单元格设置样式，而不能对整个工作簿（Book）或某个具体的工作表（Sheet）统一设置样式（但可以使用 DefaultFont 属性对工作簿设置默认字体，使用 GridColor 属性对工作表设置网格线颜色）。

如果要设置样式，必须先定义 XLS.Style 样式对象。例如：

```
Dim Book As New XLS.Book()
Dim Sheet As XLS.Sheet = Book.Sheets(0)
Dim Style As XLS.Style = Book.NewStyle()          '定义名为 Style 的新样式
Style.ForeColor = Color.Red                       '文字颜色
Style.AlignHorz = XLS.AlignHorzEnum.Center        '水平居中
Style.AlignVert = XLS.AlignVertEnum.Center        '垂直居中
Sheet.Rows(0).Height = 50
Sheet.Cols(0).Width = 120
Sheet(0,0).Value = " 邮件 "
Sheet(0,0).Hyperlink = "Mailto:zjtdr@21cn.net"
Sheet(0,0).Style = Style                          '给指定单元格使用样式
```

上述代码给新定义的 Style 变量添加了 3 个样式：文字颜色、文字在单元格内水平居中和垂直居中。

需要特别说明的是，当把同一种属性（如前景色 ForeColor）中的不同样式值（例如 Red、Green 或 Blue）分别赋给行、列或单元格时，其优先顺序是：单元格 > 行 > 列。

Style 样式的可用属性如表 3-7 所示。

表 3-7

	名称	说明
颜色	ForeColor	前景色（文字颜色）
	BackColor	背景色
对齐	AlignHorz	水平对齐，XLS.AlignHorzEnum 型枚举，可选值有 Center、Left、Right、General(默认)
	AlignVert	垂直对齐，XLS.AlignVertEnum 型枚举，可选值有 Bottom、Center、Top、Undefined(默认)
边框	BorderColorTop	上边框颜色
	BorderColorBottom	下边框颜色
	BorderColorLeft	左边框颜色
	BorderColorRight	右边框颜色
	BorderTop	上边框类型，XLS.LineStyleEnum 型枚举
	BorderBottom	下边框类型，XLS.LineStyleEnum 型枚举
	BorderLeft	左边框类型，XLS.LineStyleEnum 型枚举
	BorderRight	右边框类型，XLS.LineStyleEnum 型枚举
斜线	Diagonal	斜线方向，XLS.DiagonalEnum 型枚举，可选值有 Backward(反斜线)、Forward(斜线)、None(无)
	DiagonalColor	斜线颜色
	DiagonalStyle	斜线类型，XLS.LineStyleEnum 型枚举
其他	Font	字体
	Format	显示格式
	Locked	是否禁止编辑
	WordWrap	单元格内容是否自动换行
	Rotation	整数型，单元格内容旋转的角度

其中，边框类型及斜线类型的属性值都是 XLS.LineStyleEnum 型枚举，可选值如下。

Dashed：虚线。

Dotted：点线。

Double：双实线。

Hair：头发丝一样的细线（一个像素）。

Medium：中等实线。

MediumDashDotDotted：中等（短线 + 点 + 点）。

MediumDashDotted：中等（短线 + 点）。

MediumDashed：中等虚线。

None：无。

Thick: 粗线。

Thin：细线。

ThinDashDotDotted：细（短线 + 点 + 点）。

ThinDashDotted：细（短线 + 点）。

3.2 Excel 报表模板

显而易见，纯粹通过代码来生成 Excel 报表的方式还是烦琐了一点。因此 Foxtable 又特别引入了 Excel 模板的概念，让用户可以根据预先设计好的 Excel 模板自动生成报表。

Excel 报表模板功能非常强大，通过对它的灵活使用，可以解决日常工作中绝大部分的报表需求。当然，前提是在设计模板时要遵守其相应的规则。

模板设计最基本的规则是输入的单元格内容只能为普通字符（包括固定方式使用的图片）、数据引用和表达式，且不能混排。

其中，数据引用的特征是外面必须用"[]"括起来，而表达式的特征是使用"<>"括起来。这里的混排是指将 3 种类型的单元格内容混合写入一个单元格中，这是不被允许的。例如在同一个单元格中输入"出生日期 [出生日期]"，它们只会被当作普通的字符串输出，而无法引用指定的列数据。如需将普通字符和引用的数据进行拼接，可使用表达式。

另外需要特别强调的是，这里所用到的各种标记和表达式符号必须都是半角的。

3.2.1 细节区和数据引用

Excel 报表模板的第 1 列用于定义细节区，细节区的定义格式为：< 来源表名称 >。

在细节区，可以引用表中的数据，引用数据的格式为：[列名]。

模板中的第 1 列只能存放标记，即使存放其他内容也不会被输出。

例如，图 3-4 中的第 4 行仅使用了两类标记就指定了数据细节区。第 4 行之外的其他行由于没有使用任何标记，在生成报表时都将作为普通字符按原样输出。

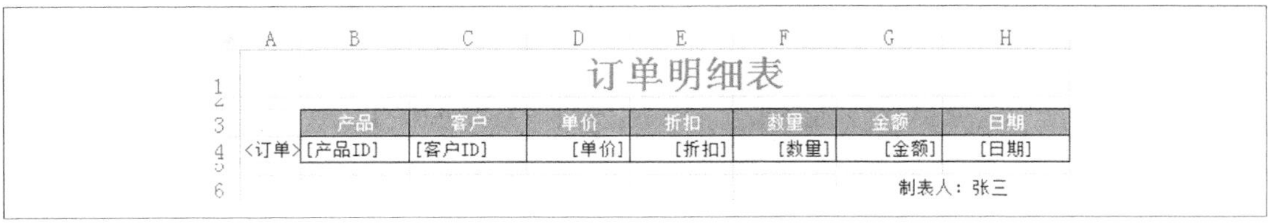

图 3-4

假如这个模板的文件名为 test.xls，且保存在 HttpServer 所指定网站目录的 Attachments 文件夹下，那么该如何使用它来生成报表？该模板中的"订单"表数据又该从何而来？

我们先在命令窗口中输入以下测试代码：

```
Dim book As New XLS.Book(HttpServer.WebPath & "Attachments\test.xls")
book.AddDataTable("订单","orders","Select *,单价 * 数量 *(1-折扣) As 金额
From 订单 Where 产品ID = 'p01'")
book.Build()
'保存并打开生成的报表
Dim fl As String = HttpServer.WebPath & "Reports\test.xls"
book.Save(fl)
Dim Proc As New Process
Proc.File = fl
Proc.Start()
```

这段代码的第 1 行通过引用 Attachments 文件夹中的模板文件创建了 Excel 工作簿，第 2 行使用工作簿中的 AddDataTable 方法生成了模板所要用到的数据表，第 3 行则根据指定的引用数据列生成细节区数据。后面的几行代码和之前的常规 Excel 报表无异，故略去说明。

很显然，本段代码最关键的就是前面 3 行。代码执行后生成的 Excel 报表效果如图 3-5 所示。

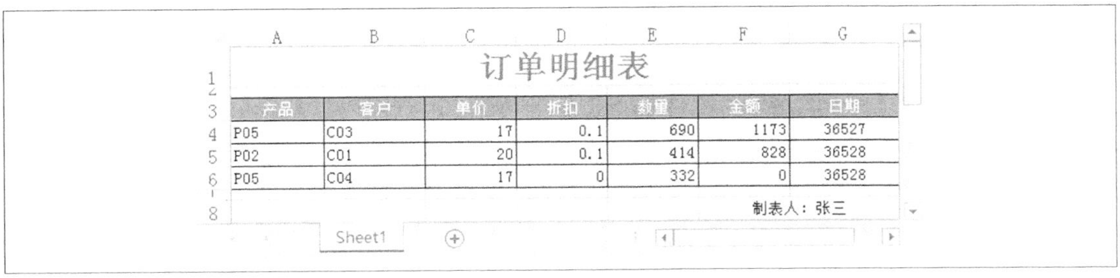

图 3-5

可能有的读者会问：为什么这里的日期变成了数字？数值列可以保留指定的小数位数吗？不用担心，在 Excel 模板中指定相应单元格的格式即可解决这些问题。

例如，要将日期列显示为日期，可先选中 H4 单元格，单击鼠标右键，选择"设置单元格格式"选项，打开"设置单元格格式"对话框进行设置，如图 3-6 所示。

图 3-6

同样的道理，我们也可以将"单价"、"折扣"和"金额"列的单元格都设置为数值格式，同时保留两位小数。模板修改完成后，重新生成的报表如图 3-7 所示。

图 3-7

这里需要特别说明的是，当使用 AddDataTable 方法生成数据表时，这里的表名称必须和模板中指定的表名称完全一致。另外，由于数据源中的"订单"表并不存在"金额"列，所以这里的 SQL 语句又使用表达式专门生成了此列。

其实 AddDataTable 方法还有另外一种写法。例如：

```
'生成数据表
Dim cmd As New SQLCommand
cmd.ConnectionName = "orders"
cmd.CommandText = "Select *,单价*数量*(1-折扣) As 金额 From 订单 Where 产品
ID = 'p01'"
Dim dt As DataTable = cmd.ExecuteReader
'生成excel工作簿
Dim Book As New XLS.Book(HttpServer.WebPath & "Attachments\test.xls")
book.AddDataTable("订单",dt)
Book.Build()
'保存并打开报表，代码略
```

由此可见，AddDataTable 的语法有以下两种：

```
AddDataTable(Name,DataSouce,SelectString)
AddDataTable(Name,DataTable)
```

其中，Name 为指定的表名称，它必须和模板中的表名保持一致；DataSouce 为数据源；SelectString 表示 Select 语句；DataTable 是指报表数据来源的 DataTable 表。

3.2.2　指定报表有效区域

为了能更有效地生成报表，我们可以在第 1 行的最后一列，以及第 1 列的最后一行，分别输入"<End>"标记，以指定生成报表的有效区域。

生成报表时，"<End>"标记之外的行、列（包括"<End>"标记所在的行、列）都会被忽略，以避免无关的内容生成到报表中，从而提高报表生成效率，避免发生一些意外情况。

例如，图 3-8 所示的模板中的第 8 行尽管有内容，但由于它处在"<End>"标记之外，因此在生成报表时并不会输出。

图 3-8

3.2.3　使用表达式或单元格公式动态生成列数据

Excel 模板中可以使用表达式来动态生成列数据。必须强调的是，这里的表达式要使用尖括号包起来，否则在生成报表时不会进行运算。例如 <[数量] * [单价]>、<" 编号 :" & [编号]> 等。

这里的表达式采用 VBScript 语言编写，而且 Foxtable 还对其进行了扩展。

再如，之前示例中的"金额"列数据是使用 SQL 语句动态生成的。如果不用 SQL 语句生成，也可直接在模板中通过表达式实现，如图 3-9 所示。

图 3-9

既然是 Excel 模板，当然也能使用 Excel 本身的单元格公式，如图 3-10 所示。

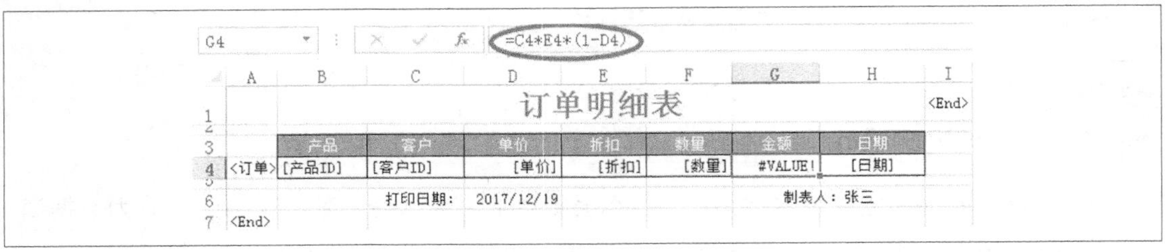

G4 =C4*E4*(1-D4)

	A	B	C	D	E	F	G	H	I
1				订单明细表					<End>
3		产品	客户	单价	折扣	数量	金额	日期	
4	<订单>	[产品ID]	[客户ID]	[单价]	[折扣]	[数量]	#VALUE!	[日期]	
6			打印日期:	2017/12/19			制表人：张三		
7	<End>								

图 3-10

需要注意的是，当使用表达式时，必须使用尖括号包起来；当使用 Excel 单元格公式时，必须使用等号，而且引用单元格时要往前移动一格，这是因为生成的 Excel 报表中会自动将第 1 列删除。例如图 3-10 中要引用单价的值，就必须用 C4 而不是 D4，其他以此类推。

一般来说，Excel 本身的单元格公式常用于表头、表尾中，以方便获取单个数据的值，如图 3-10 中的 D6 单元格就是使用“=TODAY()”得到的；很少用于数据的细节区，因为生成报表后还要拖曳单元格才能实现公式的重新计算，如图 3-11 所示。

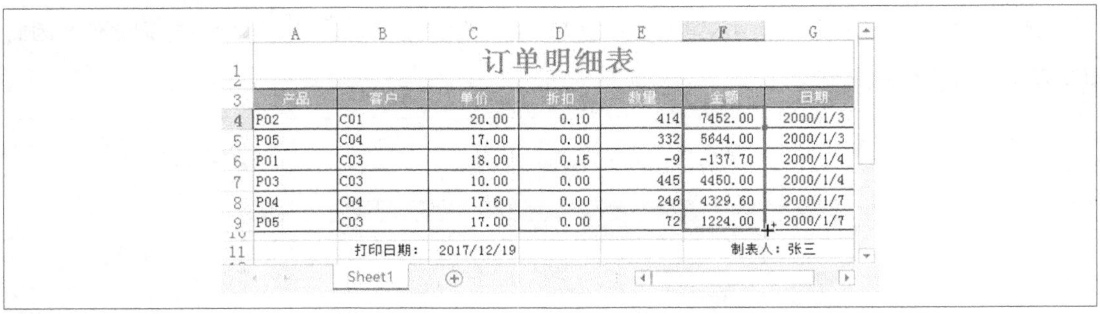

	A	B	C	D	E	F	G
1			订单明细表				
3	产品	客户	单价	折扣	数量	金额	日期
4	P02	C01	20.00	0.10	414	7452.00	2000/1/3
5	P05	C04	17.00	0.00	332	5644.00	2000/1/3
6	P01	C03	18.00	0.15	-9	-137.70	2000/1/4
7	P03	C03	10.00	0.00	445	4450.00	2000/1/4
8	P04	C04	17.60	0.00	246	4329.60	2000/1/7
9	P05	C03	17.00	0.00	72	1224.00	2000/1/7
11		打印日期:	2017/12/19			制表人：张三	

Sheet1

图 3-11

当需要生成序号列时，可使用“<Index>”标记，这个就相当于表中的行号，但它是从 1 开始的，如图 3-12 所示。

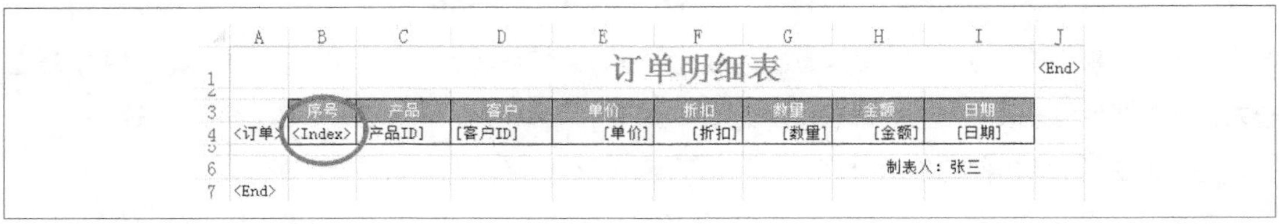

	A	B	C	D	E	F	G	H	I	J
1					订单明细表					<End>
3		序号	产品	客户	单价	折扣	数量	金额	日期	
4	<订单>	<Index>	[产品ID]	[客户ID]	[单价]	[折扣]	[数量]	[金额]	[日期]	
6								制表人：张三		
7	<End>									

图 3-12

生成的报表如图 3-13 所示。

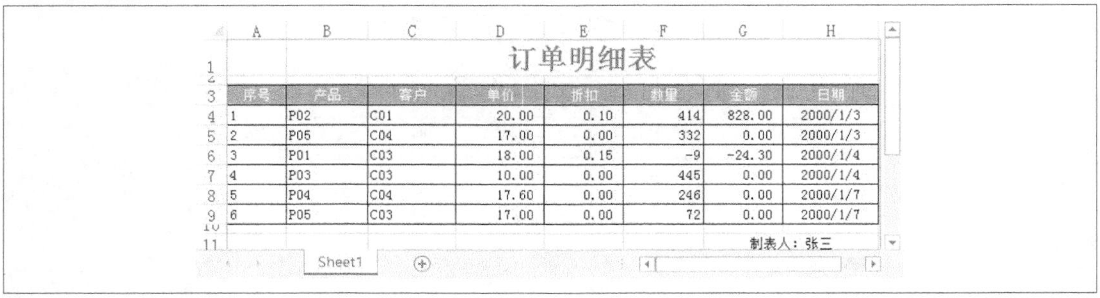

	A	B	C	D	E	F	G	H
1				订单明细表				
3	序号	产品	客户	单价	折扣	数量	金额	日期
4	1	P02	C01	20.00	0.10	414	828.00	2000/1/3
5	2	P05	C04	17.00	0.00	332	0.00	2000/1/3
6	3	P01	C03	18.00	0.15	-9	-24.30	2000/1/4
7	4	P03	C03	10.00	0.00	445	0.00	2000/1/4
8	5	P04	C04	17.60	0.00	246	0.00	2000/1/7
9	6	P05	C03	17.00	0.00	72	0.00	2000/1/7
11							制表人：张三	

Sheet1

图 3-13

3.2.4 设置数据输出范围

默认情况下，Excel 报表将输出 AddDataTable 方法所指定的表中的全部数据。通过在模板中设置条件，用户还可以指定 Excel 报表的数据输出范围。

如果要输出全部记录，可在细节区第 1 行的尾部加上"<ALL>"标记；如果要输出指定条件的记录，在同样的位置加上条件表达式即可，如图 3-14 所示。

图 3-14

需要特别强调的是，条件标记只有在设置了有效区域时才会生效，且必须和最后一列的"<End>"标记处于同一列。这里的输出条件和 AddDataTable 中的加载条件是叠加的。

例如，"订单"表在使用 AddDataTable 方法加载时，已经指定条件为"< 产品 ID='P02'>"。当模板中的输出范围为"<ALL>"时，生成的就全部是"产品 ID"为"P02"的数据记录；当指定条件为"< 产品 ID='P03'>"时，则不会输出任何记录。

3.2.5 设置数据输出顺序

如果需要将输出的数据按指定顺序排列，可以在设置细节区时同时指定排序列。例如按数量排列，如图 3-15 所示。

图 3-15

默认为升序排列。如果需要降序，可以指定条件为"< 订单,数量 desc>"。

多列排序时以"|"分割，例如"< 订单,数量 desc| 日期 desc>"。

需要注意是，如果细节区的数据来源于主表而不是关联表，则只有同时加上输出条件，指定的排序列才会生效。当没有条件时，必须加上"<ALL>"标记。

3.2.6 换页控制

在细节区指定数据来源表的时候，可以给其增加一个参数，用于指定单个页面可以输出细节区的个数。一旦细节区数量达到设定值，将自动插入一个换页符，如图 3-16 所示。

	A	B	C	D	E	F	G	H	I
1		订单明细表							<End>
2									
3		产品	客户	单价	折扣	数量	金额	日期	
4	<订单, 10>	[产品ID]	[客户ID]	[单价]	[折扣]	[数量]	[金额]	[日期]	<ALL>
5									
6								制表人：张三	
7	<End>								

图 3-16

输出的报表如图 3-17 所示。

	A	B	C	D	E	F	G
1	订单明细表						
2							
3	产品	客户	单价	折扣	数量	金额	日期
4	P05	C03	17.00	0.10	690	1173.00	2000/1/2
5	P02	C01	20.00	0.10	414	828.00	2000/1/3
6	P05	C04	17.00	0.00	332	0.00	2000/1/3
7	P01	C03	18.00	0.15	-9	-24.30	2000/1/4
8	P03	C03	10.00	0.00	445	0.00	2000/1/4
9	P04	C04	17.60	0.00	246	0.00	2000/1/7
10	P05	C03	17.00	0.00	72	0.00	2000/1/7
11	P01	C04	14.40	0.00	242	0.00	2000/1/8
12	P03	C02	8.00	0.10	318	254.40	2000/1/8
13	P01	C02	18.00	0.20	772	2779.20	2000/1/10
14	P01	C04	14.40	0.05	417	300.24	2000/1/10
15	P03	C01	8.00	0.00	287	0.00	2000/1/11
16	P04	C05	22.00	0.05	500	550.00	2000/1/11
17	P04	C03	22.00	0.00	-95	0.00	2000/1/12
18	P02	C05	19.00	0.10	170	323.00	2000/1/13
19	P01	C03	14.40	0.25	254	914.40	2000/1/14
20	P02	C01	15.20	0.00	112	0.00	2000/1/14
21	P02	C05	15.20	0.00	441	0.00	2000/1/14
22	P05	C04	21.35	0.00	13	0.00	2000/1/16
23	P02	C03	15.20	0.10	183	278.16	2000/1/17
24	P03	C04	10.00	0.00	-34	0.00	2000/1/17
25	P01	C02	14.40	0.00	54	0.00	2000/1/20

第 1 页　第 2 页　Sheet1

图 3-17

请注意，Excel 中的分页控制在普通视图模式下是看不到效果的，必须将 Excel 的视图模式改为“分页预览”，或者直接使用打印预览功能才能看到效果。

如果希望输出到最后一页时，可以空行自动补足指定的个数，只需将第 2 个参数改为负数。

如果希望在指定个数的同时再指定排序列，可以设置成 < 订单 , 数量 desc,10>。

如果希望每页重复输出标题等细节区之外的内容，可以用“<HeaderRow>”标记指定页首行、用“<FooterRow>”标记指定页尾行，如图 3-18 所示。

	A	B	C	D	E	F	G	H	I
1	<HeaderRow>				订单明细表				<End>
2									
3		产品	客户	单价	折扣	数量	金额	日期	
4	<订单,-10>	[产品ID]	[客户ID]	[单价]	[折扣]	[数量]	[金额]	[日期]	<ALL>
5									
6	<FooterRow>						制表人：张三		
7	<End>								

图 3-18

由于这里的细节区使用了标记“< 订单 ,-10>”，因此在输出最后一页时，会自动补足空行，如图 3-19 所示。

	A	B	C	D	E	F	G
1023				订单明细表			
1024	P02	C02	19.00	0.00	405	0.00	1999/12/22
1025	P02	C02	15.20	0.20	256	778.24	1999/12/22
1026	P02	C03	19.00	0.20	467	1774.60	1999/12/22
1027	P05	C01	21.35	0.00	14	0.00	1999/12/22
1028	P01	C01	14.40	0.02	-12	-3.46	1999/12/23
1029	P04	C02	17.60	0.20	257	904.64	1999/12/23
1030	P01	C05	18.00	0.00	581	0.00	1999/12/25
1031	P05	C02	17.00	0.20	18	61.20	1999/12/25
1032	P05	C03	17.00	0.00	286	0.00	1999/12/27
1033	P05	C01	17.00	0.00	50	0.00	1999/12/28
1034						制表人：张三	
1035				订单明细表			
1036	P02	C02	15.20	0.00	441	0.00	1999/12/29
1037	P02	C03	19.00	0.00	110	0.00	1999/12/29
1038	P01	C02	18.00	0.00	406	0.00	1999/12/30
1039	P01	C05	18.00	0.18	16	51.84	1999/12/30
1040							
1041							
1042							
1043							
1044							
1045							
1046						制表人：张三	

Sheet1

图 3-19

细心的读者也许会发现：为什么每页仅重复输出了页标题而没有重复输出表标题？这是因为我们在上面的模板中仅指定了一个页首行。当要输出的页首行有多行时，要分别在其首部和尾部都加上“<HeaderRow>”标记；当页尾行有多行时，也是同样的处理方法。

这里还有一种情况，就是分割输出。所谓分割，就是在同一页中以分割的形式输出指定条数的记录。例如图 3-20 所示的报表模板，细节区的设置内容为“< 订单 ,(-4|2)>”，它表示在同一页中以分割的形式输出两次记录数据为 4 条的报表。

	A	B	C	D	E	F	G	H	I
1	<HeaderRow>				订单明细表				<End>
2									
3	<HeaderRow>	产品	客户	单价	折扣	数量	金额	日期	
4	<订单,(-4|2)>	[产品ID]	[客户ID]	[单价]	[折扣]	[数量]	[金额]	[日期]	<ALL>
5	<FooterRow>								
6	<FooterRow>						制表人：张三		
7	<End>								

图 3-20

输出的报表如图 3-21 所示。

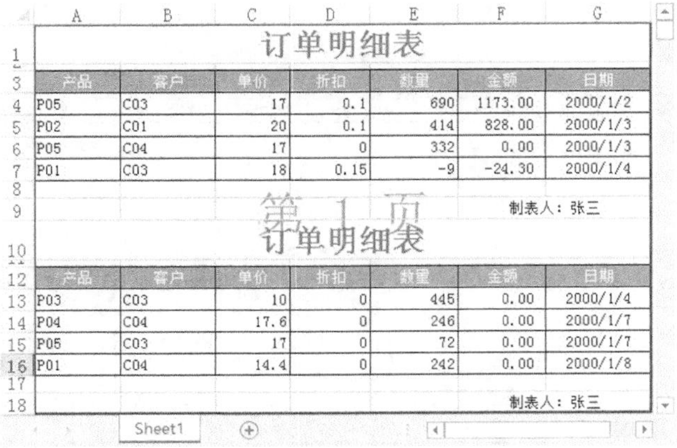

订单明细表

产品	客户	单价	折扣	数量	金额	日期
P05	C03	17	0.1	690	1173.00	2000/1/2
P02	C01	20	0.1	414	828.00	2000/1/3
P05	C04	17	0	332	0.00	2000/1/3
P01	C03	18	0.15	-9	-24.30	2000/1/4
					制表人：张三	

第 1 页

订单明细表

产品	客户	单价	折扣	数量	金额	日期
P03	C03	10	0	445	0.00	2000/1/4
P04	C04	17.6	0	246	0.00	2000/1/7
P05	C03	17	0	72	0.00	2000/1/7
P01	C04	14.4	0	242	0.00	2000/1/8
					制表人：张三	

Sheet1

图 3-21

3.2.7　3 种表内统计模式

Excel 报表模板有 3 种表内统计模式：合计模式、汇总模式和合并模式。这些均由模板独立完成，无须再使用其他任何辅助代码。

❶ 合计模式

合计属于统计的一种，都可通过标记“[% 统计表达式]”来实现。其中，统计表达式为 Sum、Count 等聚合函数，如图 3-22 所示。

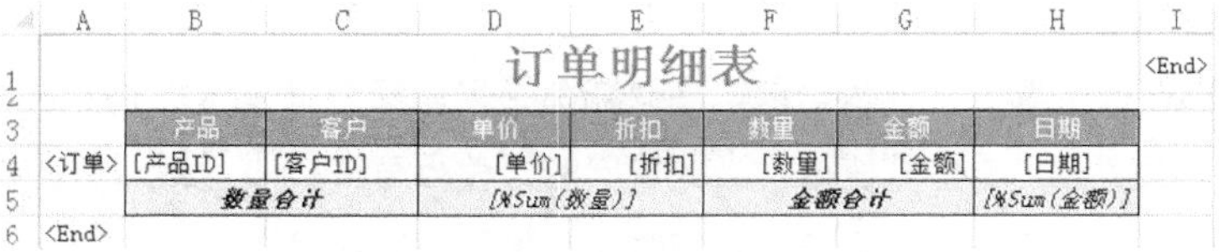

	A	B	C	D	E	F	G	H	I
1		订单明细表							<End>
3		产品	客户	单价	折扣	数量	金额	日期	
4	<订单>	[产品ID]	[客户ID]	[单价]	[折扣]	[数量]	[金额]	[日期]	
5		数量合计		[%Sum(数量)]		金额合计		[%Sum(金额)]	
6	<End>								

图 3-22

模板中的合计行只要放在明细行下方的任何位置即可，且能随意摆放。输出报表如图 3-23 所示。

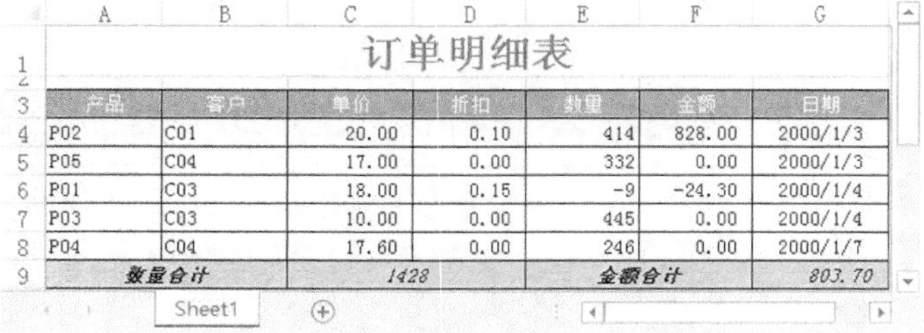

订单明细表

产品	客户	单价	折扣	数量	金额	日期
P02	C01	20.00	0.10	414	828.00	2000/1/3
P05	C04	17.00	0.00	332	0.00	2000/1/3
P01	C03	18.00	0.15	-9	-24.30	2000/1/4
P03	C03	10.00	0.00	445	0.00	2000/1/4
P04	C04	17.60	0.00	246	0.00	2000/1/7
数量合计		1428		金额合计		803.70

Sheet1

图 3-23

当需要分页汇总时，可在“<FooterRow>”标记的所在行使用“[% 统计表达式]”，同时在细节区指定每页输出的细节数量，如图 3-24 所示。

	A	B	C	D	E	F	G	H	I
1	<HeaderRow>	订单明细表							<End>
2									
3	<HeaderRow>	产品	客户	单价	折扣	数量	金额	日期	
4	<订单,-5>	[产品ID]	[客户ID]	[单价]	[折扣]	[数量]	[金额]	[日期]	<ALL>
5	<FooterRow>	数量小计		[%Sum(数量)]		金额小计		[%Sum(金额)]	
6		数量合计		[%Sum(数量)]		金额合计		[%Sum(金额)]	
7	<End>								

图 3-24

输出的报表如图 3-25 所示。

	A	B	C	D	E	F	G
1540	订单明细表						
1541							
1542	产品	客户	单价	折扣	数量	金额	日期
1543	P04	C02	17.60	0.20	257	904.64	1999/12/23
1544	P01	C05	18.00	0.00	581	0.00	1999/12/25
1545	P05	C02	17.00	0.20	18	61.20	1999/12/25
1546	P05	C03	17.00	0.00	286	0.00	1999/12/27
1547	P05	C01	17.00	0.00	50	0.00	1999/12/28
1548	数量小计		1192		金额小计		965.84
1549	订单明细表						
1550							
1551	产品	客户	单价	折扣	数量	金额	日期
1552	P02	C02	15.20	0.00	441	0.00	1999/12/29
1553	P02	C03	19.00	0.00	110	0.00	1999/12/29
1554	P01	C02	18.00	0.00	406	0.00	1999/12/30
1555	P01	C05	18.00	0.18	16	51.84	1999/12/30
1556							
1557	数量小计		973		金额小计		51.84
1558	数量合计		211017		金额合计		274322.82

Sheet1

图 3-25

由图3-25可以看出，尽管模板中的两行统计项目完全相同，但结果却不一样：使用了“<FooterRow>”标记的行，得到的是当前页的统计数据；没有使用“<FooterRow>”标记的行，得到的是全部合计数据，且仅在最后一页输出。

除此之外，还有一种情况，就是分页输出时的截至统计效果。这个要实现起来也很简单，使用的标记为“[# 表名 , 统计表达式]”，如图 3-26 所示。

	A	B	C	D	E	F	G	H	I
1	<HeaderRow>	订单明细表							<End>
2									
3	<HeaderRow>	产品	客户	单价	折扣	数量	金额	日期	
4	<订单,-5>	[产品ID]	[客户ID]	[单价]	[折扣]	[数量]	[金额]	[日期]	<ALL>
5	<FooterRow>	本页数量小计		[%Sum(数量)]		截止本页累计		[#订单, Sum(数量)]	
6	<FooterRow>	本页金额小计		[%Sum(金额)]		截止本页累计		[#订单, Sum(金额)]	
7		全部数量合计		[%Sum(数量)]		全部金额合计		[%Sum(金额)]	
8	<End>								

图 3-26

输出的报表如图 3-27 所示。

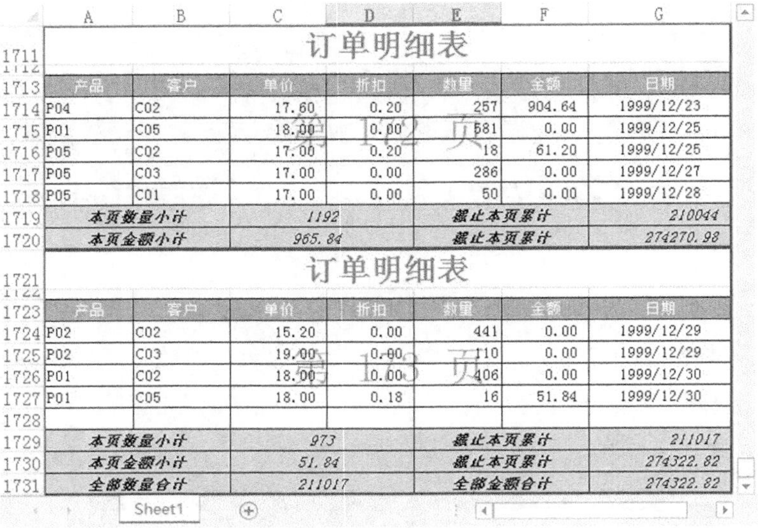

	A	B	C	D	E	F	G
1711	订单明细表						
1713	产品	客户	单价	折扣	数量	金额	日期
1714	P04	C02	17.60	0.20	257	904.64	1999/12/23
1715	P01	C05	18.00	0.00	581	0.00	1999/12/25
1716	P05	C02	17.00	0.20	18	61.20	1999/12/25
1717	P05	C03	17.00	0.00	286	0.00	1999/12/27
1718	P05	C01	17.00	0.00	50	0.00	1999/12/28
1719	本页数量小计		1192		截止本页累计		210044
1720	本页金额小计		965.84		截止本页累计		274270.98
1721	订单明细表						
1723	产品	客户	单价	折扣	数量	金额	日期
1724	P02	C02	15.20	0.00	441	0.00	1999/12/29
1725	P02	C03	19.00	0.00	110	0.00	1999/12/29
1726	P01	C02	18.00	0.00	406	0.00	1999/12/30
1727	P01	C05	18.00	0.18	16	51.84	1999/12/30
1728							
1729	本页数量小计		973		截止本页累计		211017
1730	本页金额小计		51.84		截止本页累计		274322.82
1731	全部数量合计		211017		全部金额合计		274322.82

图 3-27

❷ 汇总模式

与合计模式相比，汇总模式报表增加了“按指定列进行分组统计”的功能。分组统计通过标记“<GroupHeader>”和“<GroupFooter>”来实现。其中，“<GroupHeader>”标记用在细节区的上面，该标记所在的行一般仅用于获取分组列的值；“<GroupFooter>”标记用在细节区的下面，一般用于生成具体的统计值。

例如，根据“订单”表明细数据来生成按产品ID进行分组的统计报表，模板设置如图3-28所示。

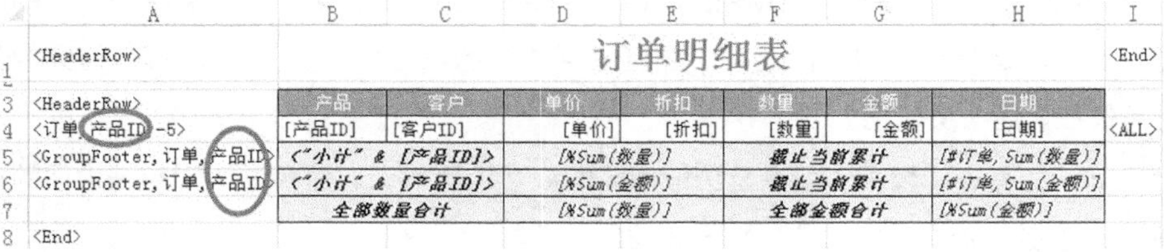

	A	B	C	D	E	F	G	H	I
1	<HeaderRow>	订单明细表							<End>
3	<HeaderRow>	产品	客户	单价	折扣	数量	金额	日期	
4	<订单,产品ID,-5>	[产品ID]	[客户ID]	[单价]	[折扣]	[数量]	[金额]	[日期]	<ALL>
5	<GroupFooter,订单,产品ID>	<"小计" & [产品ID]>		[%Sum(数量)]		截止当前累计		[#订单,Sum(数量)]	
6	<GroupFooter,订单,产品ID>	<"小计" & [产品ID]>		[%Sum(金额)]		截止当前累计		[#订单,Sum(金额)]	
7		全部数量合计		[%Sum(数量)]		全部金额合计		[%Sum(金额)]	
8	<End>								

图 3-28

请注意，这里的“<GroupFooter>”标记必须带两个参数，一个是表名，另一个是列名。由于要输出的分组内容超过了一行，因此使用了两个“<GroupFooter,订单,产品ID>”标记。其中第1个为开始标记，第2个为结束标记。

除此之外，细节区还必须同时指定排序列，否则将无法起到分组统计的效果。指定的排序列要和分组列完全相同。由于是按产品ID进行分组的，因此这里指定的是“<订单,产品ID,-5>”。生成的报表的最后一页如图3-29所示。

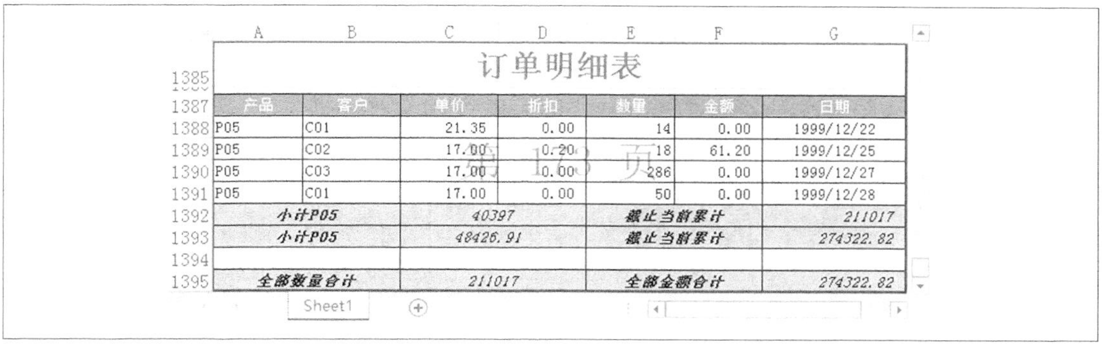

图 3-29

　　为什么这里会出现一个空行？这是因为我们在模板中设置的每页输出数量为 −5，这个数量仅仅针对原始数据而言，并不包含分组行。由于最后一页只有 4 条记录，因此会在分组统计行的后面补足一个空行。事实上，分组统计中的两个标记"<GroupHeader>"和"<GroupFooter>"本身就有换页控制功能，只需再使用可选参数"1"即可。修改后的模板如图 3-30 所示。

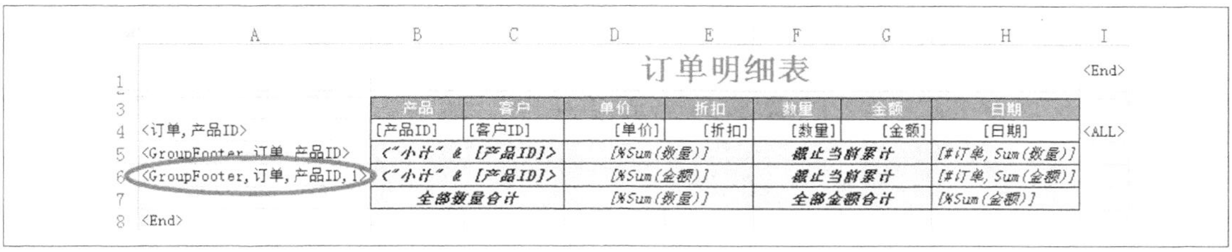

图 3-30

　　既然不再使用细节区本身的数量来控制换页，那么与之配套使用的"<HeaderRow>""<FooterRow>"等标记也就会被全部删除，仅在最后面的"<GroupFooter>"标记上加上一个参数"1"即可。生成的报表如图 3-31 所示。

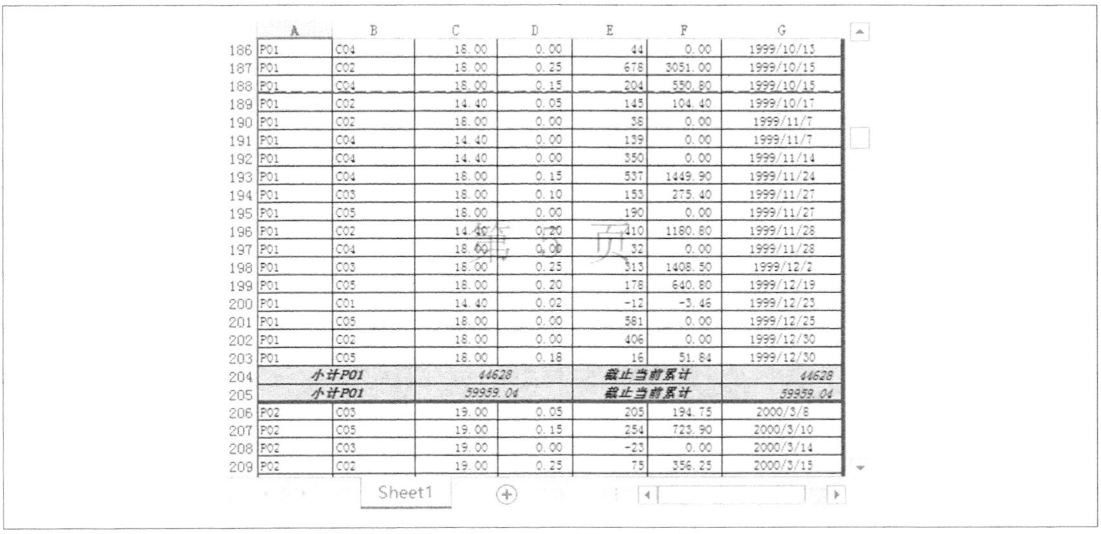

图 3-31

　　很显然，尽管第 5 页的内容并不足以铺满整个页面，但由于在分组行中使用了强制换页，因此每当输出完某个分组的内容时，都会自动换页。

如果要在分组行换页的同时输出标题等内容，则需要使用"<GroupHeader>"标记，如图 3-32 所示。

	A	B	C	D	E	F	G	H	I
1	<GroupHeader, 订单, 产品ID>				订单明细表				<End>
2									
3	<GroupHeader, 订单, 产品ID>	产品	客户	单价	折扣	数量	金额	日期	
4	<订单, 产品ID>	[产品ID]	[客户ID]	[单价]	[折扣]	[数量]	[金额]	[日期]	<ALL>
5	<GroupFooter, 订单, 产品ID>	<"小计" & [产品ID]>		[NSum(数量)]		截止当前累计		[#订单, Sum(数量)]	
6	<GroupFooter, 订单, 产品ID, 1>	<"小计" & [产品ID]>		[NSum(金额)]		截止当前累计		[#订单, Sum(金额)]	
7		全部数量合计		[NSum(数量)]		全部金额合计		[NSum(金额)]	
8	<End>								

图 3-32

由于该模板使用了两个"<GroupHeader>"标记，那么它们之间的内容都会被同时输出，如图 3-33 所示。

	A	B	C	D	E	F	G
202	P01	C02	18.00	0.00	406	0.00	1999/12/30
203	P01	C05	18.00	0.18	16	51.84	1999/12/30
204		小计P01	44628		截止当前累计		44628
205		小计P01	59959.04		截止当前累计		59959.04
206				订单明细表			
208	产品	客户	单价	折扣	数量	金额	日期
209	P02	C03	19.00	0.05	205	194.75	2000/3/8
210	P02	C05	19.00	0.15	254	723.90	2000/3/10
211	P02	C03	19.00	0.00	-23	0.00	2000/3/14

Sheet1

图 3-33

但这里还有一个问题：如此设置仅在分组行换页的时候才会重复输出标题等分组头，而自然换页时并不会输出。例如，最后一页就是自然换页的，这里并没有标题，显得很突兀，如图 3-34 所示。

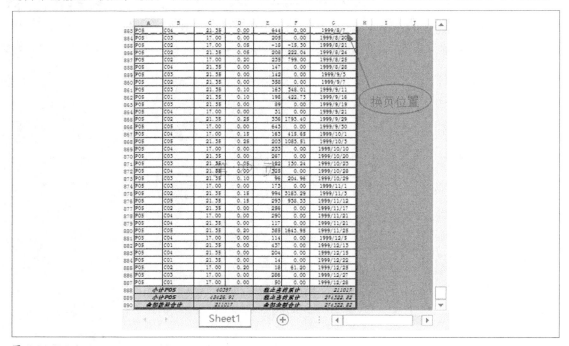

图 3-34

如果希望所有的自然换页也都能够重复输出一次分组头，此时可以将"<GroupHeader>"标记的第 4 个参数设为"1"，并指定每页的细节区数量。例如图 3-35 所示的模板，不仅给"<GroupHeader>"标记设置了第 4 个参数（如有多个"<GroupHeader>"标记，只需设置其中任意一个）、指定细节区数量为"-10"，同时还在分组头中增加一个表达式。

	A	B	C	D	E	F	G	H	I
1	<GroupHeader,订单,产品ID,1>			订单明细表					<End>
2								<"当前分组项目:" & [产品ID]>	
3	<GroupHeader,订单,产品ID>	产品	客户	单价	折扣	数量	金额	日期	
4	<订单,产品ID,-10>	[产品ID]	[客户ID]	[单价]	[折扣]	[数量]	[金额]	[日期]	<ALL>
5	<GroupFooter,订单,产品ID>	<"小计" & [产品ID]>		[%Sum(数量)]		截止当前累计		[#订单, Sum(数量)]	
6	<GroupFooter,订单,产品ID,1>	<"小计" & [产品ID]>		[%Sum(金额)]		截止当前累计		[#订单, Sum(金额)]	
7		全部数量合计		[%Sum(数量)]		全部金额合计		[%Sum(金额)]	
8	<End>								

图 3-35

生成的报表如图 3-36 所示。

图 3-36

以上只是单列的分组统计。如果要对多列分组进行统计，可以按图 3-37 所示的模板进行设置。

	A	B	C	D	E	F	G	H	I
1	<GroupHeader,订单,产品ID,1>			订单明细表					<End>
2								<"当前分组项目:" & [产品ID]>	
3	<GroupHeader,订单,产品ID>	产品	客户	单价	折扣	数量	金额	日期	
4	<订单,产品ID|客户ID,-20>	[产品ID]	[客户ID]	[单价]	[折扣]	[数量]	[金额]	[日期]	<ALL>
5	<GroupFooter,订单,客户ID>	<"客户小计" & [客户ID]>		[%Sum(数量)]		截止当前累计		[#订单, Sum(数量)]	
6	<GroupFooter,订单,产品ID>	<"产品小计" & [产品ID]>		[%Sum(数量)]		截止当前累计		[#订单, Sum(数量)]	
7		全部数量合计		[%Sum(数量)]		全部金额合计		[%Sum(金额)]	
8	<End>								

图 3-37

在图 3-37 所示的模板中，先是按客户 ID 分组，然后按产品 ID 分组；细节区的排序参数也同时加上了所有的分组列，但顺序与分组完全相反，即分组要由小到大，而排序要由大到小，因此细节区排序参数要设置为"产品 ID| 客户 ID"。最终得到的报表如图 3-38 所示。

	A	B	C	D	E	F	G
1018	订单明细表						
1019							当前分组项目：P05
1020	产品	客户	单价	折扣	数量	金额	日期
1021	P05	C05	21.35	0.15	225	720.56	2000/11/12
1022	P05	C05	21.35	0.20	293	1251.11	2000/11/25
1023	P05	C05	21.35	0.00	175	0.00	1999/1/22
1024	P05	C05	17.00	0.00	773	0.00	1999/3/30
1025	P05	C05	21.35	0.25	185	987.44	1999/4/3
1026	P05	C05	21.35	0.15	303	970.36	1999/5/12
1027	P05	C05	21.35	0.20	266	1135.82	1999/5/25
1028	P05	C05	21.35	0.00	123	0.00	1999/7/22
1029	P05	C05	17.00	0.00	643	0.00	1999/9/30
1030	P05	C05	21.35	0.25	203	1083.51	1999/10/3
1031	P05	C05	21.35	0.15	293	938.33	1999/11/12
1032	P05	C05	21.35	0.20	385	1643.95	1999/11/25
1033							
1034							
1035							
1036							
1037							
1038							
1039							
1040							
1041		客户小计C05	5963		截止当前累计		211017
1042	产品小计P05		40397		截止当前累计		211017
1043	全部数量合计		211017		全部金额合计		274322.82

Sheet1

第 4 页

图 3-38

❸ 合并模式

所谓合并模式，就是将当前列中相邻单元格内容相同的部分合并为一个单元格。

合并分为两种：一种是标准合并，另一种是自由合并。标准合并必须是前一列和本列内容都相同才能合并，自由合并只需本列内容相同即可合并。Excel 模板默认都是标准合并，如果需要自由合并，可以在生成 Excel 报表时将工作簿的 MergeFree 属性设置为 True。

对于需要合并的列，只要在有效区标记“<End>”的所在行上加上标记“<M>”即可，如图 3-39 所示。

	A	B	C	D	E	F	G	H	I
1		订单明细表							<End>
3		产品	客户	单价	折扣	数量	金额	日期	
4	<订单>	[产品ID]	[客户ID]	[单价]	[折扣]	[数量]	[金额]	[日期]	
5	<End>		<M>						

图 3-39

生成的报表如图 3-40 所示。

	A	B	C	D	E	F	G
1	订单明细表						
3	产品	客户	单价	折扣	数量	金额	日期
4	P02	C01	20.00	0.10	414	828.00	2000/1/3
5	P05	C04	17.00	0.00	332	0.00	2000/1/3
6	P01	C03	18.00	0.15	-9	-24.30	2000/1/4
7	P03		10.00	0.00	445	0.00	2000/1/4
8	P04	C04	17.60	0.00	246	0.00	2000/1/7

Sheet1

图 3-40

很显然，要想实现真正有效的合并，应该在细节区对需要合并的列进行排序，这样相同的内容才会放到一起从而实现合并单元格的效果，如图 3-41 所示。

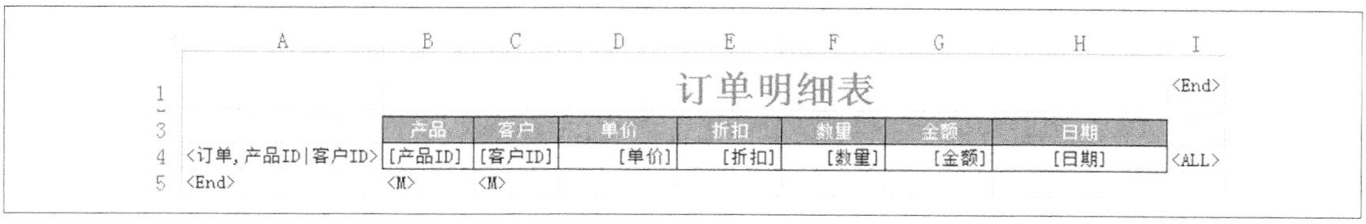

	A	B	C	D	E	F	G	H	I
1		订单明细表							<End>
3		产品	客户	单价	折扣	数量	金额	日期	
4	<订单,产品ID|客户ID>	[产品ID]	[客户ID]	[单价]	[折扣]	[数量]	[金额]	[日期]	<ALL>
5	<End>	<M>	<M>						

图 3-41

3.2.8 直接统计报表

上面的 3 种模式都是在表内处理数据。如果要直接得到某个表的统计数据表，可以使用以下方式得到："[$ 表名 , 统计表达式]"或"[$ 表名 , 统计表达式 , 统计条件]"。这里的统计表达式依然要使用聚合函数，统计条件则完全遵循列表达式中的规则。

例如，对"订单"表进行数据统计，如图 3-42 所示。

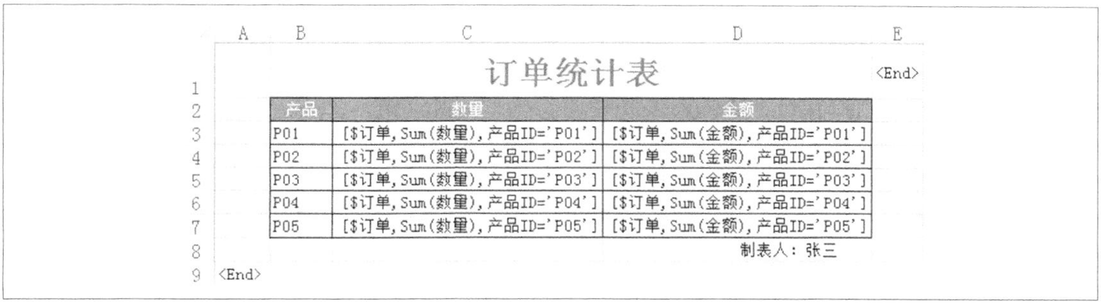

	A	B	C	D	E
1		订单统计表			<End>
2		产品	数量	金额	
3		P01	[$订单,Sum(数量),产品ID='P01']	[$订单,Sum(金额),产品ID='P01']	
4		P02	[$订单,Sum(数量),产品ID='P02']	[$订单,Sum(金额),产品ID='P02']	
5		P03	[$订单,Sum(数量),产品ID='P03']	[$订单,Sum(金额),产品ID='P03']	
6		P04	[$订单,Sum(数量),产品ID='P04']	[$订单,Sum(金额),产品ID='P04']	
7		P05	[$订单,Sum(数量),产品ID='P05']	[$订单,Sum(金额),产品ID='P05']	
8				制表人：张三	
9	<End>				

图 3-42

由于这里使用的是直接统计，没有从"订单"表中引用任何明细数据，因而无须定义细节区。生成的统计表如图 3-43 所示。

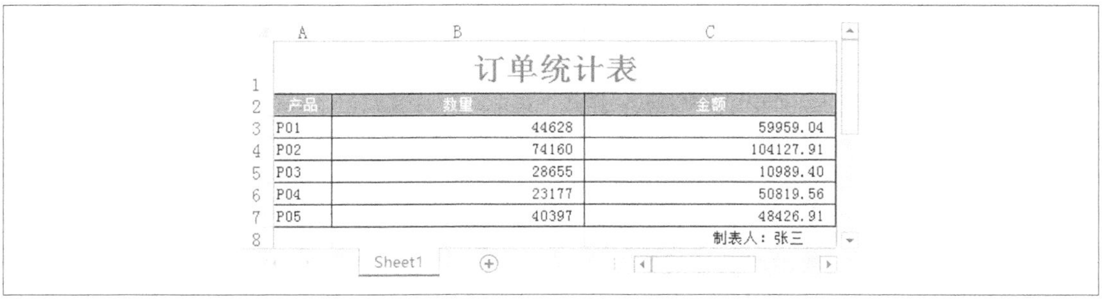

	A	B	C
1	订单统计表		
2	产品	数量	金额
3	P01	44628	59959.04
4	P02	74160	104127.91
5	P03	28655	10989.40
6	P04	23177	50819.56
7	P05	40397	48426.91
8			制表人：张三

Sheet1

图 3-43

其实这种处理方法远不如直接在 SQL 语句中统计方便。关于用 SQL 语句统计数据的方法，在第 4 章将详细讲解。

3.2.9 关联表报表

模板中的数据来源可以使用多个表，且同时能设置它们之间的关联关系。例如：

```
Dim Book As New XLS.Book(HttpServer.WebPath & "Attachments\test.xls")
book.AddDataTable("订单","orders","Select *,单价*数量*(1-折扣) As 金额 From 订单")
book.AddDataTable("产品","orders","Select * From 产品")
book.AddDataTable("客户","orders","Select * From 客户")
book.AddRelation("产品","产品ID","订单","产品ID")
book.AddRelation("客户","客户ID","订单","客户ID")
```

这里使用 AddDataTable 方法添加了 3 个表，分别是"订单"、"产品"和"客户"表，最后两行代码又使用 AddRelation 方法给它们创建了关联："产品"表通过"产品 ID"列和"订单"表建立了关联，"客户"表通过"客户 ID"列也和"订单"表建立了关联。AddRelation 方法的语法格式为：

```
AddRelation(ParentTable,ParentCol,ChildTable,ChildCol)
```

其中，ParentTable 为父表，ParentCol 为父表关联列，ChildTable 为子表，ChildCol 为子表关联列。当需要使用多个关联列时，ParentCol 及 ChildCol 都可用字符型数组表示。

对于这种存在关联关系的数据，在设计 Excel 报表模板时，既可在子表中引用父表数据，也可以在父表中引用子表数据。

❶ 在子表中引用父表数据

例如之前的"订单"明细表中，输出的都是产品 ID 和客户 ID，如果要将它们替换为具体的产品名称或客户名称，可以通过"[父表路径 , 列名]"的方式引用父表数据，如图 3-44 所示。

图 3-44

生成的报表如图 3-45 所示。

图 3-45

❷ 在父表中引用子表数据

示例模板如图 3-46 所示。

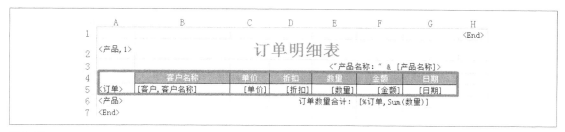

图 3-46

在图 3-46 中，矩形边框框选的部分是来源于子表的明细数据，其他部分来源于父表。也就是说，这样的报表格式相当于在父表的细节区中嵌套了一个子表的细节区。既然做了嵌套，那么父表的细节区就会有多行，所以分别在父表的细节区首尾处各指定了表名"＜产品＞"。为了让输出不同的产品明细时可以自动换页，在设置父表的第 1 个标记时指定数量为 1。

输出的 Excel 报表如图 3-47 所示。

	A	B	C	D	E	F
92	威航货运有限公司	10	0	97	0.00	1999/9/6
93	红阳事业	8	0	484	0.00	1999/9/15
94	威航货运有限公司	10	0	177	0.00	1999/9/18
95	立日股份有限公司	10	0	124	0.00	1999/10/10
96	福星制衣厂股份有限公司	9	0	367	0.00	1999/10/11
97	红阳事业	10	0	314	0.00	1999/10/12
98	立日股份有限公司	10	0.15	-33	-49.50	1999/10/16
99	红阳事业	8	0	731	0.00	1999/10/25
100	浩天旅行社		0	117	0.00	1999/11/11
101	浩天旅行社	10	0.1	136	136.00	1999/11/19
102	威航货运有限公司	10	0	431	0.00	1999/11/23
103	立日股份有限公司	10	0.15	201	301.50	1999/11/30
104	立日股份有限公司	10	0	128	0.00	1999/12/13
105				订单数量合计：28655		
106			订单明细表			
107				产品名称：浓缩咖啡		
108	客户名称	单价	折扣	数量	金额	日期
109	浩天旅行社	17.6	0	393	0.00	2000/3/4
110	浩天旅行社	22	0.1	145	319.00	2000/3/19
111	立日股份有限公司	22	0	88	0.00	2000/3/20
112	立日股份有限公司	17.6	0	246	0.00	2000/1/7
113	福星制衣厂股份有限公司	22	0.05	500	550.00	2000/1/11
114	浩天旅行社	22	0	-95	0.00	2000/1/12
115	浩天旅行社	22	0.2	253	1113.20	2000/1/30

图 3-47

由此可见，第 3 页及之前的报表都是"三合一麦片"的订单明细，之后的都是"浓缩咖啡"的订单明细。当第 1 个产品的订单明细输出完毕时，会自动换页。如果你希望在输出不同的产品订单明细时也能同时输出标题，只需给嵌套的细节区再指定数量即可。例如每页输出 8 条明细记录，同时输出标题，如图 3-48 所示。

图 3-48

报表输出效果如图 3-49 所示。

	A	B	C	D	E	F
112	客户名称	单价	折扣	数量	金额	日期
113	浩天旅行社	10	0.1	136	136.00	1999/11/19
114	威航货运有限公司	10	0	431	0.00	1999/11/23
115	立日股份有限公司	10	0.15	201	301.50	1999/11/30
116	立日股份有限公司	10	0	128	0.00	1999/12/13
117						
118						
119						
120						
121				订单数量合计:	28655	
122	订单明细表					
123					产品名称:浓缩咖啡	
124	客户名称	单价	折扣	数量	金额	日期
125	浩天旅行社	17.6	0	393	0.00	2000/3/4
126	浩天旅行社	22	0.1	145	319.00	2000/3/19
127	立日股份有限公司	22	0	88	0.00	2000/3/20
128	立日股份有限公司	17.6	0	246	0.00	2000/1/7
129	福星制衣厂股份有限公司	22	0.05	500	550.00	2000/1/11
130	浩天旅行社	22	0	-95	0.00	2000/1/12
131	浩天旅行社	22	0.2	253	1113.20	2000/1/30
132	红阳事业	22	0	118	0.00	2000/4/5
133	客户名称	单价	折扣	数量	金额	日期
134	立日股份有限公司	22	0.1	104	228.80	2000/4/15
135	威航货运有限公司	22	0.25	280	1540.00	2000/4/19

图 3-49

由于这里涉及细节区嵌套，设置起来相对复杂一点。请特别注意以下几点。

第一，有效区域右侧的"<End>"标记不能和细节区的表标记处于同一行，因此当你既需要使用有效区域标记、又需要使用多行细节区时，必须将第 1 行作为有效区域的专用行。如果你觉得这样做浪费了一行的输出空间，可以将该行隐藏或调低其高度。

第二，嵌套的细节区不能再另外设置输出条件，其具体的输出内容由父表决定。例如图 3-50 所示的设置不仅无效，而且还会导致错误。

	A	B	C	D	E	F	G	H
1								<End>
2	<产品,1>			订单明细表				
3						<"产品名称:" & [产品名称]>		
4	<HeaderRow>	客户名称	单价	折扣	数量	金额	日期	
5	<订单,-8>	[客户,客户名称]	[单价]	[折扣]	[数量]	[金额]	[日期]	<ALL>
6	<产品>				订单数量合计:	[%订单,Sum(数量)]		
7	<End>							

图 3-50

第三，上述模板使用了关联表数据统计标记"[% 订单 ,Sum(数量)]"，请注意这里的表名前面使用的是符号"%"，而不是"#"和"$"，后面两种符号分别表示截至统计和直接统计，不要混淆了。

和直接统计一样，关联表统计也可以使用第 3 个参数来设置统计条件，其格式为"[% 表名 ,统计表达式 ,统计条件]"。

第四，Excel 报表中可以同时嵌入多个关联表细节区。

假定表 A 同时和表 B、表 C 建立了关联，在设计报表的时候，可以在表 A 的细节区中，同时嵌入表 B 和表 C 的细节区，如图 3-51 所示。

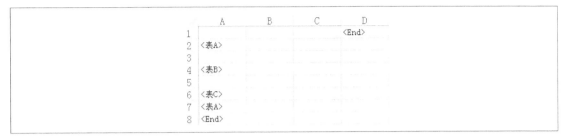

图 3-51

关联表的细节区同样可以包括多行，如图 3-52 所示的表 C 的细节区就有 4 行。

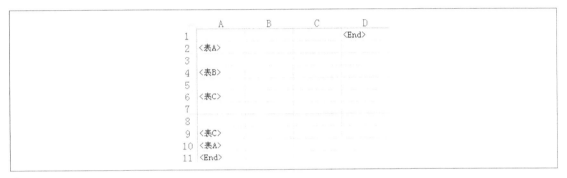

图 3-52

3.2.10　多行细节报表及图片引用

之前学习的引用子表数据就用到了多行细节区，只不过它是采用嵌套的方式植入父表的细节区中。事实上，当数据来源于同一个表时，多行细节区也是很常见的，这方面比较典型的应用就是卡片式报表。

例如，某公司人力资源部门有图 3-53 所示的员工表。

图 3-53

如果要生成每个员工的资料卡，可以像图 3-54 所示的那样设置报表模板。

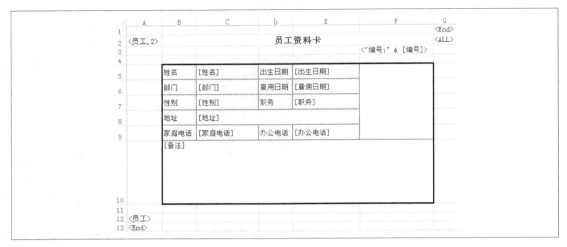

图 3-54

由于在开始的细节区标记中使用了"＜员工,2＞"，因此每页可以输出两张资料卡。输出效果如图 3-55 所示。

图 3-55

显而易见，对于来自同一个表的数据细节区设计要比之前的关联表简单得多，而且连备注型的字段都可以正常输出。

其实这个员工资料卡是有问题的，因为并没有输出照片。假如该表用来保存照片的列名称就是"照片"，它一定要遵循以下规则：

第一，列中仅保存图片文件名称，不能包含路径；

第二，该表用到的所有图片文件都应该保存在 Foxtable 项目所在目录的 images 文件夹中。

这样我们就可以在模板中以如下格式来引用图片列：

```
[& 列名 , X, Y, Width, Height]
```

其中，X 为左边距，Y 为上边距，Width 为要输出的照片的宽度，Height 为照片的高度，这些参数的计量单位都是像素。具体格式如图 3-56 所示。

图 3-56

据此生成的 Excel 报表如图 3-57 所示。

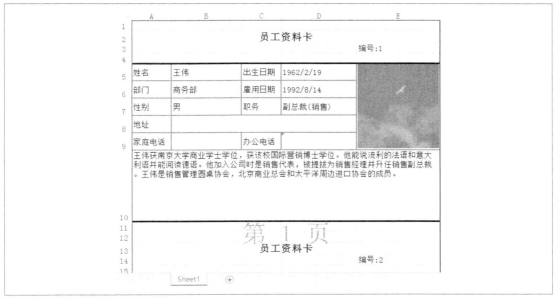

图 3-57

关于图片引用，还有以下几种情况需要注意。

第一，图片缩放问题。

图片引用格式中的宽、高是可以省略的。因而模板里的图片引用和 3.1.5 小节学习的常规报表中的 XLS.Picture 图片对象语法非常类似，它实际上有 3 种写法：

```
[& 列名 ]
[& 列名 , X, Y]
[& 列名 , X, Y, Width, Height]
```

当没有指定图片的宽度和高度时，引用的图片的大小为原始尺寸。

和 XLS.Picture 不同的是，模板里的引用图片还可以缩放：当仅指定宽度和高度的其中一项、另一项设置为 –1 时，被设置为 –1 的项将按比例自动缩放。例如：

```
[& 照片 ,3,3,120,-1]
[& 照片 ,3,3,-1,100]
```

前一个表示输出的图片宽度固定为 120，高度则按比例生成（如果图片原本的宽度和高度分别为 180 和 150，那么输出的图片的宽度是 120，高度是 100）；后一个表示输出的图片高度固定为 100，宽度按比例生成（如果图片原本的宽度和高度分别为 300 和 200，那么输出的图片的宽度是 150，高度是 100）。

第二，图片文件的直接引用问题。

对于并没有纳入表中的图片文件，可通过以下方式直接引用：

```
[&& 文件名 , X, Y, Width, Height]
```

其中后 4 个参数的作用同上，也是可选的。

如果图片文件已经保存在 Foxtable 项目所在文件夹的 images 子目录下，则只需指定文件名：

```
[&&mypic.jpg, 2, 2]
```

否则就要包括完整的路径。例如：

```
[&&D:\Images\mypic.jpg, 2, 2]
```

当然，对于一些固定的图片文件（如报表中显示的公司 logo 等），不如在设计模板的时候直接插入，无须再采用引用的方式；或者在生成 Excel 报表之后，再使用 3.1.5 小节的 XLS.Picture 对象方式写入。

【关于多行细节报表的补充说明】

大多数情况下，同一细节区的数据都来自同一个数据行，即便它是多行的细节区。如上面的资料卡就是这种情况。

　　再如日常工作中很常见的标签输出，如果要在细节区将 1 个标签重复输出 4 次，就可以按图 3-58 所示设计模板。

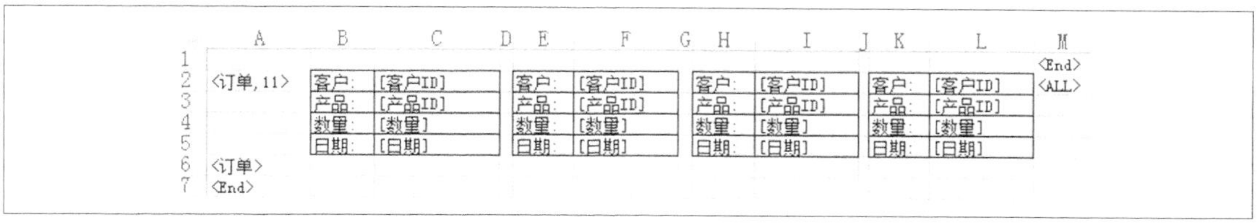

图 3-58

　　这样就会在每页输出 11 组标签，每组标签的内容都来自同一行，即每组标签的内容都是相同的。生成的 Excel 报表如图 3-59 所示。

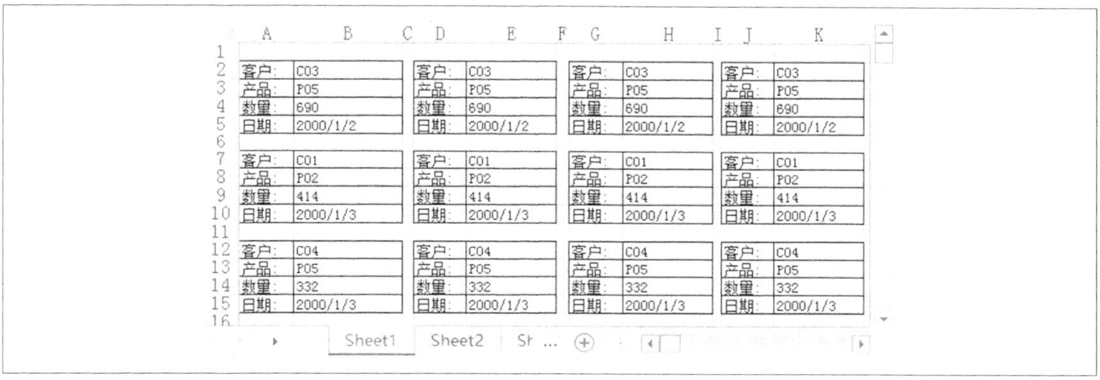

图 3-59

　　可是如果希望每组输出的 4 个标签的内容都不同呢？那就要在设定的细节区中使用不同的数据行，这要采取相对定位的引用数据方式：[列名 +X]。其中，X 是一个整数，表示细节区数据行之后的第几行。

　　由于同一个细节区不再是对应一个数据行，而是对应多个数据行，因此在定义细节区的时候，还要增加一个参数，用于指定每个细节区所对应的数据行数，该参数以符号 "@" 开头。重新设置的报表模板如图 3-60 所示。

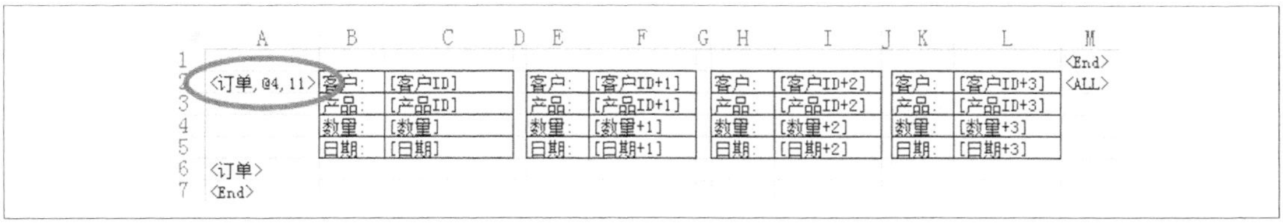

图 3-60

　　报表的输出效果如图 3-61 所示。

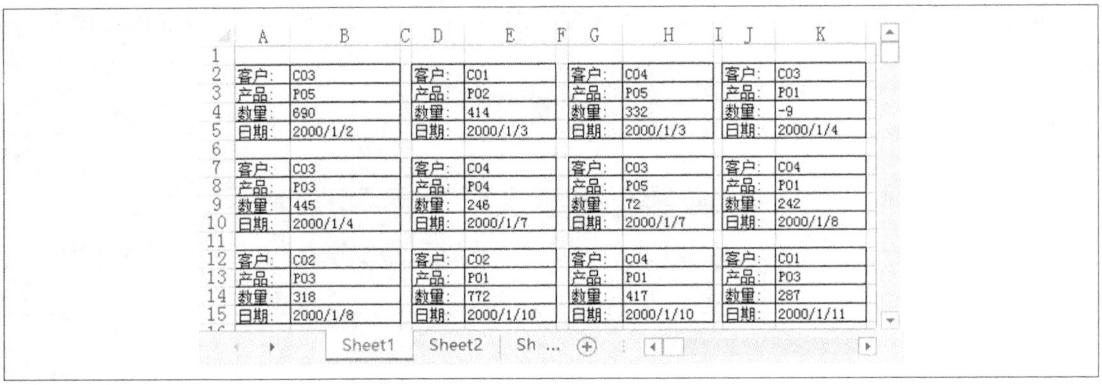

图 3-61

同样的道理，如果希望一个细节区输出 4 个标签，前两个标签来自一个数据行，后两个标签来自一个数据行，可以如图 3-62 所示的那样设计模板（请注意，这里的"@4"必须改成"@2"，否则将导致有些数据未能输出）。

图 3-62

至此，Foxtable 重量级的 Excel 报表模板功能就学习完了。由于涉及的知识点较多，下面简单地做一下知识梳理。

【数据引用】小结

Excel 报表模板所用到的数据引用标记如表 3-8 所示。

表 3-8

数据引用类型		引用格式
列数据引用		[列名]
统计数据引用	分页分组统计	[%Sum(列名)]
	截至统计（输出页统计）	[# 表名 ,Sum(列名)]
	直接统计	[$ 表名 ,Sum(列名), 统计条件]
	关联表统计	[% 表名 ,Sum(列名), 统计条件]
跨表数据引用（关联表）		[表名 , 列名]
跨行数据引用		[列名 +X]
图片引用	当前表中的图片	[& 列名 ,X,Y,Width,Height]
	图片文件	[&& 文件名 ,X,Y,Width,Height]

【表达式】小结

Excel 报表模板中用于生成单元格数据的表达式必须使用符号"<>"括起来，它遵循的是 VBScript 的语法：字符要使用双引号，字符之间的连接使用符号"&"。

普通字符和数据引用都可用于"<>"表达式中，但有一点需要注意：除了最直接的列数据引用之外，其他各种引用都必须加上首尾识别符号"*"。

例如统计关联表中的金额合计数，并将其转换为万元，同时保留两位小数，可以这样写：

```
<" 订单金额合计： " & Round(*[% 订单,Sum( 金额 )]*/10000,2) & " 万元 ">
```

当然，如果不是在表达式中使用这些引用，就无须加符号"*"。图 3-63 中，数量合计就是直接使用的统计标记，因而没有加符号"*"；而金额合计进行了数值转换，使用的是表达式，所以必须加符号"*"。

图 3-63

再如在"<>"表达式中判断空值时应该这样写：

```
<IIF(*[ 客户,客户名称 ]* = Null, Null, " 客户名称： " & *[ 客户,客户名称 ]*)>
```

3.3 Excel 报表接口

有了前面的知识积累，我们就可以很容易地在服务器端创建 Excel 报表接口。

3.3.1 生成报表的技巧

我们知道，常规 Excel 报表是直接向 Book 工作簿中写入内容，模板式的 Excel 报表是根据预先定义好的模板文件通过 Build 方法填入内容。不论用哪种方式，它们最终生成的报表内容都会体现在 Book 工作簿中。因此，用户在实际项目应用中，完全可以将两者结合起来。

❶ 对模板报表执行二次编辑

例如以下代码所生成的 Excel 报表实际上是根据模板 Build 方法创建出来的。在内容建立之后，又使用常规 Excel 报表中的属性或方法在表格最后写入了一张 logo 图片：

```
Dim Book As New XLS.Book(HttpServer.WebPath & "Attachments/test.xls")
book.AddDataTable("订单","orders","Select Top 10 * From 订单")
Book.Build()
Dim Sheet As XLS.Sheet = Book.Sheets(0)    '这里的 Sheet 变量定义必须在 Build 之后
Sheet(Sheet.Rows.Count, 0).Value = New XLS.Picture(GetImage("logo.png"))
Book.Save(HttpServer.WebPath & "reports/test.xls")
```

请注意，本代码的关键之处在于 Sheet 变量的声明位置。这是因为 Book 工作簿在执行 Build 方法之后，原来的模板工作表会被自动删除，取而代之的是基于模板生成的新工作表。如果要在新生成的工作表中修改内容，则一定要在 Build 方法执行之后再声明 Sheet 变量，这时它指向的才是新生成的工作表。

❷ 一个工作簿中可保存多个模板工作表，批量生成 Excel 报表

用于保存模板的工作簿文件，并非只能保存一个工作表模板，你可以在其中添加任意多个模板。

例如工作簿文件 test.xls 中有 3 个模板工作表，它们使用的数据分别来自 orders 数据源中的"订单"、"产品"和"客户"表。如果你要批量生成这 3 个 Excel 报表，只需给 Book 加上相关的 Datatable 数据源。示例代码如下：

```
Dim Book As New XLS.Book(HttpServer.WebPath & "Attachments/test.xls")
book.AddDataTable("订单","orders","Select Top 10 * From 订单")  '供订单模板使用
book.AddDataTable("产品","orders","Select * From 产品")          '供产品模板使用
book.AddDataTable("客户","orders","Select * From 客户")          '供客户模板使用
Book.Build()                                '一个 Build 可以同时生成多个模板的报表
Book.Save(HttpServer.WebPath & "reports/test.xls")
```

当然，如果你在模板中用到了关联数据，还应该在代码中使用 AddRelation 方法给相关表建立关联。

❸ 生成批量报表时，可以跳过工作簿模板中指定的工作表

对于包含多个工作表模板的 Excel 文件，用户一般都会用一个专门的工作表来制作导航，以方便跳转查看不同的工作表内容。对于这种导航性质的工作表，它虽然不是模板，但由于包含在 Excel 模板文件中，Build 方法仍然会将它当作模板来看待，最终结果就是在批量生成 Excel 报表之后，这些非模板工作表的第 1 列会被"干"掉。

为避免这种情况的发生，同时也为了提高报表生成效率，当使用 Build 方法时可以带多个参数，用于指定哪些位置的表需要忽略。例如将上述代码中的 Build 方法改成：

```
Book.Build(0)
```

那么在生成报表时，将忽略并直接跳过第 1 个表。

3.3.2 　Excel 报表接口前端示例代码

之前的 Excel 报表示例代码都是在命令窗口中测试执行的。既然要把 Excel 报表作为接口来使用，肯定需要将它放到 Foxtable 服务器中。

为了让读者有一种更直观的感受，先写一个前端页面 test.html。该页面 body 部分的代码如下：

```html
<fieldset>
    <legend> 报表接口 </legend>
    请选择要生成报表的产品名称:
    <select>
        <option value="P01">P01</option>
        <option value="P02">P02</option>
        <option value="P03" selected>P03</option>
        <option value="P04">P04</option>
        <option value="P05">P05</option>
    </select>
    <p>
        <button id="mx"> 销售明细报表 </button>
        <button id="tj"> 销售统计报表 </button>
        <button id="yg"> 部门员工报表 </button>
        <button id="qt"> 其他临时报表 </button>
    </p>
    <div></div>        <!-- 这个div用来显示服务器返回信息 -->
</fieldset>
<style>                 /* 设置样式 */
    fieldset {
        font-size: 14px;
        width: 400px;
        height: 110px
    }
    div {
        text-align: center;
        color: gray
    }
</style>
```

这段代码非常简单，其运行效果如图 3-64 所示。

图 3-64

现在重点来介绍服务器端接口的处理方式。

3.3.3 让接口以 HTML 方式返回下载信息

本方式的处理逻辑为，只要用户选择好要查询的产品名称，且单击了 button 按钮，就会向指定接口提交请求参数。服务器端根据要求生成 Excel 报表文件后，再把文件下载地址以 HTML 字符串的形式返回给客户端浏览器，用户单击此链接即可完成报表的下载。

假如服务器端的请求接口名称为 reports，那么就应该先在页面中加上如下 JS 代码：

```
<script>              //JS 事件代码
    $('button').click(function(){
        var obj = {     // 要提交到服务器的数据
            id: this.id,
            p:$('select').val()
        };
        $.post('reports',obj,function(res){    //Ajax 提交
            $('div').html(res)
        })
    })
</script>
```

这里设置的其实就是 button 按钮的单击事件。此事件请求的服务器端接口为 reports，提交的两个参数分别是被单击按钮的 id 值，以及所选择的产品名称。请求成功之后，再把服务器端的返回内容写入页面的 div 元素中。

既然本方式返回的是下载链接，那么服务器端在生成报表后应该先执行保存操作。以下是 HttpRequest 示例代码：

```
Select Case e.Path
    Case "reports"      ' 这里用 reports 作为报表接口
        Dim tj As String = " 产品 ID = '" & e.Values("p") & "'"   ' 报表数据条件
        Select Case e.Values("id")      ' 再根据传入的 id 值判断生成何种类型的报表
            Case "mx"
                Dim book As New XLS.Book("./Attachments/test.xls")
```

```
                              book.AddDataTable(" 订单 ","orders","Select * From 订单
Where " & tj)

                              book.Build()
                              ' 保存生成的报表文件，实际使用时要避免文件重名
                              Dim fl As String = "./Reports/test.xls"
                              book.Save(fl)
                              ' 返回信息
                              Dim str As String = "报表已经生成！请单击 <a href='" & fl & "'>
下载 </a>"

                              e.WriteString(str)
                    'Case "tj","yg","qt"          其他 3 种情况略
            End Select
     End Select
End Select
```

本段代码的意思是，如果用户请求的是 reports 接口，就先获取生成报表的条件，然后再根据不同的报表类型使用不同的报表模板来生成报表。报表生成之后，将文件名拼接到 HTML 字符串中返回给客户端。

单击【销售明细报表】按钮的请求效果，如图 3-65 所示。

图 3-65

用户单击【下载】按钮，即可从服务器下载刚刚生成的 Excel 报表文件。

如果你希望将 Excel 报表改成 PDF 格式，只需把代码中的工作簿保存方法换成 SaveToPdf 即可。例如：

```
Dim fl As String = "./Reports/test.pdf"      ' 文件后缀名为 .pdf
book.SaveToPdf(fl)                           ' 改用 SaveToPdf 保存
```

3.3.4 让接口发送 Excel 报表文件

如果你希望将生成的 Excel 报表文件直接发送到客户端浏览器，可使用 e 参数专门为 Excel 报表提供的 WriteBook 方法。该方法的语法格式为：

```
WriteBook(Book, FileName, InLine)
```

其中，Book 表示要发送的 Excel 文件；FileName 为客户端浏览器下载此文件时所使用的文件

113

名；InLine 为可选参数，表示是否直接在浏览器中显示报表，默认为 True，设为 False 将下载报表。

事实上，除了 IOS 设备以外，其他设备不管如何设置，还是会自动下载报表。即便在 IOS 设备上可以直接显示，其效果也令人很不满意。如果你一定要在线浏览报表的话，建议使用稍后将学习的方法。

需要特别说明的是，WriteBook 方法和 WriteFile 方法相比，它省去了保存文件的步骤（如果使用 WriteFile 方法发送文件，必须先对 Book 执行保存方法），所以效率会高一些。但是在使用 WriteBook 方法发送报表之前，还是会在内部执行 Build 方法生成报表。所以，如果你的 Excel 报表不是基于模板生成的，最好将 Book 的 PreBuild 属性设置为 False，这样可以避免在执行 WriteBook 方法之前执行 Build 方法，从而提高报表生成效率。

以下是直接向客户端浏览器发送报表文件的 HttpRequest 示例代码：

```
Select Case e.Path
    Case "reports"      ' 这里用 reports 作为报表接口
        Dim tj As String = " 产品 ID = '" & e.Values("p") & "'"
        Select Case e.Values("id")
            Case "mx"
                Dim book As New XLS.Book("./Attachments/test.xls")
                book.AddDataTable(" 订单 ","orders","Select * From 订单
Where " & tj)
                'book.PreBuild = False   ' 常规报表（非模板报表）要设为 False
                e.WriteBook(book,"emp.xls",False)
            'Case "tj","yg","qt"        其他 3 种情况略
        End Select
End Select
```

由于服务器直接向客户端浏览器发送文件，因此页面中的 JS 代码也要做出相应修改：不再需要使用 Ajax 请求，也不再需要向页面的 div 写入内容，只要在单击按钮事件中给出一个请求地址，即可自动从服务器端下载文件。修改后的 JS 代码如下：

```
$('button').click(function(){
    location = 'reports?id=' + this.id + '&p=' + $('select').val()
})
```

3.3.5　在浏览器中直接查看 Excel 报表

为方便用户在客户端浏览器直接查看报表，Foxtable 专门在 HttpRequest 的 e 参数中提供了 WriteBookAsHTML 及 WriteBookAsPDF 方法，分别用于在线查看 HTML 格式或 PDF 格式的报表。

由于 Excel 文件在转换成网页之后，还会生成一系列的辅助文件，因此在使用此种方式直接查看报表时，服务器端的程序接口必须遵守以下两条规则。

第一，服务器接口必须包含一个目录，以便服务器端在这个目录中进行一些特殊处理。这个目录的名称可以随便定义，不一定是物理存在的现实目录。

第二，必须配合使用 AsReportServer 方法，以指定该目录。

这两条规则是必须要遵守的。至于服务器端如何在这个目录中进行特殊处理，以及多线程等问题，均无须用户考虑，全部由 Foxtable 自动完成。

假如将这个目录名称约定为 rep，那么 HttpRequest 事件示例代码如下：

```
If e.Path.StartsWith("rep\")      '如果用户访问路径以 rep\ 开头
    e.ResponseEncoding = "gb2312"     '返回响应头，指定在线页面的编码格式
End If
Select Case e.Path
    Case "reports"          '这里用 reports 作为报表接口
        '此处代码与之前常规的 Excel 报表接口相同，略
    Case  "rep\online"     '这里的接口名称包含了约定目录名称，用于在线浏览报表
        Dim tj As String = "产品 ID = '" & e.Values("p") & "'"
        Select Case e.Values("id")
            Case "mx"
                Dim Book As New XLS.Book(ProjectPath & "Attachments/
test.xls")
                book.AddDataTable("订单","orders","Select * From 订单
Where " & tj)
                e.WriteBookAsHTML(book)
            'Case "tj","yg","qt"       其他 3 种情况略
        End Select
    Case Else               '这里不能省略
        e.AsReportServer("rep\")   '必须在 AsReportServer 中同时指定约定目录
End Select
```

用户访问时也必须带上约定的目录名称，如图 3-66 所示。

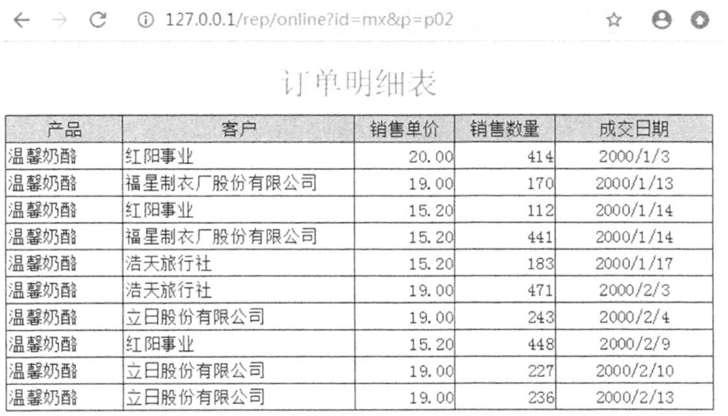

产品	客户	销售单价	销售数量	成交日期
温馨奶酪	红阳事业	20.00	414	2000/1/3
温馨奶酪	福星制衣厂股份有限公司	19.00	170	2000/1/13
温馨奶酪	红阳事业	15.20	112	2000/1/14
温馨奶酪	福星制衣厂股份有限公司	15.20	441	2000/1/14
温馨奶酪	浩天旅行社	15.20	183	2000/1/17
温馨奶酪	浩天旅行社	19.00	471	2000/2/3
温馨奶酪	立日股份有限公司	19.00	243	2000/2/4
温馨奶酪	红阳事业	15.20	448	2000/2/9
温馨奶酪	立日股份有限公司	19.00	227	2000/2/10
温馨奶酪	立日股份有限公司	19.00	236	2000/2/13

图 3-66

当然，上述例子是通过在浏览器直接输入地址的方式访问的。如果你想让用户单击后再访问，只要将 test.html 页面中的 JS 代码做如下修改：

```
$('button').click(function(){
    location = 'rep/online?id=' + this.id + '&p=' + $('select').val()
})
```

等到后面学习了 layui 框架之后，你甚至可以将这种在线浏览的报表直接嵌入弹出层中，让它和你的项目完整地融合在一起。图 3-67 所示就是在单击【销售明细报表】按钮后弹出的报表预览窗口。

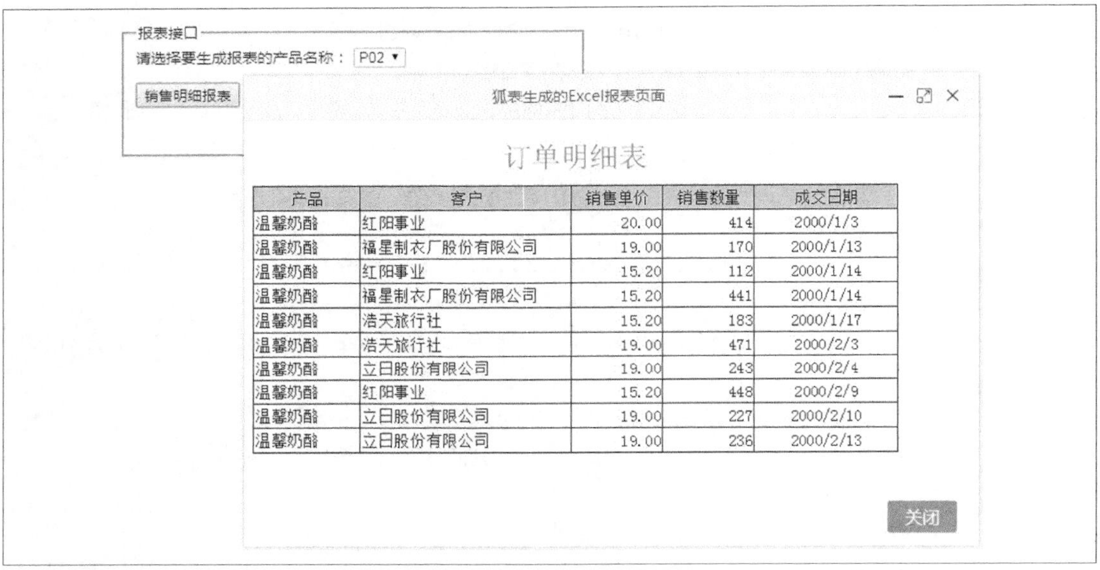

产品	客户	销售单价	销售数量	成交日期
温馨奶酪	红阳事业	20.00	414	2000/1/3
温馨奶酪	福星制衣厂股份有限公司	19.00	170	2000/1/13
温馨奶酪	红阳事业	15.20	112	2000/1/14
温馨奶酪	福星制衣厂股份有限公司	15.20	441	2000/1/14
温馨奶酪	浩天旅行社	15.20	183	2000/1/17
温馨奶酪	浩天旅行社	19.00	471	2000/2/3
温馨奶酪	立日股份有限公司	19.00	243	2000/2/4
温馨奶酪	红阳事业	15.20	448	2000/2/9
温馨奶酪	立日股份有限公司	19.00	227	2000/2/10
温馨奶酪	立日股份有限公司	19.00	236	2000/2/13

图 3-67

除了 Foxtable 提供的这种在线浏览方法以外，还有一种另外的处理办法。该方法要求你服务器本身已经绑定了域名，且使用的是 80 端口，Excel 报表文件应采用常规的 Save 方法保存。假如你的网站域名是 XXX，生成的 Excel 文件名为 text.xls，保存在服务器的目录为 rpt，那么通过以下网址即可直接在线打开你的 Excel 文件：

```
https://view.officeapps.live.com/op/view.aspx?src=http://XXX/rpt/test.xls
```

打开的页面效果如图 3-68 所示。

这种 Excel 文件的在线浏览方式实际上是由微软公司提供的。不仅仅是 Excel 文件，包括 Word、PPT 等文件都可以使用这种方式在线浏览。本方式要求你必须将你的 Excel 网络地址附在指定的 URL 后面，其格式为：

```
https://view.officeapps.live.com/op/view.aspx?src= 你的 Office 文件网络地址
```

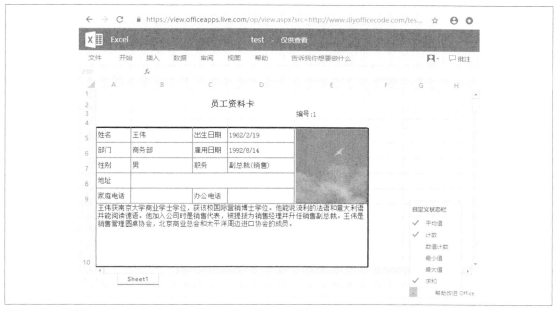

图 3-68

3.3.6 将 Excel 报表扩展为网页生成器

由于 Foxtable 可以将 Excel 文件中的数据表直接转换成 HTML 页面发送到客户端浏览器，因而从某种程度上来说，你只要会使用 Excel，那么就可以用它制作出网页页面，这个时候的 Excel 就变成了你的网页生成器。

❶ **继续使用 e 参数中的 WriteBookAsHTML 或 WriteBookAsPDF 方法，但可以加上参数**

如果你用来生成页面的 Excel 文件没有包含任何的模板工作表，可以给这两个方法都加上可选参数 False，这样就不会再将它当成模板文件来处理，而是直接生成页面发送到客户端浏览器。例如：

```
Dim Book As New XLS.Book("./Attachments/test.xls")
e.WriteBookAsHTML(book, False)      '第二个参数设置为 False，表示这不是模板
```

如果这个 Excel 文件有部分表是模板，部分表是常规表格，那么就可以采用和 Build 一样的处理方法，在 WriteBookAsHTML 及 WriteBookAsPDF 中加上一个或多个序号参数用于指定常规表即可。例如：

```
Dim Book As New XLS.Book("./Attachments/test.xls")
book.AddDataTable("订单","orders","Select * from 订单")
e.WriteBookAsHTML(Book,1,2)      '第 2、第 3 个工作表作为常规表处理，直接生成网页
```

❷ **改用 ExcelVBA 编程生成 Excel 报表，但发送页面的方法变为 WriteExcelAsHTML 和 WriteExcelAsPDF**

如果你对 ExcelVBA 编程比较熟悉，那么恭喜你，这些知识在 Foxtable 中一样可以用到，特

别是在处理图文并茂的 Excel 报表时，其优势将更加明显。对于 VBA 方式生成的报表，需改用 e
参数中的 WriteExcelAsHTML 和 WriteExcelAsPDF 方法，它们分别用于将 Workbook 对象转
换为网页或 PDF 文件发送到客户端浏览器。例如：

```
Dim app As New MSExcel.Application
Dim book As MSExcel.Workbook = app.WorkBooks.Add        '创建新的工作簿对象
Dim sheet As MSExcel.WorkSheet = book.WorkSheets(1)     '引用第 1 个工作表
sheet.name = "统计表"                    '修改表名
sheet.Cells(1,1).Value = "test"          '在第 1 行第 1 列写入数据
'其他各种 VBA 代码略，在这里还可以插入图表
e.WriteExcelAsHTML(book)                    '发送到客户端
```

本示例代码是以新创建的工作簿为例的。对于现有的 Excel 工作簿，一样可以在执行 VBA 代
码操作后再发送到客户端。例如：

```
Dim app As New MSExcel.Application
Dim wb As MSExcel.Workbook = app.WorkBooks.Open(ProjectPath & "Attachments\table.xlsx")
'VBA 操作代码
e.WriteExcelAsHTML(wb)
```

Excel 报表的优势在于，开发起来非常简单方便，只要会用 Excel 就能生成自己所需的页
面。但要注意，使用此方式时，服务器端必须安装 Office，再加上生成页面时还要处理一堆的附加
文件，运行效率较低，因而在实际项目开发时最好将它与其他功能融合到一起使用。如下图的"报
表中心"，这里的 3 个菜单项都是通过 Excel 报表生成的页面：

图 3-69

　　为解决生成 Excel 报表页面时所带来的稍许等待问题（一般也就 1 秒左右，看生成的数据量大小），该项目专门在生成报表时添加了带有工作提示的加载层，这样使用起来就会感觉友好的多，融洽的多。

　　除此之外，你还可以使用 Foxtable 自带的专业报表功能来生成页面数据，只不过这种方式需要写较多的代码，且只能用 e 参数中的 WriteReportAsPDF 方法将它生成 PDF 文件发送到客户端。专业报表的优势在于效率，它相较于 Excel 报表可提高 6 倍左右。

第04章

灵活使用 SQL 语句

和 JSON 一样，灵活使用 SQL 语句也是前后端分离的网页开发模式中程序员所应具备的基本功。这是因为，当只把 Foxtable 作为服务器端使用时，并不需要在项目中使用任何可见的数据表或操作窗口，只要用 SQL 语句向 JSON 接口或 Excel 报表接口提供数据来源即可。

主要内容

4.1 学习准备

4.2 数据表、视图及数据源

4.3 数据记录的添加、删除和修改

4.4 单表数据记录查询

4.5 多表数据记录查询

4.6 运算符与函数

4.7 SQL 调用过程及函数

4.8 SQL 事务与异步操作

所谓的 SQL 就是结构化查询语言的简称，它规定了一整套的标准用于访问和操作数据库。尽管市场上的数据库种类很多，但它们都必须以相似的方式来共同地支持一些主要的关键词（如 Select、Update、Delete、Insert、Where 等）。在这些标准之外，不同类型的数据库又都有一些自己的私有扩展。例如查询数据时的分页，Access 和 SQL Server 使用的是 Top，而 MySQL 用的则是 Limit。当在不同类型的数据库上使用 SQL 语句来进行一些操作时，必须遵守各自不同的规则。

Foxtable 支持的最好的数据库是 Access 和 SQL Server，本章将详细讲解这两种数据库中的 SQL 语句的用法。

4.1 学习准备

4.1.1 菜单方式测试 SQL 语句

为方便 SQL 语句的测试，Foxtable 在菜单中专门提供了一个【执行 SQL】的按钮，该按钮在【杂项】—【执行】功能组中，如图 4-1 所示。

图 4-1

单击【执行 SQL】按钮，弹出一个对话框用于输入 SQL 语句，如图 4-2 所示。

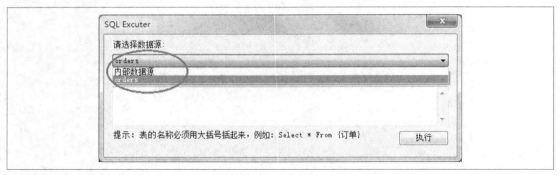

图 4-2

请注意图 4-2 中的数据源下拉列表框。这里有两个数据源：内部数据源和 orders。其中，内部数据源是 Foxtable 项目自带的，它其实就是嵌在 Foxtable 内部的、Access 类型的数据库，当把 Foxtable 作为服务器端使用时，极少会用到内部数据源；orders 是在 1.6 节学习三层架构时所创建的外部数据源，它用到的数据库是"多表统计 .mdb"。

如果你在 Foxtable 项目中还添加了多个其他数据源（包括 SQL Server），那么它们都会在这个对话框的下拉列表框中显示出来以供选择。

需要注意的是，当针对不同的数据源编写 SQL 语句时，请务必要遵守该数据源的 SQL 语法规则。SQL 语句编写完成后，单击【执行】按钮，弹出"预览"对话框以观察运行效果。当使用内部数据源时，SQL 语句中的表名必须用大括号括起来，外部数据源则可括可不括。

4.1.2　编码方式执行 SQL 语句

除了可以在"SQL Excuter"对话框中以可视的方式输入要执行的 SQL 语句外，Foxtable 还专门提供了 SQLCommand 类用于执行各种 SQL 命令。

当使用 SQLCommand 类执行 SQL 命令操作时，必须先声明对象，并指定数据源。例如：

```
Dim cmd As New SQLCommand
cmd.ConnectionName = "orders"      ' 当此行省略时，表示在内部数据源中执行 SQL 命令
```

接着即可给它设置要执行的 SQL 语句或方法，如表 4-1 所示。

表 4-1

	名称	说明
属性	CommandText	字符型，用于设置 SQL 语句
	Parameters	集合型，用于参数化设置 SQL 语句
	CommandTimeOut	设置超时时限，默认为 30 秒
	StoredProcedure	是否是存储过程。本属性的用法将在最后一节进行讲解
方法	ExecuteReader	用于执行有返回记录的 Select 语句，并生成只存在于代码运行过程中、不会以表的形式呈现出来的临时 DataTable。当给该方法同时指定可选参数 True 时，生成的 DataTable 既可修改，也可保存
	ExecuteNonQuery	用于执行不返回任何值的 SQL 语句，最常见的就是数据记录的增删改。该方法会返回一个整数，表示受影响的行数
	ExecuteScalar	用于执行返回单个值的 SQL 语句
	ExecuteValues	用于执行一次返回多个值的命令

编码方式的 SQL 语句可放到"命令窗口"窗口中测试执行，如图 4-3 所示。

123

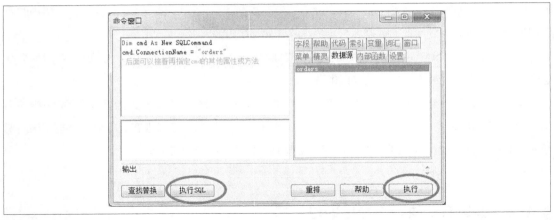

图 4-3

代码输入完毕，单击右下角的【执行】按钮即可。

编码方式的 SQL 语句一般仅用在正式的项目处理逻辑当中（如之前的 JSON 数据接口）。如果你只是要测试、学习 SQL 语句的写法，建议还是放到 "SQL Excuter" 对话框中比较方便。会写 SQL 语句是一种基本功，而熟练掌握 SQLCommand 的用法更是代码编程所必需的。

❶ 获取有返回记录的 Select 查询语句

这类 Select 查询语句最为常用。例如：

```
Dim cmd As New SQLCommand
cmd.ConnectionName = "orders"
cmd.CommandText = "Select * From 订单 Where 产品ID='P01'"    '指定 SQL 语句
Dim dt As DataTable = cmd.ExecuteReader     '必须使用 ExecuteReader 方法
Output.Show(dt.DataRows.Count)     '输出符合条件的记录行数
```

当使用 ExecuteReader 方法时，有以下两点需要注意。

第一，当数据量很大的时候，最好只加载所需要的列，而不是像上面这样加载所有列。

第二，该方法有一个可选参数。当给它使用参数 True 时，生成的 DataTable 不仅可以修改，还可以保存。例如要将 "订单" 表中所有折扣为 0 的数据全部改为 1，可使用以下代码：

```
Dim cmd As New SQLCommand
cmd.ConnectionName = "orders"
cmd.CommandText = "Select * From 订单 Where 折扣=0"
Dim dt As DataTable = cmd.ExecuteReader(True)
For Each dr As DataRow In dt.DataRows
    dr("折扣") = 1
Next
dt.Save()           '同步更新了外部数据库 "多表统计.mdb" 中的 "订单" 表数据
```

这里同样有一点需要注意：只有带主键的数据表才可以修改、保存。如果这里的 SQL 语句只指定部分列，那么必须包括主键列，否则保存的时候会出错。

很显然，对于这种后台数据的更新，最具效率的方式应该是使用 SQL 中的 Update 语句。

❷ 对数据记录进行增删改的 SQL 语句

这类语句只是对数据执行增加、删除或者修改操作，它本身不会返回任何的数据记录，但会返回受到影响的记录行数。例如增加了几行、删除了几行、修改了几行等。

此类语句应该使用 ExecuteNonQuery 方法执行。

仍以上面的代码为例，要将"订单"表中所有折扣为 0 的数据全部改为 1，可使用以下代码：

```
Dim cmd As New SQLCommand
cmd.ConnectionName = "orders"
cmd.CommandText = "Update 订单 Set 折扣=1 Where 折扣=0"
cmd.ExecuteNonQuery() '对于没有返回记录的 SQL 语句要使用 ExecuteNonQuery 方法执行
```

请注意，如果将上述代码中的 ExecuteNonQuery 方法改为 ExecuteReader 方法，虽然同样可以正常执行，但它们之间还是有区别的：ExecuteNonQuery 方法在执行之后将返回受影响的行数，而 ExecuteReader 方法就不会有这样的返回值。例如将上述代码中的最后一行改为：

```
Dim i As Integer = cmd.ExecuteNonQuery()
Messagebox.Show( "总共更新了" & i & "行数据!")
```

如果换为 ExecuteReader 方法，该代码将出错。因此除了 Select 之外，其他各种类型关键字的 SQL 语句都应该使用 ExecuteNonQuery 方法来执行，具体包括 Update、Delete、Insert 等关键字，甚至包括与表和视图相关的 SQL 语句。稍后还将详细讲解这些知识。

❸ 获取单个值的 SQL 语句

例如要得到"订单"表中的数量合计，并保存到变量中，可使用以下示例代码：

```
Dim cmd As New SQLCommand
cmd.ConnectionName = "orders"
cmd.CommandText = "Select Sum(数量) From 订单"
Dim val As Integer = cmd.ExecuteScalar()
Output.Show(val)
```

ExecuteScalar 方法可用来获取最新的订单日期，例如：

```
cmd.CommandText = "Select Max(日期) From 订单"
Dim ld As Date = cmd.ExecuteScalar()
```

ExecuteScalar 方法也可用来判断是否存在指定条件的数据。例如：

```
cmd.CommandText ="Select Count(*) From 订单 Where 产品ID = 'P06'"
If cmd.ExecuteScalar = 0 Then
    Output.Show("不存在指定产品ID的订单!")
End If
```

很显然，对于获取单个值的 SQL 语句，必须使用 ExecuteScalar 方法执行。同时该方法还遵循以下处理逻辑：

第一，该 SQL 语句虽然使用的是 Select 关键字，但仅取其中的第 1 行；

第二，当该记录行包含多个列时，则仅取第 1 列的值。

例如以下代码得到的值仍然是数量合计：

```
Dim cmd As New SQLCommand
cmd.ConnectionName = "orders"
cmd.CommandText = "Select Sum(数量),Avg(单价) From 订单"
Dim val As String = cmd.ExecuteScalar()
Output.Show(val)
```

如果将其中的 SQL 语句改成：

```
cmd.CommandText = "Select * From 订单"
```

这样得到的就是第 1 行、第 1 列的值。

❹ 获取多个值的 SQL 语句

此类语句的处理逻辑和 ExecuteScalar 方法相同，仍然仅对 Select 语句返回的第 1 行数据有效，只不过是以字典方式获取到多个值。

需要特别说明的是，由于获取到的多个值是存在字典中的，为方便取值，一定要在使用了聚合函数的 SQL 语句中指定别名。例如：

```
Dim cmd As New SQLCommand
cmd.ConnectionName = "orders"
cmd.CommandText = "Select Sum(数量) As sl,Avg(单价) As dj From 订单"
Dim Values = cmd.ExecuteValues        ' 使用 ExecuteValues 方法获取到多个值
If Values.Count > 0 Then
    Output.Show(Values("sl"))
    Output.Show(Values("dj"))
End If
```

或者使用遍历：

```
Dim cmd As New SQLCommand
cmd.ConnectionName = "orders"
cmd.CommandText = "Select * From 订单"
Dim Values = cmd.ExecuteValues        ' 获取的是第 1 行中所有列的值
If Values.Count > 0 Then
    For Each k As String In Values.Keys
        Output.Show(k & ":" & Values(k))
    Next
End If
```

❺ 参数化 SQLCommand

所谓的参数化，就是为了简化 SQLCommand 中的 SQL 语句拼接，而将其中需要动态取值的参数部分全部以问号 (?) 代替，然后再按顺序填值的一种处理方法。

如果要对 SQLCommand 中的 SQL 语句进行参数化处理，则需要使用 Parameters 属性。

例如当需要将"订单"表中数量大于 500 的全部记录的折扣改为 0.15 时，可以先用问号把完整的 SQL 语句一次写完，然后再填值：

```
Dim cmd As New SQLCommand
cmd.ConnectionName = "orders"
cmd.CommandText = "Update 订单 Set 折扣 = ? Where 数量 > ?"
cmd.Parameters.Add(1, 0.15)      '第 1 个参数填值 0.15
cmd.Parameters.Add(2, 500)       '第 2 个参数填值 500
cmd.ExecuteNonQuery
```

如果想让填值代码更具有语义性，也可将 Add 方法中的第 1 个参数写为字符串。例如：

```
cmd.Parameters.Add("@ 折扣 ", 0.15)
cmd.Parameters.Add("@ 数量 ", 500)
```

请注意，Add 方法中的第 1 个参数不管是使用序号，还是语义化的字符，都不能重复。而且，这里的赋值顺序与第 1 个参数完全无关，仅与 Add 代码的先后顺序有关。

仍以上面的代码为例，由于 SQL 语句中使用了两个问号，那么随后就应该使用两行 Add 代码：第 1 行赋值给第 1 个参数，第 2 行赋值给第 2 个参数。

很显然，当 SQL 语句中用到的参数越多，这种参数化的赋值优势就越明显。而且 Add 方法中的参数的数值类型完全可以根据 SQL 语句自由定义。例如查询"订单"表中产品 ID 等于 p01 且日期等于 2000-1-8 的数据记录：

```
Dim cmd As New SQLCommand
cmd.ConnectionName = "orders"
cmd.CommandText = "Select * From 订单 Where 产品 ID = ? And 日期 = ?"
cmd.Parameters.Add(1, "p01")           '第 1 个参数值为字符型
cmd.Parameters.Add(2, #1-8-2000#)      '第 2 个参数值为日期型
cmd.ExecuteReader
```

4.2 数据表、视图及数据源

SQL 语句不仅可以用于对日常的数据进行增删改查，它还可以对指定数据源中的数据表及视图进行操作。

4.2.1 列数据类型

当使用 SQL 语句创建或修改表结构时，会涉及数据类型的问题。这是因为无论是新增还是修改列，都必须同时给其指定数据类型。

Access 及 SQL Server 常用数据类型如表 4-2 所示。

表 4-2

数据类型		内部表及 Access	SQL Server	是否需要指定长度
字符串	可变长度字符串	NvarChar、VarChar		建议指定
	固定长度字符串	Nchar、Char		
	备注型字符串	Ntext、Text		
日期型		Datetime、SmallDatetime		
逻辑型		Bit 或 Logical	Bit	
整数	微整数	Tinyint 或 Byte	Tinyint	不需要
	短整数	Smallint 或 Short	Smallint	
	整数	Int 或 Integer		
	长整数	Long	Bigint	
小数	单精度小数	Real 或 Single	Real	
	双精度小数	Float 或 Double	Float	
	高精度小数	Numeric、Decimal		建议指定
二进制型		Oleobject	Image	不需要

以下是关于部分常用数据类型的简要说明。

❶ 字符串

在字符串类型中，以 n 开头的常用于保存中文字符串，当然也可以保存英文或数字。

例如 NvarChar(4) 既可以输入 4 个英文字母或数字，也可以输入 4 个汉字；但 VarChar(4) 虽然可以输入 4 个英文字母或数字，却只能输入两个汉字。

可变长度与固定长度的区别在于，当向一个长度为 40 的字符串类型的列输入数据"abc"时，如果是可变长度类型的列，取出的数据就是"abc"；如果是固定长度类型的列，取出的数据长度仍然固定为 40，也就是在"abc"的后面会加上 37 个多余空格。因此短字符串建议直接使用 NvarChar，备注型字符串使用 Ntext。

❷ 日期型

datetime 和 smalldatetime 是日期中的两种常用数据类型，它们的区别在于时间精度的不同，但实际应用时基本可以忽略这种差别。

❸ **逻辑型**

一般都是使用 Bit 类型。这个非常简单，有两个取值：True 和 False。

❹ **数值型**

这个复杂一些，因为它分整数和小数共 7 种情况。其中：

● 微整数是介于 0 到 255 之间的整数；

● 短整数是介于 –32768 到 32767 之间的整数；

● 整数是介于 –2147483648 到 2147483647 之间的整数；

● 长整数很少使用，超过整数范围时一般会改用双精度小数代替；

● 单精度小数的有效数字位数为 7 位；

● 双精度小数的有效数字位数为 15 位；

● 高精度小数的有效数字位数为 28 位，仅适用于要求使用大量有效的整数及小数位数并且四舍五入没有错误的财务计算。

由此可以看出，数值型列除了整数和小数的差别以外，它们最重要的还有范围及精度（有效数字）上的差别：范围越大，精度越高，那么占据的存储空间就越大，处理速度就越慢。

什么是精度（有效数字）？它是指从左边第 1 个不是 0 的数字算起，直到最后一个数字为止的有效数字的数量。例如，1.324 的有效数字有 4 位（1、3、2、4），1.3240 的有效数字有 5 位（1、3、2、4、0），而 0.024 的有效数字有两位（2、4）。明白有效数字的概念有助于我们选择合理的小数类型。例如对于"订单"表中的"折扣"列，范围在 0 到 1 之间，其精度通常不会超过 3 位有效数字，那么选用单精度小数类型就完全符合要求。

对于高精度小数而言，除非确有需要，否则一般不要选用。如果一定要用，建议同时指定数据精度和小数位数，默认值为 18 和 0。例如：

```
Numeric(3,0)        '可存储 3 位整数，此时就相当于 Int 类型
Numeric(5,3)        '可存储数字的整数最多为两位、小数为 3 位。当输入 100 时就不会被接受，
输入 12.34567 时只会接受 12.345，超过小数位数的部分会被自动舍弃
```

那么在实际项目开发时，一般怎么选择数值类型呢？有个简单的方法：没有小数的列选择整数类型，有小数的列选择双精度小数类型，这符合绝大多数场合的需要。唯一需要注意的是，整数的范围在正负 20 亿之间，如果超出此范围，请用双精度小数类型代替。

4.2.2　数据表操作命令

关于数据表操作，Access 及 SQL Server 数据库的 SQL 命令基本相同。

❶ **新建数据表**

新建数据表的 SQL 语句格式如下：

```
Create Table TableName(ColName Type, ColName Type, ColName Type,…)
```

例如创建一个名为"交费名录"的数据表，SQL 语句如图 4-4 所示。

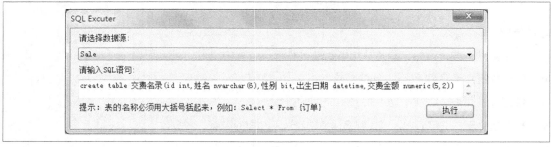

图 4-4

图 4-4 中的 SQL 语句执行后，将在指定数据源中创建一个名为"交费名录"的数据表。

如果改用编码方式创建，则可使用以下示例代码：

```
Dim cmd As New SQLCommand
cmd.ConnectionName = "Sale"           ' 数据源名称
cmd.CommandText = "Create Table 交费名录(ID Int, 姓名 NvarChar(6), 性别 Bit,
出生日期 Datetime, 交费金额 Numeric(5,2))"    'SQL 语句
cmd.ExecuteNonQuery()
```

假如这里的数据源是 Access 数据库，SQL 语句中的 Datetime 类型可简写为 Date。创建表命令应该使用 SQLCommand 中的 ExecuteNonQuery 方法执行，此方法在执行除了增删改之外的其他语句时，返回值一律是 0。

创建数据表时，还可对指定列设置以下属性。

Primary Key：设为主键列。

Identity：设为自动编号列。它有两个可选参数，第 1 个参数表示开始编号的值，第 2 个参数表示自增步长。例如 Identity(3,5) 表示从 3 开始编号，步长为 5。默认从 1 开始编号，每次增加 1。

Not Null：不允许为空值（默认为 Null）。

Unique：唯一性约束。

Default：默认值。

例如以下 SQL 语句将创建新表"test"，共包含 5 列：

```
Create Table test(ID Int Identity Primary Key, 姓名 NvarChar(6) Not Null, 性
别 Bit, 出生日期 Datetime, 交费金额 Numeric(5,2))
```

其中，"ID"列的数据类型为 Int，同时还设置为自增型的主键（当指定 Identity 自增属性时，在 Access 数据源中可以省略列类型，在 SQL Server 中则不能省略）；"姓名"列不允许为空。

❷ 修改数据表

对于数据源中的现成表，可使用 Alter Table 语句对其结构进行修改。关于对表结构的修改，主要包括以下 3 个方面。

● 修改列。

例如将"test"表中的"姓名"列长度改为 10，同时允许空值：

```
Alter Table test Alter Column 姓名 NvarChar(10) null
```

● 增加列。

例如在"test"表中增加"交费日期"列：

```
Alter Table test Add 交费日期 Datetime
```

● 删除列。

例如删除"test"表中的"交费日期"列：

```
Alter Table test Drop Column 交费日期
```

❸ **删除数据表**

将新增的"test"表删除：

```
Drop Table test
```

❹ **重命名表**

Access 和 SQL Server 都没有可以直接重命名表的 SQL 语句，一般都是采取建新表、删旧表的方式解决。不过 SQL Server 数据库内置了一个 SP_RENAME 的存储过程，通过执行此存储过程可达到重命名表的目的。例如将"交费名录"表改名为"jfml"：

```
Exec SP_RENAME '交费名录','jfml'
```

上述执行存储过程的代码可以当作普通的 SQL 语句来处理。如果将它放到 SQLCommand 的 CommandText 属性中，一样可以正常执行。例如：

```
Dim cmd As New SQLCommand
cmd.ConnectionName = "Sale"
cmd.CommandText = "Exec SP_RENAME '交费名录','jfml'"
cmd.ExecuteNonQuery()
```

所谓的存储过程就是预编译好的一段可执行的、有着特定功能的 SQL 语句集合。关于这方面的知识，本章将在第 7 节详细讲述。

❺ **复制表**

复制表功能可通过 Select 语句变相实现。例如将"交费名录"表复制成另外一个"名录"表：

```
Dim cmd As New SQLCommand
cmd.ConnectionName = "Sale"
cmd.CommandText = "Select * Into 名录 From 交费名录 "
cmd.ExecuteNonQuery()
```

复制表时，如果仅复制表结构，则可以在 Select 语句的后面再加上一个永远不成立的条件。当然也可以设置条件仅复制部分数据，或者在 Select 语句中设置列名仅复制部分列。

4.2.3　视图操作命令

对于一些特别复杂的 SQL 语句，尤其是使用多表连接生成的查询表，可以多采用视图作为中间件来协助处理。因为只有这样才能保证这些复杂查询的分页功能正常。

视图在 Access 数据库中也被称为查询。

❶ 创建视图

在 Access 数据库中创建一个很常见的多表查询，如图 4-5 所示。

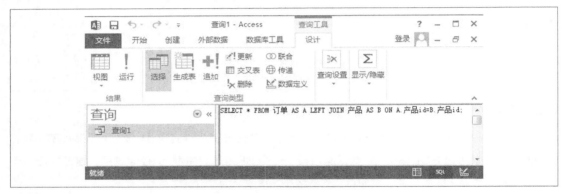

图 4-5

这个查询使用的是非常普通的 Select 多表左连接语句：

```
Select * From 订单 As A Left Join 产品 As B On A.产品ID = B.产品ID
```

它的作用是将数据库中的"订单"表和"产品"表关联起来，生成一个新的查询表。既然这个视图的名称为"查询 1"，我们就可以在项目代码中将它当成一个普通表来使用。例如：

```
Dim cmd As New SQLCommand
cmd.ConnectionName = "orders"
cmd.CommandText = "Select * From 查询1"
Dim Values = cmd.ExecuteValues        ' 获取的是第 1 行中所有列的值
If Values.Count > 0 Then
    For Each k As String In Values.Keys
        Output.Show(k & ":" & Values(k))
    Next
End If
```

这样即可输出该查询表第 1 行中所有列的值。

视图中的数据只能查看，不能直接修改、删除或增加记录。但只要与视图相关联的数据表中有了数据更新，则视图数据也会同步做出修改。

如果你不方便在后台数据库环境中直接进行操作，则可通过 SQL 语句创建视图，如图 4-6 所示。

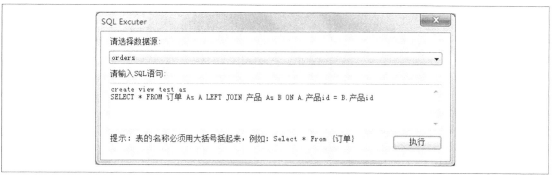

图 4-6

单击【执行】按钮后，将在数据源所指定的 Access 数据库文件中创建一个名称为 "test" 的查询表。

需要注意的是，对于 SQL Server 数据源，虽然创建视图仍然使用的是以下语法格式：

```
Create View 视图名称 As Select 查询语句
```

但这里的 Select 语句在返回多表中的同名列时必须指定别名，因为它不会像 Access 那样自动地以表名作为别名。例如以下语句在 Access 中可以正常创建视图，但在 SQL Server 中执行时将出错：

```
Create View test As
Select * From 订单 A Left Join 产品 B On A.产品ID = B.产品ID
```

假如希望同时返回两个表中都存在的 "产品 ID" 列，在 SQL Server 数据源中可以这样写：

```
Create View test As
Select A.产品ID As 产品ID_A, B.产品ID As 产品ID_B from 订单 A Left Join 产
品 B On A.产品ID = B.产品ID
```

除此之外，由于视图一般是当作表来使用的（尽管它是基于其他表生成的查询表），因此它不存在排序之说，在创建视图时也就不能使用 Order By 来排序。即使要使用，也必须配合 Top 使用，且只有 SQL Server 支持这种写法。例如通过编码方式在 SQLServer 数据源中创建视图，仅返回前 100 条记录：

```
Dim cmd As New SQLCommand
cmd.ConnectionName = "Sale"
cmd.CommandText = "Create View test As Select Top 100 A.ID As ID,产品名称,
日期,数量 From 订单 A Left Join 产品 B On A.ID=B.ID Order By 数量 Desc"
cmd.ExecuteNonQuery()
```

❷ **修改视图**

修改视图可使用 Alter View，且仅在 SQL Server 中有效。例如：

```
Alter View test As …Select 语句…
```

❸ **使用视图**

视图创建或修改完成之后，即可将它作为普通的数据表来使用，但不能直接进行数据记录的新增、修改或删除操作，如图 4-7 所示。

图 4-7

❹ **删除视图**

对于动态生成的视图，可使用 Drop View 随时将其从数据源中删除。例如使用编码方式删除刚刚生成的视图"test"：

```
Dim cmd As New SQLCommand
cmd.ConnectionName = "orders"
cmd.CommandText = "Drop View test"
cmd.ExecuteNonQuery()
```

4.2.4 数据源的重要方法及属性

如果你希望获取指定数据源中的所有数据表，可使用以下代码：

```
Dim lst = Connections("orders").GetTableNames
For Each nm As String In lst
    Output.Show(nm)
Next
```

其中，Connections 表示数据源集合，加上键名 orders 之后，则表示指定的数据源为 orders。该代码也可以写成这样：

```
Dim cn As Connection = Connections("orders")          ' 指定数据源
Dim lst = cn.GetTableNames
For Each nm As String In lst
    Output.Show(nm)
Next
```

这里的 GetTableNames 是数据源中用于获取全部数据表名称的方法。如果你要获取全部的视图，可将该方法改成 GetViewNames。请注意，这两个方法返回的都是字符串集合，因此可以使用遍历的方式获取数据源中包括的所有表名或视图名。

除此之外，Connection 数据源还有以下 3 个很重要的属性。

Name：字符型，返回数据源名称。

ConnectionString：字符型，返回连接字符串。

SourceType：整数型，返回数据源类型。1 表示 Access，2 表示 SQL Server，3 表示 Oracle。

由于 Connections 本身也是集合，因此可以使用以下代码获取当前项目已经添加的全部数据源及其类型：

```
For Each cn As Connection In Connections
    Output.Show(" 数据源名称 :" & cn.Name)
    Output.Show(" 数据源类型 :" & cn.SourceType)
Next
```

4.3　数据记录的添加、删除和修改

当用户向服务器端的后台数据库添加、删除或者修改数据记录时，就需要用到与增删改有关的 SQL 语句。

4.3.1　添加数据记录

添加数据记录的 SQL 语法格式为：

```
Insert Into 表名 ( 字段 1, 字段 2,…, 字段 n) Values ( 值 1, 值 2,…, 值 n)
```

例如以下代码将通过编码方式向"名录"表添加数据记录：

```
Dim cmd As New SQLCommand
cmd.ConnectionName = "Sale"
cmd.CommandText = "Insert Into 名录 ( 姓名 , 性别 , 日期 ) Values(' 张三 ',True, '2000-
11-28')"
cmd.ExecuteNonQuery()
```

插入时也可以不用指定字段名，但 values 中的填值顺序必须和表的列顺序完全一致，且应包含全部列。对 SQL Server 数据源而言，不能对自增列添加数据，而 Access 则不受此限制。针对不同类型的列，添加的数值必须遵循以下规定。

- 往字符型的列里添加的数值要使用单引号括起来。当字符本身带有单引号时，要用两个单引号代替。

- 往数值型的列里添加的数值不需要任何符号。

- 往逻辑型的列里添加数值时，Access 数据源可以用 True 或 False，也可以使用 -1 或 0；
SQL Server 只能用 1 或 0。

- 往日期型的列里添加数值时，Access 数据源可以用单引号或符号"#"号，SQL Server 只
能用单引号。

例如当数据源是 Access 时，上述代码中的日期值改成以下两种方式都是可以的：

```
Insert Into 名录（姓名，性别，日期）Values(' 张三 ',True,#2000-11-28#)
Insert Into 名录（姓名，性别，日期）Values(' 张三 ',True,#11-28-2000#)
```

当使用参数化方式赋值时，则只能使用以下格式：

```
Dim cmd As New SQLCommand
cmd.ConnectionName = "Sale"
cmd.CommandText = "Insert Into 名录（姓名，性别，日期）Values(?, ?, ?)"
cmd.Parameters.Add(1, " 张三 ")
cmd.Parameters.Add(2, True)
cmd.Parameters.Add(3, "2000-11-28")   ' 或者: cmd.Parameters.Add(3,#11-28-2000#)
cmd.ExecuteNonQuery()
```

不论哪种类型的列，都可以使用 Null 表示插入空值。

对于 SQL Server 数据源，还可以同时执行多条 insert 命令，多条命令间用分号隔开。例如
以下代码就可一次性插入两条记录：

```
Dim cmd As New SQLCommand
cmd.ConnectionName = "Sale"
cmd.CommandText = "Insert Into 名录（姓名，性别，日期）Values(' 张三 ',1,'2000-
11-28');" & _
    "Insert Into 名录（姓名，性别，日期）Values(' 李四 ',0,'2002-03-17')"
cmd.ExecuteNonQuery()
```

除此之外，也可以使用 Select 语句来代替 Values 子句，这样就可将一个表中的大量数据快
速插入另一个表中。假如有一个现成的"员工资料"表，通过以下语句即可将该表中的数据一次性
添加到"名录"表中，且同时排除了重复记录：

```
Insert Into 名录（姓名，性别，日期）Select Distinct 姓名，性别，日期 From 员工资料
```

当使用此方法时，必须保证 Select 语句的返回列与插入列顺序完全一致，且数据类型相同。

4.3.2 删除数据记录

删除语句使用的是 Delete，这是 SQL 中最简单的语句。语法格式如下：

```
Delete From 表名 Where 条件
```

其中，where 子句是可选项，用于指定删除条件。未指定条件时将会把表中的所有记录都删除，所以操作时一定要小心。

4.3.3　修改数据记录

修改语句使用的是 Update，语法格式如下：

```
Update 表名 Set 字段 1=值 1, 字段 2=值 2,…, 字段 n=值 n Where 条件
```

其中，Update 和 Set 是必选的；Where 是可选的，当未指定此子句时，将修改所有的数据记录。

单纯地修改或删除某一个表中的数据记录的 SQL 语句非常简单，难的是根据另一个表数据来修改或删除当前表中的数据记录。关于这方面的语句实例将在多表连接中学习。

4.4　单表数据记录查询

SQL 中的 Select 语句用于从数据库中查询并返回数据行。如果以中文语境表述，其语法结构如下：

```
Select [谓词] 列表达式 [As 别名] [From 表名] [Where 条件] [Group By 分组] [Order By 排序]
```

其中用中括号括起来的部分是可选的。

接下来将通过逐个讲解关键字来解析上述语法结构，以帮助大家快速掌握这一数据查询"利器"。

4.4.1　必需关键字 Select

由前面的结构可以看出，在整个语句中，只有关键字 Select 和列表达式是必需的，其他全部都是可选的。例如以下是一个最简单的 Select 语句：

```
Select Null
```

在"SQL Excuter"对话框中输入该代码，单击【执行】按钮，将生成一个内容为空的查询结果。如果将这个语句改为：

```
Select '我是用来测试的'
```

则结果如图 4-8 所示。

图 4-8

　　由于这个语句仅仅使用了一个字符串表达式"我是用来测试的"，且没有指定列名，因此返回的查询结果中就由数据库随机分配了一个列名。很显然，随机分配的列名不方便后期的数据处理。如果要给其加上固定的列名，可以在表达式后面使用关键字 As 来进行重命名。例如：

```
Select '我是用来测试的' As A1
```

执行后的结果如图 4-9 所示。

图 4-9

　　这里指定的列名也被称为别名。当在别名中使用一些特殊字符时，必须用中括号括起来。例如下面的语句的写法是错误的：

```
Select '我是用来测试的' As 占比%
```

　　由于列名中使用了特殊字符"%"，如果不用中括号的话，将提示错误。正确的写法为：

```
Select '我是用来测试的' As [占比%]
```

4.4.2　关键字 From

　　此关键字用于指定来源表（或来源视图），也就是从哪里返回查询数据。

　　例如指定从 orders 数据源中的"订单"表返回数据，代码如下：

```
Select '我是用来测试的' As A1 From 订单
```

　　执行后发现查询结果变成了 864 行，但内容都是一样的，如图 4-10 所示。

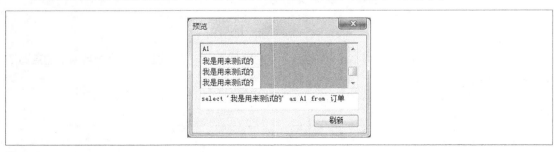

图 4-10

这是因为当没有指定来源表且仅设置了一个字符串表达式的列时，返回的结果就只有一行，该行的内容就是这个字符串表达式的值；当指定了来源表时，其返回的行数由来源表决定。由于"订单"表存在 864 条记录，因此这里就返回了 864 行；由于列值是用一个固定的字符串表示的，因此每行的值都一样。

这里的列表达式既可以是字符串，也可以是具体的列名，或者是不同列之间拼接而成的其他表达式。多个列表达式之间用半角逗号隔开。例如图 4-11 所示的 Select 语句。

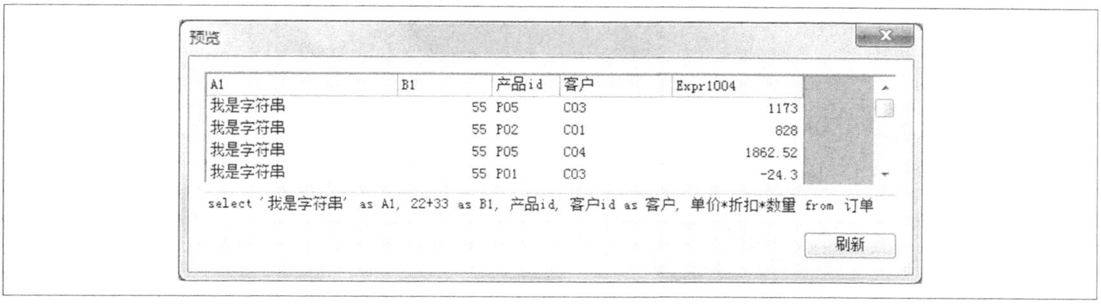

图 4-11

这里的第 1 列是"A1"列，它是固定的字符串；第 2 列是"B1"列，用的是算术表达式"22+33"，因此该列的返回值都是"55"；第 3 列使用的是列名表达式"产品 ID"，这是在来源表中本身就存在的列，因此返回值取决于来源表；第 4 列同样使用的列名表达式"客户 ID"，只不过给它起了一个别名；第 5 列是通过多个列名组成的表达式，由于没有使用别名，因此返回的列名是随机的"Expr1004"。

尽管"订单"表中的列名使用的是大写，如产品 ID、客户 ID，但在 SQL 语句中使用这些列时可以用小写。也就是说，SQL 语句中所用到的列名是不区分大小写的。

如果要获取来源表中的全部字段列，可以直接简写成这样：

```
Select * From {订单}
```

如果要在全部列的基础上再增加列，可以这样写：

```
Select *,'我是字符串' As A1, 单价 * 折扣 * 数量 As 金额 From 订单
```

这样得到的查询结果中，就会在"订单"表原有全部列的基础上增加"A1"列和"金额"列。

4.4.3 表达式谓词 Top 和 Distinct

谓词是可选的，用于指定返回列内容的方式。默认为 All，表示返回所有记录。例如上面的 Select 语句也可以写成这样：

```
Select All *,'我是字符串' As A1, 单价 * 折扣 * 数量 As 金额 From 订单
```

除此之外，最常用的是 Top 和 Distinct。

Top 用于指定返回的行数。例如以下语句仅返回前面的 3 行数据：

```
Select Top 3 产品 ID, 客户 ID, 单价，折扣，数量，单价 * 折扣 * 数量 As 金额 From 订单
```

这里的行数也可改用 Percent，用于指定返回总行数的百分比。例如：

```
Select Top 10 Percent 产品 ID, 客户 ID, 单价 * 折扣 * 数量 As 金额 From 订单
```

返回的总行数为全部记录中的 10%，也就是 87 条（864*10%=86.4，最终返回 87 条）。请注意，这里的 87 条仍然是从头部，也就是第 1 条开始算起的。

另外一个谓词是 Distinct，它用于返回指定列的不重复值，在 Select 语句中只能出现一次。例如：

```
Select Distinct 产品 ID From 订单
Select Distinct 产品 ID, 客户 ID From 订单
```

上述第 1 条语句的返回记录为 5 条，而第 2 条语句的返回记录为 25 条。第 2 条语句不能这样写：

```
Select Distinct 客户 ID, Distinct 产品 ID From 订单
```

当需要对多列进行重复值排除时，可使用表达式方式。例如：

```
Select Distinct 客户 ID + 产品 ID As 客户产品 From 订单
```

4.4.4　查询条件 Where

Where 子句用于限定查询的数据范围。它和 Delete、Update 中的 Where 子句的作用是一样的。

例如，仅获取 2000 年的全部数据记录、前 5 条记录，以及产品 ID 的不重复值的代码如下：

```
Select *,单价 * 折扣 * 数量 As 金额 From 订单 Where Year(日期)=2000
Select Top 5 *,单价 * 折扣 * 数量 as 金额 from 订单 Where Year(日期)=2000
Select Distinct 产品 ID From 订单 Where Year(日期)=2000
```

其中，Year 是 SQL 中用于获取年份的函数。

再如，获取 2000 年且客户 ID 为 C01 的全部记录（由于不区分大小写，用 c01 也是同样的效果）：

```
Select *,单价 * 折扣 * 数量 As 金额 From 订单 Where Year(日期)=2000 And 客户 ID='C01'
```

需要注意的是，这里如果用金额作为判断条件（例如金额大于 200），则以下写法是错误的：

```
Select *,单价 * 折扣 * 数量 As 金额 From 订单 Where 金额 >200
```

这是因为"金额"列在来源表中并不存在，需要通过表达式动态生成。因此应改为：

```
Select *,单价 * 折扣 * 数量 As 金额 From 订单 Where 单价 * 折扣 * 数量 >200
```

至于 Where 子句中的各种运算符用法，稍后将专门讲解。

4.4.5 分组依据 Group By

Group By 用于指定如何进行分组合并。分组时可以使用聚合函数，也可以不使用聚合函数；可以使用一列分组，也可以使用多列分组。当使用多列分组时，多列之间用半角逗号隔开。

SQL 语句中最常用的聚合函数有以下 5 个：Sum、Avg、Max、Min 和 Count。稍后将对它们进行专门的讲解。

❶ 未使用聚合函数的分组

当没有使用聚合函数进行分组时，其效果相当于同类项合并，也就是类似于使用 Distinct 的效果。例如，下面两条语句的执行效果是完全一样的：

```
Select Distinct 产品 ID, 客户 ID From 订单
Select 产品 ID, 客户 ID From 订单 Group By 产品 ID, 客户 ID
```

❷ 使用聚合函数的分组

Select 子句中没有出现在 Group By 子句里的所有列表达式，都必须使用聚合函数。换言之，凡是出现在 Select 子句中且没有使用聚合函数的列表达式，都必须包含在 Group By 子句中。例如下面语句中的"数量"列既没有使用聚合函数，也没有在分组中，因此该语句在执行时将出错：

```
Select 产品 ID, 客户 ID, 数量 From 订单 Group By 产品 ID, 客户 ID
```

正确的写法应该是：

```
Select 产品 ID, 客户 ID, Sum（数量） From 订单 Group By 产品 ID, 客户 ID
```

再如对表达式列进行统计计算：

```
Select 产品 ID, 客户 ID, Sum（数量） As 总量, Sum（单价 * 折扣 * 数量） As 总额 From 订
单 Group By 产品 ID, 客户 ID
```

按产品 ID 进行分组，统计每组中的记录条数：

```
Select 产品 ID, Count(*) As 记录条数 From 订单 Group By 产品 ID
```

count 聚合函数中的符号"*"也可以换成某个指定的列名。例如：

```
Select 产品 ID, Count（客户 ID) As 记录条数 From 订单 Group By 产品 ID
```

请注意，这样得到的统计结果和 Count(*) 得到的结果可能会完全一致：Count(*) 仅统计数据记录的行数，不会读取列中的任何数据，因此执行效率非常高；而 Count（客户 ID) 在统计时会判断该列中的值，一旦出现空值就会剔除该行。也就是说，Count（客户 ID) 统计的记录数不会包括指定列内容为空的记录行。

❸ 分组依据可以是具体的列，也可以是表达式

例如"订单"表中并没有单独的年份列，我们可以使用表达式来实现按年分组：

```
Select 客户 ID,Year(日期) As 年,Sum(数量) As 总量 From 订单 Group By 客户
ID,Year(日期)
```

❹ 分组依据和最终返回的列并不是完全对应的

仍以上述语句为例，尽管该语句按客户 ID 和 Year(日期) 分组，但它们并不一定必须返回。例如将其改成这样也是可以的：

```
Select 客户 ID,Sum(数量) As 总量 From 订单 Group By 客户 ID,Year(日期)
```

返回的总量数据仍然不变，记录数也不变，只是没有了年份列，数据查询起来比较费劲而已。

上述的分组用的是 Year(日期)，我们还可以将输出的年份列内容改成这样的表达式：

```
Select 客户 ID,CStr(Year(日期))+'年' As 年份,Sum(数量) As 总量 From 订
单 Group By 客户 ID,Year(日期)
```

由于"Year(日期)"获取的数据是整数，如果要在它后面加上其他字符，就必须先将其转为字符串形式，这里的 CStr 就是 SQL 中用于将其他类型数据转为字符的函数。

❺ 聚合函数可以用在没有指定分组的 Select 语句中

若要将聚合函数用在没有指定分组的 Select 语句中，则所有的列表达式都必须使用聚合函数，否则会出现错误。例如：

```
Select Max(数量) As 最大数量值，Sum(单价 * 折扣 * 数量) As 总额 From 订单
```

上述代码得到的结果就只有一条统计行，因为没有指定分组列。如下写法就是错误的：

```
Select 产品 ID, Max(数量) As 最大数量值，Sum(单价 * 折扣 * 数量) As 总额 From 订单
```

❻ Where 和 Group By 有着严格的顺序要求，且聚合函数不能用于 Where 子句中

当一个 Select 语句中既有 Where 又有 Group By 时，Where 子句必须写在前面，Group By 子句写在后面，这种顺序是有严格要求的，不能搞错。而当需要使用聚合函数作为查询条件时，必须使用 Having 代替 Where。例如图 4-12 所示的 SQL 语句"预览"对话框。

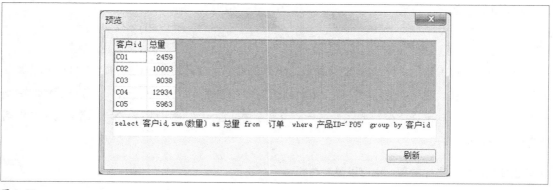

图 4-12

这是对产品 ID 为 P05 的所有记录按照客户 ID 所进行的分组统计。如果希望仅返回总量大于 5000 的记录要怎么办呢？可以这样在 Where 中设置吗？例如：

```
Select 客户ID,Sum(数量) As 总量 From 订单 Where 产品ID='P05' And Sum(数量)>5000 Group By 客户ID
```

结果出现执行错误。这是因为 Where 中不能使用聚合函数。如果要使用聚合函数作为数据查询条件，必须将其用 Having 修饰并写在 Group By 的后面。例如：

```
Select 客户ID,Sum(数量) As 总量 From 订单 Where 产品ID='P05' Group By 客户ID Having Sum(数量)>5000
```

单击【刷新】按钮后，语句正常执行，如图 4-13 所示。

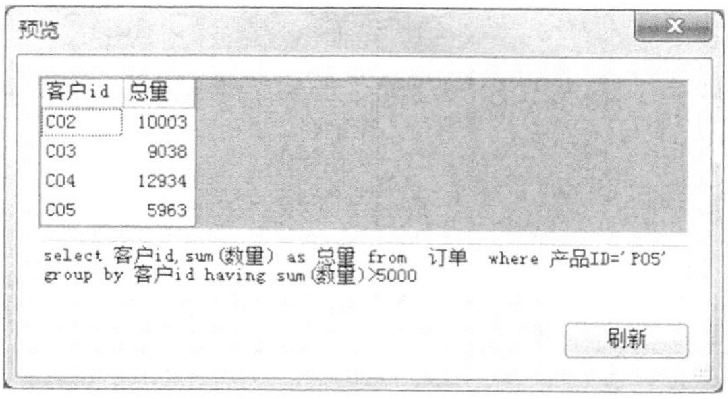

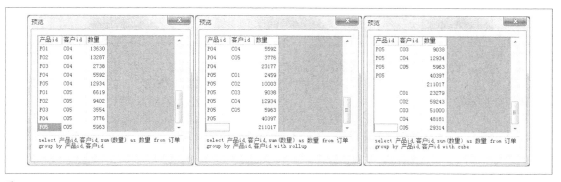

图 4-13

❼ 分组统计的同时生成小计行

对于 SQL Server 数据源，在分组依据的后面加上运算符 Rollup 或 Cube 时，还可返回小计行。例如按产品 ID 和客户 ID 对订单表中的数量进行汇总统计，3 种方式的统计结果如图 4-14 所示。

图 4-14

其中，第 1 个语句仅仅使用 Group By 进行分组，生成的结果中没有任何额外的小计行；第 2 个语句在分组后面加上了 With Rollup，生成的结果就会自动按最高级的分组排序，同时加上小计和最后一行的总计；第 3 个语句在分组后面加上了 With Cube，则生成的结果在 Rollup 的基础上更进一步，额外又添加了二级分组的小计。

如果设置的分组标志只有 1 项，则 Rollup 和 Cube 的效果相同，都是在最后增加一个总计行。

需要注意的是，在使用 Rollup 或 Cube 时，不能使用带有 Distinct 的统计函数。例如统计不同产品 ID 中的不重复客户数量，以下语句是正常的：

```
Select 产品 ID,Count(Distinct 客户 ID) As 客户数量 From 订单 Group By 产品 ID
```

如果在上述语句的后面加上运算符 Rollup 或 Cube，执行时将出错。

4.4.6　排序依据 Order By

这个就比较简单了，只需在指定的排序列名称后面加上排序类型即可。升序为 Asc，这也是默认的类型；降序为 Desc。指定的排序列可以有多个，多个列之间用半角逗号隔开。

例如在上面的语句中加上 "Order By 客户 ID" 或者 "Order By 客户 ID Asc" 都可以按客户 ID 升序排序。排序字段还可以直接使用聚合函数或其他表达式，如图 4-15 所示。

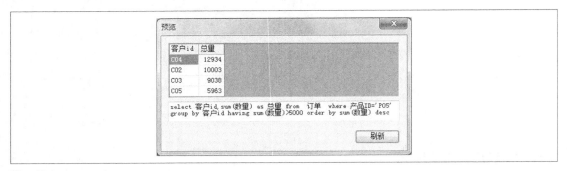

图 4-15

排序中所用到的表达式未必一定要出现在 Select 子句中。图 4-15 中，即使将 Select 中的总量列去掉，代码依然可以正常执行。下面的语句尽管在 Select 子句中没有 "数量" 列，但仍可得到需要的查询结果：

```
Select 产品 ID, 客户 ID, 单价 , 折扣 From 订单 Order By 数量
```

甚至还可以这样写：

```
Select 产品 ID, 客户 ID From 订单 Order By 单价 * 折扣 * 数量
```

除此之外，还要注意 Where、Group By 和 Order By 三者的顺序：当它们同时出现在 SQL 语句中时，Where 必须排在第 1 位，Group By 其次，Order By 放在最后。而且当在 Select 子句中用到谓词 Top 时，最好是和 Order By 一起配合使用，这是因为只有对排序以后的数据取前 N 行的值才有意义。

而当 Top 和 Order By 组合使用时，又会出现一种特殊的情况：如果指定范围内的最后一条记录有多个相同值，那么这些值对应的记录也会被返回，也就是说，最后返回的记录数可能会大于指

定的数量。图 4-16 中，尽管指定的数量是 4，但最终返回的记录数却是 5。原因就在于用于排序的"产品 ID"列的最后一行有两个相同的值。

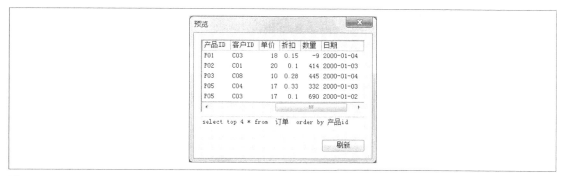

图 4-16

如果在上述语句中不使用 Order By，则返回的记录数正常是 4 条。

4.5 多表数据记录查询

多表数据查询在 SQL 中是很常见的。为了清楚地说明问题，我们仅以"产品"表、"客户"表和"订单"表中的各 5 条数据为例，详细说明多表数据查询的执行效果。

3 个表数据如图 4-17 所示。

	产品ID	产品名称		客户ID	客户名称		产品ID	客户ID	单价	折扣	数量	日期
1	P01	运动饮料	1	C01	红阳事业	1	P05	C03	17.00	0.1	690	2000-01-02
2	P02	温馨奶酪	2	C02	威航货运有限公司	2	P02	C01	20.00	0.1	414	2000-01-03
3	P03	三合一麦片	3	C03	洁天旅行社	3	P05	C04	17.00	0.33	332	2000-01-03
4	P04	浓缩咖啡	4	C04	立日股份有限公司	4	P01	C03	18.00	0.15	-9	2000-01-04
5	P05	盐水鸭	5	C05	福星制衣厂股份有限公司	5	P03	C03	10.00	0.28	445	2000-01-04
	产品表			客户表				订单表				

图 4-17

4.5.1 3 种最基本的连接方式

当用户需要从数据库的多个表中提炼、组合数据时，就需要用到连接查询。

"订单"表中只有"产品 ID"列，为了让数据看起来更直观，可以将它通过"产品 ID"列和"产品"表相连，这样就可在查询结果中显示两个表的组合结果。例如：

```
Select * From 产品,订单 Where 产品.产品ID = 订单.产品ID
```

这里的 From 子句应该包括所有的表名，不同表名间用半角逗号隔开；后面紧跟的 Where 子句可定义连接条件。如果是 Access 数据源，上述语句执行后的效果如图 4-18 所示。

	产品.产品ID	产品名称	订单.产品ID	客户ID	单价	折扣	数量	日期
1	P05	盐水鸭	P05	C03	17	0.1	690	2000-01-02
2	P02	温馨奶酪	P02	C01	20	0.1	414	2000-01-03
3	P05	盐水鸭	P05	C04	17	0.33	332	2000-01-03
4	P01	运动饮料	P01	C03	18	0.15	-9	2000-01-04
5	P03	三合一麦片	P03	C03	10	0.28	445	2000-01-04

图 4-18

由于两个表中都存在一个同名的"产品 ID"列，因而查询结果中会自动加上表名以示区分。

如果是 SQL Server 数据源，则执行后的结果如图 4-19 所示。

	产品ID	产品名称	产品ID1	客户ID	单价	折扣	数量	日期
1	P05	盐水鸭	P05	C03	17	0.1	690	2000-01-02
2	P02	温馨奶酪	P02	C01	20	0.1	414	2000-01-03
3	P05	盐水鸭	P05	C04	17	0.33	332	2000-01-03
4	P01	运动饮料	P01	C03	18	0.15	-9	2000-01-04
5	P03	三合一麦片	P03	C03	10	0.28	445	2000-01-04

图 4-19

这里的同名列会自动加上 1、2、3 等序号加以区分。

由于同名列的内容都是一样的，我们可以在 Select 语句中直接指定返回其中的一列。例如：

```
Select 订单.产品ID,产品名称,单价,折扣,数量,日期 From 产品,订单 Where 产品.产品ID = 订单.产品ID
```

这样不论使用哪种数据源，得到的结果都是一样的，如图 4-20 所示。

	产品ID	产品名称	单价	折扣	数量	日期
1	P05	盐水鸭	17	0.1	690	2000-01-02
2	P02	温馨奶酪	20	0.1	414	2000-01-03
3	P05	盐水鸭	17	0.33	332	2000-01-03
4	P01	运动饮料	18	0.15	-9	2000-01-04
5	P03	三合一麦片	10	0.28	445	2000-01-04

图 4-20

同样的道理，我们可以在上述语句中再追加连接"客户"表，代码是在 Where 子句中使用 And 关键字连接。例如：

```
Select 产品名称,客户名称,单价,折扣,数量,日期 From 产品,订单,客户 Where 产品.产品ID = 订单.产品ID And 客户.客户ID = 订单.客户ID
```

得到的结果如图 4-21 所示。

△	产品名称	客户名称	单价	折扣	数量	日期
1	盐水鸭	浩天旅行社	17	0.1	690	2000-01-02
2	温馨奶酪	红阳事业	20	0.1	414	2000-01-03
3	盐水鸭	立日股份有限公司	17	0.33	332	2000-01-03
4	运动饮料	浩天旅行社	18	0.15	-9	2000-01-04
5	三合一麦片	浩天旅行社	10	0.28	445	2000-01-04

图 4-21

由于连接的表可能会有很多个，随着查询越来越复杂，每次都这样输入表名会显得非常冗长。为简化代码，同时也为增加 SQL 语句的可读性，我们可以给连接的多个表分别设置别名。例如：

```
Select 产品名称,客户名称,单价,折扣,数量,日期 From 产品 A,订单 B,客户 C Where
A.产品 ID = B.产品 ID And C.客户 ID = B.客户 ID
```

在该语句中，"产品""订单""客户"表的别名分别是 A、B、C，这样就可以在 Select、Where 等子句中直接使用别名了。在 From 子句中设置别名是通过关键字 As 实现的，例如：

```
From 产品 As A,订单 As B,客户 As C
```

只不过这个关键字 As 并不是必需的，一般都可直接省略，以便让 SQL 语句变得更加简洁。

在上述通过 Where 子句建立的连接方式中，必须至少有一个同属于两个表的行符合连接条件才会返回结果，它会消除所有不匹配的行。图 4-21 中，当"产品"表和"订单"表通过"产品 ID"列连接时，"订单"表中无 P04 与"产品"表中的 P04 相匹配，所以"产品"表中的此行记录就不会出现在查询结果中；当"客户"表和"订单"表通过"客户 ID"列连接时，"订单"表中也无 C02 和 C05 与"客户"表中的 C02 和 C05 相匹配，它们自然也会被过滤掉。此种连接方式也被称为"内连接"。

❶ 内连接（Inner Join）

所谓的内连接就是用于获取指定列内容在左右两个表中都存在对应值的一种连接方式，也就是获取两个表的交集，如图 4-22 所示。

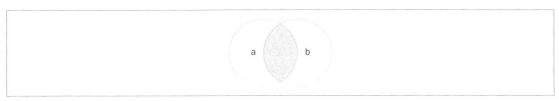

图 4-22

内连接除了可以使用 Where 子句进行等值查询外，最常见的一般是使用关键字 Inner Join 进行查询。例如：

```
Select * From 订单 A Inner Join 产品 B On A.产品 ID = B.产品 ID
```

得到的查询结果如图 4-23 所示。

🔒	A. 产品ID	客户ID	单价	折扣	数量	日期	B. 产品ID	产品名称
1	P01	C03	18	0.15	-9	2000-01-04	P01	运动饮料
2	P02	C01	20	0.1	414	2000-01-03	P02	温馨奶酪
3	P03	C03	10	0.28	445	2000-01-04	P03	三合一麦片
4	P05	C04	17	0.33	332	2000-01-03	P05	盐水鸭
5	P05	C03	17	0.1	690	2000-01-02	P05	盐水鸭

图 4-23

如果将上述语句中的左表和右表进行调换，查询结果不会有任何变化，因为不论它们的位置如何调整，两个表的交集部分不会有任何变化。3 个表的内连接如图 4-24 所示。

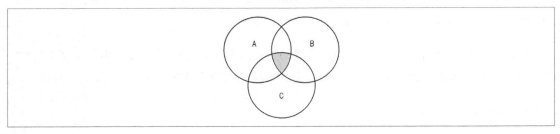

图 4-24

在具体操作上，我们可以先求出前两个表的交集后，再求这个交集与第 3 个表的交集部分。例如：

```
Select * From (订单 A Inner Join 产品 B On A.产品 ID = B.产品 ID) Inner Join 客户 C
On A.客户 ID = C.客户 ID
```

其中，加粗的部分代码表示先求出 A 和 B 的交集，请注意这里要用"()"进行分割；然后再用这个交集和"客户"表（别名为 C）进行内连接，这样就可得到 3 个表的交集。得到的查询结果如图 4-25 所示。

🔒	A. 产品ID	A. 客户ID	单价	折扣	数量	日期	B. 产品ID	产品名称	C. 客户ID	客户名称
1	P02	C01	20	0.1	414	2000-01-03	P02	温馨奶酪	C01	红阳事业
2	P05	C03	17	0.1	690	2000-01-02	P05	盐水鸭	C03	浩天旅行社
3	P03	C03	10	0.28	445	2000-01-04	P03	三合一麦片	C03	浩天旅行社
4	P01	C03	18	0.15	-9	2000-01-04	P01	运动饮料	C03	浩天旅行社
5	P05	C04	17	0.33	332	2000-01-03	P05	盐水鸭	C04	立日股份有限公司

图 4-25

请注意，当 3 个或 3 个以上的表相连时，一定要搞清楚关联列是什么。例如上面的语句，第 3 个表是"客户"表，其关联列是"客户 ID"列，如果把它和"产品"表的"产品 ID"列关联，那么就不会得到任何数据，因为这两列之间不存在任何匹配。另外，Access 数据源中求交集的代码必须先分割，而 SQL Server 数据源中求交集的代码既可分割也可不分割。

❷ 右连接（Right Join）

右连接就是将右表中的所有数据与左表中对应的匹配数据相加，我们姑且将其称为以右表为基准的"并集",如图 4-26 所示。

图 4-26

在这种连接方式中,最终返回的记录数以右表所匹配的数量为准。也就是说,不论右表中的数据是否和左表匹配,其数据记录都会被返回,最终得到的记录数会大于等于右表中的原有数量。图 4-26 中,A 表的阴影部分由于和 B 表不匹配,其内容不会被返回。例如:

```
Select * From 订单 A Right Join 产品 B On A.产品 ID = B.产品 ID
```

得到的结果如图 4-27 所示。

	A. 产品 ID	客户 ID	单价	折扣	数量	日期	B. 产品 ID	产品名称
1	P01	C03	18	0.15	-9	2000-01-04	P01	运动饮料
2	P02	C01	20	0.1	414	2000-01-03	P02	温馨奶酪
3	P03	C03	10	0.28	445	2000-01-04	P03	三合一麦片
4							P04	浓缩咖啡
5	P05	C04	17	0.33	332	2000-01-03	P05	盐水鸭
6	P05	C03	17	0.1	690	2000-01-02	P05	盐水鸭

图 4-27

尽管右表中的 P04 在左表中没有对应记录,但仍然被返回,其关联的左表数据自动为空;又因为 P05 在左表中有两条对应记录,所以右表返回的 P05 变成两条数据,最终的查询结果就是 6 条,比右表原有的记录多了一条。

假如想继续和其他表右连接,可先将其用"()"分割,然后在它前面再加上其他表即可。例如:

```
Select * From 客户 C Right Join (订单 A Right Join 产品 B On A.产品 ID = B.
产品 ID) On A.客户 ID = C.客户 ID
```

请注意,由于这里使用的是右连接,因此新加入的表必须放在分割后的连接前面。得到的查询表如图 4-28 所示。

	C. 客户 ID	客户名称	A. 产品 ID	A. 客户 ID	单价	折扣	数量	日期	B. 产品 ID	产品名称
1	C03	浩天旅行社	P01	C03	18	0.15	-9	2000-01-04	P01	运动饮料
2	C01	红阳事业	P02	C01	20	0.1	414	2000-01-03	P02	温馨奶酪
3	C03	浩天旅行社	P03	C03	10	0.28	445	2000-01-04	P03	三合一麦片
4									P04	浓缩咖啡
5	C04	立日股份有限公司	P05	C04	17	0.33	332	2000-01-03	P05	盐水鸭
6	C03	浩天旅行社	P05	C03	17	0.1	690	2000-01-02	P05	盐水鸭

图 4-28

如果使用的是 SQL Server 数据源，则代码可以不用分割，即可以按顺序写成这样：

```
Select * From 订单 A Right Join 产品 B On A.产品ID = B.产品ID Right Join 客
户 C On A.客户ID = C.客户ID
```

同样地，如果客户表中有重复的客户 ID 匹配记录，得到的查询结果还会增加。例如给客户表增加一个客户 ID 为 C01 的记录，如图 4-29 所示。

	客户ID	客户名称
1	C01	红阳事业
2	C02	威航货运有限公司
3	C03	浩天旅行社
4	C04	立日股份有限公司
5	C05	福星制农厂股份有限公司
6	C01	这是新增的客户名称

图 4-29

则上述 Select 语句执行后的结果如图 4-30 所示。

	C.客户ID	客户名称	A.产品ID	A.客户ID	单价	折扣	数量	日期	B.产品ID	产品名称
1	C03	浩天旅行社	P01	C03	18	0.15	-9	2000-01-04	P01	运动饮料
2	C01	红阳事业	P02	C01	20	0.1	414	2000-01-03	P02	温馨奶酪
3	C01	这是新增的客户名	P02	C01	20	0.1	414	2000-01-03	P02	温馨奶酪
4	C03	浩天旅行社	P03	C03	10	0.28	445	2000-01-04	P03	三合一麦片
5									P04	浓缩咖啡
6	C04	立日股份有限公司	P05	C04	17	0.33	332	2000-01-03	P05	盐水鸭
7	C03	浩天旅行社	P05	C03	17	0.1	690	2000-01-02	P05	盐水鸭

图 4-30

❸ 左连接（Left Join）

左连接和右连接类似，就是将左表中的所有数据与右表中对应的匹配数据相加，这个也可以姑且看作基于左表的"并集"。

当 3 个及 3 个以上的表进行左连接时，其 Select 语句的写法很简单，按照从左到右的顺序一直连接下去就行了。例如：

```
Select * From (订单 A Left Join 产品 B On A.产品ID = B.产品ID) Left Join 客
户 C On A.客户ID = C.客户ID
```

执行后的查询结果如图 4-31 所示。

	A.产品ID	A.客户ID	单价	折扣	数量	日期	B.产品ID	产品名称	C.客户ID	客户名称
1	P05	C03	17	0.1	690	2000-01-02	P05	盐水鸭	C03	浩天旅行社
2	P02	C01	20	0.1	414	2000-01-03	P02	温馨奶酪	C01	这是新增的客户名称
3	P02	C01	20	0.1	414	2000-01-03	P02	温馨奶酪	C01	红阳事业
4	P05	C04	17	0.33	332	2000-01-03	P05	盐水鸭	C04	立日股份有限公司
5	P01	C03	18	0.15	-9	2000-01-04	P01	运动饮料	C03	浩天旅行社
6	P03	C03	10	0.28	445	2000-01-04	P03	三合一麦片	C03	浩天旅行社

图 4-31

尽管"订单"表的原有记录是 5 条，但由于 C01 在"客户"表中有两条对应记录，因此最终的返回结果变成了 6 条数据。

和前面两种连接方式一样，在 SQL Server 数据源中使用左连接时，代码可以分割也可以不分割。

以上 3 种连接方式可以混合在一起使用。例如：

```
Select * From (订单 A Right Join 产品 B On A.产品ID = B.产品ID) Left Join
客户 C On A.客户ID = C.客户ID
```

该语句先对"订单"表和"产品"表进行右连接，得到的结果再与"客户"表进行左连接。结果如图 4-32 所示。

	A.产品ID	A.客户ID	单价	折扣	数量	日期	B.产品ID	产品名称	C.客户ID	客户名称
1	P01	C03	18	0.15	-9	2000-01-04	P01	运动饮料	C03	浩天旅行社
2	P02	C01	20	0.1	414	2000-01-03	P02	温馨奶酪	C01	红阳事业
3	P02	C01	20	0.1	414	2000-01-03	P02	温馨奶酪	C01	这是新增的客户名
4	P03	C03	10	0.28	445	2000-01-04	P03	三合一麦片	C03	浩天旅行社
5							P04	浓缩咖啡		
6	P05	C04	17	0.33	332	2000-01-03	P05	盐水鸭	C04	立日股份有限公司
7	P05	C03	17	0.1	690	2000-01-02	P05	盐水鸭	C03	浩天旅行社

图 4-32

截至目前我们已经知道，通过内连接可以获取表间数据的"交集"，通过左连接或者右连接可以获取姑且可称为"并集"的集合。为什么要加上"姑且"两字？这是因为真正的并集应该是 A 并 B 的时候同时包含不在 A 中的 B 部分。例如用以下方式得到的才是真正的并集：

```
{1,2,3,6} ∪ {1,2,5,10}={1,2,3,5,6,10}
```

4.5.2 并集与合集

并集与合集都是将多个查询合并在一起。它们的区别在于：并集排除重复行，而合集不排除重复行。

❶ **并集**

要获取 a 和 b 的并集，必须用 a 加上 a 中没有涵盖到的 b 的部分；b ∪ a 也是同样的道理，如图 4-33 所示。

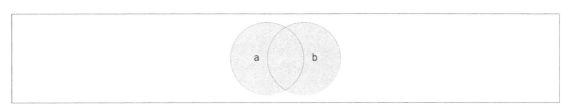

图 4-33

151

我们知道，不论是左连接还是右连接，其基准表的内容都是可以完整返回的。现先将"订单"表和"客户"表分别进行左连接和右连接，分别查看一下它们的运行结果。

在正式测试之前，先将"订单"表中最后一行的 C03 改成 C08，这样两个表就都有了不匹配的记录。其中，"订单"表中的客户 ID 有 C01、C03、C04 和 C08，没有 C02 和 C05；而"客户"表中从 C01 到 C05 都是全的，却没有"订单"表中的 C08，如图 4-34 所示。

	客户ID	客户名称			产品ID	客户ID	单价	折扣	数量	日期
1	C01	红阳事业		1	P05	C03	17.00	0.1	690	2000-01-02
2	C02	威航货运有限公司		2	P02	C01	20.00	0.1	414	2000-01-03
3	C03	浩天旅行社		3	P05	C04	17.00	0.33	332	2000-01-03
4	C04	立日股份有限公司		4	P01	C03	18.00	0.15	-9	2000-01-04
5	C05	福星制衣厂股份有限公司		5	P03	C08	10.00	0.28	445	2000-01-04

客户表　　　　　　　　　　　　　　　订单表

图 4-34

左连接的 SQL 语句：

```
Select * From 订单 A Left Join 客户 B On A.客户ID = B.客户ID
```

由于左连接是以"订单"表为基准来处理的，因此"客户"表中的 C02 和 C05 不会出现在查询表中。很显然，这样得到的查询结果并不是并集，如图 4-35 所示。

	产品ID	A.客户ID	单价	折扣	数量	日期	B.客户ID	客户名称
1	P05	C03	17	0.1	690	2000-01-02	C03	浩天旅行社
2	P02	C01	20	0.1	414	2000-01-03	C01	红阳事业
3	P05	C04	17	0.33	332	2000-01-03	C04	立日股份有限公司
4	P01	C03	18	0.15	-9	2000-01-04	C03	浩天旅行社
5	P03	C08	10	0.28	445	2000-01-04		

图 4-35

右连接的 SQL 语句：

```
Select * From 订单 A Right Join 客户 B On A.客户ID = B.客户ID
```

右连接由于是以"客户"表为基准，因此 C01 到 C05 可以全部返回，但却丢失了"订单"表中的 C08，如图 4-36 所示。

	产品ID	A.客户ID	单价	折扣	数量	日期	B.客户ID	客户名称
1							C02	威航货运有限公司
2							C05	福星制衣厂股份有限公司
3	P05	C03	17	0.1	690	2000-01-02	C03	浩天旅行社
4	P02	C01	20	0.1	414	2000-01-03	C01	红阳事业
5	P05	C04	17	0.33	332	2000-01-03	C04	立日股份有限公司
6	P01	C03	18	0.15	-9	2000-01-04	C03	浩天旅行社

图 4-36

请注意看上述两幅图中以红框标出的部分，它们刚好就是两个表的差集。如果把这两个差集合在一起，再加上本来就匹配的部分，这样就构成了一个完整的并集。

要将它们合并在一起，可以使用 SQL 专门提供的 Union 连接方式，该方式用于组合多个查询结果。例如：

```
Select * From 订单 A Left Join 客户 B On A.客户ID = B.客户ID Union Select *
From 订单 A Right Join 客户 B On A.客户ID = B.客户ID
```

简而言之，这个 Select 语句的用法就是先左连接、再右连接，最后合并。合并后的查询结果如图 4-37 所示。

	产品ID	A.客户ID	单价	折扣	数量	日期	B.客户ID	客户名称
1							C02	威航货运有限公司
2							C05	福星制衣厂股份有限公司
3	P05	C03	17	0.1	690	2000-01-02	C03	浩天旅行社
4	P02	C01	20	0.1	414	2000-01-03	C01	红阳事业
5	P05	C04	17	0.33	332	2000-01-03	C04	立日股份有限公司
6	P01	C03	18	0.15	-9	2000-01-04	C03	浩天旅行社
7	P03	C08	10	0.28	445	2000-01-04		

图 4-37

当然，以上做法在实际工作应用中很少见，我们只是想通过这个例子帮助读者更加深入地了解左连接和右连接的用法，而且此种用法仅限在 Access 数据源中使用。如果你使用的是 SQL Server 数据源，那就简单了，可以使用 Full Join 来代替上述的 3 个步骤：

```
Select * From 订单 A Full Join 客户 B On A.客户ID = B.客户ID
```

此种连接方式在 SQL Server 中也被称为完全连接。

❷ 合集

合集就是将两个查询原封不动地合并在一起，不排除重复行。

要实现这样的效果非常简单，只需在 Union 后面加上 All 即可。例如将上述 SQL 语句中的 Union 改成 Union All，执行后得到的效果如图 4-38 所示。

	产品ID	A.客户ID	单价	折扣	数量	日期	B.客户ID	客户名称
1	P05	C03	17	0.1	690	2000-01-02	C03	浩天旅行社
2	P02	C01	20	0.1	414	2000-01-03	C01	红阳事业
3	P05	C04	17	0.33	332	2000-01-03	C04	立日股份有限公司
4	P01	C03	18	0.15	-9	2000-01-04	C03	浩天旅行社
5	P03	C08	10	0.28	445	2000-01-04		
6							C02	威航货运有限公司
7							C05	福星制衣厂股份有限公司
8	P05	C03	17	0.1	690	2000-01-02	C03	浩天旅行社
9	P02	C01	20	0.1	414	2000-01-03	C01	红阳事业
10	P05	C04	17	0.33	332	2000-01-03	C04	立日股份有限公司
11	P01	C03	18	0.15	-9	2000-01-04	C03	浩天旅行社

图 4-38

在实际应用中，Union 一般用于多个查询的合并（联合查询），前提是这些查询所返回的查询表结构必须相同。默认情况下，Union 是排除重复行的，如不需要排除重复行可以加上 all。

例如，Access 数据源并不支持在 Group By 中使用 Rollup 或 Cube 运算符。如果要实现类似于小计的分组统计效果，可使用以下示例代码：

```
Select  产品 ID, 客户 ID,Sum( 数量 ) As  数量  From  订单  Group By  产品 ID, 客户 ID
Union Select  产品 ID,' 小计 ' As  客户 ID,Sum( 数量 ) As  数量  From  订单  Group By  产品 ID Order By  产品 ID, 客户 ID
```

得到的统计结果如图 4-39 所示。

	产品id	客户id	数量
1	P01	C03	-9
2	P01	小计	-9
3	P02	C01	414
4	P02	小计	414
5	P03	C08	445
6	P03	小计	445
7	P05	C03	690
8	P05	C04	332
9	P05	小计	1022

图 4-39

4.5.3 子集、补集与差集

对于任何一个单独的表，只要在 Select 语句中使用 Where 条件就能获取其中的任何一个子集，对条件取反就能得到该子集的补集，如图 4-40 所示。

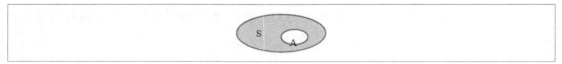

图 4-40

其中，A 是子集，S 是除了 A 之外的补集。

例如在"订单"表中，要获取产品 ID 等于 P01 的记录，Select 语句如下：

```
Select * From 订单 Where 产品 ID = 'p01'
```

相对于"订单"表的全部数据而言，该语句得到的查询结果就是子集。如果对上述语句中的 Where 条件取反，例如：

```
Select * From 订单 Where 产品 ID <> 'p01'
```

这样得到的结果就是相对于原有条件的补集。

差集仅在多表查询中才会存在。例如当"订单"表和"客户"表连接时，如果要获取"订单"表里与"客户"表中不存在的对应客户 ID 的记录，则写法如下：

```
Select * From 订单 A Left Join 客户 B On A.客户ID = B.客户ID Where B.客户ID Is Null
```

这样就仅能得到图 4-41 所示的第 5 条记录，最终的记录数量为一条。

	产品ID	A.客户ID	单价	折扣	数量	日期	B.客户ID	客户名称
1	P05	C03	17	0.1	690	2000-01-02	C03	浩天旅行社
2	P02	C01	20	0.1	414	2000-01-03	C01	红阳事业
3	P05	C04	17	0.33	332	2000-01-03	C04	立日股份有限公司
4	P01	C03	18	0.15	-9	2000-01-04	C03	浩天旅行社
5	P03	C08	10	0.28	445	2000-01-04		

图 4-41

如果要获取"客户"表里与"订单"表中不存在的对应客户 ID 的记录，则写法如下：

```
Select * From 订单 A Right Join 客户 B On A.客户ID = B.客户ID Where A.客户ID Is Null
```

这样就仅能得到图 4-42 所示的前面两条记录，最终的记录数量为两条。

	产品ID	A.客户ID	单价	折扣	数量	日期	B.客户ID	客户名称
1							C02	威航货运有限公司
2							C05	福星制衣厂股份有限公司
3	P05	C03	17	0.1	690	2000-01-02	C03	浩天旅行社
4	P02	C01	20	0.1	414	2000-01-03	C01	红阳事业
5	P05	C04	17	0.33	332	2000-01-03	C04	立日股份有限公司
6	P01	C03	18	0.15	-9	2000-01-04	C03	浩天旅行社

图 4-42

如果要获取两个表全部的差集，则可以简单地将上述两个带条件的 Select 语句用 Union 连接起来。或者先获取它们的并集，然后再使用 Select 语句对这个结果进行 Where 条件查询。对于 Access 数据源，示例代码如下：

```
Select * From (Select * From 订单 A Left Join 客户 B On A.客户ID = B.客户ID
Union Select * From 订单 A Right Join 客户 B On A.客户ID = B.客户ID) Where
A.客户ID Is Null Or B.客户ID Is Null
```

如果是 SQL Server 数据源，SQL 语句就会简单很多：

```
Select * From 订单 A Full Join 客户 B On A.客户ID = B.客户ID Where A.客户
ID Is Null Or B.客户ID Is Null
```

这样得到的就是图 4-43 所示的前面两条及最后一条记录，最终的记录数量为 3 条。

	产品ID	A.客户ID	单价	折扣	数量	日期	B.客户ID	客户名称
1							C02	威航货运有限公司
2							C05	福星制衣厂股份有限公司
3	P05	C03	17	0.1	690	2000-01-02	C03	浩天旅行社
4	P02	C01	20	0.1	414	2000-01-03	C01	红阳事业
5	P05	C04	17	0.33	332	2000-01-03	C04	立日股份有限公司
6	P01	C03	18	0.15	-9	2000-01-04	C03	浩天旅行社
7	P03	C08	10	0.28	445	2000-01-04		

图 4-43

如果以示意图来表示，这样得到的差集其实就是图 4-44 所示的阴影部分。

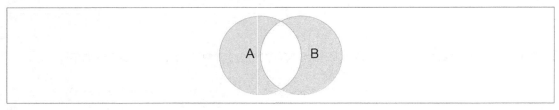

图 4-44

很显然，两个表重叠的白色区域就是它们的交集。因此我们还可以采用下面的方法来获取两个表的差集：

```
并集 - 交集 = 差集
```

那么如何在并集中减去交集呢？这就需要用到"子查询"方面的知识。

4.5.4 子查询

所谓的子查询，就是将一个 Select 语句所得到的查询结果再次用于 Select 语句中。在实际工作中，子查询一般用于 3 种场合。

❶ 作为"表"使用

任何一个 Select 语句在用"()"进行分割之后，都可以再次作为"表"来使用。该用法和之前学习过的视图有点类似。

例如，Access 获取两表差集的 Select 语句所采用的就是这种方法：

```
Select * From (SQL) Where A.客户ID Is Null Or B.客户ID Is Null
```

这里的 SQL 表示的就是之前用过的并集语句，该语句得到的查询结果再次用于 Select 语句时就相当于一个数据表,此时再做的任何查询都是基于该查询做的二次查询。

❷ **作为"列字段"和"返回值"使用**

例如以下两条语句就是分别作为"列字段"和"返回值"使用的:

```
Select 产品 ID,(Select Sum(数量) From 订单) As 总量,数量 From 订单
Select 产品 ID,数量/(Select Sum(数量) From 订单) As 占比 From 订单
```

查询效果如图 4-45 所示。

▤	产品id	总量	数量
1	P05	1872	690
2	P02	1872	414
3	P05	1872	332
4	P01	1872	-9
5	P03	1872	445

▤	产品id	占比
1	P05	0.3686
2	P02	0.2212
3	P05	0.1774
4	P01	-0.0048
5	P03	0.2377

图 4-45

当需要进行一些复杂的数据处理时,还可以将子查询同时作为"表"和"列字段"使用。例如我们要实现按总量排名的效果,可使用如下语句:

```
Select *,(Select Count(产品 ID) From (Select 产品 ID,Sum(数量) As 总量 From
订单 Group By 产品 ID) A Where A.总量>B.总量) As 排名 From (Select 产品
ID,Sum(数量) As 总量 From 订单 Group By 产品 ID) B
```

在该语句中,有个子查询是一直作为"表"使用的:

```
Select 产品 ID,Sum(数量) As 总量 From 订单 Group By 产品 ID
```

为了让大家更清晰地看到该 Select 语句的结构,先将这个子查询以 SUB 代替,则简化后的语句如下:

```
Select *,(Select Count(产品 ID) From (SUB) A Where A.总量>B.总量) As 排
名 From (SUB) B
```

很显然,"排名"列的值同样是根据子查询得到的,而且还是动态的。生成的结果如图 4-46 所示。

▤	排名	产品id	总量
1	3	P01	-9
2	2	P02	414
3	1	P03	445
4	0	P05	1022

图 4-46

如果希望排名从 1 开始,可以将"Count(产品 ID)"改为"Count(产品 ID)+1";如果希望按

总量从高到低排序，可以在第 2 个 SUB 语句的后面加上"Order By sum(数量) Desc"。

❸ 作为"条件"使用

将子查询用于 Where 子句中，是子查询最常使用的方法。

例如获取"订单"表中单价高于总体均价的数据记录：

```
Select * From 订单 Where 单价 > (Select Avg( 单价 ) From 订单 )
```

如果要列出"产品"表中订单数量大于等于两条的数据记录，则必须通过"订单"表中的子查询来实现，这是因为"产品"表中仅记录了产品名称等信息，并没有具体的订单数据：

```
Select * From 产品 A Where (Select Count(*) From 订单 B Where A.产品 ID = B.
产品 ID)>=2
```

由此可见，当把子查询用作"查询条件"时，其返回值也只能是一列的具体值。当需要使用多列时，可将其组合在一起返回，例如 A 列 +B 列 +C 列，也可以在 Where 子句中使用 And 或 Or 连接多个条件。

现在再回到"并集 - 交集 = 差集"的问题上来。

图 4-47 中，交集中客户 ID 的值有 C01、C03 和 C04，并集中还有 C02、C05 和 C08。只要将交集中的值排除掉，剩下的就是差集。

🔒	产品ID	A.客户ID	单价	折扣	数量	日期	B.客户ID	客户名称
1							C02	威航货运有限公司
2							C05	福星制衣厂股份有限公司
3	P05	C03	17	0.1	690	2000-01-02	C03	浩天旅行社
4	P02	C01	20	0.1	414	2000-01-03	C01	红阳事业
5	P05	C04	17	0.33	332	2000-01-03	C04	立日股份有限公司
6	P01	C03	18	0.15	-9	2000-01-04	C03	浩天旅行社
7	P03	C08	10	0.28	445	2000-01-04		

图 4-47

以 Access 数据源为例，Select 语句可以这样写：

```
Select * From (SQL 并集语句 ) Where A.客户 ID Not In ('c01','c03','c04') Or
B.客户 ID not In ('c01','c03','c04')
```

可问题是这里的 C01、C03 和 C04 并不是固定的，它们会随着数据录入的增加、修改或删除而发生变化。数据调整了，两个表的交集肯定也会改变。因此要想动态获取条件判断中的比较值，最好的方法还是使用子查询。

例如要获取"订单"表和"客户"表中都存在的客户 ID 的 SQL 语句是：

```
Select A.客户 ID From 订单 A Inner Join 客户 B On A.客户 ID = B.客户 ID
```

由于该语句得到的是两个表的交集，因此在获取客户 ID 时，指定其来源于 A 或 B，得到的效果都是一样的。

假如将这个子查询语句以 SUB 表示，那么获取差集的 Select 语句的完整写法如下：

```
Select * From (SQL并集语句) Where A.客户ID Not In (SUB) Or B.客户ID Not In (SUB)
```

最终得到的查询结果刚好就是图 4-47 所标示的差集部分。预览效果如图 4-48 所示。

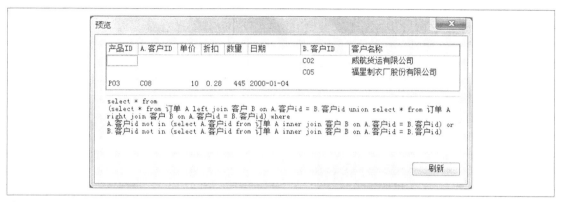

图 4-48

如果改用 SQL Server 数据源，上述语句将简化很多。读者可参考之前的内容自行尝试。

除了 In 之外，使用 Exists 也能实现类似的效果。它们的区别在于：In 中用到的 Select 语句必须有具体的返回值；而 Exists 不需要，因为 Exists 判断的是是否存在指定的记录，如图 4-49 所示。

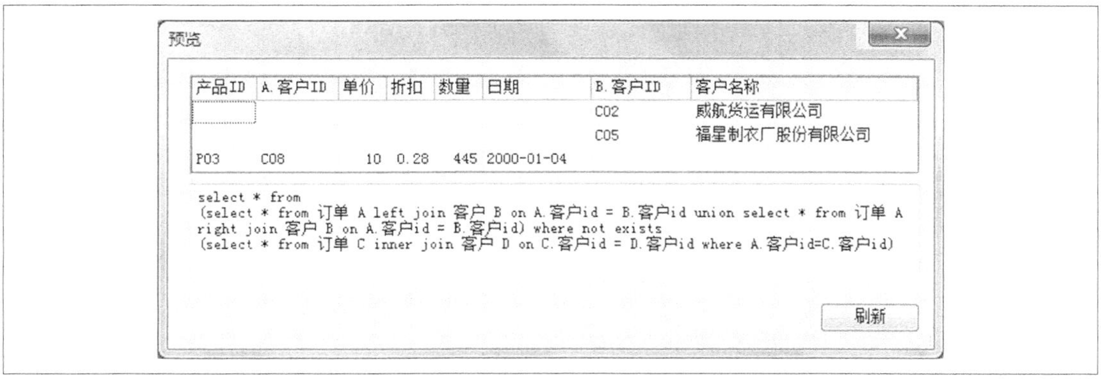

图 4-49

在图 4-49 所示的 SQL 语句中，最后一行是用于判断的子查询。请注意，在该子查询中必须使用 Where 子句将子查询与主表或主查询关联起来，否则将无法起到任何效果。由于 Exists 子查询中同样使用了"订单"表和"客户"表，为避免和前面的并集语句相冲突，这里的别名分别使用 C 和 D 来表示，以方便后面的 Where 子句进行判断。

如果觉得这个语句有点复杂，可以看看下面这个简单的例子，如图 4-50 所示。

图 4-50

这里的 Exists 同样使用客户 ID 进行判断。由于"客户"表中不存在内容为 C08 的记录，因此得到的查询结果会自动将该行剔除。

和 In 一样，在 Exists 前面可以加上 Not 表示取反。

4.5.5 将多表连接用到数据更新中

如前文所述，子查询常常作为条件用到删除数据记录或更新数据记录中。删除很简单，把子查询作为 Where 子句放到 Delete 语句中即可，这里重点来看看如何实现多表数据的更新。

例如数据库中有个"广告数据"表，如图 4-51 所示。

图 4-51

如果要将广告面积除以 1000 得到折合整版数，可使用以下 SQL 语句：

```
Update 广告数据 Set 折合整版数 = 广告面积 /1000
```

这个非常简单。可是如果需要按照各报不同的整版面积来折算呢？例如数据库中同时包含"媒体列表"表，该表记录了各报不同的整版面积数，如图 4-52 所示。

图 4-52

现希望按照本表中各报不同的整版面积来计算"广告数据"表中的"折合整版数",这就需要用到多表数据更新。

如果是 Access 数据源,由于它不支持在 Update 中使用 From 子句,因此只能采用以下写法:

```
Update 广告数据 A,媒体列表 B Set 折合整版数 = 广告面积 / 整版面积 Where A.媒体名称 = B.媒体名称
```

或者写成:

```
Update 广告数据 A Inner Join 媒体列表 B On A.媒体名称 = B.媒体名称 Set 折合整版数 = 广告面积 / 整版面积
```

如果是 SQL Server 数据源,写法就比较灵活了,以下几条语句都是等价的:

```
Update 广告数据 Set 折合整版数 = 广告面积 / 整版面积 From 广告数据 A,媒体列表 B Where A.媒体名称 = B.媒体名称
Update 广告数据 Set 折合整版数 = 广告面积 / 整版面积 From 广告数据 A Inner Join 媒体列表 B On A.媒体名称 = B.媒体名称
Update 广告数据 Set 折合整版数 = 广告面积 /(Select 整版面积 From 媒体列表 B Where B.媒体名称 = A.媒体名称) From 广告数据 A
```

不论是哪种写法,也不论是何种数据源,当用于更新的多个表存在同名的列时,Set 子句中必须同时指定来源表。最终得到的结果如图 4-53 所示。

	媒体名称	日期	广告面积	折合整版数
1	广州日报	2017-05-19	45696	28
2	南方都市报	2017-05-19	47040	56
3	羊城晚报	2017-05-19	48384	28
4	广州日报	2017-05-20	26112	16
5	南方都市报	2017-05-20	20160	24
6	羊城晚报	2017-05-20	20736	12
7	广州日报	2017-05-21	26112	16
8	南方都市报	2017-05-21	26880	32
9	羊城晚报	2017-05-21	20736	12
10	广州日报	2017-05-22	45696	28

图 4-53

由于 SQL Server 在更新数据时支持子查询的写法(如上述代码中的最后一条语句,Access 不支持此种写法),因此还能将 Update 用于更广泛的场合。例如在"媒体列表"表中增加两列,通过 Update 可以直接从"广告数据"表中获取统计数据,如图 4-54 所示。

	媒体名称	地区	整版面积	广告条数	广告面积
1	羊城晚报	广州	1728		
2	广州日报	广州	1632		
3	南方都市报	广州	840		

图 4-54

要得到"广告条数"和"广告面积"的数据，只需执行以下两条语句：

```
Update 媒体列表 Set 广告条数 =(Select Count(*) From 广告数据 B Where A. 媒体名称 =
B. 媒体名称 ) From 媒体列表 A
Update 媒体列表 Set 广告面积 =(Select Sum( 广告面积 ) From 广告数据 B Where A. 媒
体名称 =B. 媒体名称 ) From 媒体列表 A
```

当然我们还可以采用更加简洁的方式，用一条语句更新多列数据：

```
Update 媒体列表 Set 广告条数 =ts, 广告面积 =mj From 媒体列表 A,(Select 媒体名
称 ,Count(*) As ts,Sum( 广告面积 ) As mj From 广告数据 Group By 媒体名称 ) B
Where A. 媒体名称 =B. 媒体名称
```

4.6 运算符与函数

通过对以上知识点的学习我们已经知道，Select、Where、Group By、Order By、Set 等子句中既可以直接使用列名，也可以使用表达式。其实列名本身就是一个最简单的表达式。

SQL 表达式可以由运算符、列名称及函数组成，而且不区分大小写。例如运算符 In 可写成 in，列名"产品 ID"可写成"产品 id"，函数 Year 可写成 year 等。

4.6.1 运算符

SQL 语句最常用的运算符主要包括三大类：算术运算符、比较运算符和连接运算符。

❶ **算术运算符**

+（加）、-（减）、*（乘）、/（除）4 个算术运算符在任何种类的数据源中都可使用，但 %（取余数）只能用在 SQL Server 数据源中使用，Access 取余数要使用函数 Mod。

❷ **比较运算符**

比较运算符有 =（等于）、<（小于）、>（大于）、<=（小于等于）、>=（大于等于）、<>（不等于）、In（包含）、Like（匹配）。其中，In 和 Like 前面也可以加上 Not 表示不在指定的值中。

但有以下几点需要注意。

第一，对于日期型列，如果是内部或 Access 数据源，要用 #；如果是 SQL Server 数据源，则要用单引号。例如当在 Access 数据源中查询指定日期的数据时，必须要这样写：

```
Select * From 订单 Where 日期 = #2000-1-8#
```

但向 Access 数据源添加日期型的数据时，可以使用"#"号或单引号。

第二，当使用 Like 时，可使用通配符"%"表示零个或多个字符，用"_"表示任意的单个字符。例如：

```
Select * From 订单 Where 产品ID Like 'p%1'
```

要获取第 1 个字符是 P，而且后面只有两个字符的数据记录，可以连续使用两个下划线：

```
Select * From 订单 Where 产品ID like 'P__'
```

很显然，字符长度小于 3 或者大于 3 的记录都不会被匹配。

如果要匹配本身就包含有通配符的记录，则要把通配符使用中括号包起来。例如以下语句将返回包含"%"符号的数据记录：

```
Select * From 订单 Where 产品ID Like 'P[%]%'
```

第三，中括号也可以匹配任意的单个字符，且能同时限定范围。例如返回第 3 个字符等于 4、5、a、b 或 c 中任意一个字符的记录：

```
Select * From 订单 Where 产品ID Like 'p0[45abc]'
```

由于这里的数字或字符都是连续的，因此也可以写成：[4-5a-c]。

如果想获取不包含这些字符的记录，对于 Access 数据源，可在前面加上叹号，例如 [!4-5a-c]；对于 SQL Server 数据源，则要加上尖号，例如 [^4-5a-c]。

第四，SQL Server 数据源还可使用"!="表示不等于，它和"<>"的作用相同。

第五，在 Access 原生环境中，通配符"*"表示零个或任意多个字符，"?"表示单个字符（含字符型数字），"#"表示单个数字字符，这些规则在 Foxtable 的 SQL 语句中统统不适用。不论是 Access 还是 SQL Server，请一律使用百分比（%）表示任意个数的字符、使用下划线（_）表示单个字符。这并不是 Foxtable 故意这么做的，而是因为 .net 框架的规定。

❸ **连接运算符**

连接运算符有 +、()、And、Or 和 Between。

例如，将"产品 ID"和"客户 ID"列拼接在一起查询：

```
Select 产品ID + 客户ID As 产品组 From 订单
```

再如，使用一个组合查询条件：

```
Select * From 订单 Where Year(日期)=2000 And 客户ID='C01'
```

对于区间型的范围比较，可使用 Between 运算符，起始值和终止值要用 And 连接。例如查询 2000 年 1 月份的订单，如果使用之前的比较运算符，写法如下：

```
Select * From 订单 Where 日期 >=#2000-1-1# and 日期 <=#2000-1-31#
```

如果改用 Between，则 SQL 语句为：

```
Select * From 订单 Where 日期 Between #2000-1-1# And #2000-1-31#
```

再如，查询折扣在 0.1 到 0.2 之间的订单：

```
Select * From 订单 Where 折扣 Between 0.1 And 0.2
```

这里同样可以使用 Not 进行反向操作。例如查询折扣不在 0.1 到 0.2 之间的订单：

```
Select * From 订单 Where 折扣 Not Between 0.1 And 0.2
```

4.6.2 空值及逻辑值的处理

SQL 语句中对空值的处理可以使用 Is Null 或 Is Not Null 进行判断，也可使用 IsNull 函数，但不同类型的数据源对逻辑值的处理方法是不同的。

❶ Access 及内部数据源

逻辑值既可用 True 和 False 表示，也可用 −1 和 0 表示。例如以下 3 条语句的作用是等效的：

```
Select * From 订单 Where [_locked] = True
Select * From 订单 Where [_locked] = -1
Select * From 订单 Where [_locked]
```

使用 IsNull 函数查询折扣值不为空的所有记录，以下语句都是等效的：

```
Select * From 订单 Where Isnull( 折扣 ) = False
Select * From 订单 Where Isnull( 折扣 ) = 0
Select * From 订单 Where Not IsNull( 折扣 )
```

❷ SQL Server 数据源

这里的逻辑值只能用 1 和 0 表示。其中，1 表示 True，0 表示 False。也就是说，不论哪种数据源，都可以用 0 表示 False，但表示 True 的可能是 1 或者 −1。

例如要查询 _locked 为 True 的记录，以下语句是正确的：

```
Select * From 订单 Where [_locked] = 1
```

下面的两条语句就是错误的：

```
Select * From 订单 Where [_locked] = True
Select * From 订单 Where [_locked]
```

如果要查询折扣值不为空的所有记录，以下语句都是等效的：

```
Select * From 订单 Where IsNull(折扣,0) <> 0
Select * From 订单 Where Not IsNull(折扣,0) = 0
```

很显然，IsNull 函数在这里的用法和在 Access 中完全不同，特别要注意返回替代值的数据类型必须和指定列一致。假如判断的是其他类型列，如字符型的"产品名称"，这里的 IsNull 函数中的替代值也必须是字符型的。例如：

```
Select * From 订单 Where Not IsNull(产品 ID,'') <> ''
```

4.6.3 条件判断函数

Access 和 SQL Server 中的 SQL 语句的条件判断函数是完全不同的：Access 常用的是 IIF、Switch 和 Choose 函数，而 SQL Server 使用的则是 Case 表达式。

不论是函数还是表达式，它们起到的作用都是相同的，且都有返回值。

❶ Access 中的判断函数

先看看 IIF 函数的用法。例如查询"订单"表中折扣小于 0.2 的数据记录（包括折扣为空的记录），可以写成：

```
Select * From 订单 Where IIF(折扣 Is Null,0,折扣) < 0.2
Select * From 订单 Where IIF(IsNull(折扣),0,折扣) < 0.2
```

该函数也常常用在 Select 子句中。例如：

```
Select 产品 ID, 折扣 , IIF(IIF(折扣 Is Null,0,折扣)<0.2,'折扣太低','折扣正
常') As 折扣说明 From 订单
```

查询结果如图 4-55 所示。

⚏	产品id	折扣	折扣说明
1	P05	0.1	折扣太低
2	P02	0.1	折扣太低
3	P05	0.33	折扣正常
4	P01	0.15	折扣太低
5	P03		折扣太低

图 4-55

该函数还能用在分组或排序子句中。例如我们先用 IIF 函数编写出如下代码：

```
IIF(IIF(折扣 Is Null,0,折扣)<0.1,'不到 1 折',IIF(IIF(折扣 Is Null,0,折扣)>0.3,
'大于 3 折','1 ~ 3 折'))
```

该代码的意思是：如果折扣的值小于 0.1，返回的内容是"不到 1 折"；如果大于 0.3，返回"大于 3 折"；如果在 0.1 和 0.3 之间，返回"1～3 折"。如果将这个代码同时用在 Select、Group By 和 Order By 子句中，可以写成（为帮助读者更清晰地看出此语句的逻辑，上述代码以 Expr 代替）：

```
Select Expr As 扣率,Sum(数量) As 销量 From 订单 Group By Expr Order By Expr Desc
```

执行后的效果如图 4-56 所示。

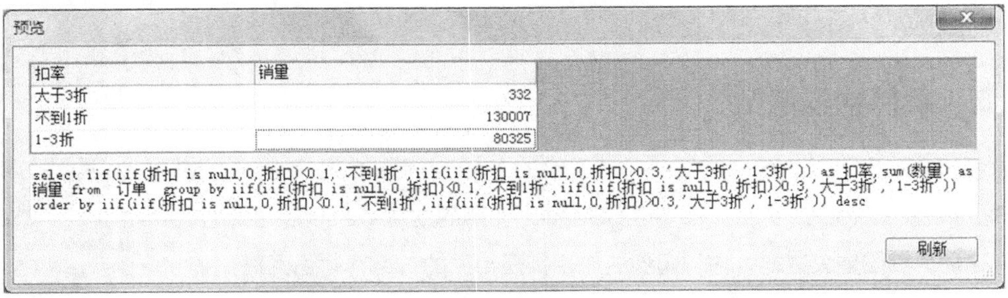

图 4-56

很显然，如果将该逻辑判断再加上 0.4、0.5、0.6 等各种折扣情况，使用 IIF 函数写起来就太麻烦了。为此 Access 又专门增加了 Switch 函数。

仍以图 4-56 中的代码为例，如果改用 Switch 函数来写就非常清晰：

```
Switch(折扣 Is Null Or 折扣<0.1,'不到1折',折扣 Between 0.1 And 0.3,'1～3折',折扣 >0.3,'大于3折')
```

由此可见，Switch 函数中的判断与返回值都是成对出现的，即每做一次判断就要给出一个返回值，而且可以根据需要随意增加。

除此之外，与 Switch 类似的还有一个 Choose 函数，该函数根据一个表达式的计算结果来决定返回哪个位置的值。请注意，这里的表达式的返回值必须是整数，如果是小数的话将直接舍弃小数部分。例如：

```
Select 折扣,Choose(IIF(折扣 Is Null,0,折扣)*10,'1折','2折','3折') As 扣率 From 订单
```

为什么要在上述语句中的判断表达式中乘以 10？这是因为"订单"表中的"折扣"列数据全部小于 1，这会导致在 Choose 函数中找不到它对应位置的值。因此为了得到大于 1 的数据，以便和后面的序列化位置相对应，只能将其乘以 10。

上述 SQL 语句的执行后的效果如图 4-57 所示。

	折扣	扣率
1	0.1	1折
2	0.1	1折
3	0.33	3折
4	0.15	1折
5	0.28	2折
6		

图 4-57

其中，当折扣为 0.1 时，乘以 10 以后得到的值为 1，因此取位置为 1 的返回值就是 1 折；0.33 乘以 10 以后得到的值是 3.3，那就取位置为 3 的返回值。其他同理。

可是当折扣为空的时候呢？或者该列的值是负数呢？那就需要在 Choose 外面再嵌套其他函数。因此 Choose 函数仅在对一些序列化的整数进行判断时才会使用，平时使用频率最高的还是 IIF、Switch 函数。

❷ **SQL Server 中的判断语句**

SQL Server 使用 Case…End 语句来进行条件判断。请注意这个语句不是函数，它就是一个条件表达式，且必须以 Case 开头、以 End 结束，起到的效果和 Access 中的函数是相同的。

Case…End 语句有两种写法。第 1 种语法格式为：

```
Case 表达式
     When 比较值 1 Then 返回值 1
     When 比较值 2 Then 返回值 2
     When 比较值 3 Then 返回值 3
     ……
     Else 默认返回值
End
```

当表达式等于"比较值 1"时，则得到"返回值 1"；当表达式等于"比较值 2"时，则得到"返回值 2"，其余以此类推。当比较结束，没有符合的比较值时，则得到默认返回值。例如同样对"订单"表中的"折扣"列进行判断，如图 4-58 所示。

图 4-58

167

很显然，以上这种写法很难穷尽折扣中的各种情况，因为除了 0.1、0.2、0.3 之外，还有各种两位小数的折扣率。因此 Case…End 语句又提供了另外一种格式的写法：

```
Case
    When 表达式 1 Then 返回值 1
    When 表达式 2 Then 返回值 2
    When 表达式 3 Then 返回值 3
    ……
    Else 默认返回值
End
```

当"表达式 1"成立时，得到"返回值 1"；当"表达式 2"成立时，得到"返回值 2"，其余以此类推。当所有表达式都不成立时，则得到默认返回值。如果采用此种写法，就可将上述语句修改为：

```
Select 折扣,Case When IsNull(折扣,0)=0 Then '无折扣' When 折扣<=0.1 Then
'1折以内' When 折扣<=0.2 Then '2折以内' When 折扣<=0.3 Then '3折以内' Else '
其他折扣' End As 折扣说明 From 订单
```

当在分组统计中使用 Rollup 或 Cube 运算符在统计结果中添加汇总行时，这些行的分组列中的值都是空的，如图 4-59 所示。

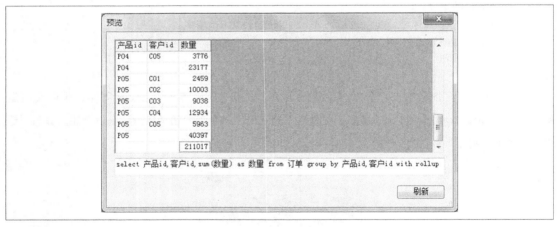

图 4-59

现在我们就可以通过 Case…End 语句来给这些空值加上相应的内容，如图 4-60 所示。

其中，Grouping 函数仅在分组中使用了 Rollup 或 Cube 时有效，我们通过它可以判断分组列中的空值究竟是由分组产生的还是原来就有的：当返回值为 1 时，表示是分组产生的空值；为 0 时表示数据固有的空值。如果"订单"表中的这两个分组列本来就存在空值的话，那么统计结果中将显示为"unknown"。

产品	客户	数量
P04	C05	3776
P04	小计	23177
P05	C01	2459
P05	C02	10003
P05	C03	9038
P05	C04	12934
P05	C05	5963
P05	小计	40397
总计	小计	211017

```
select
case grouping(产品id) when 1 then '总计' else isnull(产品id,'unknown') end as 产品,
case grouping(客户id) when 1 then '小计' else isnull(客户id,'unknown') end as 客户,
sum(数量) as 数量
from 订单
group by 产品id,客户id with rollup
```

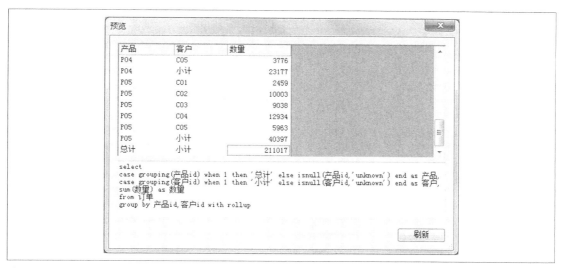

图 4-60

假如希望在这个分组统计表中同时得到占比数据，只需在图 4-60 所示的代码中再增加一个生成占比数据的表达式即可，如图 4-61 所示。

产品	客户	数量	占比
P04	C05	3776	0.1629
P04	小计	23177	1
P05	C01	2459	0.0609
P05	C02	10003	0.2476
P05	C03	9038	0.2237
P05	C04	12934	0.3202
P05	C05	5963	0.1476
P05	小计	40397	1
总计	小计	211017	

```
select
case grouping(产品id) when 1 then '总计' else isnull(产品id,'unknown') end as 产品,
case grouping(客户id) when 1 then '小计' else isnull(客户id,'unknown') end as 客户,
sum(数量) as 数量,
sum(数量)/(select sum(数量) from 订单 B where A.产品id=B.产品id) as 占比
from 订单 A
group by 产品id,客户id with rollup
```

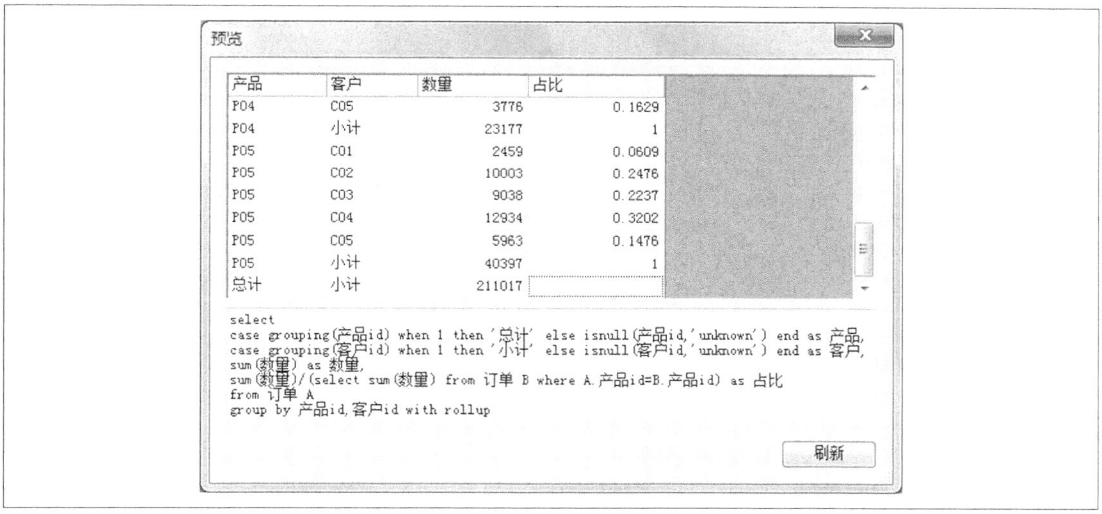

图 4-61

如果想在图 4-61 的表中再同时增加“产品”小计值在总计中的占比数据呢？这个问题已经很简单了，请各位读者自行思考解决。

4.6.4 字符处理函数

Access 和 SQL Server 数据源中可用的字符处理函数如表 4-3 所示。

表 4-3

用途	Access	SQL Server	备注
字符串长度	Len(列名)		
截取字符串	Mid(列名 ,1, 2)	Substring(列名 ,1, 2)	起始位置从 1 开始
	Left(列名 ,2)		从左侧截取指定长度字符
	Right(列名 ,2)		从右侧截取指定长度字符
删除空格	Trim(列名)	无，可变通实现	去除首尾空格
	Ltrim(列名)		去除左边 (开始) 空格
	Rtrim(列名)		去除右边 (尾部) 空格
大小写转换	Ucase(列名)	Upper(列名)	转为大写
	Lcase(列名)	Lower(列名)	转为小写
字符串检索	Instr(列名 ,'p')	CharIndex('p', 列名)	返回位置。未找到时返回 0
生成重复字符	String(3, 列名)	Replicate(列名 ,3)	String 只能重复单个字符
生成空格字符	Space(10)		参数为指定长度

表 4-3 中的列名也可为具体的字符串表达式。后面要学习的其他函数也一样。

对于 Access 数据库，除了"+"外，还可使用"&"拼接字符串。两者的区别在于："+"只能拼接字符型的数据，而"&"还可将其他类型数据自动转为字符串后再做拼接。例如：

```
Select 产品 ID & 数量 & 日期 From 订单
```

但此种用法仅限于 Access 数据库，SQL Server 必须将其他类型数据转为字符串之后再使用"+"拼接。

4.6.5 数学函数

常用的数学函数如表 4-4 所示。

表 4-4

用途	Access	SQL Server	备注
算术运算	+、-、*、/		加减乘除
	Mod	%	两数相除后得到的余数
符号	Abs(列名)		绝对值
	Sgn(列名)	Sign(列名)	正数为 1，负数为 -1，0 还是 0
取整	Int(列名)	Floor(列名)	向下取整
	Fix(列名)	Ceiling(列名)	向上取整
四舍五入	Round(列名 ,2)		按指定小数位数四舍五入

使用以上数学函数时需要注意以下两点。

第一，如果是两个整数相除，不同数据源将得到不同的结果。例如：

```
Select 5/4
```

该语句在 Access 中的返回值为 1.25，在 SQL Server 中的返回值则为 1。如果要在 SQL Server 中得到准确的数据，就需要使用非整类型的数据。例如将算式改为"5.0/4.0"，则得到的数据就是 1.25。当然，实际应用中只要参与计算的列不是非整类型就无须担心这样的问题。

Access 中还专门提供了一个运算符"\"用于获取相除后的整数（小数直接舍弃，不会四舍五入）。例如以下语句在 Access 数据源中的返回值是 1：

```
Select 3.4\2
```

第二，Int 和 Fix 都会直接删除数字的小数部分而返回剩下的整数，两者的区别在于对负数的处理上。

例如对于数值"-8.4"，Int 函数的返回值是 -9，作用同 Floor，也就是向下取整；而 Fix 的返回值是 -8，作用同 Ceiling。

由于 Int 和 Fix 对正数的处理效果都是一样的，全部是向下取整。如果要实现向上取整的功能，可通过下面的代码变相实现：

```
Select Int(5.678)+1
```

4.6.6　日期时间函数

SQL 语句中的日期时间函数非常灵活。

不论是 Access 还是 SQL Server，都可以直接通过 Year、Month、Day 3 个函数获取日期中的年份、月份和具体的日期数，Access 甚至还能用 WeekDay 及 Hour、Minute、Second 等函数直接得到日期时间中的星期数和时、分、秒等。

除了上述几个最常见的日期时间函数外，其他常用日期时间函数如表 4-5 所示。

表 4-5

用途	Access	SQL Server	备注
返回日期部分	DatePart("yyyy", 日期)		年份数
	DatePart("m", 日期)		月份数
	DatePart("d", 日期)		日期数

用途	Access	SQL Server	备注
返回时间部分	DatePart("h", 日期)	DatePart("hh", 日期)	小时数
	DatePart("n", 日期)		分钟数
	DatePart("s", 日期)		秒数
返回其他部分	DatePart("q", 日期)		季度数
	DatePart("w", 日期)		星期数
	DatePart("y", 日期)		一年中的第几天
	DatePart("ww", 日期)		一年中的第几周
返回系统日期	Date()	GetDate()	系统日期
	Time()		系统时间
	Now()		系统日期和时间
日期计算	DateAdd("m", 3, 日期)		返回相加后的日期
	DateDiff("d", '2012-3-5', '2012-7-12')		返回日期间隔

由表 4-5 可以看出，DatePart 函数非常强大，不仅可以返回年月日和时分秒，还能返回季度、星期等。除了返回小时数的用法略有不同外，其他各种返回值在 Access 和 SQL Server 中的用法都是完全一致的。其中，星期数以星期日为一周的开始，从星期日到星期六的返回值是 1 ~ 7。

当在 Access 中使用 DatePart 函数时，第 1 个参数必须使用单引号或双引号括起来；在 SQL Server 中使用时，则只能用双引号或不用引号。

至于系统日期和时间，Access 是通过 Date、Time 和 Now 这 3 个函数分别获取的，而 SQL Server 全部使用的 GetDate 函数。该函数默认仅返回系统日期，如果要同时返回时间还需 Convert 函数的配合。

DateAdd 函数用于返回相加后的日期，它包含 3 个参数：第 1 个是指相加日期的类型，可选项包括 DatePart 函数所能返回的 10 种类型；第 2 个参数表示相加的数值，可以是负数；第 3 个参数为日期列或日期类型表达式。例如：

```
Select 日期,DateAdd("m",3,日期 ) As 向后日期,DateAdd("m",-3,日期 ) As 向前日
期 From 订单
```

由于这里相加的类型是"m"，当指定为 3 时，将在当前日期的基础上加 3 个月；当指定为 -3 时，则减 3 个月。查询结果如图 4-62 所示。

	日期	向后日期	向前日期
1	2000-01-02	2000-04-02	1999-10-02
2	2000-01-03	2000-04-03	1999-10-03
3	2000-01-03	2000-04-03	1999-10-03
4	2000-01-04	2000-04-04	1999-10-04
5	2000-01-04	2000-04-04	1999-10-04

图 4-62

DateDiff 函数用于返回两个日期时间的间隔数，它同样包括 3 个参数：第 1 个参数的意义与 DateAdd 中的同位置参数相同，第 2 个参数表示起始日期，第 3 个参数表示结束日期。例如以下语句的返回值为 129，表明两个日期之间相差 129 天：

```
Select DateDiff("d",'2012-3-5','2012-7-12')
```

这里有个特殊情况：当把第 1 个参数改为"w"时，表示计算两个日期之间相差多少周。经测试，同样的语句在 Access 中得到的值为 18，这是正确的，但在 SQL Server 中得到的值却为 129。如果改为"ww"，则两种数据库的返回值都是 18。因此，当需要在 SQL Server 中对日期进行以"周"为单位的相加或间隔运算时，一定要使用"ww"而不是"w"。

再如，要加载最近两个月的订单数据，可使用如下语句：

```
Select * From 订单 Where DateDiff("m", 日期，Date()) < 2    'Access 中的写法
Select * From 订单 Where DateDiff("m", 日期，GetDate()) < 2   'SQL Server 中的写法
```

4.6.7 数据类型转换函数

Access 和 SQL Server 数据库中的常用转换函数如表 4-6 所示。

表 4-6

数据源类型	函数	备注
Access	CStr	字符型
	CDate	日期时间型
	CBool	逻辑型
	CByte	微整数
	CInt	短整数
	CLng	整数
	CSng	单精度小数
	CDbl	双精度小数
	CDec	高精度小数
SQL Server	Cast	均可转为指定数据类型，但两者的语法不同
	Convert	

需要注意的是，上述转换函数并不是万能的。例如，非数值形式的字符型数据就不能转换成整数型，因此使用时请注意。

Access 中的数据转换函数使用起来非常简单。例如，要将"产品 ID"列和"数量"列拼接到

一起，就应该将"数量"列转换为字符型。语句如下：

```
Select 产品ID + CStr( 数量 )  From  订单
```

如果仅仅是转为字符型，也可以不用转换函数，直接改用"&"拼接也是可以的。

SQL Server 中虽然只有两个转换函数，但它们的通用性极强，都可将指定数据转换为另外一种类型。而且，Convert 函数还常用于不同格式的日期时间转换，功能非常强大。

❶ Cast 函数

该函数的语法格式为：

```
Cast(expression AS data_type[(length)])
```

其中，expression 是任何有效的表达式，包括列名；data_type 表示要转换的数据类型，具体请参考 4.2 节中的 SQL Server 类型列表；length 表示要转换的数据类型长度，此参数可选。例如：

```
Select 产品ID + Cast( 数量 As NvarChar(10))  From  订单
```

❷ Convert 函数

该函数的语法格式为：

```
Convert(data_type[(length)],expression[,style])
```

该函数中的前两个参数是必需的，其含义与 Cast 中的同名参数相同。例如：

```
Select 产品ID + Convert(NvarChar(10), 数量 )  From  订单
```

第 3 个参数 style 虽然是可选的，但起到的作用非常大，它将决定日期型数据在转换为字符之后的格式。假如当前的系统时间是 2018 年 4 月 13 日 9 时 20 分 18 秒 626 毫秒，在没有使用 style 参数时，代码如下：

```
Select Convert(NvarChar,GetDate())
```

执行上述代码后的返回值为"04 13 2018   9:20AM"，也就是仅输出当前系统时间以 12 小时制表示的分钟数。如果希望得到符合中文习惯的完整年月日及时分秒，可将 style 参数设置为 20 或 120。例如：

```
Select Convert(NvarChar,GetDate(),120)
```

这样得到的值就是"2018-04-13 09:20:18"。

Convert 函数的常用日期样式如表 4-7 所示。

表 4-7

参数	返回值	参数	返回值	备注
无参数、0 或 100			04 13 2018　9:20AM	12 小时制时间，精确到分
1	04/13/18	101	04/13/2018	返回日期
2	18.04.13	102	2018.04.13	
3	13/04/18	103	13/04/2018	
4	13.04.18	104	13.04.2018	
5	13-04-18	105	13-04-2018	
6	13 04 18	106	13 04 2018	
7	04 13, 18	107	04 13, 2018	
8	09:35:29	108	09:35:29	返回时间
9 或 109			04 13 2018 9:20:18:626AM	12 小时制时间，精确到毫秒
10	04-13-18	110	04-13-2018	返回日期
11	18/04/13	111	2018/04/13	
12	180413	112	20180413	
13 或 113			13 04 2018 09:20:18:626	24 小时制时间
14 或 114			09:20:18:626	
20 或 120			2018-04-13 09:20:18	
21 或 121			2018-04-13 09:20:18:626	

　　由表 4-7 可以发现，1 ~ 8 和 101 ~ 108、10 ~ 12 和 110 ~ 112 的样式差别仅在年份上：前面的不带世纪数位，后面的带世纪数位。

　　事实上，style 参数除了可以指定日期转换样式外，还可对单精度小数、双精度小数等指定转换格式。例如：

```
Select 产品ID,Sum(Convert(Decimal(10,2), 单价 * 折扣 * 数量)) As 金额 From 订
单 Group By 产品ID
```

4.7　SQL 调用过程及函数

　　所谓的 SQL 调用过程或者函数，就是指预编译好的一段可执行的、有着特定功能的 SQL 语句集合。它们和视图有点类似，都是将 SQL 语句存储在数据库中。因此，SQL 调用过程还有一个更

常用的称呼就是"存储过程"。

和视图相比，SQL 调用过程及函数的功能要强大得多：不仅支持所有常见的 SQL 语句，还能传入参数、输出参数、返回值、返回表，甚至还能使用变量写出较为复杂的处理逻辑。而视图只能支持 Select 语句，且不能传递参数。

SQL 调用过程及函数只能用于 SQL Server 数据源中。

4.7.1 不带参数的存储过程

和视图一样，SQL 存储过程仍然使用 Create、Alter 和 Drop 3 个关键字来分别创建、修改或删除。

❶ 创建过程

例如以下代码就创建了一个最简单的存储过程，名为 info：

```
Create Procedure info As
Select B.产品名称，单价，折扣，数量，日期 From 订单 A Left Join 产品 B On A.产
品 ID=B.产品 ID
```

这个写法简直和创建视图完全一样，只是把 View 改成了 Procedure，如图 4-63 所示。

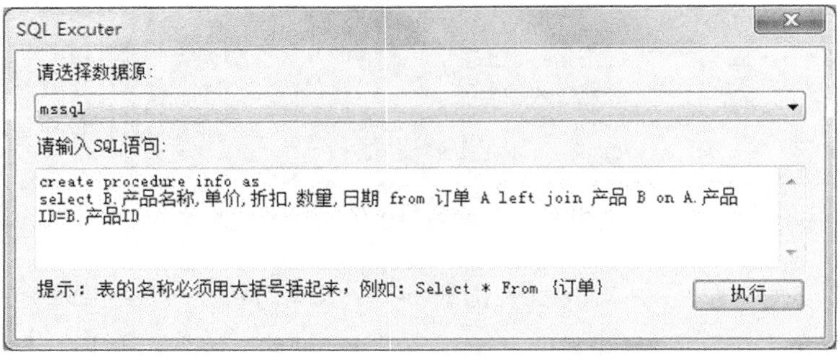

图 4-63

而要执行这个过程，只要输入 SQL 语句"Exec info"即可，如图 4-64 所示。单击【执行】按钮，就能看到该过程自动生成的查询表数据。

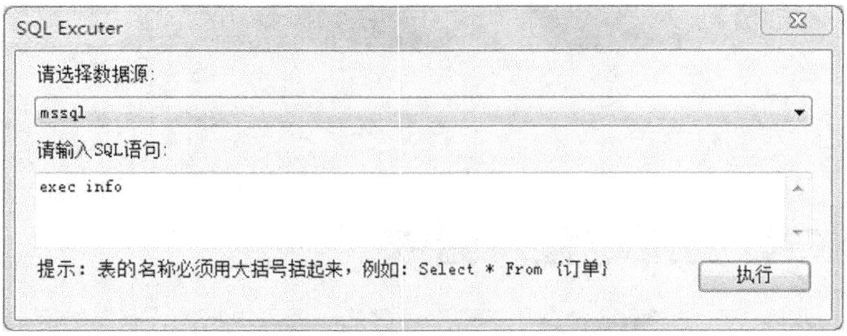

图 4-64

❷ 修改及删除过程

修改过程的代码是将上述代码中的 Create 改成 Alter，后面再使用 As 加上修改后的 SQL 语句。

删除过程只需用如下代码：

```
Drop Procedure info
```

即可删除名为 info 的存储过程。

4.7.2 带参数的存储过程

存储过程的参数分为输入参数和输出参数两种。

❶ 输入参数

仍以上面的 info 过程为例，现将它稍做修改：

```
Alter Procedure info
     @ 产品名称 NvarChar(10),
     @ 折扣 Numeric(5,2)
As
Select B. 产品名称 , 单价 , 折扣 , 数量 , 日期 From 订单 A Left Join 产品 B On A. 产
品 ID=B. 产品 ID Where 产品名称 =@ 产品名称 And 折扣 =@ 折扣
```

该代码是使用 Alter Procedure 进行修改的，过程名称仍为 info。和不带参数的存储过程相比，本段代码最大的变化在以下两个方面。

第一，在过程名称与关键字 As 之间添加了两个变量，分别是"产品名称"和"折扣"。这两个变量都以 @ 开头，表示仅作用于当前过程的局部变量。请注意，声明变量的时候务必要同时指定其数据类型，多个变量之间用半角逗号隔开。

第二，在关键字 As 后面的 SQL 语句中用到了这两个变量。

要执行此过程，可以输入以下 SQL 语句：

```
Exec info ' 盐水鸭 ',0.15
```

如果你希望让输入的参数更具语义性，也可以编写 SQL 语句：

```
Exec info @ 产品名称 =' 盐水鸭 ',@ 折扣 =0.15
```

执行后的结果如图 4-65 所示。

图 4-65

如果使用 SQLCommand 编码的方式，则有如下两种写法。

第 1 种写法，仍然使用 Exec 语句执行存储过程：

```
Dim cmd As New SQLCommand
cmd.ConnectionName = "mssql"
cmd.CommandText = "exec info ?,?"          ' 多个参数用半角逗号分隔
cmd.Parameters.Add("@ 产品名称 "," 盐水鸭 ")
cmd.Parameters.Add("@ 折扣 ",0.15)
Dim dt As DataTable = cmd.ExecuteReader
Output.Show(dt.DataRows.Count)
```

第 2 种写法，直接用存储过程名执行，此时需要将 StoredProcedure 属性设置为 True：

```
Dim cmd As New SQLCommand
cmd.ConnectionName = "mssql"
cmd.CommandText = "info"        ' 指定存储过程名
cmd.StoredProcedure = True      ' 表示 SQL 文本内容是存储过程
cmd.Parameters.Add("@ 产品名称 "," 盐水鸭 ")
cmd.Parameters.Add("@ 折扣 ",0.15)
Dim dt As DataTable = cmd.ExecuteReader
Output.Show(dt.DataRows.Count)
```

❷ **输出参数**

现在希望根据用户输入的产品 ID，SQL 调用过程输出以下两个参数值：该 ID 对应的产品名称

以及销量数据。这个时候就既需要输入参数，也需要输出参数了。

以下是修改后的存储过程代码：

```
Alter Procedure info
    @产品 ID NvarChar(10),
    @产品名称 NvarChar(10) Output,
    @销量 Int Output
As
Select @产品名称 = 产品名称, @销量 =xl From (Select 产品 ID,Sum(数量) As xl From
订单 Where 产品 ID=@产品 ID Group By 产品 ID) A Left Join 产品 B On A.产品 ID=
B.产品 ID
```

这里使用的变量有 3 个：第 1 个是"产品 ID"，这是输入参数所对应的变量；第 2 个和第 3 个分别是"产品名称"及"销量"，这是输出参数所对应的变量。请注意，输出参数变量必须加上关键字 Output，以表示这是用来输出的。

As 后面的 SQL 语句稍微有点复杂，它是将"订单"表的分组数据作为 A 表，将"产品"表作为 B 表，然后左连接，并将 SQL 语句中的"产品名称"和"xl"值分别赋给两个输出变量。如果你觉得这个 SQL 语句不太好理解，也可以换成另外一种写法。例如：

```
Alter Procedure info
    @产品 ID NvarChar(10),
    @产品名称 NvarChar(10) Output,
    @销量 Int Output
As
Begin
    Set @产品名称 =(Select 产品名称 From 产品 Where 产品 ID=@产品 ID)
    Set @销量 =(Select Sum(数量) From 订单 Where 产品 ID=@产品 ID)
End
```

本段代码其实就是将上面的 SQL 语句换成了两条给输出变量赋值的 Set 语句而已。当 As 后面的语句超过一行时，最好使用 Begin 和 End 将它们包起来，以指明从哪里开始，到哪里结束。用 Begin 和 End 包住的区域也被称为过程体。

现在来看看如何使用 SQLCommand 编码方式获取该过程的输出参数值。以下是 Exec 的执行方式：

```
Dim cmd As New SQLCommand
cmd.ConnectionName = "mssql"
cmd.CommandText = "exec info ?,? Output,? Output" ' 第 2 和第 3 个参数标记为 Output.
```

```
cmd.Parameters.Add("@产品ID","p01")
cmd.Parameters.Add("@产品名称","",True)        '输出参数
cmd.Parameters.Add("@销量",0,True)             '输出参数
cmd.ExecuteNonQuery
Dim mc As String = cmd.Parameters("@产品名称")
Dim xl As Integer = cmd.Parameters("@销量")
```

由此段代码可知，SQLCommand 中的 Add 方法是可以使用多个参数的，以下是它的完整语法：

```
Add(Name, Value)
Add(Name, Value, Output)
Add(Name, Value, Output, Size)
```

其中各参数含义如下。

Name：参数名称。

Value：参数值。当它为输出参数时，可随便写上一个与该参数数据类型一致的值，如上述代码中的空串和 0。

Output：是否为输出参数。省略时表示输入参数，为 True 时表示输出参数，为 False 时表示返回参数。至于什么是返回参数，稍后将会讲解。

Size：用于指定输入参数或返回参数的大小，默认为 32，只有字符型的参数才需要设定。

以下是通过 SQLCommand 中的存储过程名执行的，此时需要将 StoredProcedure 属性值设置为 True：

```
Dim cmd As New SQLCommand
cmd.ConnectionName = "mssql"
cmd.CommandText = "info"
cmd.StoredProcedure = True
cmd.Parameters.Add("@产品ID","p01")
cmd.Parameters.Add("@产品名称","",True,10)    '这里加了第4个参数，指定字符串长度
cmd.Parameters.Add("@销量",0,True)
cmd.ExecuteNonQuery
Dim mc As String = cmd.Parameters("@产品名称")
Dim xl As Integer = cmd.Parameters("@销量")
```

此方式执行结果与前面的 Exec 方式完全相同，如图 4-66 所示。

```
Dim cmd As new SQLCommand
cmd.ConnectionName = "mssql"
cmd.CommandText = "info"
cmd.StoredProcedure = True
cmd.Parameters.Add("@产品id", "p01")
cmd.Parameters.Add("@产品名称", "", True, 10)  '这里加了第4个参数,指定字符串长度
cmd.Parameters.Add("@销量", 0, True)
cmd.ExecuteNonQuery
Dim mc As String = cmd.Parameters("@产品名称")
Dim xl As Integer = cmd.Parameters("@销量")
Output.Show(mc)
Output.Show(xl)


运动饮料
44628
```

图 4-66

其实除了输入变量及输出变量之外，在过程体中还可以使用其他局部变量以实现更加复杂的处理逻辑。例如将上面的代码稍做修改，就可得到折扣大于"平均折扣"的汇总数据：

```
Alter Procedure info
    @产品ID NvarChar(10),
    @产品名称 NvarChar(10) Output,
    @销量 Int Output
As
Begin
    Declare @平均折扣 Float
    Set @平均折扣=(Select Avg(折扣) From 订单 Where 产品ID=@产品ID)
    Set @产品名称=(Select 产品名称 From 产品 Where 产品ID=@产品ID)
    Set @销量=(Select Sum(数量) From 订单 Where 产品ID=@产品ID And 折扣>@平均折扣)
End
```

这里的"平均折扣"就是使用关键字 Declare 声明的局部变量。

4.7.3 带返回值的存储过程

当 SQL 过程在过程体中使用了 Return 语句时，就表示这是带有返回值的存储过程。例如将 info 过程做如下修改：

```
Alter Procedure info
    @产品ID NvarChar(10),
    @客户ID NvarChar(10)
As
```

```
Begin
    Declare @xl Float
    Set @xl = (Select Sum(数量) From 订单 Where 产品ID = @产品ID And 客户
ID = @客户ID)
    Return @xl
End
```

以下是使用 SQLCommand 编码中的 Exec 执行方式获取返回值的代码:

```
Dim cmd As New SQLCommand
cmd.ConnectionName = "mssql"
cmd.CommandText = "exec ?=info ?,?"     ' 请注意这里的写法
cmd.Parameters.Add("@xl",0,False)       ' 第 1 个参数用于接收返回值,参数名可任意定义
cmd.Parameters.Add("@产品ID","p01")      ' 第 2 个为输入参数
cmd.Parameters.Add("@客户ID","c02")      ' 第 3 个为输入参数
cmd.ExecuteNonQuery
Dim xl As Integer = cmd.Parameters("@xl")     ' 取得返回值
```

请注意这里的 SQL 语句写法 "exec ?=info ?,?"。等号左边的参数用于接收返回值,等号右边的是两个输入参数,分别用于指定产品 ID 和客户 ID。另外需要特别注意的是,返回参数必须作为第 1 个参数添加,且这里的 Add 方法中的第 3 个参数应为 False。

如果改用 SQLCommand 中的存储过程名执行,则示例代码如下:

```
cmd.ConnectionName = "mssql"
cmd.CommandText = "info"
cmd.StoredProcedure = True
cmd.Parameters.Add("@xl",0,False)
cmd.Parameters.Add("@产品ID","p01")
cmd.Parameters.Add("@客户ID","c02")
cmd.ExecuteNonQuery
Dim xl As Integer = cmd.Parameters("@xl")
```

4.7.4 同时带有输入参数、输出参数及返回值的存储过程

存储过程中可以同时带有输入参数、输出参数和返回值。例如将 info 过程做如下修改:

```
Alter Procedure info
    @产品ID NvarChar(10),
    @客户ID NvarChar(10),
```

```
    @平均价格 Float Output
As
Begin
    Select @平均价格=Avg(单价) From 订单 Where 产品ID = @产品ID And 客户ID =
@客户ID
    Return @@RowCount
End
```

这里的产品 ID、客户 ID 是输入参数，平均价格是输出参数，RowCount 是返回值。

在 SQL Server 中，以 @ 开头的表示局部变量，以两个 @ 开头的表示全局变量。全局变量都是由 SQL Server 系统提供的，用户自己不能建立全局变量，也不能用 Set 语句修改全局变量的值。如上述代码中的 "@@RowCount" 就是 SQL Server 中比较常用的全局变量，用于返回 SQL 语句所处理的行数。

要在 SQLCommand 中同时获取输出参数和返回值，可使用以下示例代码：

```
Dim cmd As New SQLCommand
cmd.ConnectionName = "mssql"
cmd.CommandText = "info"
cmd.StoredProcedure = True
cmd.Parameters.Add("@count",0,False)     '第 1 个添加的必须是返回值
cmd.Parameters.Add("@产品ID","p01")     '输入参数
cmd.Parameters.Add("@客户ID","c03")     '输入参数
cmd.Parameters.Add("@平均价格",0,True) '输出参数
cmd.ExecuteNonQuery
Dim count As Integer = cmd.Parameters("@count")     '取得返回值
Dim jg As Double = cmd.Parameters("@平均价格")     '取得输出参数
```

4.7.5　SQL 调用函数

SQL 调用函数的作用和存储过程中返回值有点类似，但用起来更加简单。

调用函数的创建、修改或删除仍然和存储过程一样，还是使用 Create、Alter 和 Drop 3 个关键字，只不过函数的名称是 Function，而过程的名称是 Procedure。

❶ 返回值

例如我们希望向 SQL 函数传入一个产品 ID，以得到该 ID 所对应的产品名称，那么就可以创建如下函数：

```
Create Function getValue(@产品ID NvarChar(3))
    Returns NvarChar(10)
As
```

```
Begin
    Return (Select 产品名称 From 产品 Where 产品 ID=@ 产品 ID)
End
```

由此结构可以看出，SQL 调用函数有以下 3 点需要注意。

第一，输入参数变量必须以括号形式写在函数名称的后面。本示例的函数名为 getValue。

第二，Returns 子句必须写在参数变量之后。

第三，函数体必须包括一个定义返回值参数值的 Return 语句。在 Return 之前，当然也可以再加入一些其他处理语句，例如声明变量、给变量赋值等。

该函数可以像常规表达式一样用到 Select 语句中。例如：

```
Select getValue('p01')
```

但要注意，当使用这种写法时，有时可能会弹出"无法识别内部函数"之类的错误提示。为保证函数可以正常运行，请务必在函数前面加上当前使用的数据库名称，如图 4-67 所示。

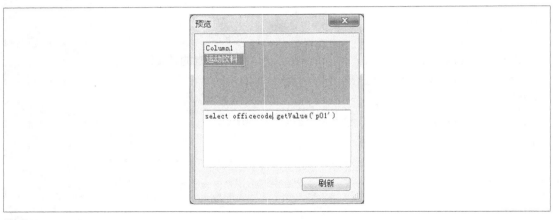

图 4-67

这里的 officecode 就是此示例函数所在的数据库名称。

如果要用 SQLCommand 获取该函数的返回值，可使用以下示例代码：

```
Dim cmd As New SQLCommand
cmd.ConnectionName = "mssql"
cmd.CommandText = "Select officecode.getValue(?)"
cmd.Parameters.Add("@ 产品 ID","p01")    ' 输入参数
Dim mc As String = cmd.ExecuteScalar
Output.Show(mc)        ' 运动饮料
```

❷ 返回表

调用函数不仅可以返回值，还能返回表。以下是新建的返回表数据函数：

```
Create Function getTable(@产品ID NvarChar(3))
    Returns table
As
Return (Select * From 订单 Where 产品ID=@产品ID)
```

要用 Select 语句获取这个函数查询表，可使用以下语句：

```
Select * From getTable('p01')
```

这样就能得到产品 ID 为 p01 的所有记录，如图 4-68 所示。

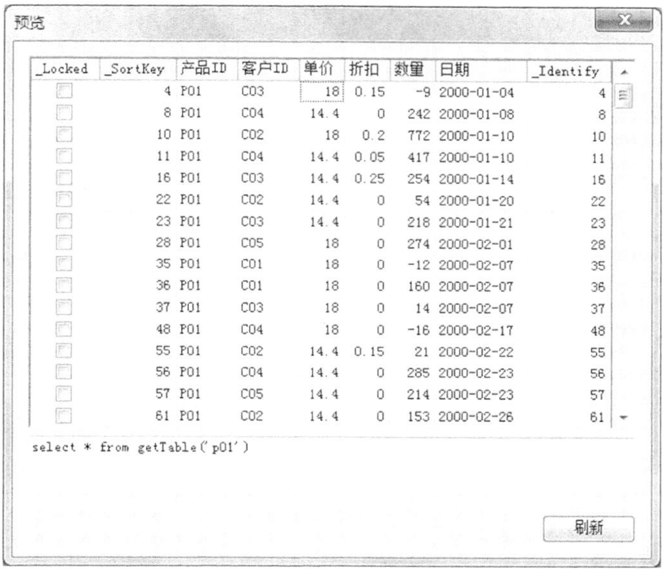

_Locked	_SortKey	产品ID	客户ID	单价	折扣	数量	日期	_Identify
	4	P01	C03	18	0.15	-9	2000-01-04	4
	8	P01	C04	14.4	0	242	2000-01-08	8
	10	P01	C02	18	0.2	772	2000-01-10	10
	11	P01	C04	14.4	0.05	417	2000-01-10	11
	16	P01	C03	14.4	0.25	254	2000-01-14	16
	22	P01	C02	14.4	0	54	2000-01-20	22
	23	P01	C03	14.4	0	218	2000-01-21	23
	28	P01	C05	18	0	274	2000-02-01	28
	35	P01	C01	18	0	-12	2000-02-07	35
	36	P01	C01	18	0	160	2000-02-07	36
	37	P01	C03	18	0	14	2000-02-07	37
	48	P01	C04	18	0	-16	2000-02-17	48
	55	P01	C02	14.4	0.15	21	2000-02-22	55
	56	P01	C04	14.4	0	285	2000-02-23	56
	57	P01	C05	14.4	0	214	2000-02-23	57
	61	P01	C02	14.4	0	153	2000-02-26	61

图 4-68

如果要用 SQLCommand 获取该函数返回的全部数据记录，可使用以下示例代码：

```
Dim cmd As New SQLCommand
cmd.ConnectionName = "mssql"
cmd.CommandText = "Select * From getTable(?)"
cmd.Parameters.Add("@产品ID","p02")  '输入参数
Dim dt As DataTable = cmd.ExecuteReader()
Output.Show(dt.DataRows.Count)
```

很显然，当在 Select 语句中使用 SQL 调用函数时，是不需要另外加上数据库名称的。

另外还有 3 个和数据库事务相关的重要方法：BeginTransaction（开始数据库事务）、Commit（提交数据库事务）和 Rollback（回滚数据库事务）。

所谓的事务就是由一个或多个 SQL 语句组成的逻辑单元。通过事务操作，可以保证这一组 SQL 语句要么全部执行，要么一句也不执行。在一些关联性非常强的数据库操作中，事务的重要性不言而喻。

例如，银行转账系统就是由转出、转入等几个操作配合完成的。如果数据库只完成了部分操作，如只执行了转出或转入，那么就肯定会出现账户上资金少了或多了的情况。

在 Foxtable 中，只有拥有外部数据源且通过 SQLCommand 执行 SQL 语句的时候，才可以使用事务。事务一旦开启，在提交或回滚之前，都只能通过 SQLCommand 执行 SQL 语句，而不能有其他读写后台数据库的操作。

例如，下面的代码用于删除订单编号为 32 的"订单"及其"订单明细"。由于这两项操作的关联性非常强，因此采用事务方式操作：

```
Dim cn As Connection = Connections("test")        '指定数据源
Try
    cn.BeginTransaction()                          '开始事务
    Dim cmd As New SQLCommand
    cmd.ConnectionName = cn.Name
    cmd.CommandText = "Delete From 订单 Where 订单编号 = 32"
    cmd.ExecuteNonQuery
    cmd.CommandText = "Delete From 订单明细 Where 订单编号 = 32"
    cmd.ExecuteNonQuery
    cn.Commit                    '提交事务，所有操作生效
Catch ex As Exception           '如果出错
    cn.Rollback()               '回滚事务，撤销所有操作
End Try
```

4.8 SQL 事务与异步操作

所谓的事务就是由一个或多个 SQL 语句所组成的逻辑单元。通过事务操作，可以保证这一组 SQL 语句要么全部执行，要么一点也不执行。在对于一些关联性非常强的数据库操作中，事务的重要性不言而喻。例如，银行转账系统中，就是由转出、转入等几个操作配合完成的。如果数据库只完成了部分操作，比方说只执行了转出或转入，那么就肯定会出现账户上少了或多出资金的情况。

4.8.1 SQL 事务操作

在 Foxtable 中，SQL 事务仍然由 SQLCommand 执行。需要注意的是，同一个事务的所有操作都只能针对同一个数据源。而且，事务一旦开启，在提交或回滚之前，都只能通过开启事务的 SQLCommand 执行 SQL 语句，不能有其他读写后台数据库的操作。

为此，SQLCommand 专门提供了与数据库事务相关的 3 个重要方法：

● BeginTransaction：开始事务；

- Commit：提交事务；
- Rollback：回滚事务。

例如，下面的代码用于修改订单表和产品表中的产品 ID 编号，也就是把原来的"P05"都改成"P06"。由于这两项操作的关联性非常强，因而采用事务方式操作：

```
Dim cmd As new SQLCommand()
cmd.ConnectionName = "Sale"   ' 指定数据源。Access 及 MSSQL 数据源均支持事务操作
Try
    ' 开启事务
    cmd.BeginTransaction()
    ' 要执行的多个 SQL 语句
    cmd.CommandText = "update 订单 set 产品ID = 'P06' where 产品ID = 'P05'"
    cmd.ExecuteNonQuery()
    cmd.CommandText = cmd.CommandText.Replace(" 订单 "," 产品 ")
    cmd.ExecuteNonQuery()
    ' 提交事务
    cmd.Commit()
Catch ex As Exception
    cmd.Rollback() ' 如果出错，就回滚事务，以撤销所有操作
End Try
```

4.8.2　异步执行事务

要异步执行数据库事务，也很简单，只要将代码写到自定义函数里，然后用 Functions 中的 AsyncExecute 方法异步执行即可。

仍以上面的代码为例，假如将函数名称定义为 updateID，那么就可以采用以下方式执行：

```
Functions.Execute("updateID")              ' 同步调用
Functions.AsyncExecute("updateID")         ' 异步调用
```

需要特别强调的是，如要在异步函数中使用 SQLCommand 的事务方法，则数据源必须是 SQLServer 类型，否则将弹出以下错误：

第**05**章

常用页面元素

　　layui（谐音：类 UI）是一款采用自身模块规范编写的前端 UI
框架，遵循原生 HTML/CSS/JavaScript 的书写与组织形式，学
习门槛极低，非常适合界面的快速开发。

主要内容

5.1　页面元素基础

5.2　区块元素及时间线

5.3　按钮

5.4　徽章

5.5　静态表格

5.6　面板

5.7　选项卡

5.8　导航

5.9　面包屑

5.10　进度条

layui 首个版本发布于 2016 年金秋，目前的最新版本是 2020 年 1 月 15 日发布的 V2.5.6，在官网首页可下载最新版。下载后解压得到的目录结构如图 5-1 所示。

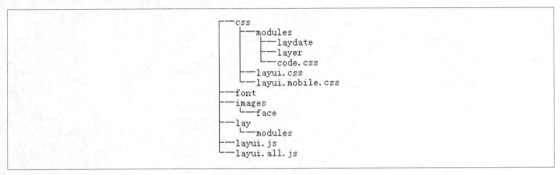

图 5-1

其中各结构的含义如下。

- css：样式目录，核心样式文件是 layui.css。这里的 modules 为模块相对较大的 css 样式子目录。
- font：字体图标目录。
- images：图片资源目录。
- lay：功能模块核心目录，各模块组件都放在了 modules 子目录中。
- layui.js：基础核心库。
- layui.all.js：包含了 layui.js 和所有模块的合并文件。

本章要学习的都是 layui 中很常用的基础页面元素，可以在项目中直接使用。但由于这些基础元素的样式都是在 layui.css 文件中已经事先设置好的，因此一定要在页面的 head 标签中引用此文件。

本书实例默认将 layui 框架文件解压到 layui 文件夹中，所以必须使用类似于图 5-2 所示的代码引用 layui.css 文件。

```
1  <!DOCTYPE html>
2  <html lang="zh-cn">
3      <head>
4          <meta charset="utf-8">
5          <title>layui页面示例</title>
6          <link rel="stylesheet" href="./layui/css/layui.css">
7      </head>
8      <body>
9
10      </body>
11  </html>
```

图 5-2

5.1 页面元素基础

5.1.1 页面元素基础色调

视觉疲劳往往是颜色过于丰富或过于单一而导致的，而 layui 提供的颜色，清新而又不乏深沉，互相糅合，不过分刺激大脑皮层的神经，形成的微妙影像越久越耐看。将其合理搭配，可避免与各式各样的网站产生违和感，从而使你开发的 Web 项目看上去更为和谐。

❶ 常用主色

layui 以象征包容的墨绿色作为主色调，它能给人以深沉感，并且通常会以浅黑色作为其陪衬，又会以蓝色这种比较鲜艳的色调来弥补它引起的视觉疲劳，整体清新自然，时间愈久，愈发耐看。

layui 常用主色如表 5-1 所示。

表 5-1

颜色	用途
#009688	通常用于按钮及任何修饰元素
#5FB878	一般用于选中状态
#393D49	通常用于导航
#1E9FFF	比较适合一些鲜艳色系的页面

这些常用主色的效果如图 5-3 所示。

图 5-3

❷ 场景色

layui 并非不敢去尝试一些亮丽的颜色，只是许多情况下它可能并不是那么合适，所以就把这些颜色归为"场景色"，即按照实际场景来呈现对应的颜色。例如你想给人以警觉感，则可以尝试用红色。

场景色一般会出现在 layui 的按钮、提示、修饰性元素，以及一些侧边元素上，如表 5-2 所示。

表 5-2

颜色	场景
#FFB800	暖色系，一般用于提示性元素
#FF5722	比较引人注意的颜色
#01AAED	用于文字着色，如链接文本
#2F4056	侧边或底部普遍采用的颜色

场景色的效果如图 5-4 所示。

图 5-4

❸ **极简中性色**

一般用于背景、边框等。

灰色系代表极简。这是一系列神奇的颜色，几乎可以与任何元素搭配，不易形成视觉疲劳，且永远不会过时，低调而优雅。

这些灰色系的颜色由浅到深依次为 #F0F0F0、#f2f2f2、#eeeeee、#e2e2e2、#dddddd、#d2d2d2、#c2c2c2。颜色效果如图 5-5 所示。

图 5-5

5.1.2　内置的背景色 CSS 类

layui 内置了 7 种背景色以便用于各种元素中，例如徽章、分隔线、导航等，如图 5-6 所示。

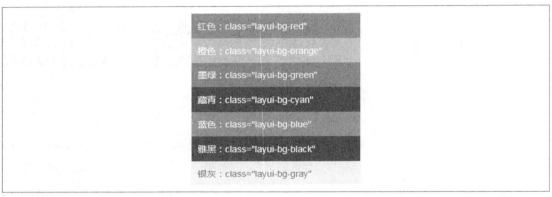

图 5-6

例如将一个 div 区块的背景色设置为墨绿，就可以直接使用这里的 class 类：

```
<div class="layui-bg-green" style="width: 200px;height: 200px"></div>
```

如果采用传统的 css 样式写法，以下代码可起到同样的效果：

```
<div style="width: 200px;height: 200px;background: #009688"></div>
```

如果要在页面中插入不同样式的水平线（横线），可以直接给 hr 标签添加不同的 class 背景色：

```
默认横线 <hr>
红色横线 <hr class="layui-bg-red">
```

当没有给 hr 标签使用 class 样式时，hr 标签生成的就是默认样式的横线；当加上 layui-bg-red 样式时，就会生成红色的横线，如图 5-7 所示。

默认横线
红色横线

图 5-7

5.1.3　字体图标

layui 中的所有图标全部采用字体形式，取材于阿里巴巴的矢量图标库（iconfont）。全部图标共有 168 个，具体请参考本书最后一章的"内置的字体图标一览表"。

所谓的矢量图标，就是可以当作普通的文字来使用的图标。这意味着你可以直接用 css 的相关文字属性来控制它的样式。例如使用 color 改变图标颜色、使用 font-size 改变图标大小等。

如果要给页面元素加上图标，一般使用 i 标签来实现。

由于每一个矢量图标既可以用 class 类名表示，也可以用 unicode 字符表示，因而图标的使用方式也有两种。例如微信图标的 unicode 字符为""，其 class 类名为"layui-icon-login-wechat"，要想在页面中使用此图标，可以通过以下两种方式来实现。

❶ 使用 unicode 字符

当使用此方式时，必须指定 i 标签的 class 为 layui-icon，否则无效：

```
<i class="layui-icon">&#xe677;</i>
```

假如你希望将这个图标的颜色改为蓝色，同时将大小变为 20px，那么就可以这样设置：

```
<i class="layui-icon" style="color: #1E9FFF;font-size: 20px">&#xe677;</i>
```

由于 i 标签属于内联标签，因此这个图标可以用到任何的页面元素中。

❷ 使用 class 类名

当使用此方式时，只需在将 i 标签的 class 属性指定为 layui-icon 的同时，加上所使用的图标的 class 类名即可：

```
<i class="layui-icon layui-icon-login-wechat"></i>
```

如果你想改变图标的颜色或大小，一样可以再加上 style 样式属性。

由此可见，两种方式的效果是完全一样的，区别仅在于使用方式上：unicode 方式必须把实体编码写到 i 标签的内容中；而 class 方式仅需加一个类名，无须写入任何元素内容。

5.1.4 动画

在实用价值的前提之下，layui 并没有内置过多花哨的动画。这些动画全部采用 CSS3 实现，因此不支持 ie8，部分不支持 ie9。

动画的使用非常简单，直接对元素赋予特定的 class 类名即可。例如：

```
<div class="layui-anim layui-anim-up">从底部往上滑入</div>
```

其中，layui-anim 是必须有的，在它后面的就是不同的动画类，这里的 layui-anim-up 是指从底部向上滑入的动画效果。

当需要让指定的动画效果持续不断地循环执行时，可以在其后面再追加类 layui-anim-loop。例如：

```
<div class="layui-anim layui-anim-up layui-anim-loop">从底部往上滑入</div>
```

刷新页面，该 div 标签中的文字就会循环不断地从下向上滑入。

layui 内置的动画 class 类如表 5-3 所示。

表 5-3

class 名称	动画效果
layui-anim-up	从底部向上滑入
layui-anim-upbit	慢慢向上滑入
layui-anim-scale	平滑放大
layui-anim-scaleSpring	弹簧式放大
layui-anim-fadein	渐现
layui-anim-fadeout	渐隐
layui-anim-rotate	360 度旋转
layui-anim-loop	动画循环。此类需要追加到指定的动画样式中

为了能更直观地看到动画效果，这里举一个更具实用价值的例子。

先在页面 body 标签中添加以下内容，同时设置样式：

```
<div id="test">
    <div class="layui-anim" data-anim="layui-anim-up">点我观看动画效果</div>
</div>
<style>
    #test {              /* 父元素样式 */
        margin: 30px;
```

```
        padding: 30px;
        border:1px solid #888888;
    }
    #test>div{            /* 子元素样式 */
        width: 150px;
        height: 150px;
        line-height: 150px;        /* 文字垂直居中 */
        text-align: center;        /* 文字水平居中 */
        margin: 0 auto;            /* 区块水平居中，上下外边距为 0 */
        background: #009688;
        cursor: pointer;
        color: #fff;
        border-radius: 50%;        /* 区块显示为圆形 */
    }
</style>
```

页面效果如图 5-8 所示。

图 5-8

如果要单击圆形区块以产生动画效果，可使用以下 JS 代码：

```
var $ = layui.$;
$('#test>div').click(function(){
    var othis = $(this), anim = othis.data('anim');
    if(othis.hasClass('layui-anim-loop')){     // 如果是动画循环
        return othis.removeClass(anim);        // 直接取消循环并结束返回
    }
    othis.removeClass(anim);             // 移除动画类
    setTimeout(function(){
        othis.addClass(anim);           // 添加动画类
    });
    if(anim === 'layui-anim-fadeout'){ // 如果是渐隐动画，则在 1 秒后结束
```

```
        setTimeout(function(){
            othis.removeClass(anim);
        }, 1000);
    }
});
```

这样不论你将 div 标签中的 data-anim 属性改成什么动画类，也不论你是否追加了动画循环，页面中的这个圆形都会产生相应的动画效果。当动画循环时，再次单击即可取消循环。

需要注意的是，上述代码里的 addClass 方法必须放到 setTimeout 函数中，否则在第 1 次单击生成动画效果后，再次单击就无效了。

5.2 区块元素及时间线

layui 预定义了 3 种类型的区块元素样式，分别是引用区块、字段集区块和代码区块。其中，代码区块也被称为代码修饰器，因为它需要一些功能上的渲染，所以将它放到第 7 章中学习。

时间线则是 layui 提供的一种比较个性化的页面元素。

5.2.1 引用区块

layui 一般使用 blockquote 标签来引用大段文字。

对于这种引用的区块，layui 专门提供了 layui-elem-quote 样式。例如：

```
<blockquote class="layui-elem-quote">引用区域的文字</blockquote>
```

运行效果如图 5-9 所示。

图 5-9

如果在该样式中追加一个 class 为 layui-quote-nm 的样式：

```
<blockquote class="layui-elem-quote layui-quote-nm">引用区域的文字</blockquote>
```

则运行效果如图 5-10 所示。

图 5-10

其实这里的 blockquote 标签也可以改为 div、p 等其他常用的分组标签，但一定不能使用 span、a 等内联标签。

5.2.2 字段集区块

字段集区块是指通过 fieldset 标签所创建的区块。

layui 对字段集区块的样式处理主要使用两个样式：layui-elem-field 和 layui-field-box。其中，layui-elem-field 作用于整个 fieldset，layui-field-box 仅作用于内容区域。例如：

```
<fieldset class="layui-elem-field">
    <legend> 字段集区块 </legend>
    <div class="layui-field-box">
        内容区域
    </div>
</fieldset>
```

页面效果如图 5-11 所示。

字段集区块
内容区域

图 5-11

如果在 layui-elem-field 中再添加一个 layui-field-title 样式，那么就会给这个字段集区块的标题加上一条横线。例如：

```
<fieldset class="layui-elem-field layui-field-title">
    <legend> 字段集区块 </legend>
    <div class="layui-field-box">
        内容区域
    </div>
</fieldset>
```

页面效果如图 5-12 所示。

字段集区块
内容区域

图 5-12

5.2.3 时间线

时间线能将时间抽象到二维平面，以垂直呈现一段从过去到现在的发展历程。它使用 ul 或 ol

197

列表标签创建，每个 li 标签表示一个时间节点。其中，ul 或 ol 标签必须使用 layui-timeline 样式，li 标签必须使用 layui-timeline-item 样式。

在每一个 li 标签中，又可包含以下内容。

● 时间节点图标。此图标一般使用 i 标签创建，其 class 样式为 layui-timeline-axis。

● 时间节点显示的区块内容。此内容一般使用 div 标签创建，其 class 样式有两个：layui-timeline-content 和 layui-text。

在这个区块内容中，可以同时设置节点标题及内容，也可以只设置标题。其中，标题的 class 样式为 layui-timeline-title，内容部分则没有指定的 class 样式。

节点标题及内容可根据自己的需求使用任意标签创建。

例如以下代码就创建了一个时间线节点：

```
<ul class="layui-timeline">
    <li class="layui-timeline-item">
        <i class="layui-icon layui-timeline-axis">&#xe63f;</i>
        <div class="layui-timeline-content layui-text">
            <h3 class="layui-timeline-title">2020 年 2 月 </h3>
            <p> 经过半年多的辛苦写作，基于最新版本 Foxtable+Layui 编著而成的《职
场人也能轻松玩转的 Web 页面开发》（暂定名）一书的初稿终于完成！ </p>
        </div>
    </li>
</ul>
```

显示效果如图 5-13 所示。

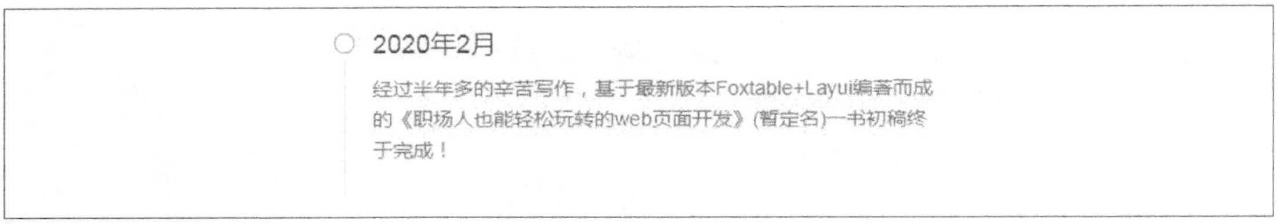

○ 2020年2月

经过半年多的辛苦写作，基于最新版Foxtable+Layui编著而成
的《职场人也能轻松玩转的web页面开发》(暂定名)一书初稿终
于完成！

图 5-13

如果你不希望节点标题放大加粗，可以将 h3 标签改成其他普通的标签，如 div 或 span。

很显然，时间线应该至少由两个 li 标签组成，否则就毫无意义。而且节点图标可随意更换，节点内容中也能使用任何一个可见的页面标签。例如以下代码就是一个比较完整的例子：

```
<ul class="layui-timeline">
    <li class="layui-timeline-item">
        <i class="layui-icon layui-timeline-axis">&#xe63f;</i>
        <div class="layui-timeline-content layui-text">
            <h3 class="layui-timeline-title">2020 年 2 月 </h3>
            <p> 经过半年多的辛苦写作，基于最新版本 Foxtable+Layui 编著而成的《职
```

场人也能轻松玩转的 Web 页面开发》（暂定名）一书的初稿终于完成！ </p>
```
            </div>
    </li>
    <li class="layui-timeline-item">
            <i class="layui-icon layui-timeline-axis">&#xe63f;</i>
            <div class="layui-timeline-content layui-text">
                    <h3 class="layui-timeline-title">2019 年 10 月 </h3>
```
                    <p>《Foxtable Web 页面开发·零基础攻略》CHM 版发布，用户不仅可以更
                    方便地查询、检索内容，而且可以直接复制其中的代码，将其粘贴到自己的项
目中！ </p>
```
                    <img src="layui/res/chm.png" width="80%" class="layui-circle">
            </div>
    </li>
    <li class="layui-timeline-item">
            <i class="layui-icon layui-timeline-axis">&#xe63f;</i>
            <div class="layui-timeline-content layui-text">
                    <h3 class="layui-timeline-title">2019 年 3 月 </h3>
```
                    <p>《Foxtable Web 页面开发·零基础攻略》发布，整套攻略不仅包括 HTML、
                    CSS、JavaScript、jQuery 基础，更对企业级前端框架 EasyUI 核心组件做
                    了全面讲解，同时还包含一套完整的订单管理系统源码（含 PC 端及移动端）。</p>
```
                    <img src="layui/res/ljc.png" width="50%">
            </div>
    </li>
    <li class="layui-timeline-item">
            <i class="layui-icon layui-timeline-axis">&#xe756;</i>
            <div class="layui-timeline-content layui-text">
                    <div class="layui-timeline-title">过去 </div>
```
                    <p> 在 2019 年之前的几年中，还陆续出版了 3 本书。数百个日日夜夜，虽
                    然辛苦，但依然倾注全心。</p>
```
                    <div class="layui-row layui-col-space10">
                            <img src="layui/res/b1.png" width="30%" class="layui-col-sx4">
                            <img src="layui/res/b2.png" width="30%" class="layui-col-sx4">
                            <img src="layui/res/b3.png" width="30%" class="layui-col-sx4">
                    </div>
            </div>
    </li>
</ul>
<style>
```

```
    img {        /* 设置图片样式 */
        margin-top: 10px;
        box-shadow: 2px 2px 6px 1px #8D8D8D;
    }
</style>
```

在上述代码中，第 1 个 img 标签使用了 layui-circle 样式，它的作用是将其显示为圆形。最后一个 li 标签还使用了栅格布局中的多个 class 样式类，它最大的好处就是可以让节点内容自动适应不同类型终端的屏幕设备。关于栅格系统，本书第 9 章将系统学习，这里只需简单了解一下即可。

本示例代码提前使用这些样式是想说明：HTML 中的各种标签、元素，以及随后将要学习的其他各种页面元素或组件，都可以用到时间线的内容之中。

页面刷新后的效果如图 5-14 所示。

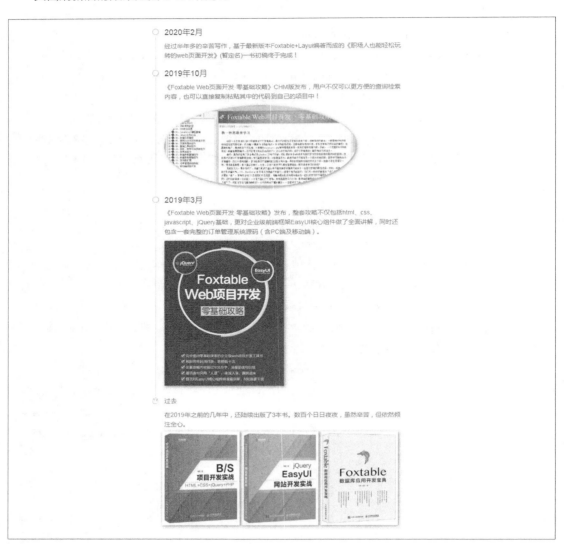

图 5-14

5.3　按钮

将任意的页面元素的 class 属性值指定为 layui-btn，就可建立一个基础按钮。例如：

```
<button class="layui-btn">一个标准的按钮</button>
<a class="layui-btn" href="http://www.layui.com">一个可跳转的按钮</a>
```

执行后的效果如图 5-15 所示。

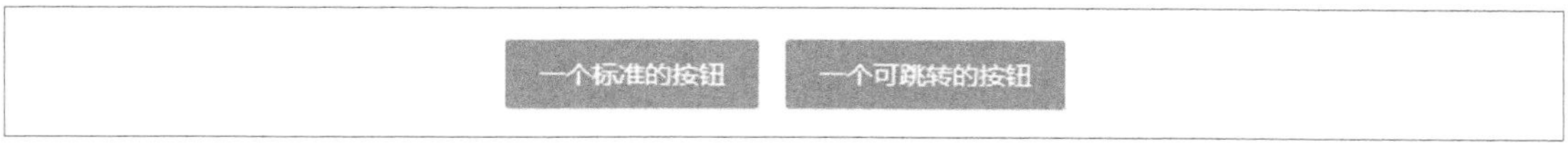

图 5-15

5.3.1　按钮主题

在 layui-btn 的基础上，再追加格式为 layui-btn-{type} 的 class，就可生成不同主题的按钮类型，如表 5-4 所示。

表 5-4

主题名称	组合
原始	class="layui-btn layui-btn-primary"
默认	class="layui-btn"
百搭	class="layui-btn layui-btn-normal"
暖色	class="layui-btn layui-btn-warm"
警告	class="layui-btn layui-btn-danger"
禁用	class="layui-btn layui-btn-disabled"

不同类型的按钮效果如图 5-16 所示。

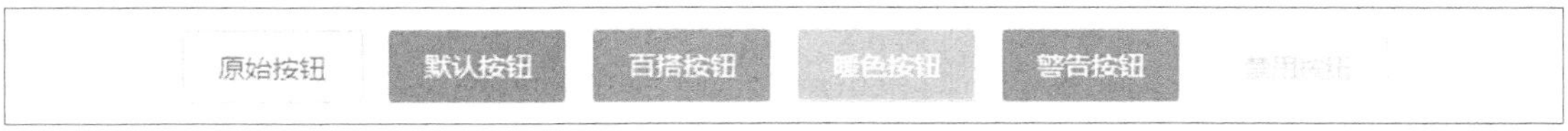

图 5-16

需要特别说明的是，layui 内置的这 6 种主题按钮的颜色都是业界最常用的标准配色，建议不要再修改。

5.3.2　按钮尺寸

通过给 class 加上表 5-5 所示的组合，可生成不同尺寸大小的按钮。

表 5-5

尺寸	组合
大型	class="layui-btn layui-btn-lg"
默认	class="layui-btn"
小型	class="layui-btn layui-btn-sm"
迷你	class="layui-btn layui-btn-xs"

不同尺寸的按钮效果如图 5-17 所示。

图 5-17

通过按钮尺寸和按钮主题的任意组合，又可生成不同风格的各种按钮，如表 5-6 所示。

表 5-6

风格	组合
大型百搭	class="layui-btn layui-btn-lg layui-btn-normal"
正常暖色	class="layui-btn layui-btn-warm"
小型警告	class="layui-btn layui-btn-sm layui-btn-danger"
迷你禁用	class="layui-btn layui-btn-xs layui-btn-disabled"

显示效果如图 5-18 所示。

图 5-18

除此之外，还可通过添加属性值为 layui-btn-fluid 的 class 类来实现流体（最大化适应）按钮的效果。例如：

```
<button class="layui-btn layui-btn-fluid">流体按钮</button>
<button class="layui-btn layui-btn-primary layui-btn-fluid">流体按钮</button>
```

显示效果如图 5-19 所示。

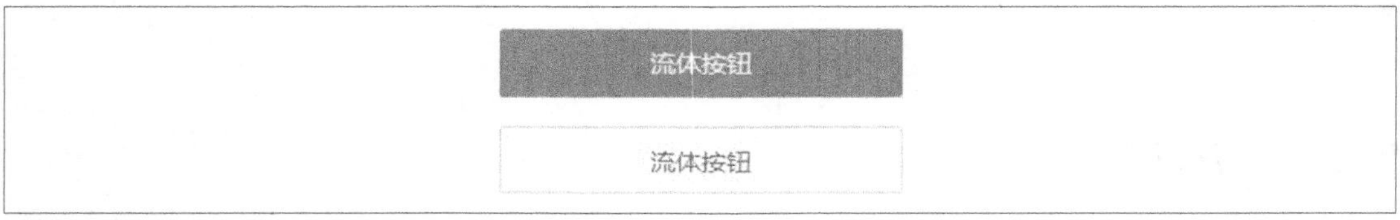

图 5-19

5.3.3 圆角按钮

只要在 layui-btn 的 class 属性值中添加 layui-btn-radius，就可生成圆角按钮。而且圆角按钮中一样可以使用前文所述的按钮主题，如表 5-7 所示。

表 5-7

风格	组合
原始	class="layui-btn layui-btn-radius layui-btn-primary"
默认	class="layui-btn layui-btn-radius"
百搭	class="layui-btn layui-btn-radius layui-btn-normal"
暖色	class="layui-btn layui-btn-radius layui-btn-warm"
警告	class="layui-btn layui-btn-radius layui-btn-danger"
禁用	class="layui-btn layui-btn-radius layui-btn-disabled"

圆角效果如图 5-20 所示。

图 5-20

如果加上尺寸，又可以组合成类似于表 5-8 所示的按钮。

表 5-8

风格	组合
大型百搭	class="layui-btn layui-btn-lg layui-btn-radius layui-btn-normal"
小型警告	class="layui-btn layui-btn-sm layui-btn-radius layui-btn-danger"
迷你禁用	class="layui-btn layui-btn-xs layui-btn-radius layui-btn-disabled"

显示效果如图 5-21 所示。

图 5-21

别看这些组合之后的 class 属性值很长，其实很好理解，无非就是按钮主题和尺寸的各种组合而已。

5.3.4 图标按钮

要将图标加入按钮中很简单，只要把它作为元素内容放到用于生成按钮的页面元素中即可。

例如：

```
<button class="layui-btn">
    <i class="layui-icon">&#xe608;</i> 添加
</button>
<button class="layui-btn layui-btn-sm layui-btn-normal">
    <i class="layui-icon layui-icon-dialogue"></i>
</button>
```

显示效果如图 5-22 所示。

图 5-22

由此可见，按钮的主题、尺寸、圆角与图标的任意交叉组合，可以形成难以计算的按钮种类。

5.3.5 按钮组

将按钮放入一个 class 为 layui-btn-group 的标签中，即可形成按钮组，按钮本身仍然可以随意搭配。例如：

```
<!-- 第 1 个按钮组 -->
<div class="layui-btn-group">
    <button type="button" class="layui-btn"> 增加 </button>
    <button type="button" class="layui-btn"> 编辑 </button>
    <button type="button" class="layui-btn"> 删除 </button>
</div>
<!-- 第 2 个按钮组 -->
<div class="layui-btn-group">
    <button type="button" class="layui-btn layui-btn-sm">
        <i class="layui-icon">&#xe654;</i>
    </button>
    <button type="button" class="layui-btn layui-btn-sm">
        <i class="layui-icon">&#xe642;</i>
    </button>
    <button type="button" class="layui-btn layui-btn-sm">
        <i class="layui-icon">&#xe640;</i>
    </button>
    <button type="button" class="layui-btn layui-btn-sm">
```

```
            <i class="layui-icon">&#xe602;</i>
        </button>
</div>
<!-- 第 3 个按钮组 -->
<div class="layui-btn-group">
    <button type="button" class="layui-btn layui-btn-primary layui-btn-sm">
            <i class="layui-icon">&#xe654;</i>
    </button>
    <button type="button" class="layui-btn layui-btn-primary layui-btn-sm">
            <i class="layui-icon">&#xe642;</i>
    </button>
    <button type="button" class="layui-btn layui-btn-primary layui-btn-sm">
            <i class="layui-icon">&#xe640;</i>
    </button>
</div>
```

执行后的效果如图 5-23 所示。

图 5-23

5.3.6　按钮容器

　　尽管按钮在同节点并排时会自动拉开间距，但在按钮太多的情况下，效果并不是很好，这时就需要用到 class 为 layui-btn-container 的按钮容器了。例如：

```
<div class="layui-btn-container">
    <button type="button" class="layui-btn">按钮一 </button>
    <button type="button" class="layui-btn">按钮二 </button>
    <button type="button" class="layui-btn">按钮三 </button>
</div>
```

5.4　徽章

　　徽章是一种修饰性的元素，它们本身细小而且并不显眼，但掺杂在其他元素中就显得尤为突出了。页面往往会因徽章的衬托而显得十分和谐。

徽章默认为红色，一般通过 span 标签创建。在 layui 中，徽章有 3 种不同的风格类型：小圆点、椭圆体和边框体。

5.4.1 圆点徽章

在 span 标签中加上 class 为 layui-badge-dot 的样式属性即可创建圆点徽章，里面不能加文字。例如：

```
<span class="layui-badge-dot"></span>
```

这样就创建了一个默认的红色小圆点徽章。如果要使用其他颜色，可以加上相应的背景颜色。例如：

```
<span class="layui-badge-dot layui-bg-orange"></span>
<span class="layui-badge-dot layui-bg-green"></span>
<span class="layui-badge-dot layui-bg-cyan"></span>
<span class="layui-badge-dot layui-bg-blue"></span>
<span class="layui-badge-dot layui-bg-black"></span>
<span class="layui-badge-dot layui-bg-gray"></span>
```

显示效果如图 5-24 所示。

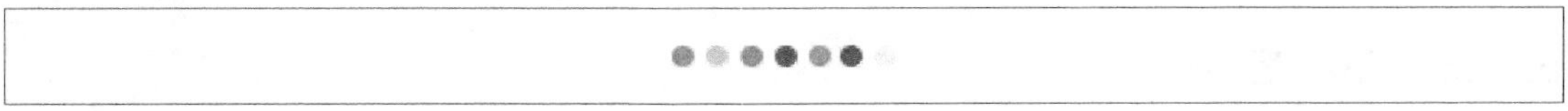

图 5-24

5.4.2 椭圆徽章

设置 class 样式为 layui-badge 可以创建椭圆徽章。椭圆徽章是 layui 徽章使用的最多的，因为可以在徽章中加上文字。例如：

```
<span class="layui-badge">6</span>
<span class="layui-badge">99</span>
<span class="layui-badge">61728</span>
```

显示效果如图 5-25 所示。

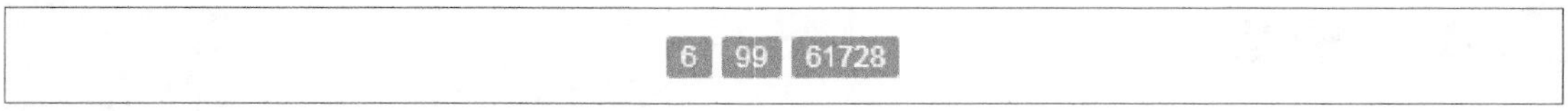

图 5-25

还可以给徽章加上指定的背景颜色。例如：

```
<span class="layui-badge">赤</span>
<span class="layui-badge layui-bg-orange">橙</span>
<span class="layui-badge layui-bg-green">绿</span>
<span class="layui-badge layui-bg-cyan">青</span>
<span class="layui-badge layui-bg-blue">蓝</span>
<span class="layui-badge layui-bg-black">黑</span>
<span class="layui-badge layui-bg-gray">灰</span>
```

显示效果如图 5-26 所示。

图 5-26

5.4.3 边框徽章

设置 class 样式为 layui-badge-rim 可以创建边框徽章。例如：

```
<span class="layui-badge-rim">6</span>
<span class="layui-badge-rim">Hot</span>
```

显示效果如图 5-27 所示。

6   Hot

图 5-27

在边框体徽章中，一样可以使用各种背景颜色。

5.4.4 与其他元素搭配使用

徽章主要起修饰作用，它几乎可以与页面中的所有元素进行搭配。

例如在按钮中使用徽章：

```
<button class="layui-btn">
    查看消息
    <span class="layui-badge layui-bg-gray">1</span>
</button>
<button class="layui-btn">
```

207

```
        动态
        <span class="layui-badge-dot layui-bg-orange"></span>
</button>
```

页面效果如图 5-28 所示。

图 5-28

在与其他元素的搭配中，只要合理地运用好边距及背景色，徽章就能够"大显神威"。

5.5 静态表格

静态表格通过 table 标签创建。例如：

```
<table>
    <colgroup>
        <col width="80">
        <col width="110">
        <col>
    </colgroup>
    <thead>
        <tr>
            <th> 昵称 </th>
            <th> 加入时间 </th>
            <th> 签名 </th>
        </tr>
    </thead>
    <tbody>
        <tr>
            <td> 贤心 </td>
            <td>2016-11-29</td>
            <td> 人生就像是一场修行 </td>
        </tr>
        <tr>
            <td> 许闲心 </td>
```

```
            <td>2016-11-28</td>
            <td>于千万人之中遇见你所遇见的人，于千万年之中，时间的无涯的荒野里……
</td>
        </tr>
    </tbody>
</table>
```

这样就会在页面中生成一个非常普通而简陋的表格，如图 5-29 所示。

昵称	加入时间	签名
贤心	2016-11-29	人生就像是一场修行
许闲心	2016-11-28	于千万人之中遇见你所遇见的人，于千万年之中，时间的无涯的荒野里…

图 5-29

可如果给这个 table 标签加上名为 layui-table 的样式，该表格立马华丽变身，如图 5-30 所示。

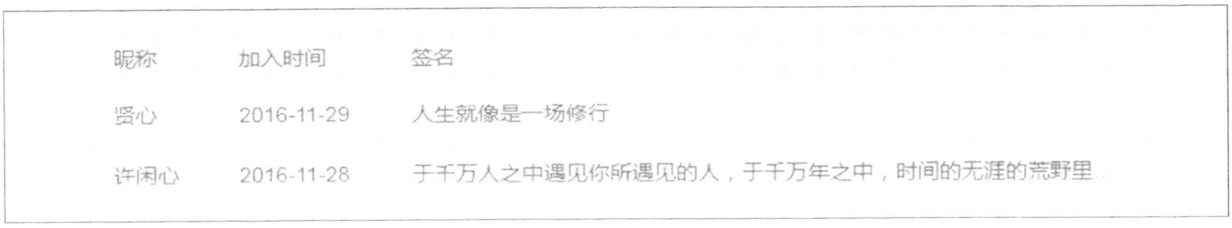

昵称	加入时间	签名
贤心	2016-11-29	人生就像是一场修行
许闲心	2016-11-28	于千万人之中遇见你所遇见的人，于千万年之中，时间的无涯的荒野里

图 5-30

这样生成的表格同时还具备了突出行显示的功能：鼠标指针经过的数据行的背景自动变为灰色。

除了 layui-table 样式之外，静态表格还支持以下基础属性以定义不同风格或尺寸的表格样式，如表 5-9 所示。

表 5-9

属性名	属性值	备注
lay-even	无	开启隔行背景
lay-skin	line（行边框风格）	若使用默认风格，可不设置该属性
	row（列边框风格）	
	nob（无边框风格）	
lay-size	sm（小尺寸）	若使用默认尺寸，可不设置该属性
	lg（大尺寸）	

例如要生成一个带有隔行背景、且行边框风格的小尺寸表格，只需在 table 标签中添加以下属性：

```
<table class="layui-table" lay-even lay-skin="line" lay-size="sm">
    ......
</table>
```

刷新后的页面效果如图 5-31 所示。

昵称	加入时间	签名
贤心	2016-11-29	人生就像是一场修行
许闲心	2016-11-28	于千万人之中遇见你所遇见的人，于千万年之中，时间的无涯的荒野里...

图 5-31

需要特别说明的是，这里所学习的仅仅是创建页面静态表格。如果你想对表格进行排序、数据交互等一系列功能性操作，则应该使用后面即将学习的动态表格组件。

5.6 面板

layui 中的面板包括卡片面板和折叠面板。其中，卡片面板就是一个独立的容器，而折叠面板则能有效地节省页面的可视面积，且同时具备交互功能。

5.6.1 卡片面板

卡片面板通常用于非白色背景的主体内，从而映衬出边框投影。如果你的网页采用的是默认的白色背景，则不建议使用卡片面板，或者你也可以强制地将背景改为其他颜色。

例如为突出卡片面板效果，以下代码在最外层加了一个背景色为 gray 的 div：

```
<div style="padding: 10px" class="layui-bg-gray">
    <div class="layui-card">
        <div class="layui-card-header"> 卡片面板 </div>
        <div class="layui-card-body">
            卡片面板，通常用于非白色背景色的主体内，<br>
            从而映衬出边框投影
        </div>
    </div>
</div>
```

页面效果如图 5-32 所示。

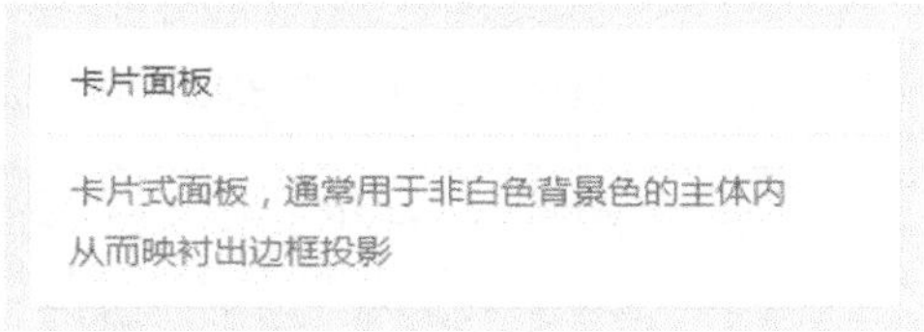

卡片面板

卡片式面板，通常用于非白色背景色的主体内
从而映衬出边框投影

图 5-32

很显然，卡片面板主要用到了以下 3 个样式。

layui-card：此样式放在用于生成面板的最外围的 div 上。

layui-card-header：卡片标题样式。

layui-card-body：卡片内容样式。

事实上，卡片面板本身是不具交互功能的，它一般都是结合 layui 的栅格系统使用，以实现响应式的页面布局。

5.6.2 折叠面板

折叠面板使用的 class 样式为 layui-collapse，这是一个面板组，在其内部的每一个具体的面板都需使用 layui-colla-item 样式。

对于每一个具体的面板，又必须包含标题和内容两部分。其中，标题样式为 layui-colla-title，内容样式为 layui-colla-content。

例如以下代码就创建了包含 3 个项目的折叠面板：

```
<div class="layui-collapse">
    <div class="layui-colla-item">
        <h2 class="layui-colla-title"> 杜甫 </h2>
        <div class="layui-colla-content">
            杜甫的思想核心是儒家的仁政思想，他有"致君尧舜上，再使风俗淳"的宏伟抱负。
杜甫虽然在世时名声并不显赫，但后来声名远播，对中国文学和日本文学都产生了深远的影响。杜甫
约有 1500 首诗歌被保留了下来，大多集于《杜工部集》。
        </div>
    </div>
    <div class="layui-colla-item">
        <h2 class="layui-colla-title"> 李清照 </h2>
        <div class="layui-colla-content">
            李清照出身于书香门第，早期生活优裕，其父李格非藏书甚富，她小时候就在良
好的家庭环境中打下文学基础。出嫁后与丈夫赵明诚共同致力于书画金石的搜集整理。金兵入据中原
时，流寓南方，境遇孤苦。其所作词，前期多写其悠闲生活；后期多悲叹身世，情调感伤。形式上善
用白描手法，自辟途径，语言清丽。
        </div>
    </div>
    <div class="layui-colla-item">
        <h2 class="layui-colla-title"> 鲁迅 </h2>
        <div class="layui-colla-content">
```

211

鲁迅一生在文学创作、文学批评、思想研究、文学史研究、翻译、美术理论引进、基础科学介绍和古籍校勘与研究等多个领域具有重大贡献。他对五四运动以后的中国社会思想文化发展具有重大影响，蜚声世界文坛，尤其在韩国、日本思想文化领域有极其重要的地位和影响，被誉为"二十世纪东亚文化地图上占最大领土的作家"。

```
                </div>
            </div>
    </div>
</div>
```

页面刷新后的效果如图 5-33 所示。

图 5-33

很明显，目前的这个折叠面板并不具备交互功能。

5.6.3 让折叠面板具备交互功能

之前学习过的区块、时间线、按钮、徽章、静态表格、卡片面板等页面元素都非常简单，只要在头部引用 CSS 文件即可实现相应的样式效果。而对折叠面板以及后面将要学习的其他自带交互功能的页面元素而言，则必须同时依赖 JS 功能模块中的 element（元素）对象。

如何调用这个对象？很简单，只要在页面 head 中引用 layui.all.js 文件即可，如图 5-34 所示。

```
<head>
    <meta charset="utf-8">
    <title>layui页面示例</title>
    <link rel="stylesheet" href="./layui/css/layui.css">
    <script src="./layui/layui.all.js"></script>
</head>
```

图 5-34

可能有的读者会问：不是说 layui 框架是基于 jQuery 的吗？为什么在引用 layui.all.js 文件之前，不先加载相应的 jQuery 库？这里特别说明一下：layui 框架本身已经将 jQuery 封装进去了，只要在页面 head 标签中加载了 layui.all.js 文件，那么就意味着它同时具备了 jQuery 的工作环境。

但有一点要注意，当你在 layui 中需要使用 jQuery 对象或者其对应的属性、方法时，一定要在变量 $ 的前面加上 layui。例如在 jQuery 的原生环境中，使用以下代码即可直接查看到 jQuery 的版本号：

```
<script>
    var v = $.fn.jquery;
    alert(v);
</script>
```

可是在 layui 里，在仅加载 layui.all.js 文件的页面中运行上述代码却会出错。所以正确的写法应该是将变量 v 改成：

```
var v = layui.$.fn.jquery;
```

为了继续沿用 jQuery 代码的正常写法，同时也为了保证项目的正常稳定运行，在 JS 中要首先重新声明变量 $，且后续的所有代码都应写在 jQuery 的 ready 事件中：

```
<script>
    var $ = layui.$;       // 重新声明变量 $，那么后续即可使用 jQuery 的正常写法
    $(function(){          // 将后续所有代码放到 jQuery 的 ready 事件中
        var v = $.fn.jquery;
        alert(v);
    })
</script>
```

当然你也可以在 head 标签中再额外去加载 jQuery，这并不会对 layui 造成冲突。这是因为当 layui 需要使用 jQuery 的支撑时，它会首先判断你的页面是否已经引入了 jQuery，如果没有，则自动加载内部的 jQuery 模块，否则就不会再加载。

现在回到折叠面板上来。如前文所述，所有自带交互功能的页面元素，都必须用到 element（元素）对象。该对象专门提供了 render 更新渲染方法，只有在执行了该方法之后，页面元素才会产生交互性的效果。

❶ 页面元素的更新渲染

在页面代码后面添加以下代码：

```
<script>
    var $ = layui.$;
    $(function(){
        var el = layui.element;    //layui 中的元素对象
        el.render()                // 执行对象中的 render 方法
    })
</script>
```

或者将其中的元素渲染代码写成一行：

```
layui.element.render()
```

页面刷新后的效果如图 5-35 所示。

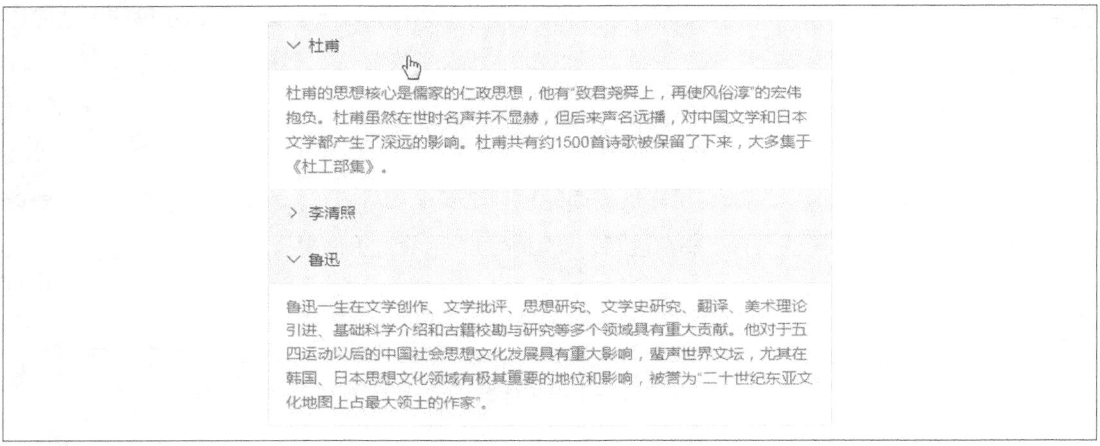

图 5-35

这样就自动具备了交互效果，想展开哪个面板就单击对应项目。

如果想在页面打开时默认地打开某一个或多个面板，可给相应的元素内容加上 layui-show 样式。例如希望初始时默认打开"李清照"的面板内容，就应该这样修改代码：

```html
<h2 class="layui-colla-title">李清照 </h2>
<div class="layui-colla-content layui-show">
    ......
</div>
```

刷新页面，即可自动显示第 2 个面板的内容，而其他两个面板都是折叠的，如图 5-36 所示。

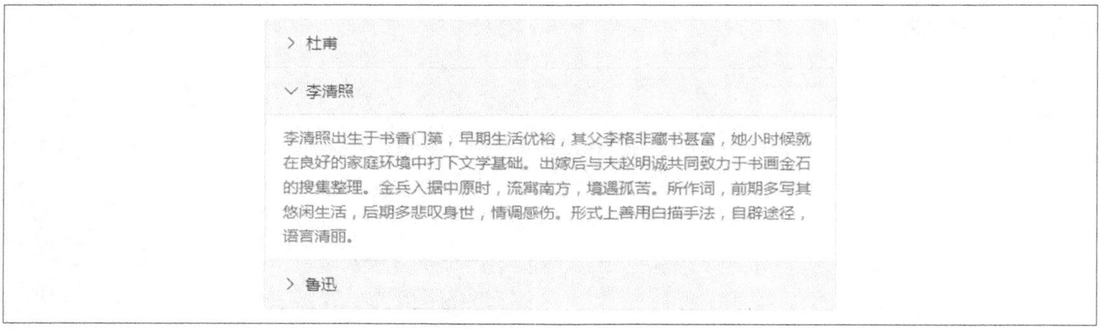

图 5-36

默认情况下可以同时展开多个折叠面板。如果你只希望展开其中的一个面板（该面板展开时，其他面板全部折叠），那么就可以开启手风琴模式。

手风琴模式的开启非常简单，只需给使用 layui-collapse 样式的标签加上 lay-accordion 属性即可。例如：

```html
<div class="layui-collapse" lay-accordion>
    ......
</div>
```

❷ 折叠面板内容的动态生成

对于企业级的应用项目而言，折叠面板的内容往往都是动态生成的。假如以下 JS 代码中的 str 变量是通过服务器端请求得到的：

```
var str = '<h2 class="layui-colla-title"> 李白 </h2>' +
          '<div class="layui-colla-content"> 这是动态增加的内容 </div>';
str = '<div class="layui-colla-item">' + str + '</div>';
```

这个 str 变量的内容格式完全按照上述折叠面板项目的规范写成。假如要将它动态地添加到第 2 个折叠项目中（也就是插入到"杜甫"的后面），那么完整代码就应该是这样的：

```
var $ = layui.$;
$(function(){
    var str = '<h2 class="layui-colla-title"> 李白 </h2>' +
              '<div class="layui-colla-content"> 这是动态增加的内容 </div>';
    str = '<div class="layui-colla-item">' + str + '</div>';
    $('.layui-colla-item:eq(0)').after(str);    // 添加到 " 杜甫 " 的后面
    var el = layui.element;    // 获取页面中的元素对象
    el.render()                // 更新渲染
})
```

上述代码用到了 jQuery 选择器以及 after 等方法，这些都是 jQuery 中的知识。

页面刷新后的效果如图 5-37 所示。

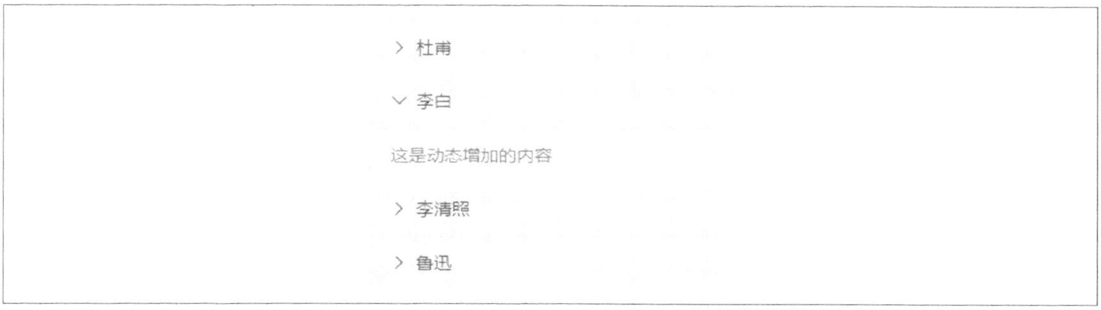

> 杜甫

⌄ 李白

这是动态增加的内容

> 李清照

> 鲁迅

图 5-37

❸ render 方法的完整用法

当没有给 render 方法指定任何参数时，默认对页面中所有自带交互功能的元素进行更新渲染。如果你希望限定该方法的渲染范围，还可以给它加上参数。其语法格式为：

```
render(type, filter)
```

其中，第 1 个参数 type 表示要更新渲染的元素类型，包括目前正在学习的折叠面板（collapse）以及本章即将学习的选项卡（tab）、面包屑（breadcrumb）、导航（nav）和进度条（progress）。

当页面中同时存在折叠面板、选项卡、导航等元素，而你又只想更新渲染折叠面板时，就可将此参数设置为 collapse。

第 2 个参数 filter 用于指定页面元素的更新渲染范围。例如当页面中存在多个折叠面板，而你又只想重新渲染其中的某一个时，可以先给其加上 lay-filter 过滤器属性：

```
<div class="layui-collapse" lay-filter="t1">
    ......
</div>
```

然后在 render 方法中指定参数：

```
var el = layui.element;
el.render('collapse','t1');
```

此方法在本章后面将要学习的其他页面元素中都会用到，请务必认真掌握。

事实上，对于并非动态生成的折叠面板，只要将 layui.all.js 文件放到页面最后即可自动完成渲染，无须再在 JS 代码中执行 render 方法。但问题是这对有的页面元素是不起作用的，如面包屑、导航等。因此为保证学习效果，本书实例都固定将 layui.all.js 文件放在 head 标签中加载，页面元素的更新渲染则一律由 render 方法完成。

❹ **折叠面板的事件监听**

折叠面板在展开或收缩时，是可以监听到相关事件的。这种事件监听仍然通过 element 元素模块来完成。例如：

```
var $ = layui.$;
$(function(){
    var el = layui.element;
    el.render('collapse','t1');             // 更新渲染
    el.on('collapse', function(data){      // 事件监听
        console.log(data.show);          // 当前面板的展开状态，True 或 False
        console.log(data.title);         // 当前面板标题区域 jQuery 对象
        console.log(data.content);       // 当前面板内容区域 jQuery 对象
    });
})
```

其中，on 是 element 对象中的事件监听方法。这个方法有两个参数。

第 1 个参数表示要监听的事件类型，此处为 collapse。

第 2 个参数为回调函数，该函数可携带一个 Object 对象，通过它能获取 3 个对象成员：面板展开状态、面板标题对象和面板内容对象。

请注意，这里的标题对象和内容对象都是 jQuery 类型的，在它们后面加上 "[0]" 就可得到对应的 DOM 对象。也可在回调函数中使用 this 来返回当前单击的 DOM 对象，它实际上和标题对象

是一个意思。例如将相应代码改为：

```
el.on('collapse', function(data){
    console.log(data.title[0]);
    console.log(this);
});
```

当在"杜甫"上单击时，两者在控制台上输出的内容是完全一致的，如图 5-38 所示。

图 5-38

和更新渲染一样，事件监听也可通过折叠面板元素事先设置好的 lay-filter 过滤属性来限制它的作用范围。假如已事先给本例中的折叠面板加上此属性：

```
<div class="layui-collapse" lay-filter="t1">
    ......
</div>
```

现在再给 on 方法中的第 1 个参数指定此过滤器：

```
el.on('collapse(t1)', function(data){
    ......
});
```

这样设置之后，此事件监听代码将仅对 lay-filter 为 t1 的折叠面板有效，对其他折叠面板无效。请务必注意监听事件类型中过滤器的写法。

除此之外，你还可以根据自身项目需求，灵活地设置事件监听中的回调函数代码。

例如，当单击的面板标题为"杜甫"且该面板状态为展开时，就让它强制请求并重新加载服务器端的返回内容，那么就可以将事件监听代码改为：

```
el.on('collapse(t1)', function(data){
    var str = $(this).text();        // 得到当前面板的标题内容
    if (str.indexOf('杜甫')>-1 && data.show)  data.content.load('test')
});
```

由于回调函数中的 data.content 本身就是 jQuery 对象，因此在代码中可以直接使用 jQuery 的 load 方法。

假如 Foxtable 服务器端的 test 处理代码为：

```
Select Case e.Path
    Case "test"
        e.WriteString(" 这是从服务器端返回的内容 !")
End Select
```

那么单击"杜甫"且该面板处于展开状态时，其对应的面板内容将自动更新，如图 5-39 所示。

图 5-39

5.7 选项卡

选项卡广泛应用于 Web 页面，且内置了多种选项卡风格。

5.7.1 选项卡风格

layui 中的选项卡有 3 种风格：默认、简洁和卡片。

❶ 默认风格

以下代码就是一个最基本的默认风格选项卡的例子：

```
<div class="layui-tab">
    <ul class="layui-tab-title">
        <li class="layui-this"> 网站设置 </li>
        <li> 用户管理 </li>
        <li> 权限分配 </li>
        <li> 商品管理 </li>
        <li> 订单管理 </li>
```

```
    </ul>
    <div class="layui-tab-content">
        <div class="layui-tab-item layui-show">内容 1</div>
        <div class="layui-tab-item">内容 2</div>
        <div class="layui-tab-item">内容 3</div>
        <div class="layui-tab-item">内容 4</div>
        <div class="layui-tab-item">内容 5</div>
    </div>
</div>
```

其中，最外围的 div 必须使用 layui-tab 样式。在这个 div 中又包含以下两个子元素。

ul 标签用于生成选项卡标题，其 class 样式为 layui-tab-title。在这个 ul 中，使用 li 标签表示每一个具体的选项标题，且可通过 layui-this 来指定默认选中的选项。

div 标签用于生成选项卡内容，其 class 样式为 layui-tab-content。在这个 div 中应同时放置与选项卡标题数量完全相同的 div，且 class 必须指定为 layui-tab-item，并使用 layui-show 的类名称来标识默认显示的 div 区块内容。

由于在代码中将标题"网站设置"的 class 指定为 layui-this，将"内容 1"div 的 class 指定为 layui-show，因而默认生成的选项卡效果如图 5-40 所示。

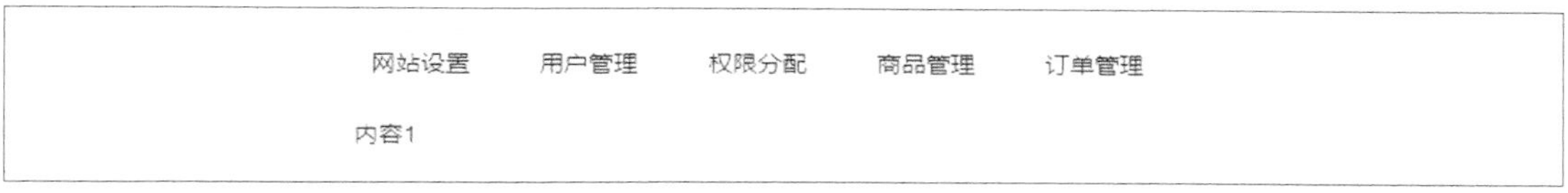

| 网站设置 | 用户管理 | 权限分配 | 商品管理 | 订单管理 |

内容1

图 5-40

❷ 简洁风格

如果要生成简洁风格的选项卡，只需在使用 layui-tab 样式的 div 中加上 layui-tab-brief 样式即可。例如：

```
<div class="layui-tab layui-tab-brief">
    ......
</div>
```

简洁风格的选项卡将在选中打开的标题下面加上一条下划线，同时标题颜色也发生了改变，如图 5-41 所示。

| 网站设置 | 用户管理 | 权限分配 | 商品管理 | 订单管理 |

内容1

图 5-41

❸ 卡片风格

卡片风格的选项卡是在使用 layui-tab 样式的 div 中添加 layui-tab-card 样式：

```
<div class="layui-tab layui-tab-card">
    ......
</div>
```

页面显示效果如图 5-42 所示。

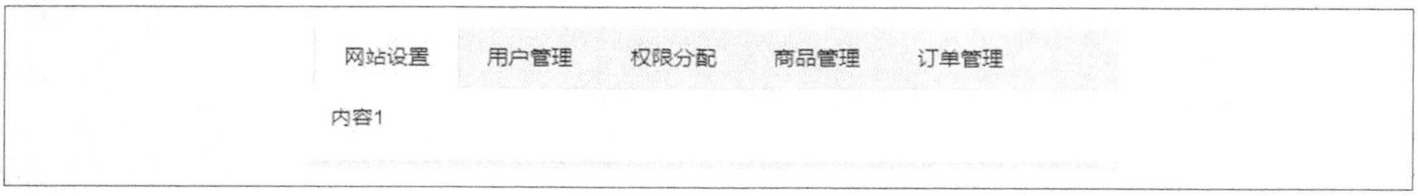

图 5-42

请注意，选项卡和折叠面板有点不太一样的地方在于：只要在页面中引用了 layui.all.js 文件，即使不在 JS 中执行 element 中的 render 方法，它也一样可以正常渲染。对于静态的 tab 页面元素，直接使用 CSS 样式即可体现出选项卡效果。

5.7.2 响应式运行效果

不论哪种风格的选项卡，当容器宽度不足以显示全部的选项时，便会自动出现展开图标，如图 5-43 所示。例如：

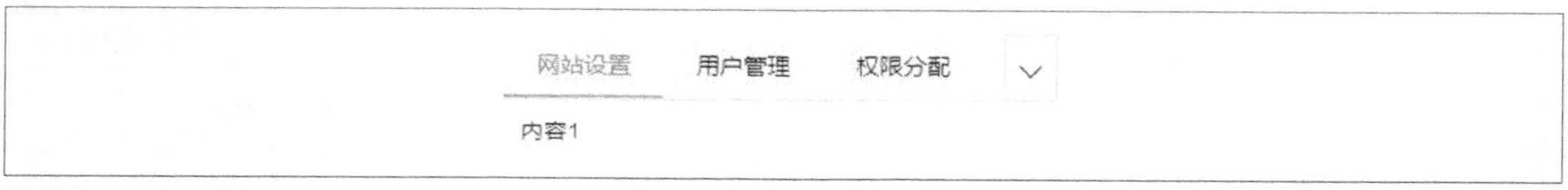

图 5-43

单击该图标，将列出被隐藏的部分，如图 5-44 所示。

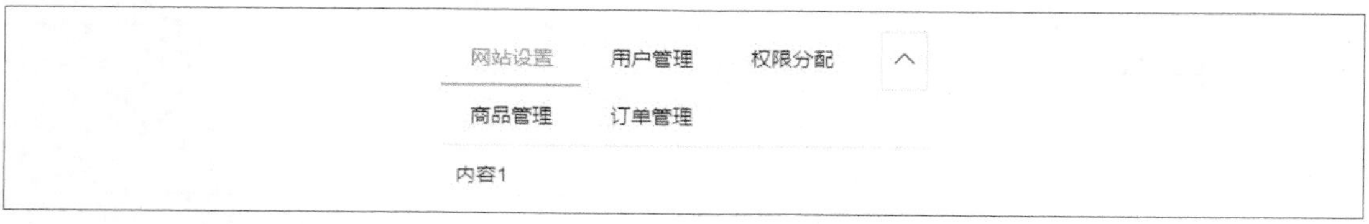

图 5-44

5.7.3 在选项卡中使用徽章

这个非常简单，只要将徽章嵌入选项卡的 li 标签中即可。例如：

```
<div class="layui-tab layui-tab-brief">
    <ul class="layui-tab-title">
```

```
            <li class="layui-this"> 网站设置 </li>
            <li> 用户管理 <span class="layui-badge-dot"></span></li>
            <li> 权限分配 </li>
            <li> 商品管理 </li>
            <li> 订单管理 <span class="layui-badge">99+</span></li>
    </ul>
    <div class="layui-tab-content">
            <div class="layui-tab-item layui-show"> 内容 1</div>
            <div class="layui-tab-item"> 内容 2</div>
            <div class="layui-tab-item"> 内容 3</div>
            <div class="layui-tab-item"> 内容 4</div>
            <div class="layui-tab-item"> 内容 5</div>
    </div>
</div>
```

页面刷新后的效果如图 5-45 所示。

图 5-45

5.7.4　带关闭功能的选项卡

如果要给 tab 选项添加关闭按钮，则首先必须在使用 layui-tab 样式的 div 中添加属性：

```
lay-allowClose="true"
```

例如：

```
<div class="layui-tab layui-tab-brief" lay-allowClose="true">
    ......
</div>
```

由于关闭选项卡属于交互性的功能，因而还必须在 JS 代码中强制对其更新渲染。以下是 JS 代码：

```
var $ = layui.$;
$(function(){
    var el = layui.element;
    el.render('tab')    // 关于 render 方法的详细说明，请参考折叠面板
})
```

刷新页面，就会在每个选项标题的右侧增加一个关闭按钮。单击该按钮将自动关闭并删除该选项，如图 5-46 所示。

图 5-46

5.7.5　选项卡的动态处理

通过之前的示例操作就可发现，当单击不同的选项标题时，就会自动切换到与标题位置相对应的 div 内容。而之所以能这样精确定位，关键在于以下两点。

第一，内容区域的 div 和标题区域的 li 标签——对应。

第二，内容区域的 div 必须使用 layui-tab-item 的类名称。如果这里的 div 不指定类名，则不会定位到对应内容。

而要实现选项卡的动态处理，这里还要用到两个非常重要的属性：一是过滤器 lay-filter 属性，该属性的作用与折叠面板中的同名属性相同；另一个就是选项标题的 lay-id 属性。

例如将示例代码修改为：

```
<div class="layui-tab" lay-filter="test">
    <ul class="layui-tab-title">
        <li class="layui-this" lay-id="t1">网站设置 </li>
        <li lay-id="t2">用户管理 </li>
        <li lay-id="t3">权限分配 </li>
        <li lay-id="t4">商品管理 </li>
        <li lay-id="t5">订单管理 </li>
    </ul>
    <div class="layui-tab-content">
        <div class="layui-tab-item layui-show">内容 1</div>
        <div class="layui-tab-item">内容 2</div>
        <div class="layui-tab-item">内容 3</div>
        <div class="layui-tab-item">内容 4</div>
        <div class="layui-tab-item">内容 5</div>
    </div>
</div>
<script>
    var $ = layui.$;
    $(function(){
```

```
            var el = layui.element;
            el.render('tab','test'); // 如果不给选项添加关闭按钮，此行可删除
            el.tabChange('test', 't2');
        })
</script>
```

请注意上述代码中的倒数第 3 行，其作用在于当生成 tab 选项卡时，默认直接切换到 id 为 t2 的选项卡，也就是第 2 个选项卡。当采用此种方式打开指定的选项时，原来页面代码中的 layui-this 和 layui-show 样式就可以删除了。

这里的 tabChange 同样是 element 对象中的方法，它必须传入两个参数：第 1 个为指定选项卡过滤器 lay-filter 的属性值，第 2 个为要切换到的 tab 选项 lay-id 的属性值。

除了可以通过代码切换选项之外，layui 还提供了两个方法用于动态删除或添加选项。

❶ **动态删除 tab 选项**

动态删除 tab 选项使用的方法为 tabDelete，其语法格式如下：

```
tabDelete(layfilter, layid);
```

例如在 JS 中使用以下代码，即可将示例中的第 2 个选项"用户管理"删除：

```
var el = layui.element;
el.tabDelete('test', 't2');
```

此方法与选项卡是否设置了 lay-allowClose 属性无关。不论选项卡中是否存在关闭按钮，本方法都可强制删除指定的 tab 选项。

此方法在删除指定选项后会自动更新渲染，因此无须再重复执行 render 方法。

❷ **动态添加 tab 选项**

动态添加 tab 选项使用的方法为 tabAdd，其语法格式如下：

```
tabAdd(layfilter, options);
```

其中，第 1 个参数的含义同上，第 2 个参数为新增的 tab 选项配置对象。在这个配置对象中，必须包含以下 3 个属性。

title：新增选项标题。

content：新增选项内容。此内容支持传入 HTML。

id：新增选项的 lay-id 属性值。

例如在 JS 中执行以下代码：

```
var el = layui.element;
el.tabAdd('test', {
```

```
        title: ' 新增选项 ',
        content: ' 新增选项内容 ',
        id: 't6'
}).tabChange('test','t6');     // 直接切换到新增加的选项上
```

运行效果如图 5-47 所示。

图 5-47

此方法在添加指定选项后会自动更新渲染，因此无须再重复执行 render 方法。

❸ 使用 jQuery 动态添加 tab 选项

由于 tabAdd 方法的功能还比较单薄，一些更加灵活的需求尚需使用 jQuery 来实现。例如，如果要在第 2 个位置插入新增选项，tabAdd 方法就无能为力了。

现改用 jQuery 处理：

```
// 获取标题中的第 1 个 jq 对象
var jq = $('[lay-filter="test"] li:eq(0)');
// 在其后添加标题
jq.after('<li lay-id="a1"> 新增选项 </li>');
// 获取内容中的第 1 个 jq 对象
jq = $('[lay-filter="test"] div.layui-tab-item:eq(0)');
// 在其后添加内容
jq.after('<div class="layui-tab-item"> 新增选项内容 </div>');
```

执行后的效果如图 5-48 所示。

图 5-48

由此可见，只要你对 jQuery 足够熟悉，完全可以不用 layui 提供的方法而采用纯编码的方式自行拼接生成 tab 选项卡。只是在拼接完成之后，有时可能需要更新渲染一下。特别是在选项卡添加了 lay-allowClose 属性时，通过 jQuery 动态添加的选项并不会自动生成关闭按钮，此时就必须重新渲染，因此还应该再加上如下代码：

```
var el = layui.element;
el.render('tab' ,'test');
```

这里的 render 方法的用法和折叠面板中的同名方法相同,只是要将第 1 个参数改为 tab 而已。

5.7.6 选项卡事件监听

选项卡事件监听仍然使用 element 对象中的 on 方法,其语法结构与折叠面板相同。

❶ 监听选项卡切换事件 tab

该事件回调函数所携带的 Object 参数,可返回以下两个成员。

index : 当前 tab 的序号。

elem : 当前 tab 所在的大容器对象 (jQuery 类型)。

如果使用 this,一样能返回选项标题所在的 DOM 元素对象。例如:

```
var el = layui.element;
el.on('tab', function(data){
    console.log(this);
    console.log(data.index);
    console.log(data.elem);
});
```

请注意,这里的 data.elem 返回的是整个 tab 选项卡所在的容器对象。如果你仅需获取当前选项卡的内容区域,或者要重置内容,就要使用类似于下面的代码:

```
data.elem.find('div.layui-tab-item.layui-show').html(' 重置的选项内容 '));
```

该代码的意思是,从 elem 中查找并获取 class 同时为 layui-tab-item 和 layui-show 的 div。只有当前处于显示状态的 div 内容才是可见的,因此在 find 选择器中必须同时加上 layui-show。

❷ 监听选项卡删除事件 tabDelete

不论是手动单击选项卡上的关闭按钮删除选项卡,还是通过 tabDelete 方法删除选项卡,这些都会被监听到。

本事件回调函数中的参数的含义与 tab 切换事件的参数的含义完全相同。

需要补充说明的是,选项卡监听事件的两种类型——tab 和 tabDelete,都可以加上过滤器以指定事件监听的作用范围。

例如仅监听 lay-filter 为 test 的选项卡删除事件:

```
var el = layui.element;
el.on('tabDelete(test)', function(data){
    ......
});
```

5.8 导航

导航一般是指页面引导性的频道集合，多以菜单的形式呈现，可应用于头部和侧边，是整个网页画龙点睛般的存在。

5.8.1 水平菜单导航

菜单导航要用 ul 或 ol 标签创建，其中的 li 标签表示具体的菜单项，而菜单项又必须使用 a 标签。例如：

```
<ul class="layui-nav">
    <li class="layui-nav-item">
        <a href="">最新活动 </a>
    </li>
    <li class="layui-nav-item">
        <a href="">产品 </a>
    </li>
    <li class="layui-nav-item">
        <a href="">大数据 </a>
    </li>
    <li class="layui-nav-item">
        <a href="">解决方案 </a>
    </li>
    <li class="layui-nav-item">
        <a href="">社区 </a>
    </li>
</ul>
<script>
    var $ = layui.$;
    $(function(){
        layui.element.render('nav');    // 渲染
    })
</script>
```

很显然，nav 导航必须使用 render 方法渲染才能达到预期效果。关于该方法的详细使用说明，请参考折叠面板。页面刷新后的效果如图 5-49 所示。

图 5-49

由此可见，要生成菜单导航很简单，只要把握以下 4 点即可。

第一，将最外围的 ul 或 ol 标签的 class 类名指定为 layui-nav。

第二，将每一个 li 标签的 class 类名指定为 layui-nav-item。

第三，一定不能直接将菜单项名称写到 li 标签中，必须用 a 标签包裹。

第四，在 JS 中使用 render 方法渲染。

如果要指定默认菜单项，可给相应的 li 标签加上 layui-this。例如默认选择"大数据"的代码：

```
<li class="layui-nav-item layui-this">
    <a href=""> 大数据 </a>
</li>
```

一旦刷新页面，选择标记就会位于该菜单项上。即使单击了其他菜单，最后的选择标记仍然会停留在该菜单项上，如图 5-50 所示。

图 5-50

如果要添加下拉菜单，可以在指定的 li 标签中再嵌入一个 ul、ol 或 dl 组合标签，并将嵌入的标签的 class 属性值写为 layui-nav-child。

例如在"解决方案"中添加下拉菜单，相应的 li 标签可改为：

```
<li class="layui-nav-item">
    <a href="javascript:;"> 解决方案 </a>
    <dl class="layui-nav-child">
        <dd><a href=""> 移动模块 </a></dd>
        <dd><a href=""> 后台模板 </a></dd>
        <dd><a href=""> 电商平台 </a></dd>
    </dl>
</li>
```

页面刷新之后，"解决方案"菜单项旁边就会多出一个向下的箭头，如图 5-51 所示。

图 5-51

将鼠标指针移动到添加了下拉菜单的菜单项上，将弹出下拉菜单，如图 5-52 所示。

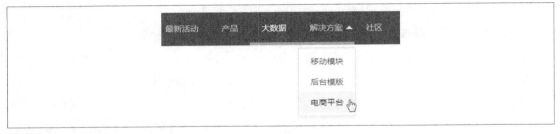

图 5-52

5.8.2　垂直菜单导航

　　垂直菜单导航的页面代码结构与水平导航完全相同，只需在 class 属性值 layui-nav 后面再添加一个 layui-nav-tree 即可。例如：

```
<ul class="layui-nav layui-nav-tree">
    ......
</ul>
```

页面刷新后的效果如图 5-53 所示。

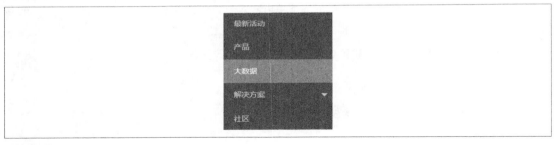

图 5-53

　　在"解决方案"上单击，仍然可以展开其下级菜单。

　　和水平导航相比，垂直菜单导航在使用上也有些不同的地方。这具体表现在以下 4 点。

　　第一，给指定的 li 标签加上 layui-nav-itemed 样式，可默认展开该项目中的下拉菜单。例如：

```
<li class="layui-nav-item layui-nav-itemed">
    <a href="javascript:;"> 解决方案 </a>
    <dl class="layui-nav-child">
        <dd><a href=""> 移动模块 </a></dd>
        <dd><a href=""> 后台模板 </a></dd>
        <dd><a href=""> 电商平台 </a></dd>
    </dl>
</li>
```

当刷新页面时，根本无须单击就能自动展开"解决方案"中的下级菜单，如图 5-54 所示。

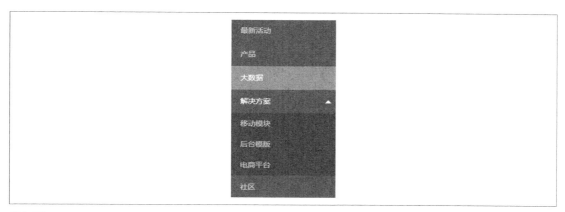

图 5-54

请注意，此样式虽然也可用于水平导航菜单中，但效果并不好，因此一般仅用于垂直导航菜单中。

第二，当在垂直导航中使用下级菜单时，其对应的 a 标签标题的 href 属性一定要写成 "javascript:;"（示例代码如上），否则将无法展开下级菜单。直接删除 href 属性也可以，只是这样就没有了鼠标链接效果。

第三，如果在 layui-nav-tree 的后面再加上 layui-nav-side，垂直导航则会变成侧边导航。垂直导航和侧边导航的区别在于：垂直导航在页面中仅占据内容显示的位置，而侧边导航会占据整个侧边。

第四，垂直菜单导航很少使用 layui-this 来指定默认的菜单项。

5.8.3 导航可选属性

导航可选属性如表 5-10 所示。

表 5-10

属性名	可选值	说明
lay-shrink	空值：默认不收缩	展开子菜单时，是否收缩兄弟节点已展开的子菜单。仅在垂直导航中有效
	all：收缩全部	
lay-unselect	无须填值	单击指定导航菜单时，不会出现选中效果

例如当给垂直导航加上以下属性时，该垂直导航就变成了类似于折叠面板的手风琴模式：

```
<ul class="layui-nav layui-nav-tree" lay-shrink="all">
    ......
</ul>
```

再例如，让"社区"菜单项不要出现选中效果：

```
<li class="layui-nav-item" lay-unselect>
    <a href="">社区 </a>
</li>
```

5.8.4 导航主题

给导航添加 CSS 颜色类，就可生成不同的导航主题。例如：

```
<ul class="layui-nav layui-bg-blue">
    ......
</ul>
```

页面效果如图 5-55 所示。

图 5-55

关于这些背景主题，请参考 5.1 节中的"内置的背景色 CSS 类"。

5.8.5 在导航中使用徽章和图片

只需在菜单项的 a 标签中嵌入徽章或图片即可。

layui 专门为导航中的图片提供了 class 样式 layui-nav-img。使用此样式之后，导航中的图片将自动显示为指定大小的圆形。例如将页面代码修改为：

```
<ul class="layui-nav">
    <li class="layui-nav-item">
        <a href="">
                控制台 <span class="layui-badge">9</span>
        </a>
    </li>
    <li class="layui-nav-item">
        <a href="">
```

```
                个人中心 <span class="layui-badge-dot"></span>
            </a>
        </li>
        <li class="layui-nav-item">
            <a href="">
                <img src="./layui/res/ep8.bmp" class="layui-nav-img"> 我
            </a>
            <dl class="layui-nav-child">
                <dd><a href="javascript:;"> 修改信息 </a></dd>
                <dd><a href="javascript:;"> 安全管理 </a></dd>
                <dd><a href="javascript:;"> 切换用户 </a></dd>
            </dl>
        </li>
    </ul>
```

页面刷新后的效果如图 5-56 所示。

图 5-56

这样的效果使页面瞬间上升了一个档次。

5.8.6 导航更新渲染

和折叠面板、tab 选项卡一样，如果导航中的菜单项目是动态生成的，就必须使用 element 对象中的 render 方法重新渲染一下才会生成 layui 的效果。

例如在原来的 JS 代码中加上一行：

```
var $ = layui.$;
$(function(){
    $('ul>li:last').after('<li class="layui-nav-item"><a href=""> 其他 </a></li>');
    layui.element.render('nav');
})
```

这样就会在导航的最后加上一个菜单项，如图 5-57 所示。

231

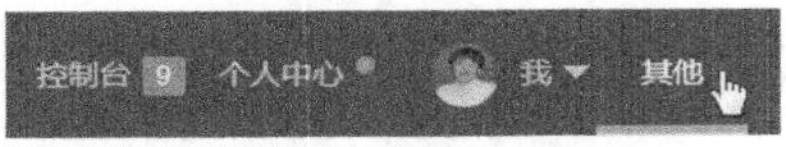

图 5-57

同样地，当页面中存在多个导航时，可以给它们分别加上 lay-filter 属性，以便在 render 方法中指定需要渲染的导航。

例如给本示例中的导航加上名为 test 的 lay-filter 属性：

```
<ul class="layui-nav" lay-filter="test">
    ......
</ul>
```

那么渲染代码也可以写为：

```
layui.element.render('nav','test');
```

5.8.7　导航事件监听

通过 element 对象中的 on 方法，可以监听到导航父级菜单及二级菜单中的单击事件，这里的回调函数将返回所单击菜单项的 jQuery 对象。

例如将 JS 代码修改为：

```
var $ = layui.$;
$(function(){
    var el = layui.element;
    el.render('nav','test');                 // 更新渲染
    el.on('nav(test)', function(elem){       // 监听事件
        console.log(elem.text());
    });
})
```

刷新页面之后，每单击导航中的任何一个菜单项，都将在浏览器控制台输出该菜单项的标题名称，由此也就可以判断用户单击的是哪一个菜单项。

5.9　**面包屑**

所谓的面包屑，只是一种习惯说法，它来自一个童话故事。在这个故事中，有两个孩子在森林中迷路了，但他们却通过沿途撒下的面包屑又找到了回家的路。由此可见，面包屑其实就是依据历

史记录所进行的一种线性导航方式。

实际上，在网页应用中"追溯来路"这件事已经做得足够好了，所以"面包屑"慢慢就变成了一种用于表达内容归属关系的导航方式，也就是我们经常在页面上看到的图 5-58 所示的效果。

首页 / 国际新闻 / 亚太地区 / 正文

图 5-58

最后一项就是当前访问的页面，单击其他"面包屑"可自动导航到其对应的页面位置。

要实现这样的效果非常简单，因为 layui 专门提供了相应的 class 类及其页面渲染方法。例如：

```
<span class="layui-breadcrumb">
    <a href=""> 首页 </a>
    <a href=""> 国际新闻 </a>
    <a href=""> 亚太地区 </a>
    <a><cite> 正文 </cite></a>
</span>
<script>
    var $ = layui.$;
    $(function(){
        layui.element.render('breadcrumb');
    })
</script>
```

请注意，面包屑页面元素必须使用 render 方法渲染才能达到预期效果。关于该方法的详细使用说明，请参考折叠面板。

如果你想修改面包屑中的默认分隔符号，可再加上 lay-separator 属性。例如：

```
<span class="layui-breadcrumb" lay-separator=">">
    ......
</span>
```

页面刷新后的效果如图 5-59 所示。

首页 > 国际新闻 > 亚太地区 > 正文

图 5-59

由此可见，适当地修改分隔符就可以将这个面包屑当作小导航来使用。例如：

```
<span class="layui-breadcrumb" lay-separator="|">
    <a href=""> 娱乐 </a>
    <a href=""> 八卦 </a>
```

```
    <a href="">体育</a>
    <a href="">搞笑</a>
    <a href="">视频</a>
    <a href="">游戏</a>
    <a href="">综艺</a>
</span>
```

页面效果如图 5-60 所示。

娱乐 ｜ 八卦 ｜ 体育 ｜ 搞笑 ｜ 视频 ｜ 游戏 ｜ 综艺

图 5-60

除此之外，一样可以使用 jQuery 中的方法动态修改面包屑元素。例如将 JS 代码改为：

```
var $ = layui.$;
$(function(){
    $('span>a:last').after('<a href="">其他</a>'); // 在最后添加一个 a 标签
    layui.element.render('breadcrumb');      // 千万别忘记更新渲染
})
```

执行后的效果如图 5-61 所示。

娱乐 ｜ 八卦 ｜ 体育 ｜ 搞笑 ｜ 视频 ｜ 游戏 ｜ 综艺 ｜ 其他

图 5-61

这样就在最后添加了一个"其他"选项。

5.10　进度条

进度条可应用于许多业务场景，如任务完成进度、loading 等，是一种较为直观的表达元素。例如：

```
<div class="layui-progress">
    <div class="layui-progress-bar" lay-percent="30%"></div>
</div>
<script>
    var $ = layui.$;
    $(function(){
```

```
            var el = layui.element;
            el.render('progress');      // 渲染
        })
</script>
```

注意：进度条依赖 element 模块，所以必须使用 render 方法进行渲染。该方法与折叠面板、选项卡、菜单导航、面包屑等其他页面元素的同名方法用法相同，可以指定具体的渲染类型及页面元素过滤器。

页面刷新后的效果如图 5-62 所示。

图 5-62

由此可见，进度条实际上就是由两个 div 创建而来。其中父级的 div 必须将 class 属性值设置为 layui-progress，它同时还有 lay-showPercent 属性，当设置其为 true 时，将开启进度比的文本显示。例如：

```
<div class="layui-progress" lay-showPercent="true">
    <div class="layui-progress-bar" lay-percent="30%"></div>
</div>
```

页面效果如图 5-63 所示。

图 5-63

如果给父级 div 追加 layui-progress-big 样式，则进度条会以大尺寸的形式显示，此时进度比文本内容将显示到进度条内部。例如：

```
<div class="layui-progress layui-progress-big" lay-showPercent="true">
    <div class="layui-progress-bar" lay-percent="30%"></div>
</div>
```

页面效果如图 5-64 所示。

图 5-64

当你需要改变进度条的颜色主题或者具体的进度数值时，则应将这些设置全部放到子元素 div 中。例如以下代码就会使进度条显示为红色：

```
<div class="layui-progress layui-progress-big" lay-showPercent="true">
    <div class="layui-progress-bar layui-bg-red" lay-percent="30%"></div>
</div>
```

页面效果如图 5-65 所示。

图 5-65

　　子元素 div 中的 lay-percent 属性用于设置具体的进度值，支持普通数字、百分数和分数。例如将上述代码中的 lay-percent 属性值改为：

```
lay-percent="3/4"
```

则页面刷新后的效果如图 5-66 所示。

图 5-66

　　除此之外，layui 的 element 对象还专门为进度条提供了 progress 方法，用于动态改变进度条的百分比。其语法格式为：

```
progress(filter, percent)
```

　　这里的第 1 个参数表示要修改进度条的 lay-filter 过滤器属性值，第 2 个参数为要修改的百分比。例如下面的代码，它先给父级 div 加上 lay-filter 属性，然后再通过 JS 动态改变值：

```
<div class="layui-progress layui-progress-big" lay-filter="test">
    <div class="layui-progress-bar"></div>
</div>
<script>
    var $ = layui.$;
    $(function(){
        var el = layui.element;
        el.progress('test','80%')
    })
</script>
```

页面刷新后的效果如图 5-67 所示。

图 5-67

第06章

表单元素

表单是企业级项目开发中经常需要用到的。

主要内容

6.1 表单输入类型

6.2 表单元素预设属性

6.3 行内表单组装及方框风格

6.4 表单数据的取值、赋值及提交验证

6.5 表单事件监听

6.6 日期时间组件

6.7 颜色选择器组件

6.8 滑动条组件

6.9 文件上传组件

在 layui 中，通过将 class 类设置为 layui-form 来标识一个表单元素块。在这个元素块中，再使用规范好的 HTML 结构及 CSS 类来组装各式各样的表单元素。尤其是对 select、checkbox 及 radio 而言，它们都必须包含在这个元素块中，且同时要更新渲染才能正常显示。

表单元素块一般都是使用 form 创建，当然也可以换成 div 等其他任何一个普通的块级元素。但有一点，不论使用哪种标签，class 属性为 layui-form 是一定不能少的。

也就是说，要正常使用经过 layui 样式渲染的表单，必须采用类似于下面的代码：

```
<form class="layui-form">    <!-- 这里的 form 也可换成 div 等其他普通标签 -->
    …各种表单输入框…
</form>
```

在这个元素块中，可以添加各种需要的表单输入框，且最好遵照以下 HTML 结构来书写：

```
<div class="layui-form-item">
    <label class="layui-form-label"> 表单标签 </label>
    <div class="layui-input-block">
         各种表单输入元素或按钮
    </div>
</div>
```

之所以要强调这样的一个书写结构，其目的在于提供响应式的支持。其中最外围的父级 div 必须指定名为 layui-form-item 的 class 属性，表示这是一个完整的表单输入项目。在这个父级 div 里，又包含以下两个子元素。

第 1 个是 label 元素，其 class 属性值为 layui-form-label，用于指定输入框的标签性说明。

第 2 个是 div 元素，其 class 属性值为 layui-input-block，在这里可以写上各种输入标签。

6.1 表单输入类型

6.1.1 字符输入框

例如下面的代码将在页面中生成一个带有标签说明的字符输入框：

```
<form class="layui-form">
    <div class="layui-form-item">
        <label class="layui-form-label"> 输入框 </label>
        <div class="layui-input-block">
```

```
            <input type="text" placeholder=" 请输入内容 " class="layui-input">
        </div>
    </div>
</form>
```

这个输入框就是完全按照上述 HTML 代码的格式来写的。请注意，为保证生成的输入框效果与整个页面的 layui 风格相统一，这里务必要给 input 标签加上名为 layui-input 的 class 样式属性。

页面效果如图 6-1 所示。

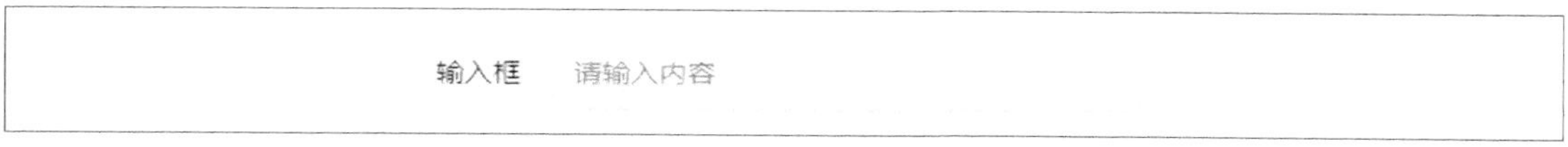

输入框　　请输入内容

图 6-1

在这个 input 标签中，同样可以使用标签本身固有的各种属性。例如将 input 标签写为：

```
<input type="text" placeholder=" 请输入内容 " class="layui-input" required>
```

表示当前输入框不允许为空。当你没有输入任何内容直接按回车键时，浏览器就会自动给出提示，如图 6-2 所示。

输入框　　请输入内容

请填写此字段。

图 6-2

此时，如果再给该 input 标签加上以下属性：

```
lay-verify="required"
```

那么只要此表单中同时包含了 layui-submit 属性的【提交】按钮，当直接按回车键或单击【提交】按钮时，不仅输入框会以醒目的红色边框显示，提示也会变为弹出的对话框，如图 6-3 所示。

必填项不能为空

图 6-3

如果再加上以下属性：

```
lay-verType="tips" lay-reqText=" 这里必须输入内容！ "
```

那么提示就会以提示框的形式显示，如图 6-4 所示。

图 6-4

关于 layui-submit 类型的【提交】按钮以及 layui 为表单输入框所预设的全部属性，稍后再详细说明。

6.1.2 密码输入框

其写法和字符输入框相同，只需将 input 标签的 type 属性改为 password 即可。例如：

```
<div class="layui-form-item">
    <label class="layui-form-label">密码框 </label>
    <div class="layui-input-block">
        <input type="password" placeholder=" 请输入密码 " class="layui-input">
    </div>
</div>
```

页面效果如图 6-5 所示。

图 6-5

6.1.3 数值输入框

其写法和字符输入框相同，只需将 input 标签的 type 属性改为 number 即可。例如：

```
<div class="layui-form-item">
    <label class="layui-form-label">数值框 </label>
    <div class="layui-input-block">
        <input type="number" placeholder=" 请输入数值 " class="layui-input">
    </div>
</div>
```

页面效果如图 6-6 所示。

图 6-6

有一点需要注意：默认情况下，这里只能输入整数，单击右侧的上下按钮，其变化步长是 1。如果你想输入小数，请务必在 input 标签中加上 step 属性。例如你需要输入两位小数，就应该将其设置为 0.01：

```
<input type="number" placeholder=" 请输入数值 " class="layui-input" step="0.01">
```

6.1.4 选择输入框

选择输入框的功能相当强大。它虽然是使用 select/option 组合标签创建的，但仍然提供了手动输入的功能。例如：

```
<div class="layui-form-item">
    <label class="layui-form-label"> 选择框 </label>
    <div class="layui-input-block">
        <select>
            <option value=""></option>
            <option value="0"> 北京 </option>
            <option value="1"> 上海 </option>
            <option value="2"> 广州 </option>
            <option value="3"> 深圳 </option>
            <option value="4"> 南京 </option>
            <option value="5"> 杭州 </option>
        </select>
    </div>
</div>
<script>
    var $ = layui.$;
    $(function(){
        var fm = layui.form;
        fm.render()
    })
</script>
```

代码中的第 1 个 option 标签主要是占个位置，让 form 模块预留出"请选择"的提示空间，否则将会把第 1 项（存在 value 值）作为默认选中项。

另请注意，选择输入框和前面的字符输入框、密码输入框、数值输入框不同，它必须要经过渲染才会有列表效果。也就是说，上述 script 标签中的 JS 代码不能省略。

表单渲染通过 form 对象中的 render 方法实现，此方法的用法与第 5 章的 element 对象中的同名方法完全一致。其语法格式为：

```
render(type, filter);
```

其中，第 1 个参数 type 表示要渲染的表单类型，可选值有 select（选择输入框）、checkbox（复选框）和 radio（单选框）。也就是说，在 layui 中，只有这 3 种类型的表单才需要渲染。未指定此参数时，将对 3 种类型的表单全部进行更新。第 2 个参数 filter 用于指定过滤器，以便为部分表单元素进行局部更新。

因此上述代码中的 render 方法也可以写成：

```
fm.render('select')
```

页面刷新后的效果如图 6-7 所示。

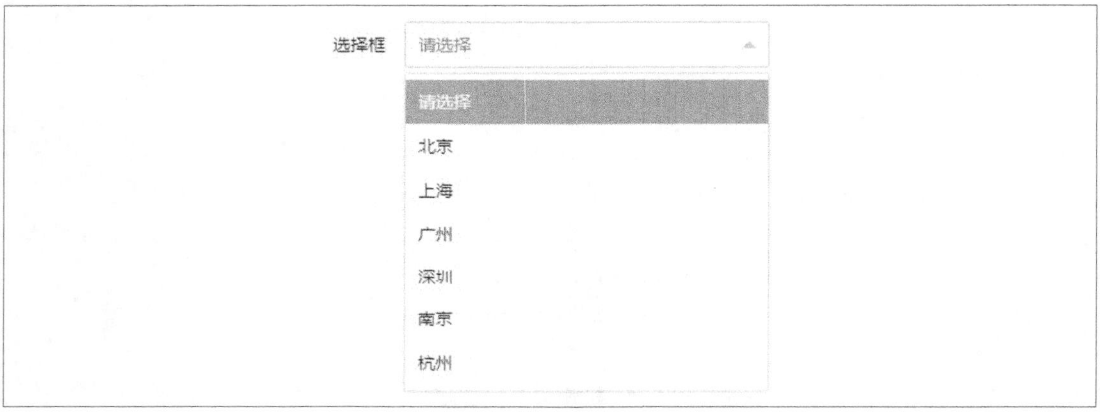

图 6-7

如果你想修改提示，可以在第 1 个 option 标签的空值项中自定义文本。例如：

```
<option value="">请选择城市 </option>
```

在这个 select 元素中，还可以使用它自带的 optgroup 标签来实现分组，在具体的 option 标签中使用 selected 或 disabled 等属性以设置默认值或禁用某选项。例如：

```
<div class="layui-form-item">
    <label class="layui-form-label">选择框 </label>
    <div class="layui-input-block">
        <select>
            <option value="">请选择城市 </option>
            <optgroup label=" 一线城市 ">
                <option value="0">北京 </option>
                <option value="1" disabled>上海 </option>
                <option value="2">广州 </option>
```

```
                    <option value="3">深圳 </option>
            </optgroup>
            <optgroup label=" 二线城市 ">
                    <option value="4" selected>南京 </option>
                    <option value="5">杭州 </option>
            </optgroup>
        </select>
    </div>
</div>
```

页面刷新后的效果如图 6-8 所示。

图 6-8

　　默认情况下，select 标签只能用于选择，不能输入内容。如果要实现输入效果，可以给该标签加上 lay-search 属性。例如：

```
<select lay-search>
    ......
</select>
```

这样就能直接输入文字且同时实现搜索匹配功能。例如输入"京"将列出北京和南京，输入"州"将列出广州和杭州，如图 6-9 所示。

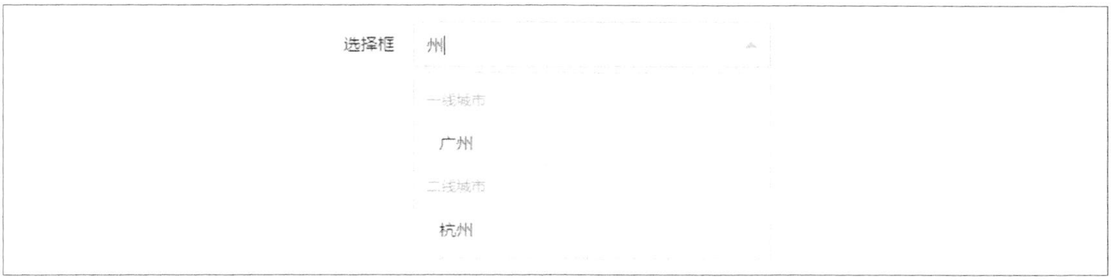

图 6-9

6.1.5 复选框

示例代码如下：

```
<div class="layui-form-item">
    <label class="layui-form-label"> 复选框 </label>
    <div class="layui-input-block">
        <input type="checkbox" title=" 写作 ">
        <input type="checkbox" title=" 阅读 " checked>
        <input type="checkbox" title=" 发呆 " disabled>
    </div>
</div>
```

其中，title 是 layui 新增加的预设属性，用于指定复选框旁边的显示文本内容。如果只想显示复选框，此属性可以不用设置。至于 checked、disabled 则是复选框自带的属性，表示是否默认选中、是否可用。

如前文所述，复选框同样需要使用 form 中的 render 方法进行渲染，只不过这里的第 1 个参数如果要加的话就必须改成 checkbox：

```
<script>
    var $ = layui.$;
    $(function(){
        var fm = layui.form;
        fm.render('checkbox')
    })
</script>
```

页面刷新后的效果如图 6-10 所示。

图 6-10

以上是 layui 中的默认复选框效果。如果想改变风格，还可使用 lay-skin 属性。该属性有两个可选值：primary（原始风格）和 switch（开关风格）。

例如将复选框效果显示为原始风格，只需将代码中的 input 标签的 lay-skin 属性值指定为 primary 属性即可：

```
<input type="checkbox" title=" 写作 " lay-skin="primary" checked>
<input type="checkbox" title=" 阅读 " lay-skin="primary">
<input type=" checkbox" title=" 发呆 " lay-skin="primary" disabled>
```

页面刷新后的效果如图 6-11 所示。

图 6-11

如果将代码中的 input 标签改成：

```
<input type="checkbox" lay-skin="switch">
<input type="checkbox" lay-skin="switch" lay-text="ON|OFF" checked>
<input type="checkbox" lay-skin="switch" lay-text="开启|关闭">
<input type="checkbox" lay-skin="switch" disabled>
```

则页面刷新后的效果如图 6-12 所示。

图 6-12

很显然，当复选框中的 lay-skin 的属性值为 switch 时，可同时使用 lay-text 属性来指定开关上的显示内容。

6.1.6 单选框

单选框的写法和复选框完全一样，但不支持 title、lay-skin 及 lay-text 等预设属性。例如：

```
<form class="layui-form">
    <div class="layui-form-item">
        <label class="layui-form-label">单选框</label>
        <div class="layui-input-block">
            <input type="radio" title="男">
            <input type="radio" title="女" checked>
        </div>
    </div>
</form>
<script>
    var $ = layui.$;
    $(function(){
        var fm = layui.form;
        fm.render('radio')
    })
</script>
```

显示效果如图 6-13 所示。

图 6-13

6.1.7　多行文本框

多行文本框要使用 textarea 标签，其 class 类名为 layui-textarea。例如：

```
<div class="layui-form-item">
    <label class="layui-form-label">文本域 </label>
    <div class="layui-input-block">
        <textarea placeholder="请输入内容" class="layui-textarea"></textarea>
    </div>
</div>
```

页面效果如图 6-14 所示。

图 6-14

6.1.8　表单数据操作按钮

这里的按钮既可以使用 input 标签创建，也可以使用 button 标签创建。例如：

```
<div class="layui-form-item">
    <div class="layui-input-block">
        <button class="layui-btn">提交 </button>
        <button type="reset" class="layui-btn layui-btn-primary">重置 </button>
    </div>
</div>
```

显示效果如图 6-15 所示。

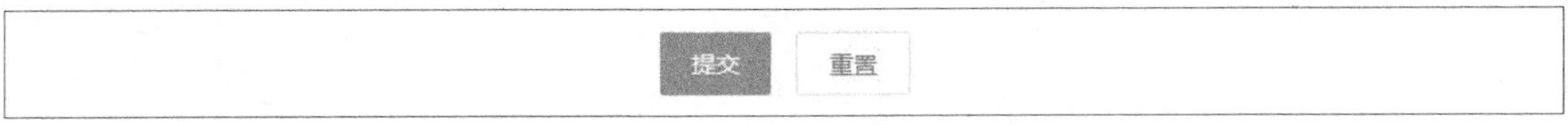

图 6-15

248

尽管上述代码可以正常执行数据的提交或重置操作，但这种提交都是执行的默认操作。假如给其中的【提交】按钮同时添加 lay-submit 属性：

```
<button class="layui-btn" lay-submit> 提交 </button>
```

那么当单击此按钮提交数据时，它就会执行 layui 所指定的操作，如数据验证等。

特别强调一点：表单数据的提交非常关键，而这些都是属于 HTML 基础方面的知识。如果你对此仍然了解不多，建议参考与之相关的其他书籍或者对应的视频课程。尤其是单选框和复选框数据的提交，绝大部分新手在这里都会碰到各种问题。

6.2 表单元素预设属性

由之前的示例代码可知，layui 为表单元素额外预设了各种属性，如表 6-1 所示。

表 6-1

属性名	属性值	说明
title	任意字符	设定元素名称，一般用于 checkbox、radio 标签
lay-skin	switch（开关风格） primary（原始风格）	仅对 checkbox 元素有效
lay-text	任意字符	定义开关上的显示内容。如：开|关
lay-verify	required（必填项） phone（手机号） email（邮箱） url（网址） number（数字） date（日期） identity（身份证） 自定义值	同时支持多条规则的验证，不同规则之间用竖线隔开。例如： lay-verify="required|phone|number" 这就表示内容不能为空且必须符合手机号码规则，还必须是数字。 至于自定义验证规则，后面将另做说明
lay-verType	tips（提示框） alert（对话框） msg（默认）	定义验证异常提示层模式
lay-reqText	任意字符	定义必填项验证的提示文本，即设定了 lay-verify="required" 的表单
lay-submit	无须填写值	绑定触发 layui 提交模式的元素
lay-ignore	无须填写值	忽略元素美化处理
lay-filter	任意字符	元素过滤器

在表 6-1 中，只有 lay-ignore 属性还没用到过，它仅用于取消对当前元素的美化渲染，从而保留原始的系统风格。例如给 select 标签加上此属性：

```
<select lay-ignore>
    <option>……</option>
</select>
```

刷新之后，该选择输入框就会发生变化，如图 6-16 所示。

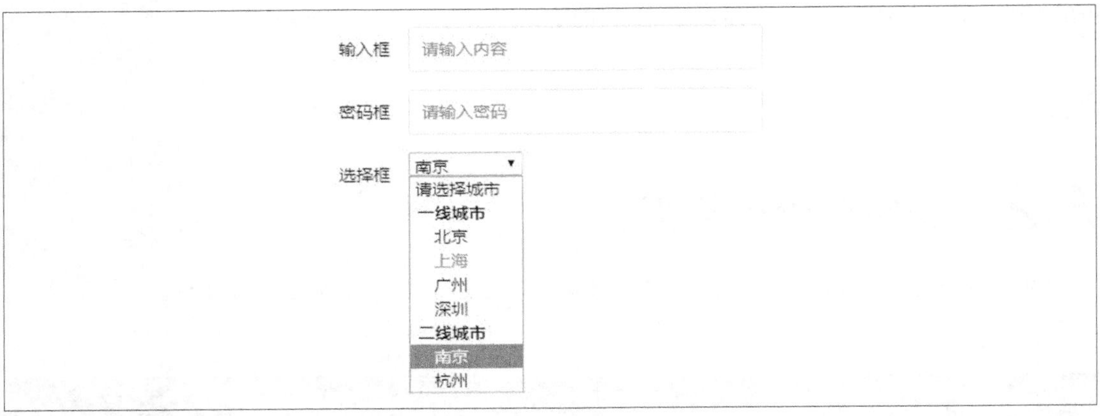

图 6-16

很显然，这样的效果就与整体的 UI 风格不协调了。所以此属性一般很少使用。

至于最后一个 lay-filter 属性，这在第 5 章学习的创建页面元素时使用过，它主要用于更新渲染及事件监听中的精确匹配。

6.3 行内表单组装及方框风格

在之前的示例代码中，所有的表单元素都嵌入到一个 class 属性值为 layui-input-block 的 div 中。此样式是块级的，一个 input 标签占一行，两个 input 标签就占两行（checkbox 和 radio 除外）。例如：

```
<div class="layui-form-item">
    <label class="layui-form-label">输入框 </label>
    <div class="layui-input-block">
        <input type="text" placeholder=" 姓名输入框 " class="layui-input">
        <input type="text" placeholder=" 年龄输入框 " class="layui-input">
    </div>
</div>
```

页面效果如图 6-17 所示。

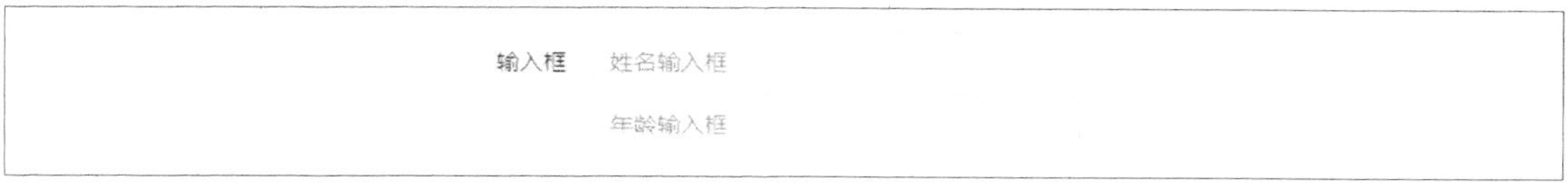

图 6-17

即使改成这样还是一样的效果：

```
<div class="layui-form-item">
    <label class="layui-form-label">输入框</label>
    <div class="layui-input-block">
        <input type="text" placeholder="姓名输入框" class="layui-input">
    </div>
    <div class="layui-input-block">
        <input type="text" placeholder="年龄输入框" class="layui-input">
    </div>
</div>
```

如何将它们放到同一行呢？这就需要将行内表单进行组装。

6.3.1　行内表单组装

仍以图 6-17 为例，要将姓名和年龄两个输入框放到同一行，可修改包裹 input 元素的父级元素的 class 样式，也就是将 layui-input-block 改为 layui-input-inline。只要行宽足够，两个输入框自然就会显示在同一行。例如：

```
<div class="layui-form-item">
    <label class="layui-form-label">输入框</label>
    <div class="layui-input-inline" style="width: 100px">
        <input type="text" placeholder="姓名输入框" class="layui-input">
    </div>
    <div class="layui-input-inline" style="width: 100px">
        <input type="text" placeholder="年龄输入框" class="layui-input">
    </div>
</div>
```

页面刷新后的效果如图 6-18 所示。

图 6-18

　　假如要在并列的两个输入框之间加上其他文字，只需在两个 div 元素之间再添加一个 class 为 layui-form-mid、layui-word-aux 的标签元素即可。其中，layui-form-mid 可让文字垂直居中，layui-word-aux 则将文字颜色变为灰色且左右会有间隔，一般用于文字性的标注。例如：

```
<div class="layui-form-item">
    <label class="layui-form-label">输入框 </label>
    <div class="layui-input-inline" style="width: 100px">
        <input type="text" placeholder=" 起始日期 " class="layui-input">
    </div>
    <div class="layui-form-mid layui-word-aux">至 </div>
    <div class="layui-input-inline" style="width: 100px">
        <input type="text" placeholder=" 结束日期 " class="layui-input">
    </div>
</div>
```

页面刷新后的效果如图 6-19 所示。

图 6-19

　　如果要将紧随其后的密码框也放到同一行，可以先把它们放到同一个 item 中，然后以不同的 div 分开。请注意，这里的 div 必须要使用 layui-inline 样式。例如：

```
<div class="layui-form-item">
    <div class="layui-inline">
        <label class="layui-form-label">输入框 </label>
        <div class="layui-input-inline" style="width: 100px">
            <input type="text" placeholder=" 起始日期 " class="layui-input">
        </div>
        <div class="layui-form-mid layui-word-aux">至 </div>
        <div class="layui-input-inline" style="width: 100px">
            <input type="text" placeholder=" 结束日期 " class="layui-input">
        </div>
    </div>
    <div class="layui-inline">
        <label class="layui-form-label">密码框 </label>
        <div class="layui-input-inline" style="width: 100px">
            <input type="password" placeholder=" 请输入密码 " class="layui-input">
```

```
            </div>
        </div>
</div>
```

页面刷新后的效果如图 6-20 所示。

输入框　　起始日期　　至　结束日期　　　　　密码框　　请输入密码

图 6-20

很显然，layui-input-inline 和 layui-inline 这两个 class 样式的作用是不一样的：前者用于定义内层行内，后者用于定义外层行内。

6.3.2 表单方框风格

只要给最外围的表单元素块的 class 追加 layui-form-pane 样式，那么整个表单就会自动变成方框风格。示例代码如下：

```
<form class="layui-form layui-form-pane">
    ......
</form>
```

页面运行后的效果如图 6-21 所示。

图 6-21

由图 6-21 可以发现，复选框及单选框的边框效果并不是非常完美。为解决此问题，可在相应的 item 上再额外添加 pane 属性。例如：

```
<div class="layui-form-item" pane>
    ......
</div>
```

页面刷新后的效果如图 6-22 所示。

图 6-22

6.4 表单数据的取值、赋值及提交验证

为方便说明问题，先在页面中编写以下代码：

```
<form class="layui-form" lay-filter="test">
    <div class="layui-form-item">
        <label class="layui-form-label">输入框 </label>
        <div class="layui-input-inline" style="width: 100px">
            <input type="text" name="user" class="layui-input">
        </div>
        <div class="layui-input-inline" style="width: 100px">
            <input type="text" name="age" class="layui-input">
        </div>
    </div>
    <div class="layui-form-item">
        <div class="layui-input-block">
            <button type="button" class="layui-btn">赋值 </button>
            <button type="button" class="layui-btn">取值 </button>
            <button class="layui-btn" lay-submit> 提交 </button>
        </div>
    </div>
</form>
```

以上代码其实就是在表单中使用的两个输入框及 3 个操作按钮，如图 6-23 所示。

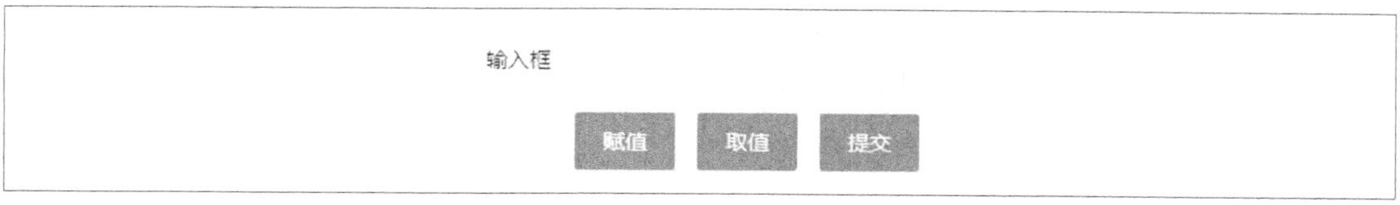

图 6-23

请注意，本段代码给 form 添加了过滤器属性，其值为：

```
lay-filter="test"
```

同时给两个 input 标签添加了 name 属性，其值分别为 user 和 age。真正向服务器提交数据时，每个表单输入框都必须要指定 name 属性，否则无法提交数据。

6.4.1　表单数据的取值与赋值

layui 的 form 模块专门提供了 val 方法，用于从表单中取值或赋值。语法如下：

```
val('filter', object);
```

其中，第 1 个参数是必选的，它表示指定表单的 lay-filter 属性值；第 2 个参数是可选的，如果该参数存在，则为赋值，否则就是取值。

例如我们在 JS 中为【赋值】和【取值】按钮分别编写以下单击事件代码：

```
var $ = layui.$;
$(function(){
    var fm = layui.form;
    $('button:eq(0)').click(function(){      // 赋值的单击事件
        fm.val('test', {
            user:' 张三 ',
            age:28
        })
    });
    $('button:eq(1)').click(function(){      // 取值的单击事件
        var vs = fm.val('test');
        alert(JSON.stringify(vs))
    });
})
```

当单击【赋值】按钮时，它将自动为表单中对应的两个输入框分别填上数值，如图 6-24 所示。

255

图 6-24

而当单击【取值】按钮时，将弹出如下信息，如图 6-25 所示。

图 6-25

很显然，val 方法无论是赋值还是取值，其 Object 对象中的键值对是与表单元素中的 name 和 value 属性值一一对应的。

6.4.2 表单数据提交验证

layui 对表单的数据提交验证提供了非常巧妙的支持，大多数时候你只需在表单元素上加上 lay-verify 属性即可。当然，前提是这个表单中必须要有使用了 lay-submit 属性的【提交】按钮。

例如将第 1 个 input 元素改为：

```
<input type="text" name="user" class="layui-input" lay-verify="email">
```

那么只有在输入的内容符合 email 的格式时才会通过验证并提交，否则将给出错误提示。关于 layui 默认支持的验证类型，请参考 6.2 节。

除了这些默认的验证类型之外，你还可以根据需要自定义验证规则。例如将上述代码中的 lay-verify 属性值改为：

```
lay-verify="username"
```

那么就表示将使用自定义的 username 验证规则。假如希望此规则限制只能输入中文、英文字母、英文数字及下划线，且不允许全部使用数字以及在开始及结束位置使用下划线，那么就可以在 JS 中这样编写代码：

```
var $ = layui.$;
$(function(){
    var fm = layui.form;
    …单击事件代码略…
    fm.verify({
```

```
            username: function(value, item){ //value 为输入值，item 为表单对象
                if(!new RegExp("^[\u4e00-\u9fa5a-zA-Z0-9_]+$").test(value)){
                    return '用户名不能有特殊字符';
                }
                if(/(^_)|(_+$)/.test(value)){
                    return '用户名首尾不能出现下划线';
                }
                if(/^\d+$/.test(value)){
                    return '用户名不能全为数字';
                }
            }
        });
    })
```

如果是比较简单的自定义验证，还可使用数组的形式。在这个数组中只有两个值：第 1 个是匹配规则的正则表达式对象，第 2 个是匹配不符时的提示文字内容。例如在上述代码中继续添加一个新的名为 pass 的验证规则：

```
fm.verify({
    username: function(value, item){ //value 为输入值，item 为表单对象
            …自定义验证函数代码略…
    },
    pass: [/^[\S]{6,12}$/,'密码位数必须 6 到 12 位，且不能出现空格']
})
```

然后给第 2 个 input 元素使用此验证：

```
<input type="text" name="age" class="layui-input" lay-verify="pass">
```

那么当在此输入框输入的内容长度不在 6 到 12 位时，单击【提交】按钮将给出对应的错误提示。

6.5 表单事件监听

正常情况下，使用 jQuery 提供的各种方法就能正常监听到表单中的各种事件。例如在页面中有如下代码：

```
<input type="text">
<input type="checkbox" name="write"> 写作
```

```
<input type="checkbox" name="read">阅读
<input type="radio" name="sex" value="m">男
<input type="radio" name="sex" value="f">女
```

页面效果如图 6-26 所示。

图 6-26

如果要监听第 1 个普通字符输入框中的内容变化情况，可在 JS 中给它绑定如下事件：

```
layui.$('input:eq(0)').change(function(e){
    console.log(e.target.value)     // 输出变化后的值
})
```

这样只要该输入框中的值发生变化，那么就会在浏览器控制台动态输出变化后的值。

当需要获取复选框中的选择状态时，既可以使用 change 事件，也可以使用 click 事件，两者的作用及效果都是相同的。例如：

```
layui.$('input:eq(1),input:eq(2)').change(function(e){   //change 可改成 click
    console.log(e.target.name + ':' + e.target.checked)
})
```

此时，如果你勾选了"写作"复选框，那么浏览器控制台将输出"write:true"，取消勾选时，输出"write:false"。"阅读"复选框中的勾选与取消勾选同理。

当需要获取单选框中的选择状态时，同样可使用这两个事件来监听。例如：

```
layui.$('input:eq(3),input:eq(4)').change(function(e){
    console.log(e.target.name + ':' + e.target.value)
})
```

请注意，由于同一组中的单选框必须使用相同的 name 属性，因而这里将输出的 checked 改成了 value，以便观察不同的选择效果。当选择"男"时，浏览器控制台输出"sex:m"；选择"女"时，输出"sex:f"。

但问题是，一旦将这些 input 元素按照 layui 中的表单书写格式嵌入 class 为 layui-form 的 form 模块中、且同时对它们进行更新渲染之后，使用上述写法来监听单选框、复选框及选择输入框就无效了（普通的字符输入框、密码输入框和多行文本输入框正常）。为什么？这就是 layui 渲染所导致的。

为此，layui 专门给 form 模块提供了相应的事件监听方法。为清楚地说明问题，本节使用如下页面示例代码：

```
<form class="layui-form">
    <div class="layui-form-item">
        <label class="layui-form-label"> 选择框 </label>
        <div class="layui-input-block">
            <select name="city">
                <option value=""></option>
                <option value="0"> 北京 </option>
                <option value="1"> 上海 </option>
                <option value="2"> 广州 </option>
                <option value="3"> 深圳 </option>
            </select>
        </div>
    </div>
    <div class="layui-form-item">
        <label class="layui-form-label"> 复选框 </label>
        <div class="layui-input-block">
            <input type="checkbox" title=" 写作 " name="write">
            <input type="checkbox" title=" 阅读 " name="read">
        </div>
    </div>
    <div class="layui-form-item">
        <label class="layui-form-label"> 单选框 </label>
        <div class="layui-input-block">
            <input type="radio" title=" 男 " name="sex" value="m">
            <input type="radio" title=" 女 " name="sex" value="f">
        </div>
    </div>
    <div style="text-align: center">
        <button lay-submit class="layui-btn"> 提交 </button>
    </div>
</form>
<script>
    var $ = layui.$;
    $(function(){
        var fm = layui.form;
        fm.render();    // 渲染所有的表单元素
    })
</script>
```

页面刷新后的效果如图 6-27 所示。

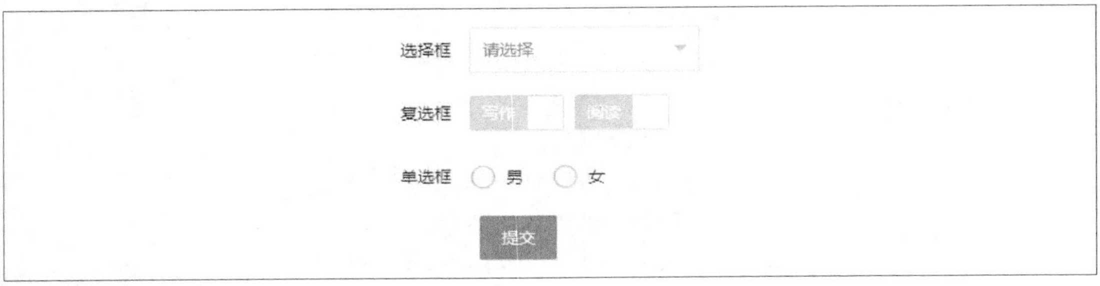

图 6-27

6.5.1 选择框、复选框及单选框的事件监听

layui 中的表单事件监听使用的是 on 方法，其用法和 element 中的同名方法完全一致，但所使用的两个参数的含义有所不同。

第 1 个参数虽然仍然表示监听的事件类型，但其可选项只有 select、checkbox、switch、radio 和 submit。其中，switch 表示开关，它其实就是 checkbox 的一个变种，具体说明请参考 6.1 节。

第 2 个参数虽然仍为回调函数，但它返回的 Object 对象却发生了变化。除 submit 类型以外，其他几种类型的 Object 对象都是固定的 3 个成员，分别如下。

elem：所监听的原始 DOM 对象。

value：表单的值。

othis：美化渲染后的 jQuery 对象。

❶ 监听 select

下拉选择框被选中时触发监听事件。例如将页面中的 JS 代码修改为：

```
var $ = layui.$;
$(function(){
    var fm = layui.form;
    fm.render();
    fm.on('select', function(data){
        console.log(data.elem);
        console.log(data.value);
        console.log(data.othis);
    });
})
```

刷新页面，在选择输入框中选择"广州"，浏览器控制台将输出以下 3 条信息，分别对应 elem、value 和 othis，如图 6-28 所示。

```
► <select name="city">…</select>
2
► pe.fn.init [div.layui-unselect.layui-form-select.layui-form-selected]
```

图 6-28

其实这里的 value 信息也可通过 elem 变相得到。例如：

```
console.log(data.elem.value); //2
console.log(data.elem.name);  //city
```

如果把 othis 转换为 DOM 对象输出的话，你就会很直观地发现，经过 layui 更新渲染后的选择输入框被加入了很多其他元素，因而使用常规的 jQuery 事件来监听它就会无效。

请注意，以上代码将监听页面中所有的 select 表单元素。当存在多个 select 元素而你又只想监听其中的某一个时，可以给它再加上过滤器属性。例如将页面中的 select 元素改为：

```
<select name="city" lay-filter="test">
    ......
</select>
```

那么 JS 代码中的监听事件也可相应改成：

```
fm.on('select(test)', function(data){
    ......
});
```

随后学习的其他事件监听都可以采用这样的处理方法，后续不再对此特别进行说明。

❷ 监听 checkbox

勾选复选框时触发监听事件。例如在 JS 中继续添加以下代码：

```
fm.on('checkbox', function(data){
    console.log(data.elem); // 得到 checkbox 原始 DOM 对象，也可直接用 this 表示
    console.log(data.elem.checked); // 是否被选中，true 或者 false
    console.log(data.value); // 复选框 value 值，也可以通过 data.elem.value 得到
    console.log(data.othis); // 得到美化渲染后的 jQuery 对象
});
```

当勾选"写作"复选框时，浏览器控制台将输出以下内容，如图 6-29 所示。

```
<input type="checkbox" title="写作" name="write">
true
on
► pe.fn.init [div.layui-unselect.layui-form-checkbox.layui-form-checked]
```

图 6-29

261

需要特别说明的是，复选框不论是否被勾选，它的值默认都是 on，除非你在页面中给它特别指定了 value 值。

❸ 监听 switch

由于 switch 就是 checkbox 的一个变种，所以监听 switch 的代码和监听 checkbox 的完全相同，只要注意将事件类型名称改成 switch 即可。例如：

```
fm.on('switch', function(data){
    ......
});
```

❹ 监听 radio

单选框被勾选时触发。例如在 JS 代码中继续加上：

```
fm.on('radio', function(data){
    console.log(data.elem);        // 也可直接用 this 表示
    console.log(data.value);
})
```

6.5.2 提交事件监听

不论表单是否经过 layui 方法的更新渲染，使用 jQuery 中的 submit 都可以正常监听到提交事件。

仍以之前的页面为例，我们先给 form 绑定 submit 事件：

```
layui.$('form').submit(function(e){
    e.preventDefault();
    console.log('提交被阻止！')
})
```

那么一旦用户单击【提交】按钮，就会自动触发该事件，也就是阻止提交操作，然后在控制台输出文字"提交被阻止！"，如图 6-30 所示。

图 6-30

由于 jQuery 事件默认返回的都是 event 事件对象，要从这个对象中解析出一些需要的内容会略微麻烦。为此 layui 也专门提供了 submit 的事件监听。示例代码如下：

```
layui.form.on('submit',function(data){
    console.log(data.elem)   //【提交】按钮的 DOM 对象
    console.log(data.form)    //form 对象，存在 form 标签时才会返回
    console.log(data.field)   // 当前 form 容器中的全部表单字段及数据
    return false;             // 阻止提交
})
```

页面执行后的效果如图 6-31 所示。

图 6-31

很显然，layui 中的 submit 事件监听更加简单、直观、好用。首先，它使用 return false 代替 jQuery 中的 preventDefault 阻止提交，用户能更好理解；其次，也是非常重要的一点，它可以直接将用户在表单中输入的全部数据以 Object 对象的方式返回，极大地方便了对输入数据的二次处理及利用。

关于 layui 中的 submit 事件监听，有以下几点需要补充说明。

第一，回调函数只有在验证全部通过后才会执行。

第二，【提交】按钮必须加上 lay-submit 属性，否则无法返回 Object 表单数据对象。

第三，当页面中存在多个使用了 lay-submit 属性的按钮时，可通过添加 lay-filter 过滤器属性的方式，让 submit 仅监听指定按钮上的提交事件。

第四，在监听事件中使用 form 中的 val 方法也能得到 Object 表单数据对象，前提是要给 form 指定 lay-filter 属性。

6.6 日期时间组件

截至目前，我们已经学习了字符输入框、密码输入框、数值输入框、选择输入框、复选框、单选框、多行文本框及其相关的属性、方法和事件等，这些全部都和 form 模块相关。

而在 HTML 原生的表单中，input 标签还有 4 种比较常用的类型：date（日期输入框）、color（颜色输入框）、range（滑动条）和 file（文件选择框）。这 4 种类型的表单在 layui 中都是以单独的

组件方式提供的，并没有归类到 form 模块中。本节先来学习日期时间组件。

日期时间组件在 layui 中的名称为 laydate。

6.6.1 常用属性

日期时间组件的常用属性如表 6-2 所示。

表 6-2

属性名	说明	类型	默认值
elem	绑定的选择器输入元素	String	–
trigger	弹出选择器的事件	String	focus
showButton	是否显示底部栏	Boolean	true
btns	底部工具栏按钮	Array	['clear','now','confirm']
theme	主题。可选值有 default（默认简约）、molv（墨绿背景）、grid（格子主题）、# 颜色值（自定义颜色背景）	String	default
range	是否支持范围选择	Boolean/String	false
min	可选择的最小值	String	1900-1-1
max	可选择的最大值	String	2099-12-31
type	日期时间选择类型。可选值有 year、month、date、time、datetime	String	date
format	日期时间格式	String	yyyy-MM-dd
value	初始值	String/Object	new Date()
isInitValue	是否向元素填充初始值	Boolean	true
calendar	是否显示公历节日	Boolean	false
mark	标注	Object	–
show	是否直接弹出显示	Boolean	false
position	控件定位方式。可选值有 abolute（绝对）、fixed（固定）、static（静态）	String	absolute
zIndex	层叠顺序，仅在遮挡时可用	Number	66666666
lang	两种语言版本可选：cn、en	String	cn

为清楚地说明问题，我们先在页面中写一个 input 元素：

```
<input type="text" class="layui-input" id="test">
```

然后在 JS 中使用如下代码：

```
var $ = layui.$;
$(function(){
    var d = layui.laydate;
```

```
    d.render({
        elem:'#test',
    })
})
```

刷新页面，首先显示的是一个输入框。此时只要单击该输入框（也就是让它获取到焦点），那么就会自动弹出日期选择器，如图 6-32 所示。

图 6-32

当你在日期选择器中的任意一个日期上单击时，该日期都将自动写入 input 输入框中。

如果你想改变日期选择器的一些样式或主题，可以给配置参数对象再加上一些其他属性。例如：

```
trigger:'dblclick',    // 双击时才弹出日期选择器
btns:['now','clear'], // 底部仅显示【现在】和【清空】按钮
```

这时就只能双击输入框才能弹出日期选择器了，且日期选择器中的右下方按钮变成了两个，如图 6-33 所示。

图 6-33

如果你强制性地要求只能选择而不能手动输入，只需给 input 标签加上 readonly 属性即可。

其实这个日期时间组件不仅可以绑定到 input 元素中，也可以绑定到其他任何的可见元素上。例如

将页面中的 input 标签改为 div 标签：

```
<div style="height:38px;line-height:38px;border-bottom:1px solid #e2e2e2"
id="test"></div>
```

刷新之后，页面上首先出现的是一条下划线。单击它即可弹出日期选择器（trigger 属性仍然使用默认的 focus），如图 6-34 所示。

图 6-34

　　由于 div 标签本身就提供不了 input 标签的输入功能，所以也就只能选择输入。当然，正常情况下还是使用常规的 input 标签比较好。

❶ 选择器主题

　　laydate 内置了多种主题，可通过 theme 属性进行设置。可选值有 default（默认简约）、molv（墨绿背景）、grid（格子主题）、# 颜色值（自定义颜色背景）。

　　例如在配置参数中加上：

```
theme:'grid',
```

日期选择器的效果如图 6-35 所示。

图 6-35

请注意，当使用自定义的颜色背景时，既不能使用颜色名称（如 red、green、blue 等），也不能使用 RGB 格式的颜色代码，只能使用以符号 "#" 开头的十六进制颜色代码。例如：

```
theme: '#393D49',
```

❷ **开启左右面板范围选择**

range 属性的默认值为 false，也就是只能弹出一个单独的面板以供选择。如果将它设置为 true，将开启左右两个面板，并采用符号 "-" 分割。例如：

```
var d = layui.laydate;
d.render({
    elem:'#test',
    range:true,
})
```

这样就会出现左右两个面板。分别选择两个值，较小的值作为开始，较大的值作为结束，单击【确定】按钮后，两者自动用符号 "-" 拼接起来并填入输入框中，如图 6-36 所示。

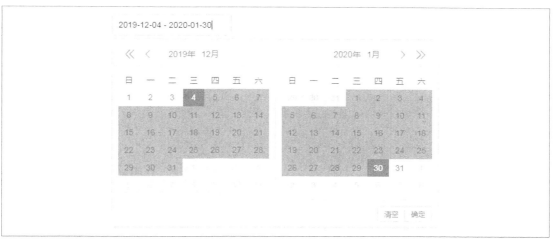

图 6-36

如果将 range 的属性值设置为字符串类型，那么就会用这个字符串作为两者的连接符号。例如：

```
range: '至 ',
```

则填入输入框的选择结果如图 6-37 所示。

2019-12-04 至 2020-01-30

图 6-37

❸ **限定选择范围**

min 属性可以设置允许选择的最小值，max 属性可以设置允许选择的最大值。它们的默认值分

267

别是 1900-1-1 和 2099-12-31。

这两个属性值既可以使用字符，也可以使用数字，但它们的含义是不一样的。

当使用字符时，年月日必须用符号"-"分割，时分秒用符号"："分割。例如：

```
min:'2019-12-10',
max:'2020-1-18',
```

那么只能选择指定范围内的日期（范围之外的其他日期都处于灰色的不可选状态），如图 6-38 所示。

图 6-38

当使用数字时，则表示以当前系统时间为基准进行计算，负数表示之前，正数表示之后。例如：

```
min:-7,
max:7,
```

假如当前的系统日期是 2019-12-03，那么上述代码执行后的可选日期就是 2019 年 12 月 3 日前后各一周，也就是说只有 15 天可以选择，如图 6-39 所示。

图 6-39

这两种类型的数值还可以混用。例如，下面的代码表示日期的可选择范围在 2019 年 12 月 10 日到 2020 年 1 月 18 日之间（假如系统日期为 2019-12-03）：

```
min:7,
max:'2020-01-18',
```

运行效果如图 6-40 所示。

图 6-40

注意，当属性值中的数字大于或等于 86400000 时，这个数字就变成时间戳了。例如：

```
max: 4073558400000
```

此时间戳表示允许可选择的最大日期为 3000 年 1 月 1 日。

❹ **选择类型**

本组件不仅可以选择具体的日期，还可以选择年、年月及时间。

不同的选择类型由 type 属性决定，其默认值为 date，也就是选择日期，如表 6-3 所示。

表 6-3

类型	名称	用途
year	年选择器	只提供年列表
month	年月选择器	只提供年、月列表
date	日期选择器	可选择年、月、日。此为默认值，可省略
time	时间选择器	只提供时、分、秒列表
datetime	日期时间选择器	可选择年、月、日、时、分、秒

例如下面的代码：

```
var d = layui.laydate;
d.render({
    elem:'#test',
    type:'year',
})
```

那么弹出的选择器就只有年列表，如图 6-41 左图所示。如果将 type 的类型改为 month，则只能选择年月，如图 6-41 右图所示。

图 6-41

图 6-42 所示分别是 type 的类型为 time 及 datetime 时的选择效果。

图 6-42

很显然，当 type 的类型为 datetime 时，选择器左下角就多了一个按钮：当出现日期列表时，按钮为【选择时间】；当进入选择时间时，该按钮又变为【返回日期】，如此即可完整地输入日期和时间。

不论 type 是哪种类型，它们都一样支持 range 左右面板的范围选择，以及 min 和 max 所指定的可选范围。例如当 min 和 max 所指定的日期都在 2019 年内时，那么年份中将只有一个 2019 年可供选择，其他类型同理。

❺ 日期时间格式

日期格式使用的属性为 format，默认值是 yyyy-MM-dd。

laydate 所支持的日期时间格式如表 6-4 所示。

表 6-4

格式符	名称
yyyy	年份，至少 4 位数。如果不足 4 位，则前面补 0
y	年份，不限制位数，即不管年份多少位，前面均不补 0
MM	月份，至少两位数。如果不足两位，则前面补 0
M	月份，允许一位数
dd	日期，至少两位数。如果不足两位，则前面补 0
d	日期，允许一位数
HH	小时，至少两位数。如果不足两位，则前面补 0
H	小时，允许一位数
mm	分钟，至少两位数。如果不足两位，则前面补 0
m	分钟，允许一位数
ss	秒数，至少两位数。如果不足两位，则前面补 0
s	秒数，允许一位数

通过上述不同的格式符，就可组合成自己所需要的任意日期时间字符串，如表 6-5 所示。

表 6-5

格式	示例值
yyyy-MM-dd HH:mm:ss	2017-08-18 20:08:08
yyyy 年 MM 月 dd 日 HH 时 mm 分 ss 秒	2017 年 08 月 18 日 20 时 08 分 08 秒
yyyyMMdd	20170818
dd/MM/yyyy	18/08/2017
yyyy 年 M 月	2017 年 8 月
M 月 d 日	8 月 18 日
北京时间：HH 点 mm 分	北京时间：20 点 08 分
yyyy 年的 M 月某天晚上，大概 H 点	2017 年的 8 月某天晚上，大概 20 点

但有一点需要注意：当使用 format 属性时，所定义的格式必须和 type 类型相匹配。例如当 type 的类型为 month 时，便只有年月，就不能在 format 中出现和日期、时间相关的格式符：

```
var d = layui.laydate;
d.render({
    elem:'#test',
    type:'month',
    range: '至 ',
    format: 'yyyy 年 MM 月 ',   // 一定要和 type 类型相匹配
})
```

执行后的效果如图 6-43 所示。

图 6-43

❻ 初始值

laydate 和初始值相关的有两个属性：value 和 isInitValue。

value 属性值可以是字符串，也可以是日期时间对象。当使用字符串时，必须严格遵循 format 属性所设定的格式（没有指定 format 属性时，年月日要用符号 "-" 隔开，时分秒要用符号 ":" 隔开）。如果同时开启了左右面板的范围选择，则还要考虑 range 属性所指定的连接符。例如：

```
var d = layui.laydate;
d.render({
    elem:'#test',
    type:'month',
    range: '至 ',
    value: '2019-08 至 2020-05',   // 字符串初始值一定要和 range 及 format 相匹配
})
```

日期时间对象仅适用于 range 为 false 的情况，且不用考虑 format 格式，laydate 会自己处

理好。例如下面的代码，尽管有 format 指定了格式，且 type 类型为 month，但当使用日期对象的方式设置 value 属性时，仍然可以包括日期和时间：

```
d.render({
    elem:'#test',
    type:'month',
    format: 'yyyy年MM月',
    value: new Date('2018,11,20 13:18:20'),
})
```

默认情况下，value 属性值会在日期时间选择器渲染完成后直接填入绑定的元素中，弹出日期选择器时也会自动按初始值选定好具体的日期或时间。如果你仅需将初始值用于日期选择器的默认选择，可将 isInitValue 设置为 false，这样就不会向绑定元素直接填充初始值了。

❼ 标注

laydate 和标注相关的属性有两个：calendar 和 mark。

其中，calendar 属性用于设置是否显示公历节日，默认值为 false。例如：

```
var d = layui.laydate;
d.render({
    elem:'#test',
    calendar:true,
})
```

弹出月份选择器时，一些通用的公历重要日期都会被标识出来，如图 6-44 所示。

图 6-44

其实 calendar 所代表的公历节日在更多情况下只是一种摆设，因为实用性不强。因此 laydate 还专门提供了 mark 属性用于自定义标注。

mark 的属性值为 Object 类型，要标注的日期为键，需要标注的内容为值。在键名中，可使用数字 0 表示每年或每月。例如：

```
d.render({
    elem:'#test',
    mark: {
        '0-1-5':'生日',        // 生日每年一次，年可设为 0
        '0-0-6': '工资',       // 工资每月都发，年月可全部设为 0
        '2020-01-10': '年会',   // 此为具体日期
    },
})
```

标注效果如图 6-45 所示。

图 6-45

自定义标注中，如果仅指定标注日期而没有具体内容，那么相应日期的右上角就只会显示一个徽章。

❽ 外部调用

默认情况下，日期选择器都是由指定的 trigger 事件自动触发弹出的。如果你希望通过外部事件来弹出显示，可使用 show 属性。

例如先将页面代码修改为：

```
<div class="layui-inline">
    <label class="layui-form-label"> 请输入日期 </label>
    <div class="layui-input-inline">
        <input type="text" class="layui-input" id="test" style="width: 200px">
    </div>
    <div class="layui-input-inline">
```

```
        <i class="layui-icon layui-icon-date" style="font-size: 38px; color:
#1E9FFF;"></i>
    </div>
</div>
```

然后在 JS 中给 i 图标设置单击事件:

```
$('i').click(function(e){
    var d = layui.laydate;
    d.render({
        elem: '#test', // 仍然绑定到 input
        show: true,      // 显示为 true
        closeStop: 'i' // 将此属性指定为单击 i 图标,否则无法弹出控件
    });
});
```

执行后的效果如图 6-46 所示。

图 6-46

这样就只有在单击图标按钮时才会弹出日期选择器。

顺便简单了解一下日期选择器的定位属性 position,如表 6-6 所示。

表 6-6

可选值	示例值
absolute	绝对定位,始终吸附在绑定元素周围。默认值
fixed	固定定位,初始吸附在绑定元素周围,不被浏览器的滚动条所左右,一般仅在固定定位的弹出层中使用(弹出层知识将在稍后讲解)
static	静态定位,直接嵌套在指定容器中

275

请注意以下两点。

第一，当 show 为 true 时，控件仍然采用绝对或固定定位方式。

第二，当使用 static 定位方式时，zIndex 属性无效；且绑定的元素必须是双标签，因为只有双标签才能嵌套进去，单标签是不可以的。

例如在页面中仅使用一个 div：

```
<div id="test"></div>
```

要将日期选择器嵌入这个 div 中，只需使用以下代码：

```
var d = layui.laydate;
d.render({
    elem:'#test',
    position:'static'
});
```

刷新页面，无须做任何单击，即可在该 div 中嵌入并直接显示日期选择器。

6.6.2　常用方法

laydate 有一个很实用的 getEndDate 方法，它可以获取指定年月的最后一天日期。其语法格式为：

```
getEndDate(month, year)
```

这里的两个参数都是可选的。省略时，month 默认为当前月，year 默认为当前年。例如：

```
var $ = layui.$;
$(function(){
    var d = layui.laydate;
    var endDate1 = d.getEndDate(2); // 得到系统时间所在年份的 2 月的最后一天
    var endDate2 = d.getEndDate(2, 2020);    //2020 年 2 月的最后一天
    console.log(endDate1);          //28
    console.log(endDate2);          //29
})
```

6.6.3　常用事件

日期时间组件的常用事件如表 6-7 所示。

表 6-7

事件	参数	说明
ready	date（初始的日期时间对象）	日期选择器打开时触发
change	value（字符型的值）	切换年月日或时间时触发
done	date（日期时间对象） endDate（结束的日期时间对象）	单击日期或下方按钮时触发

表 6-7 中回调参数中的 date 具体包括以下属性：year、month、date、hours、minutes 和 seconds。其中，ready 事件中的 date 是指初始值，也就是系统时间或者 value 属性的指定值；而另外两个事件中的 date 是指切换后或选中的值。例如以下代码：

```
var $ = layui.$;
$(function(){
    var d = layui.laydate;
    d.render({
        elem:'#test',
        change: function(value, date, endDate){
            console.log(value);          // 字符串 2019-11-03
            console.log(date);           //Object 对象
            console.log(date.year);      // 数值 2019
            console.log(date.month);     // 数值 11
            console.log(date.date);      // 数值 3
            console.log(endDate);        // 空对象 {}
        },
    })
})
```

当单击日期选择器上方的左右切换按钮时，change 事件就会被触发。

假如系统日期为 2019-12-03，那么切换到上个月时，value 的值就是字符串"2019-11-03"；date 是对象形式的日期时间；而 endDate 则是一个空对象，这是因为它只有在开启范围选择（range 为 true）时才会返回。

执行后的效果如图 6-47 所示。

图 6-47

6.7 颜色选择器组件

颜色选择器组件在 layui 中的名称为 colorpicker。

为方便说明问题，我们先在页面中写一个 div 或者 span 标签：

```
<div id="test"></div>
```

后续所有的组件渲染都将对它进行。

6.7.1 常用属性

颜色选择器组件的常用属性如表 6-8 所示。

表 6-8

属性名	说明	类型	默认值
elem	绑定的选择器元素	String/Object	–
color	默认颜色	String	–
format	颜色格式，可选 hex、rgb	String	hex
alpha	是否开启透明度	Boolean	false
predefine	是否开启预定义颜色	Boolean	false
colors	预定义颜色	Array	–
size	下拉框大小，可选 lg、sm、xs	String	–

表 6-8 中的 format 属性表示的是颜色格式，它有两个可选值：hex 和 rgb。这里的 hex 就是大家常说的十六进制的颜色代码，而 rgb 则是十进制的颜色代码。

假如要将页面中的 div 变为一个颜色选择器，可使用下面的 JS 代码：

```
var $ = layui.$;
$(function(){
    var cp = layui.colorpicker;
    cp.render({       // 渲染
        elem: '#test',      // 绑定到选择器，也可写成对象的形式：$('#test')
        color: '#f00',       // 默认为红色
        predefine:true,      // 开启预定义颜色
    });
})
```

刷新页面，div 的效果如图 6-48 所示。

图 6-48

单击图 6-48 所示的下拉箭头，可选择颜色，如图 6-49 所示。

图 6-49

图 6-49 中的下面两行颜色就是预定义的。你完全可以根据需要使用 colors 属性重新设置预定义颜色。例如：

```
colors: ['#F00','#0F0','#00F','rgb(255, 69, 0)','rgba(255, 69, 0, 0.5)']
```

这样在弹出的颜色选择器中将仅显示 5 种预定义颜色。当把上述代码中的 predefine 属性去掉或者设置为 false 时，则不再显示预定义颜色。

由于颜色选择器组件的 format 属性默认为 hex，因此当你选择不同的颜色时，下方编辑框中显示的就是十六进制的颜色代码。

现将 render 渲染方法中的参数对象做如下修改：

```
cp.render({
    elem: '#test',
    format:'rgb',
    color: 'rgb(255,0,0)',   // 红色默认值要改成 rgb 的写法
});
```

页面效果如图 6-50 所示。

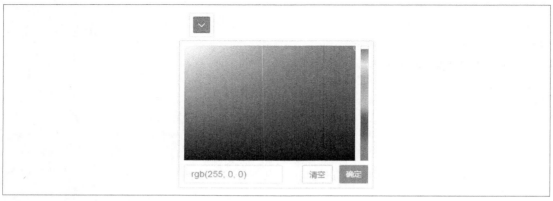

图 6-50

当 format 为 rgb 格式时，还可开启 alpha 透明度，这样就变成了 rgba 格式。例如在上面的参数对象中再加上一行：

```
alpha:true,        //rgb 模式中可开启透明度
```

则颜色选择器效果如图 6-51 所示。

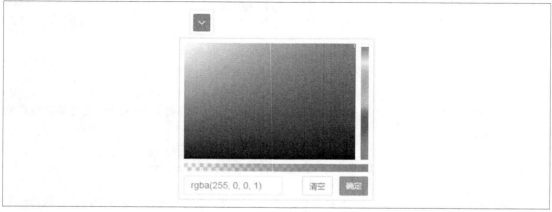

图 6-51

实际上，当使用 render 方法渲染生成颜色选择器时，它还会返回一个当前实例对象。例如：

```
var c = cp.render({
    …参数同上…
});
console.log(c)
```

输出结果如图 6-52 所示。

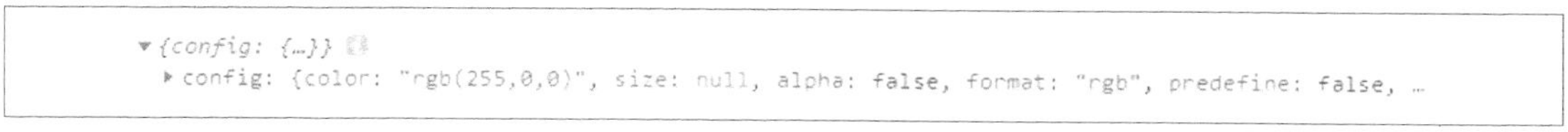

```
▼ {config: {…}} ⌕
 ▶ config: {color: "rgb(255,0,0)", size: null, alpha: false, format: "rgb", predefine: false, …
```

图 6-52

很显然，这个返回对象仅有一个 config 属性，它包含了当前实例对象的全部配置信息。你也可以使用以下代码直接输出该配置信息：

```
console.log(c.config)
```

6.7.2 常用事件

颜色选择器有以下两个常用事件，如表 6-9 所示。

表 6-9

事件名	参数	说明
change	color	当颜色在选择器中发生改变时触发
done	color	单击颜色选择器中的按钮时触发

例如当你希望将选择后的颜色自动填入一个指定的表单输入框中时，可以使用类似于下面的页面代码：

```
<div class="layui-form-item">
    <div class="layui-input-inline" style="width: 100px;">
        <input type="text" value="#f00" class="layui-input">
    </div>
    <div class="layui-inline" style="left: -11px">
        <div id="test"></div>
    </div>
</div>
```

为了让颜色选择器和字符输入框连为一体，这里专门加了一个样式：

```
style="left: -11px"
```

然后在 render 渲染参数对象中加上 change 事件：

```
cp.render({
    elem: '#test',
    color: $('input').val(),      // 取输入框中的默认值
    change: function(color){
        $('input').val(color)    // 将改变后的颜色值填入输入框
    }
})
```

执行后的效果如图 6-53 所示。

图 6-53

6.8 滑动条组件

作为一个拖曳式的交互性组件，滑动条往往能使用户有更好的操作体验。layui 的滑动条包含了你所能想到的绝大部分功能。

滑动条组件在 layui 中的名称为 slider，它可让用户通过滑动获取到需要的数值，相当于 input 表单中 type 类型为 range 时的数据输入效果。

6.8.1 常用属性

滑动条组件的常用属性如表 6-10 所示。

表 6-10

属性名	说明	类型	默认值
elem	绑定的选择器元素	String/Object	-
type	滑块类型,可选值有 default(水平)、vertical(垂直)	String	default
min	滑动条最小值,正整数	Number	0
max	滑动条最大值	Number	100
range	是否开启范围拖曳	Boolean	false
value	初始值	Number/Array	0
step	拖曳步长	Number	1
showstep	是否显示间断点	Boolean	false
tips	是否显示文字提示	Boolean	true
input	是否显示输入框	Boolean	false
height	滑动条高度(仅在 type 的类型为 vertical 时有效)	Number	200
disabled	是否禁用	Boolean	false
theme	主题颜色	String	#009688

例如页面中仅有一个 div 标签元素:

```
<div id="test"></div>
```

如果要将它变为一个滑动条,可参考下面的 JS 代码:

```
var $ = layui.$;
$(function(){
    var sl = layui.slider;
    sl.render({
        elem: '#test',
        value:80,        // 默认值为 80
        input:true,      // 显示输入框
    })
})
```

页面刷新后的效果如图 6-54 所示。

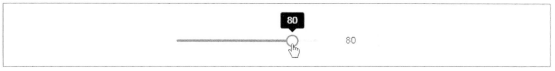

图 6-54

在图 6-54 中，单击拖曳滑动环时，输入框中的值将被同步修改；同样的，当修改输入框中的数字时，滑动条中的滑动环也会同步调整至相应的位置。

有以下几点需要注意。

第一，当 range 设置为 true 时，滑动条将出现两个可拖曳的滑动环，且输入框将自动无效。例如在上述代码中增加一行：

```
range:true,
```

尽管 input 仍然设置为 true，但刷新页面之后，输入框还是会自动消失，且在滑动条中出现了两个滑动环，如图 6-55 所示。

图 6-55

第二，当 range 设置为 true 时，value 的初始值应写为数组，以表示开始和结束的区间。例如：

```
value: [30, 60],
```

图 6-55 中，尽管当时的 value 值是一个数字 80，但它仍然强制性地把 0 作为拖曳范围的最小值写进了数组中，这个时候的 value 值其实已经变成了 [0, 80]。

第三，当鼠标指针放在滑动环上或者拖曳滑动环时都将触发提示信息。其默认显示的文本是它的对应数值，也可以采用下面的方式自定义提示内容：

```
var sl = layui.slider;
sl.render({
    elem: '#test',
    range:true,
    value:[30,60],
    setTips: function(value){ // 自定义提示文本
        return value + '%';
    }
})
```

页面刷新后的效果如图 6-56 所示。

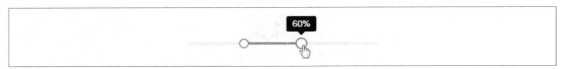

图 6-56

6.8.2 常用事件

滑动条组件最常用的事件就是 change，它在滑动条数值被改变时触发。

例如在页面中再添加一行代码：

```
<div id="test"></div>    <!-- 原来的 div -->
<div id="tip"></div>        <!-- 新添加的 div -->
```

然后将 JS 代码做如下修改：

```
var sl = layui.slider;
sl.render({
    elem: '#test',
    tips: false,        // 关闭组件本身的信息提示
    change: function(value){     // 改在事件中处理
        $('#tip').html('当前数值: '+ value);
    }
})
```

刷新页面，当拖曳滑动环时，滑动条下方会动态地提示当前的数值，如图 6-57 所示。

图 6-57

但要注意，当range为true时，change事件中的value的值就变成了数组，如图6-58所示。

图 6-58

当你仅需要数组中的开始值或结束值时，应使用类似于下面的代码：

```
change: function(value){
    console.log(value[0]) // 得到开始值
    console.log(value[1]) // 得到结束值
}
```

6.8.3 常用方法

和颜色选择器一样，滑动条在渲染完成之后也会返回一个实例对象。例如：

285

```
var sl = layui.slider;
var s = sl.render({
    …参数同上…
});
console.log(s)
```

浏览器控制台输出内容如图 6-59 所示。

```
▼ {setValue: f, config: {…}} 🔖
  ▶ config: {type: "default", min: 0, max: 100, value: Array(2), step: 1, …}
  ▶ setValue: f (i,t)
```

图 6-59

这里的 config 属性仍然返回的是当前实例对象的全部配置信息，而 setValue 则是一个函数，这在面向对象的编程语言里也被称为方法，它起到的作用就是用来动态地给滑动条赋值。

当 range 属性为 false 时，可使用以下代码重新设置滑动条的数值：

```
s.setValue(20)
```

当 range 属性为 true 时，则要分别设置开始值和结束值。例如：

```
s.setValue(20, 0)  // 第 2 个参数为 0 时，表示设置的开始值
s.setValue(60, 1)  // 第 2 个参数为 1 时，表示设置的结束值
```

6.9 文件上传组件

文件上传一般都是通过 type 为 file 的 input 表单标签实现的。为了让它具备更加友好的 UI 界面以及更加强劲的功能，layui 专门为文件上传开发了一个组件，且可以把任何的可见标签都用作文件上传。

文件上传组件在 layui 中的名称为 upload。

例如页面中仅有一个图标按钮：

```
<button class="layui-btn" id="test">
    <i class="layui-icon">&#xe67c;</i> 选择文件
</button>
```

现只要在 JS 中使用如下代码绑定该按钮：

```
var $ = layui.$;
$(function(){
```

```
        var up = layui.upload;

        up.render({
                elem: '#test', // 绑定元素
        });
})
```

刷新页面，该按钮即刻变成文件上传组件，如图 6-60 所示。

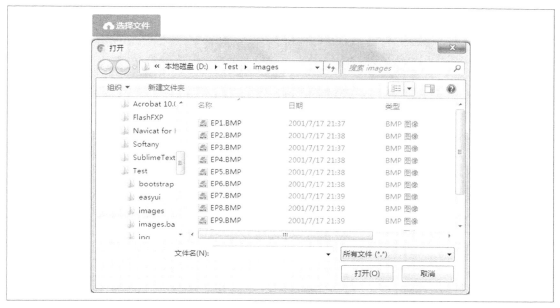

图 6-60

　　选择其中的任何一个文件，都会给出"请求上传接口出现异常"的错误提示。这是正常的，因为你还没有给上传组件设置 url 等属性。或者你也可以选择你要上传的文件，将其拖曳到上传按钮区域也可直接上传文件。

6.9.1　常用属性

　　文件上传组件常用的配置参数属性如表 6-11 所示。

表 6-11

属性名	说明	类型	默认值
elem	绑定元素	String/Object	–
url	服务器端上传接口	String	–
field	文件域的字段名	String	file
drag	是否允许拖曳文件上传	Boolean	true

续表

属性名	说明	类型	默认值
accept	允许上传的文件类型	String	images
exts	允许上传的文件后缀名	String	-
acceptMime	打开文件选择框时的可选文件类型	String	images
size	允许上传的文件最大值，单位为 kb	Number	0
multiple	是否允许多文件上传	Boolean	false
number	允许同时上传的最大文件数量	Number	0
data	请求上传接口的额外参数	Object	-
headers	接口的请求头	Object	-
auto	是否选完文件后自动上传	Boolean	true
bindAction	取消自动上传时的绑定元素	String/Object	-

❶ 上传接口

上传接口使用 url 属性设置。需要注意的是，服务器端的返回值必须是标准的 JSON 格式数据，否则将始终给出错误提示。

例如之前的代码，由于没有指定 url 属性，所以在选择文件之后，一直给出报警信息，如图 6-61 所示。

图 6-61

即使你指定了 url 属性，但返回的不是正常的 JSON 数据，一样会出错。因此服务器端一定要在正常接收文件之后再给出标准的 JSON 数据返回到浏览器客户端。

例如将 JS 中的代码修改为：

```
up.render({
    elem: '#test', // 绑定元素
    url: 'accept', // 上传接口
});
```

Foxtable 服务器端的 HttpRequest 事件代码为：

```
Select Case e.Path
    Case "accept"
        For Each key As String In e.Files.Keys
```

```
            For Each fl As String In e.Files(key)
                    e.SaveFile(key,fl,".\uploadfiles\" & fl)
            Next
        Next
        Dim obj As New JObject      ' 要返回到客户端的 JSON 对象
        obj("status") = "ok"         ' 给对象加上 status 属性
        e.WriteString(obj.ToString)    ' 返回到客户端
End Select
```

这样在上传文件时，服务器端就能正常处理了。由于它同时向客户端浏览器返回了 JSON 数据，因而也不会再报错。

需要补充说明的是，本组件对服务器端返回的 JSON 数据并没有特别要求，只要是 JSON 格式即可。至于具体返回什么数据，完全根据实际需求而定。本组件还有专门的事件对服务器端返回的数据进行处理，这方面的知识稍后将会讲解。

由于本组件的 field 字段名默认为 file，因而上面的服务器端代码也可以简写为：

```
Select Case e.Path
    Case "accept"
        For Each fl As String In e.Files("file")
                e.SaveFile("file",fl,".\uploadfiles\" & fl)
        Next
        …其他代码略…
End Select
```

❷ 上传文件类型约束

与此相关的属性有 3 个：accept、exts 和 acceptMime。

其中 accept 是指允许上传时校验的文件类型，默认值是 images，也就是图片。此属性一般都是结合 exts 属性使用，因为 exts 是用来限制具体的文件后缀名的。以下是两个属性的默认值，也就是说，在这两个属性未设定的情况下，默认仅能上传图片的 5 种类型文件：jpg、png、gif、bmp 和 jpeg。例如：

```
accept:'images',
exts:'jpg|png|gif|bmp|jpeg',
```

当使用这种默认设置时，如果你选择了其他类型的文件，将出现错误信息，如图 6-62 所示。

图 6-62

289

这时你就应该修改相应的属性，如下所示。

accept 属性支持以下可选值：images（图片）、file（所有文件）、video（视频）、audio（音频）。

exts 属性中的文件后缀名可根据需要自由定义，多个后缀名称之间用竖线分开。

例如仅允许上传压缩后的文件，那么就可以这样设置：

```
accept:'file',
exts:'zip|rar|7z',
```

为方便用户选择仅允许上传的文件类型，还可以设定 acceptMime 属性。该属性用于规定打开文件选择框时所筛选出的文件类型。例如仅在文件选择框中列出全部类型的图片文件：

```
acceptMime: 'image/*',
```

也可以这样列出指定类型的图片文件：

```
acceptMime:'image/png,image/bmp',        // 可简写为 acceptMime:'.png,.bmp',
```

❸ 上传文件大小及数量约束

与此相关的有以下 3 个属性。

size：设置上传的文件最大可允许的大小，单位为 kb，默认值为 0，也就是不限制大小。

multiple：是否允许多文件上传，默认值为 false，也就是只能选择一个文件上传。如果将其改为 true，那么在选择文件时可同时按下 Ctrl 或 Shift 键多选。

number：当允许多文件上传时，用于设置可同时上传的文件数量，默认值为 0，也就是不限制数量。

这 3 个属性使用起来非常简单，突破约束时同样会给出错误提示。但要注意，本组件的多文件上传实际上是分成一个个的文件分别请求上传的。假如选择了 3 个文件，那么就会自动请求 3 次。因此服务器端的 for each 语句根本就没有发挥作用，它完全可以改成：

```
Dim fl As String = e.Files("file")(0)
e.SaveFile("file",fl,".\uploadfiles\" & fl)
```

❹ 附加数据上传

如果你希望在上传文件时同时提交一些附加数据，那么就可以使用 data 或 headers 属性。其中，data 属性是提交附加数据的，headers 属性是提交请求头的。

例如在配置参数中加上以下属性：

```
up.render({
    elem: '#test', // 绑定元素
    url: 'accept', // 上传接口
    data:{               // 附加数据
```

```
        id:888
    },
    headers: {      // 请求头
        token: 'sasasas'
    }
});
```

这里的 data 属性也可以使用函数返回值的形式。例如：

```
data: {
    id: function(){
        return 888; // 如果返回指定表单中的值，就更灵活了。例如: $('#id').val()
    }
}
```

由于提交内容发生了变化，因此 Foxtable 服务器端代码也要相应加上 Values 以获取请求数据、加上 Headers 以获取头部信息：

```
Select Case e.Path
    Case "accept"
        ' 处理附加数据
        Dim data As String = " 服务器端收到的附加数据【"
        For Each k As String In e.Values.keys
            data = data & k & ":" & e.Values(k) & ","
        Next
        data = data.TrimEnd(",") & "】"
        ' 处理头部信息
        Dim head As String = " 服务器端收到的头部信息【"
        For Each k As String In e.Headers.keys
            head = head & k & ":" & e.Headers(k) & ","
        Next
        head = head.TrimEnd(",") & "】"
        ' 接收文件
        Dim fl As String = e.Files("file")(0)
        e.SaveFile("file",fl,".\uploadfiles\" & fl)
        ' 拼接并以 JSON 格式返回
        Dim obj As New JObject
        obj("data") = data
        obj("head") = head
        obj("files") = 1    // 多文件也是分别请求的，所以这里将返回值设为 1
        e.WriteString(obj.ToString)
End Select
```

当上传任意一个文件时，服务器端会将附加数据及客户端浏览器发来的头部信息全部以 JSON 格式返回。图 6-63 中，客户端浏览器在上传文件时，同时提交了附加数据和请求头。

图 6-63

单击【Response】按钮，可以看到服务器端发来的响应信息，如图 6-64 所示。这表明服务器端已经准确地接收到了浏览器发来的全部数据。

```
×   Headers   Preview   Response   Timing
1  {
2      "data": "服务器端收到的附加数据【id:888】",
3      "head": "服务器端收到的头部信息【Origin:http://127.0.0.1,X-Requested-With:XMLHttpRequest,token:sasasas
4      "files": 1
5  }
```

图 6-64

❺ 非自动上传

在默认情况下，只要选择好文件，就会自动将其提交上传。如果你不希望这样，或者仅想将本组件作为一个本地的文件选择器来使用，那么就可以将 auto 属性设置为 false。

当 auto 为 false 时，如果希望在选择好文件后还可以继续上传，就应该再使用 bindAction 属性另外绑定一个【上传】按钮。例如将页面代码改为：

```html
<button class="layui-btn" id="test">
    <i class="layui-icon">&#xe67c;</i> 选择文件
</button>
<div class="layui-btn" id="bt">上传 </div>
```

如果要将"#test"仅用作选择文件,"#bt"用作上传文件,那么就可以这样设置 JS 代码:

```
up.render({
    elem: '#test',
    url: 'accept',
    auto:false,            // 禁止自动提交
    bindAction:'#bt',      // 另外绑定的【上传】按钮
});
```

执行后的效果如图 6-65 所示。

图 6-65

当单击【选择文件】按钮时,由于 auto 为 false,因而在选择完成之后并不会自动上传文件,只有在单击右边的【上传】按钮之后才会真正上传文件。

6.9.2　常用事件

❶ choose 事件:在文件选择后触发

本事件一般用于非自动上传时的场景。例如先在页面 body 元素中使用如下代码:

```
<button class="layui-btn" id="test">选择图片</button>
```

然后在 JS 中绑定 id 为 test 的按钮:

```
var $ = layui.$;
$(function(){
    var up = layui.upload;
    up.render({
        elem: '#test',
        url: 'accept',
        auto:false,      // 选择文件后不要自动上传
        multiple:true,   // 可多选
    });
})
```

当选择一个文件的时候,就会在按钮右侧出现该文件的名称,如图 6-66 所示。

选择图片　FP1.BMP

图 6-66

当选择多个文件的时候，则在按钮右侧会显示你选择了几个文件，如图 6-67 所示。

图 6-67

如果你不希望出现这样的文字提示，可以使用 choose 事件来处理。例如给该事件加上一个空函数：

```
up.render({
    …其他参数略…
    choose: function(obj){},
});
```

刷新页面，这时不论你选择一个还是多个文件，按钮右侧都不会再显示任何内容。

当然你也可以根据需要来重新定义在页面上展示的内容，因为该事件所传入的 obj 对象参数不仅包含了所选择文件的全部信息，还有如下 4 个方法。

pushFile：将选择文件按顺序添加到指定的 Object 对象中，无参数。

preview：预读选择的文件。如果是多文件，则会自动遍历。传入参数为函数。

resetFile：重命名文件，可传入文件序号、原文件名及修改后的文件名共 3 个参数。

upload：对上传失败的单个文件重新上传，可传入文件序号和文件名。

有了这些之后，你可以制作出功能强大的文件上传管理页面。先来看 pushFile 方法，例如：

```
choose: function(obj){
    var files = obj.pushFile();   // 将每次选择的文件追加到文件队列
    console.log(files)    // 输出队列
},
```

当单击【选择图片】按钮选择文件时，将触发 choose 事件。假如选择了两个文件，那么浏览器控制台输出的就是包含了两个键值对的对象，如图 6-68 所示。

图 6-68

此时如果继续单击【选择图片】按钮并选择其他文件，那么 files 变量所包含的键值对就会相应增加（如果继续选择已经选择过的文件，则不会增加）。也就是说，files 变量将始终保存着已经选择过的文件信息。

在这个 files 变量中，每一个键值对的键名其实就是所选择的文件序号，而键值则是 file 对象类型，它包含了所选择文件的全部信息。图 6-69 所示就是展开后的第 1 个文件信息。

```
▼ {1575624253280-0: File, 1575624253280-1: File} 📷
  ▼ 1575624253280-0: File
      lastModified: 995377032000
    ▶ lastModifiedDate: Tue Jul 17 2001 21:37:12 GMT+0800 (中国标准时间) {}
      name: "EP1.BMP"
      size: 122464
      type: "image/bmp"
      webkitRelativePath: ""
    ▶ __proto__: File
  ▶ 1575624253280-1: File {name: "EP2.BMP", lastModified: 995377088000, lastModifiedDate:
```

图 6-69

如果你想遍历所选择的文件，可将 choose 事件做如下修改：

```
choose: function(obj){
    var files = obj.pushFile();
    for(var key in files){
        var file = files[key];
        console.log('文件名: ' + file.name + ', 文件大小: ' + file.size);
    }
},
```

这样就仅输出所选择文件的文件名称和大小，如图 6-70 所示。

图 6-70

遍历的时候也可根据文件相关属性进行一些判断处理。例如：

```
choose: function(obj){
    var files = obj.pushFile();
    for(var key in files){
        var file = files[key];
        if(file.size > 118*1024) {       // 如果文件大于 118kb 就从队列中删除
            delete files[key]
        }
    }
},
```

由图 6-70 可知，文件 EP1.BMP 的大小是超过了 118kb 的，因此该文件会从 files 对象中删除，这样得到的 files 队列里就只有一个文件。如果将 auto 属性改为 true 的话，那么自动上传的文件数量也就只有一个。

实际上，在真正的项目应用中，遍历文件队列一般更常使用 preview 方法。当用户选择了多个文件时，该方法还会自动执行遍历。其语法格式及返回值如下：

```
obj.preview(function(index, file, result){
    console.log(index);   // 文件索引
    console.log(file);    // 文件对象
    console.log(result); // 文件 base64 编码，例如图片
})
```

关于 preview 方法的使用，稍后在 before 事件中一并举例说明（resetFile 及 upload 方法请参考 6.9.4 小节）。

❷ before 事件：在文件上传之前触发

本事件一般用于文件上传完毕前的 loading、图片预览等。例如：

```
before: function(obj){ //obj 参数包含的信息跟 choose 完全一致
    layui.layer.load(); // 使用 layer 组件弹出加载层（本组件稍后学习）
},
```

但要注意一点，本事件仅在上传文件之前触发。例如，当你在本事件中设置了图片预览但并非使用的自动上传时（auto 为 false），即使你已经选择了文件，但仍然在页面上看不到任何效果，除非单击绑定好的【上传】按钮。当然 auto 为 true 时是个例外，因为它在选择文件之后就自动上传文件，所以看起来好像是选择文件之后就执行了预览，但它实际上还是在上传之前执行的。

为说明两者之间的区别，现在在页面中改用 blockquote 区块来显示所选择的图片。例如：

```
<button class="layui-btn" id="test">多图预览</button>
<blockquote class="layui-elem-quote layui-quote-nm" style="margin-top: 10px;">
    <div style="margin:10px 0" id="demo"></div>
</blockquote>
```

然后在 JS 中使用 choose 事件处理。完整代码如下：

```
var $ = layui.$;
$(function(){
    var up = layui.upload;
    up.render({
        elem: '#test',
        url: 'accept',
```

```
            auto:false,
            multiple:true,
            choose: function(obj){
                  $('#demo').empty();           // 清空 #demo 中的内容
                  obj.preview(function(index, file, result){     // 预读遍历
                        $('#demo').append('<img src="'+ result +'">').find('img').css({
                              width: 92,
                              height: 92,
                              margin: '0 10px 10px 0'
                        });
                  })
            },
      });
})
```

上述代码的关键就在于 preview 部分，在遍历队列文件时，将图片拼接成 img 标签元素添加到 ID 为 demo 的区块中，同时对 img 图片设置 CSS 样式。

刷新页面之后，只要选择了文件，就会在区块中显示其对应的图片。

可如果将 choose 改成 before 呢？尽管该事件的传入参数和 choose 完全相同，用法也完全一样，但由于它在上传文件之前才触发（也就是必须有上传的动作），单纯地选择文件并不会有任何效果，除非将代码中的 auto 参数去掉（或者改为 true）。

图 6-71 所示是选择了 9 个文件的预览效果。

图 6-71

在使用 preview 方法预读的时候，也可以自动过滤掉不符合条件的队列文件。例如将该方法中

的函数代码改为:

```
obj.preview(function(index, file, result){
    if(file.size <= 118*1024) {    // 只有文件 <=118kb,才添加到区块中显示
        $('#demo').append('<img src="'+ result +'">').find('img').css({
            width: 92,
            height: 92,
            margin: '0 10px 10px 0'
        })
    }
})
```

尽管仍然选择的是 9 个文件,但由于其中的 7 个文件大小超过了 118kb,因此被自动过滤掉了,显示在区块中的图片只有两张,如图 6-72 所示。

图 6-72

需要特别注意的是,这里仅仅解决了图片的显示问题,如果将组件中的 auto 改为 true,那么自动上传到服务器的还是 9 个文件。如何把上传到服务器的文件也一并过滤掉?有以下两种解决办法。

第 1 种,当 auto 属性为 true(或者把此属性去掉)时,直接在 preview 代码的前面或后面加上 files 队列的遍历处理代码。例如:

```
obj.preview(function(index, file, result){
    …代码同上,此处略…
});
var files = obj.pushFile();    // 队列文件
for(var key in files){          // 遍历处理
    var file = files[key];
    if(file.size > 118*1024){
        delete files[key]
    }
}
```

第 2 种,当 auto 属性为 false 时,单独指定一个【上传】按钮。例如在页面中加上一个标签元素:

```
<div class="layui-btn" id="bt"> 上传 </div>
```

然后在 JS 中使用 bindAction 属性绑定此元素，同时修改 choose 中的事件代码：

```
var $ = layui.$;
$(function(){
    var up = layui.upload;
    up.render({
        elem: '#test',
        url: 'accept',
        auto:false,
        bindAction:'#bt',
        multiple:true,
        choose: function(obj){
            $('#demo').empty();      // 清空 #demo 中的内容
            var files = obj.pushFile();    // 此行一定要放到 preview 的外面
            obj.preview(function(index, file, result){
                if(file.size > 118*1024) {
                    delete files[index]
                }else{
                    $('#demo').append('<img src="'+ result +'">').find
('img').css({
                        width: 92,
                        height: 92,
                        margin: '0 10px 10px 0'
                    })
                }
            })
        },
    });
})
```

当单击【上传】按钮时，提交到服务器的也就只有这两个文件了，如图 6-73 所示。

图 6-73

preview 方法除了最常用于图片预览以外，也可用在其他类型文件的列表中。这时就应该将代码中的 img 标签改成 a 标签。例如：

```
$('#demo').append('<a href="'+ result +'">' + file.name + '</a>')
```

这样显示在区块中的就是文件名，直接单击或者右击即可下载。很显然，此种处理方式并不是最好的，如果将它们显示在一个列表中会更加直观。

❸ done 及 allDone 事件：在文件上传完毕时触发

这两个事件都是在上传请求完毕后触发，但文件不一定上传成功，只是接口的响应状态正常（200）。

其中，done 事件返回 3 个参数，分别为服务器端响应信息、当前文件的索引及重新上传的方法；allDone 事件则返回 Object 类型的参数，它包含以下状态数据。

total：请求上传的文件总数。

successful：请求成功的文件数。

aborted：请求失败的文件数。

例如给之前的 JS 继续加上以下代码：

```
done: function(res, index, upload){ // 这里的 res 由服务器端返回，必须是 JSON 格式
    if(res.status == 'ok'){          // 假设 status 为 ok 时代表上传成功
        console.log('上传文件成功！')
    };
    var item = this.item;            // 获取当前触发上传的 jQuery 元素对象
    console.log(item.text());        // 输出：多图预览
},
```

如果是多文件上传（也就是 multiple 属性为 true 时），还将同时触发 allDone 事件。例如：

```
allDone: function(obj){              // 当文件全部被提交后才触发
    console.log(obj.total);         // 得到总文件数
    console.log(obj.successful);    // 请求成功的文件数
    console.log(obj.aborted);       // 请求失败的文件数
},
```

❹ error 事件：在文件上传失败时触发

这种上传失败包括网络异常、服务器端异常（404/500）等。

该事件返回两个参数，分别为当前文件的索引、重新上传的方法。

仍以之前的代码为例，为了能在页面中给出上传成功或失败的提示信息，先在页面的最后加上一个 span 元素，同时添加一个【重传】按钮。例如：

```
<button class="layui-btn" id="test">多图预览</button>
<blockquote class="layui-elem-quote layui-quote-nm" style="margin-top: 10px;">
    <div style="margin:10px 0" id="demo"></div>
</blockquote>
<div class="layui-btn" id="bt">上传</div>
<span id="st">
    <span>等待上传中</span>                        <!-- 上传状态提示 -->
    <a class="layui-btn layui-hide">重传</a>      <!-- 按钮默认隐藏 -->
</span>
```

然后给 JS 加上 allDown 及 error 事件：

```
allDone: function(obj){
    $('#st>span').text('已上传成功 ' + obj.successful + ' 个，失败 ' + obj.aborted +
' 个！ ');
    if (obj.aborted) {    // 如果上传失败的文件数大于 0，就显示【重传】按钮
        $('#st>a').removeClass('layui-hide');
    }else{                // 否则隐藏【重传】按钮
        $('#st>a').addClass('layui-hide')
    }
},
error: function(index, upload){
    $('#st>a').click(function(){    // 给【重传】按钮绑定事件
        upload()            // 执行重传方法
    });
}
```

为了让 error 事件生效，我们先把服务器端 HTTPRequest 中的 accept 地址修改一下（例如改成 accept123），然后刷新页面，并选择要上传的文件，如图 6-74 所示。

图 6-74

　　由于客户端 JS 所指定的 url 属性仍然为 accpet，当单击【上传】按钮时，肯定无法请求到服务器端的指定地址，这样就会触发 error 及 allDone 中的事件，执行后的效果如图 6-75 所示。

图 6-75

　　此时如果将服务器端 HTTPRequest 中的请求地址再改回 accept，单击【重传】按钮就会执行绑定的 click 事件，如图 6-76 所示。

图 6-76

　　allDone 中的事件代码也可以简写成这样：

```
allDone: function(obj){
    $('#st>span').text('已上传成功' + obj.successful + '个，失败' + obj.aborted +
'个！');
    $('#st>a').removeClass('layui-hide').toggle(obj.aborted ? true : false);
},
```

这里的 toggle 是 jQuery 中用来显示或隐藏元素的方法。

❺ progress 事件：文件上传进度

　　在网速一般的情况下，大文件的上传通常需要一定的等待时间，而浏览器并不会清晰地告知你它正在努力地上传。为提升用户体验，可通过 progress 事件制作一个进度条。

例如先在页面中添加一个进度条，并让它默认隐藏：

```
<div class="layui-progress layui-progress-big layui-hide" lay-filter="prog">
    <div class="layui-progress-bar"></div>
</div>
```

然后在 before 事件中让它显示、在 progress 事件中显示进度、在 allDone 事件中隐藏进度：

```
before:function(){
    $('[lay-filter]').removeClass('layui-hide').show()
},
progress: function(n , elem){
    var percent = n + '%';        // 获取进度百分比
    layui.element.progress('prog', percent);   // 进度条
    console.log(elem);            // 得到当前触发的元素对象
},
allDone: function(){
    $('[lay-filter]').hide()
},
```

6.9.3 常用方法

和之前的颜色选择器、滑动条一样，upload 在渲染完成之后也会返回一个实例对象。例如：

```
var up = layui.upload;
var u = up.render({
    …参数设置略…
});
console.log(u)
```

浏览器控制台的输出内容如图 6-77 所示。

```
▼ {upload: f, reload: f, config: {…}}
  ▶ config: {accept: "images", exts: "", auto: false, bindAction: …
  ▶ reload: f (t)
  ▶ upload: f (t)
```

图 6-77

这里的 config 属性仍然返回的是当前实例对象的全部配置信息，而另外两个则是它的方法。其中，reload 方法用于对实例进行重载，upload 方法则是将全部文件队列重新上传。

例如将之前 error 事件中的代码改为：

```
error: function(index, upload){
    $('#st>a').click(function(){
        u.upload()      // 执行全部文件的重传方法
    });
}
```

当单击【重传】按钮时，就意味着将选择的全部文件都重新上传一遍。而 reload 方法则表示对实例参数进行重载，此方法的作用也非常大。

例如我们希望允许用户选择上传不同类型的文件，就可以使用 reload 方法来处理。先在页面中添加选择项：

```
<button class="layui-btn" id="test">请选择</button>
<form class="layui-form" style="float: right">
    <input type="radio" name="filebox" value="img" title="图片" checked>
    <input type="radio" name="filebox" value="word" title="word 文档">
    <input type="radio" name="filebox" value="excel" title="excel 文档">
</form>
<blockquote class="layui-elem-quote layui-quote-nm" style="margin-top: 10px;">
    <div style="margin:10px 0" id="demo"></div>
</blockquote>
<div class="layui-btn" id="bt">上传</div>
<span id="st">
    <span>等待上传中</span>
    <a class="layui-btn layui-hide">重传</a>
</span>
```

其中加粗的部分就是新添加的。接着再来修改 JS 代码：

```
var $ = layui.$;
$(function(){
    var up = layui.upload;
    var u = up.render({      // 将当前渲染实例赋给变量 u
        elem: '#test',
        url: 'accept',
        auto:false,
        bindAction:'#bt',
        multiple:true,
```

```
            choose: function(obj){},      // 此事件填上一个空的函数
            done: function(res, index, upload){
                    …这里仍然使用之前的代码…
            },
            allDone: function(obj){
                    …这里仍然使用之前的代码…
            },
            error: function(index, upload){
                    …这里仍然使用之前的代码…
            },
        });
        // 以下是新增加的代码
        var fm = layui.form.render('radio');     // 渲染表单中的单选框
        fm.on('radio', function(data){              // 监听单选框事件
            var obj = {};
            switch(data.value){
                case "img":       // 如果选择的是图片
                        obj = {
                                accept: 'images',
                                exts:'jpg|png|bmp',
                                acceptMime:'.jpg,.png,.bmp',
                                choose: function(obj){
                                        $('#demo').empty();
                                        obj.preview(function(index, file, result){
                                                $('#demo').append('<img src="'+ result +
'">').find('img').css({
                                                        width: 92,
                                                        height: 92,
                                                        margin: '0 10px 10px 0'
                                                });
                                        })
                                },
                        };
                        break;
                case "word":        // 如果选择的是 word 文档
                        obj = {
                                accept: 'file',
                                exts:'doc',
                                acceptMime:'.doc',
                                choose: function(obj){
                                        $('#demo').empty();
```

```
                                    obj.preview(function(index, file, result){
                                        $('#demo').append('<a href="'+ result +
'">' + file.name + '</a>')
                                    })
                                }
                            };
                            break;
                    case "excel":        // 如果选择的是 excel 文档
                        obj = {
                            accept: 'file',
                            exts:'xls',
                            acceptMime:'.xls',
                            choose: function(obj){
                                $('#demo').empty();
                                obj.preview(function(index, file, result){
                                    $('#demo').append('<a href="'+ result +
'">' + file.name + '</a>')
                                })
                            }
                        };
                        break;
                };
                u.reload(obj);        // 重载
            })
})
```

新增代码的作用在于，可根据用户选择的不同项目，分别生成包含了不同 accept、exts、acceptMime 属性及 choose 方法的对象，最后再用它来重载当前实例（变量名为 u）参数。

例如，当用户选择了"图片"时，单击【请选择】按钮只能选择图片，且按照图片的 choose 事件设置进行预览，如图 6-78 所示。

图 6-78

当选择"word 文档"或"excel 文档"时，只能选择后缀名为 .doc 或 .xls 的文件，且 choose
事件预览的是文件名，如图 6-79 所示。

图 6-79

文件选择完成之后，单击【上传】按钮，照样可以触发实例对象中的 done、allDone、error 等事件。

6.9.4 多文件上传列表实例

这是一个非常具备实用价值的例子，建议大家认真学习。

页面 body 元素中的代码如下：

```
<button class="layui-btn" id="test">多文件选择</button>
<table class="layui-table">
    <thead>
        <tr>
                <th>文件名</th>
                <th>大小</th>
                <th>状态</th>
                <th>操作</th>
        </tr>
    </thead>
    <tbody id="demo"></tbody>
</table>
<div class="layui-btn" id="bt">上传</div>
```

上述代码仅生成了一个 table 表头，表体需要在用户选择文件之后触发 choose 事件动态生成。
以下是 JS 中的 choose 事件代码：

```
choose: function(obj){
    $('#demo').empty();      // 清空 #demo 中的内容
    var files = obj.pushFile();
    obj.preview(function(index, file, result){
        var tr = $('<tr id="upload-'+ index +'">' +
            '<td>'+ file.name + '</td>' +
            '<td>'+ (file.size/1014).toFixed(1) + 'kb</td>' +
```

```
                '<td> 等待上传 </td><td>' +
                        '<button class="layui-btn layui-btn-xs layui-btn-normal">
改名 </button>' +
                        '<button class="layui-btn layui-btn-xs layui-btn-danger">
删除 </button>' +
                        '<button class="layui-btn layui-btn-xs layui-hide"> 重
传 </button>' +
                '</td></tr>');
            $('#demo').append(tr);           // 将拼接好的记录行添加到表体中
            // 改名事件设置
            tr.find('button:eq(0)').click(function(){
                var nn = 'new' + file.name;         // 新名称
                tr.find('td:eq(0)').html(nn);        // 修改记录行中的名称
                obj.resetFile(index, file, nn)       // 修改上传文件中的名称
            });
            // 删除事件
            tr.find('button:eq(1)').click(function(){
                tr.remove();                 // 删除表中的记录行
                delete files[index]; // 删除对应的上传文件
            });
            // 重传事件
            tr.find('button:eq(2)').click(function(){
                obj.upload(index, file);      // 执行 upload 方法重传
            });
        })
},
```

本段代码中的 resetFile 和 upload 方法，只能用在 choose 或 before 事件中。其中，resetFile 方法用于对文件改名，upload 方法用于重新上传文件。请注意，这里的 upload 和之前学习的实例对象中的 upload 不同，两者的作用是不一样的：前者仅重传单个文件，而后者是重传全部文件。执行后的效果如图 6-80 所示。

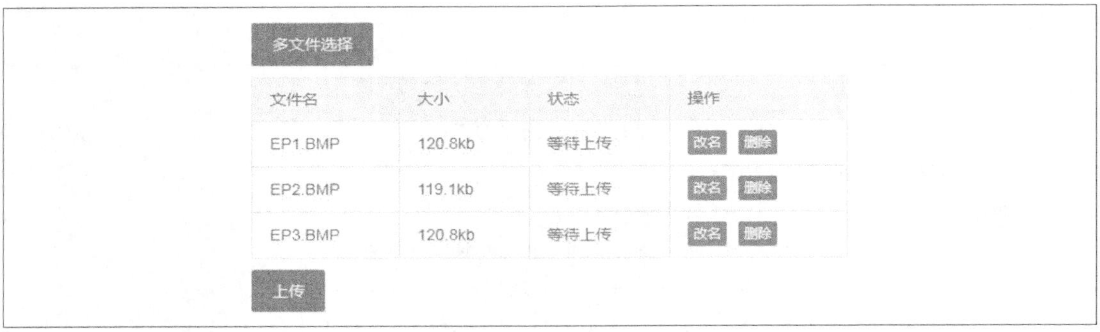

图 6-80

单击【改名】按钮，会自动在当前文件名前面加上"new"；单击【删除】按钮将删除当前文件；单击表格下方的【上传】按钮会将列表中的全部文件以修改后的文件名称上传到服务器。

而表格中的【重传】按钮默认是隐藏的，它只有在上传失败的时候才显示。还有在文件正常上传之后，列表中的"状态"列也应该从"等待上传"改为"上传成功"。所有这些功能都需要其他事件的配合。相应的 JS 完整代码如下：

```
var $ = layui.$;
$(function(){
    var up = layui.upload;
    up.render({
        elem: '#test',
        url: 'accept',
        auto:false,
        bindAction:'#bt',
        multiple:true,
        choose: function(obj){
            var files = this.files = obj.pushFile();    // 此行很重要！
            …choose 事件代码除了上一行有修改外，其余均与上同…
        },
        done: function(res, index, upload){
            if(res.status == 'ok'){           // 上传成功
                var tr = $('#demo').find('tr#upload-'+ index);
                tr.find('td:eq(2)').html('<span style="color: #5FB878;">
上传成功 </span>');
                tr.find('td:eq(3)').html('');
                delete this.files[index]; // 从文件队列删除已经上传成功的文件
            }
        },
        error: function(index, upload){
            var tr = $('#demo').find('tr#upload-'+ index);
            tr.find('td:eq(2)').html('<span style="color: #FF5722;">上传
失败 </span>');
            tr.find('td:eq(3)>button:eq(2)').removeClass('layui-hide');
        }
    });
})
```

由于这里上传的文件是以列表形式显示的，本身已经一目了然，因此无须再使用 allDone 事件来获取上传成功或失败的文件数量。

upload 组件在上传多个文件时，它其实还是将其分成一个个单独的文件来上传的，因此每一个文件上传成功时，在 done 事件中都会对相应的数据行进行处理，同时从 files 删除已经成功上传的文件。请注意，这里用的是 this.files，表示删除的是当前实例对象里的 files 列表，同时方便其他事件使用该 files 变量。文件成功上传以后的页面效果如图 6-81 所示。

图 6-81

上传失败时将自动触发 error 事件，相对应的状态栏会显示为"上传失败"，同时【重传】按钮也会显示出来，如图 6-82 所示。

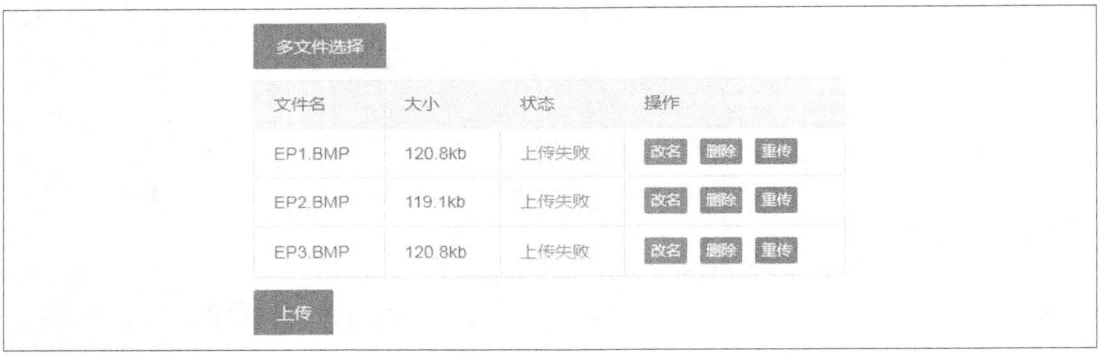

图 6-82

这时可分别单击表格中的【重传】按钮，以重新上传该行所对应的单个文件；也可单击表格下方的【上传】按钮重传全部文件。

这种多文件列表同样支持拖曳式上传。例如将页面中的"多文件选择"button 元素改为：

```
<div class="layui-upload-drag" id="test">
    <i class="layui-icon">&#xe681;</i>
    <p> 单击上传，或将文件拖曳到此处 </p>
</div>
```

这里名为 layui-upload-drag 的 class 样式是专为拖曳式上传功能定义的样式，效果如图 6-83 所示。

图 6-83

　　在这个区域内单击选择文件，或者将选择好的文件拖曳到此区域，都能在表格中自动生成文件列表，如图 6-84 所示。

图 6-84

第**07**章

工具类组件

本章要学习的是 layui 提供的多个工具类组件。这些组件适用于绝大多数业务场景，而风格依然遵循 layui 独有的极简和清爽的特点。

主要内容

7.1　目录树组件

7.2　穿梭框组件

7.3　轮播组件

7.4　评分组件

7.5　信息流加载

7.6　代码修饰器

7.7　弹出层组件

7.8　util 工具集

7.1 目录树组件

目录树组件的名称是 tree。

和第 6 章学习的 laydate、colorpicker、slider、upload 等组件一样，它可以让你脱离繁杂的 HTML 代码编写，只需专注于 JS 本身。

例如在页面 body 中只有如下一行代码：

```
<div id="test"></div>
```

然后依然使用之前的套路，在 JS 中使用如下代码：

```
var $ = layui.$;
$(function(){
    var tr = layui.tree;
    tr.render({
        elem: '#test',          // 绑定的元素对象
        data: [{                // 用于生成目录树的数据源
            title: '一线城市'
        },{
            title: '二线城市'
        }]
    });
})
```

刷新页面即可得到一个最简单的目录树，如图 7-1 所示。

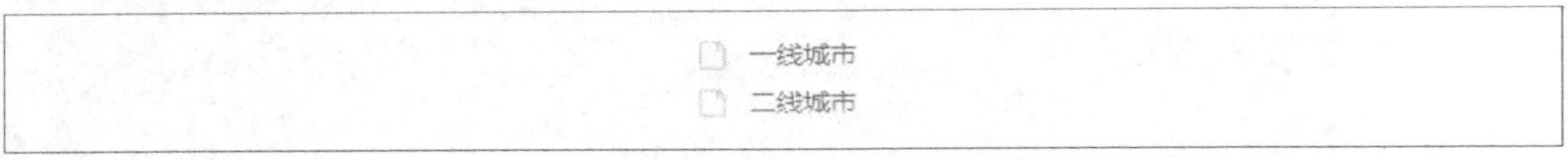

📄 一线城市
📄 二线城市

图 7-1

很显然，要生成目录树的话，data 属性非常关键。这是一个数组，其中的每一个元素都是 Object 对象，也就是对应着目录树中的每一个节点。

7.1.1 节点属性

目录树节点可使用的属性如表 7-1 所示。

表 7-1

属性名	说明	类型	默认值
title	节点标题	String	-
id	唯一索引值	String/Number	-
field	与后台同步的数据表字段	String	-

属性名	说明	类型	默认值
href	节点链接的 URL	String	-
spread	是否初始展开其子节点	Boolean	false
checked	复选框是否初始选中	Boolean	false
disabled	是否禁用	Boolean	false
children	子节点	Array	-

为了让代码看起来更清晰，我们在 JS 中单独声明一个变量 dt（此变量值也可通过 Ajax 从服务器端请求得到）。例如：

```
var $ = layui.$;
$(function(){
    var dt = [{      // 用于生成目录树的数据变量
        title: '一线城市',
        id:1,
        spread:true,
        checked:true,
    },{
        title: '二线城市',
        id:2,
    }];
    var tr = layui.tree;
    tr.render({
        elem: '#test',    // 绑定的元素对象
        data: dt,         // 绑定 dt 变量到 data 属性
    });
})
```

尽管在上面的代码中给两个节点分别加上了一些属性，但页面刷新之后并没有任何变化。这是因为 id 属性是仅供组件方法传参使用的，checked 属性需要目录树组件本身开启复选框功能才会有效，而 spread 属性则用来决定是否展开其下级节点。这里的两个节点都没有下级节点，当然展开与否就没有什么区别了。

现在看一下用于生成子节点的 children 属性。这是一个数组类型，在它里面可以使用多个对象元素来设置具体的子节点。子节点也是节点，它同样可以使用表 7-1 中的全部属性。例如将变量 dt 的值改为：

```
var dt = [{
    title: '一线城市',
    id:1,
    spread:true,
    checked:true,
    children: [{
        title: '北京市',
        id:'bj',
        children: [{
            title: '东城区',
            id:'dc'
        },{
            title: '西城区'
        },{
            title: '朝阳区'
        },{
            title: '海淀区'
        }]
    },{
        title: '上海市',
        id:'sh'
    },{
        title: '广州市'
    },{
        title: '深圳市'
    }]
},{
    title: '二线城市',
    id:2,
    children: [{
        title: '南京市'
    },{
        title: '杭州市'
    },{
        title: '成都市'
    },{
        title: '武汉市',
        disabled:true
```

```
        }]
}];
```

在这段代码中，给 title 为"一线城市"的节点和 title 为"二线城市"的节点分别添加了 children 属性，在"一线城市"的子节点"北京市"中也添加了 children 属性，这样就形成了 3 级节点。如果有需要，你还可以按照同样的处理方式继续添加 4 级节点、5 级节点……

页面刷新后的效果如图 7-2 所示。

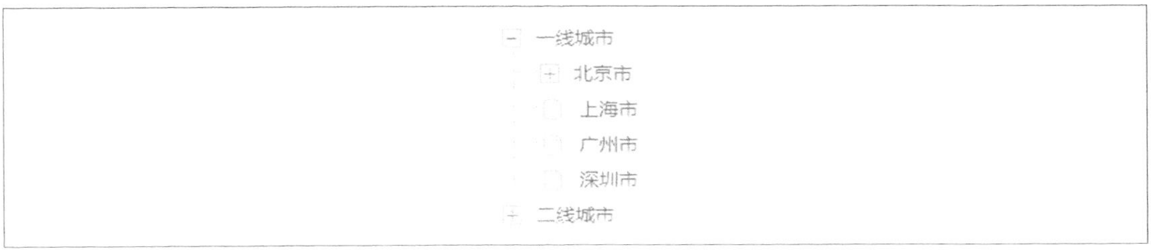

图 7-2

由于在代码中仅仅给"一线城市"节点设置了 spread 为 true，因此初始打开页面时只有该节点自动展开。其他节点可手动单击展开，或者分别给它们加上 spread 属性。

全部展开后的效果如图 7-3 所示。

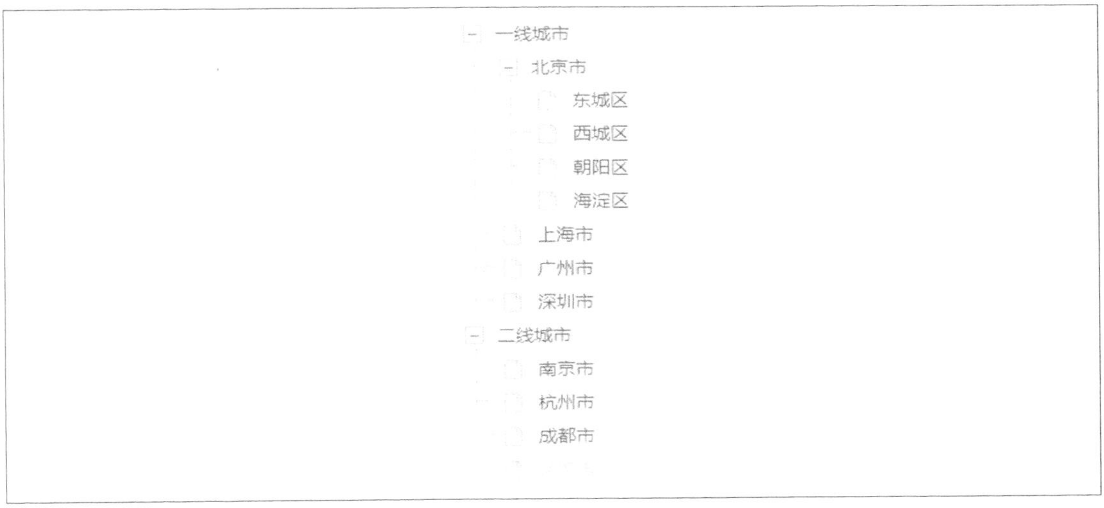

图 7-3

这里的"武汉市"节点由于 disabled 属性为 true，因此处于不可用的状态。

7.1.2　目录树属性

目录树属性如表 7-2 所示。

表 7-2

属性名	说明	类型	默认值
elem	指向容器选择器	String/Object	–
data	数据源	Array	–
id	实例唯一索引	String	–
showCheckbox	是否显示复选框	Boolean	false
onlyIconControl	是否仅允许图标控制	Boolean	false
accordion	是否开启手风琴模式	Boolean	false
showLine	是否开启连接线	Boolean	true
isJump	是否允许节点跳转	Boolean	false
edit	是否开启节点操作图标	Boolean/Array	false
text	自定义默认文本	Object	–

请注意，目录树属性和节点属性是完全不一样的概念：节点属性仅用在 data 所指定的数组对象中，而目录树属性要用在 render 渲染方法的配置参数中。

仍以之前的代码为例，如果要在目录树节点中显示复选框，可以在 render 方法的参数中加上 showCheckbox 方法：

```
var $ = layui.$;
$(function(){
    var dt = […略…];           // 变量 dt 的值不变
    var tr = layui.tree;
    tr.render({
        elem: '#test',          // 绑定的元素对象
        data: dt,               // 绑定变量 dt 到 data 属性
        showCheckbox:true,      // 显示节点复选框
    });
})
```

页面刷新后的效果如图 7-4 所示。

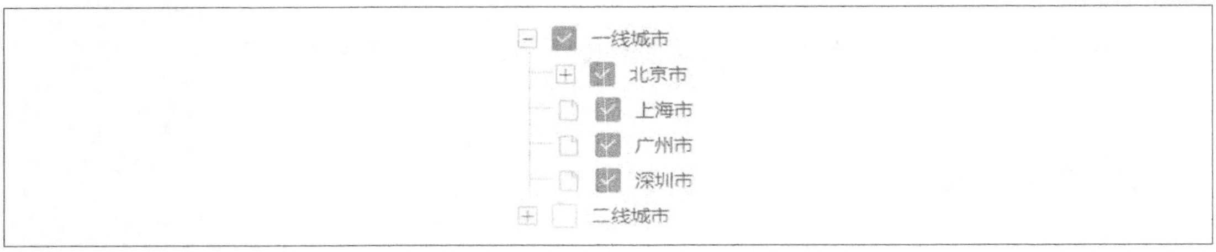

图 7-4

由于在 dt 变量中将"一线城市"节点的 checked 设置为了 true，因此该节点及其下属的所有节点都默认被选中。同样地，如果你在某个下级节点勾选了复选框，那么它的上级节点也会同时被选中。

单击标题或者左侧图标都可以展开下级节点。如果将 onlyIconControl 属性设置为 true，则只有单击节点标题左侧的图标才能控制下级节点的收缩。

默认情况下可以同时展开多个下级节点。如果将 accordion 属性设置为 true，则仅能展开一个下级节点，也就是当前下级节点展开时，自动关闭其他已经展开的节点，这就是所谓的手风琴模式。

如果将 showLine 属性设置为 false，目录树中就会不显示连接线而显示三角图标，如图 7-5 所示。

图 7-5

当你在节点中使用 href 属性设置了 URL 时，还必须将目录树的 isJump 属性设置为 true 才会有效。这是因为目录树默认禁止了所有节点的单击链接。

除此之外，layui 的 tree 组件还提供了很有意思的节点操作图标功能，使用它的前提是将 edit 属性开启。例如：

```
tr.render({
    elem: '#test',
    data: dt,
    showCheckbox:true,
    edit:true,            // 开启节点操作图标
});
```

刷新页面之后就会发现，当鼠标指针经过其中的任何一个节点时，在节点旁边都会出现两个操作图标：单击左侧图标可修改当前节点的标题，单击右侧图标则会删除当前节点，如图 7-6 所示。

图 7-6

edit 属性值也可以使用数组，且可自由配置以下 3 个操作图标的显示状态和顺序：add（添加

子节点）、update（修改当前子节点）、del（删除当前子节点）。例如，将 edit 属性改为：

```
edit:['add', 'update', 'del'],
```

显示效果如图 7-7 所示。

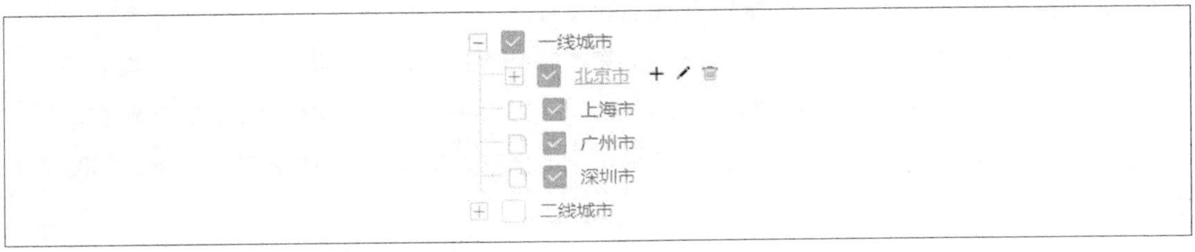

图 7-7

当单击【+】按钮时，会自动在当前节点添加一个默认标题名称为"未命名"的子节点。如果你想修改这个新添加节点的默认标题，可使用 text 属性。例如：

```
text:{
    defaultNodeName: '新节点', // 新添加的子节点默认标题
    none: '目录树无数据！'        // 数据为空时的提示文本
},
```

例如在"一线城市"右侧单击了【+】按钮后，就自动添加了一个名为"新节点"的新节点，如图 7-8 所示。

图 7-8

同样地，如果 data 的属性值为空数组，或者没有设置 data 属性，那么它所绑定的 DOM 对象将仅显示一行文字，如图 7-9 所示。

图 7-9

7.1.3　常用事件

目录树组件可监听 3 种事件：click（节点被单击时触发）、oncheck（复选框被单击时触发）和 operate（操作节点时触发）。这 3 个事件的返回值都是 Object 对象，不同对象所包含的数据信

息请参考以下代码：

```
tr.render({
    elem: '#test',
    data: dt,
    showCheckbox:true,
    edit:['add', 'update', 'del'],
    click: function(obj){
        console.log(obj.elem);   // 当前节点的 jQuery 对象
        console.log(obj.data);   // 当前节点的 Object 数据（含子节点数据）
        console.log(obj.state); // 当前节点的展开状态: open、close 或 normal
    },
    oncheck: function(obj){
        console.log(obj.elem);     // 同上
        console.log(obj.data);     // 同上
        console.log(obj.checked); // 当前节点的勾选状态: true 或 false
    },
    operate: function(obj){
        console.log(obj.elem);     // 同上
        console.log(obj.data);     // 同上
        console.log(obj.type);     // 当前节点的操作类型: add、edit 或 del
    }
});
```

很显然，3 个事件都能返回当前节点的 elem 和 data 信息。例如当你需要得到当前单击的节点标题时，可以使用下面的代码：

```
click: function(obj){
    console.log(obj.data.title)   // 也可将 title 换成节点中的其他任意属性
},
```

不同的是第 3 个值：click 事件使用 state 属性返回当前单击的节点的展开状态，oncheck 事件使用 checked 属性返回当前节点的勾选状态，operate 事件使用 type 属性返回当前节点的操作类型。

假如你希望将前端的节点操作内容同步保存到服务器后台，可以在 operate 事件中做如下处理：

```
operate: function(obj){
    var type = obj.type;
    if(type === 'add'){              // 如果是新增加的节点
        // 使用 Ajax 在后台数据库中同步增加记录，并将增加后的 id 返回到前端
```

```
                return 123;     // 假如服务器返回的 id 是 123
        }else if(type === 'update'){ // 如果是修改的节点
            // 使用 Ajax 向后台提交当前节点的 id 及修改后的内容，并在后台同步更新
            console.log(obj.data.id);
            console.log(obj.data.title);
        }else if(type === 'del'){       // 如果是删除节点
            // 使用 Ajax 向后台提交当前节点的 id 并执行同步删除
            console.log(obj.data.id)
        };
}
```

以增加节点为例：由于增加的节点只有 title 属性，为方便后面的其他操作，还应该使用 return 语句给它设置 id 属性。如果你希望在浏览器客户端添加了节点之后也能在后台数据库中同步添加，可以使用 Ajax 在后台添加记录之后再把数据库中新生成的 id 号返回到客户端。

修改及删除节点同理。

很显然，当你对目录树节点进行增删改操作时，节点的 id 属性是必不可少的。为方便后台数据的同步更新，也可以给节点添加 field 字段属性，这样在执行 Ajax 请求时可一并将它提交给服务器。

7.1.4 常用方法

目录树最常用的方法有 3 个：getChecked、setChecked 和 reload。

❶ getChecked：获取已经勾选的节点数据

本方法仅对已经设置了 id 属性的节点有效，且目录树本身也必须设置 id 属性。例如在 render 方法的配置参数中添加 id 属性：

```
var tr = layui.tree;
tr.render({
    …其他参数配置略…
    id:'city',      // 设置 id 属性
});
```

如果要获取目录树中已经勾选的节点数据，可使用以下 JS 代码：

```
var checkData = t.getChecked('city');
console.log(JSON.stringify(checkData))
```

输出的字符串如图 7-10 所示。

图 7-10

由此可见，尽管目录树中"广州市"和"深圳市"也已被勾选，但由于这两个节点没有 id 属性，因此 getChecked 方法获取不到它们的数据。

❷ setChecked：勾选指定节点

本方法同样仅对设置了 id 属性的节点有效。

例如将"一线城市"节点中的 checked 属性删除（或者改为 false），同时给"二线城市"节点加上 id 为 2 的属性，如果要通过代码勾选"上海市"和"二线城市"中的所有节点，可使用如下代码：

```
tr.setChecked('city', ['sh',2]);    // 需要勾选的节点 id 放到数组中
```

运行效果如图 7-11 所示。

图 7-11

❸ reload：重载配置参数

例如在以下代码执行之后，重载过的目录树就不会显示连接线，且节点操作图标被关闭：

```
tr.reload('city',{
    showLine:false,
    edit:false
})
```

此方法更常用于根据服务器端返回的不同类型的节点数据来重置。

7.2　穿梭框组件

本组件实现的是类似于表单中的列表选择效果，但界面及操作更加友好和人性化。

穿梭框组件的名称为 transfer。

例如页面 body 元素中有如下一行代码：

```
<div id="test"></div>
```

现在要把它变成一个类似于系统功能权限选择的穿梭框，可使用以下 JS 代码：

```
var $ = layui.$;
$(function(){
    var dt = [{        // 此变量数据也可通过 Ajax 请求从服务器得到
        title:' 数据录入 ',value:'lr',disabled:false,checked:false
    },{
        title:' 数据查询 ',value:'cx',disabled:false,checked:false
    },{
        title:' 数据统计 ',value:'tj',disabled:false,checked:false
    },{
        title:' 数据打印 ',value:'dy',disabled:false,checked:false
    }];
    var tr = layui.transfer;
    tr.render({
        elem: '#test',   // 绑定页面元素
        data:dt,          // 绑定数据源
    })
})
```

这里的 dt 变量是穿梭框组件所能接受的标准数据格式。它必须是数组类型，每个数组元素都是一个 Object 对象，且必须包含以下 4 个属性。

title：选择项的标题，字符型。

value：选择项的值，可以是字符串，也可以是数字或其他类型。

disabled：是否禁用，布尔型（其他类型的数据由 Boolean 函数自动转换）。

checked：是否勾选，布尔型（其他类型的数据由 Boolean 函数自动转换）。

页面刷新后的效果如图 7-12 所示。

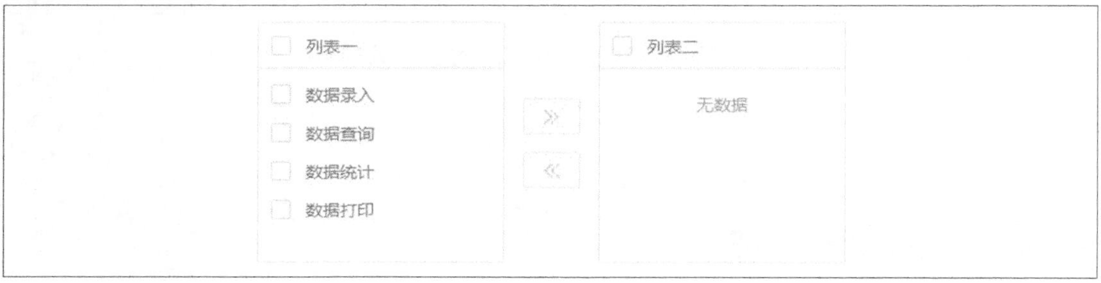

图 7-12

其中，左侧为候选项，右侧为选择项。当在左侧勾选任何一个项目时，中间的向右箭头将变为可用状态，单击该箭头选中项目就会穿梭到右侧；同理，右侧的选择项也可再穿梭回左侧，如图 7-13 所示。

图 7-13

7.2.1　常用属性

穿梭框组件的常用属性如表 7-3 所示。

表 7-3

属性名	说明	类型	默认值
elem	指向容器选择器	String/Object	–
title	穿梭框上方标题	Array	['标题一','标题二']
data	数据源	Array	–
parseData	数据源格式解析	Function	–
value	初始选中项	Array	–
id	实例唯一索引	String	–
showSearch	是否开启搜索	Boolean	false
width	左右穿梭框宽度	Number	200
height	左右穿梭框高度	Number	340
text	自定义文本	Object	–

其中 id 和 text 的作用与 tree 中的同名属性作用是完全一样的，一个用于方法，一个用于自定义文本内容，只不过这里的自定义文本必须是如下两项：

```
searchNone: '无匹配数据',        // 搜索无匹配数据时的显示文字
none: '无数据'                   // 数据为空时的提示文本
```

而要开启搜索功能，则需要将 showSearch 属性设置为 true。例如：

```
tr.render({
    elem: '#test',
    data:dt,
    height:200,                    // 设置穿梭框高度
    title:[' 可选 ', ' 已选 '],    // 重置穿梭框标题
    value:['tj'],                  // 默认选中 " 数据统计 "
    id:'cs',                       //id 属性仅供方法调用时使用
    showSearch:true,               // 开启搜索
    text:{
        searchNone: ' 未搜索到匹配项 ',
        none: ' 无列表项数据 '
    },
})
```

页面刷新后的效果如图 7-14 所示。

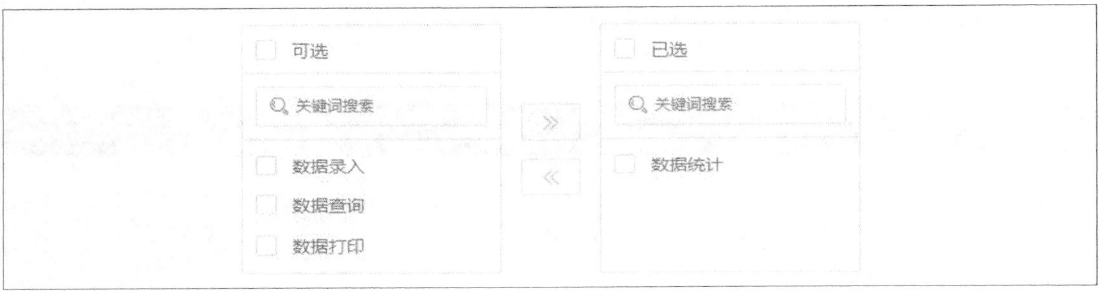

图 7-14

　　由此可见，左右两个选择框的标题都被改掉了，且自动加上了按标题关键字搜索的输入选项。搜索功能如图 7-15 所示。

图 7-15

　　当没有查询到匹配选项时，会自动显示 text 属性中定义的"未搜索到匹配项"。

　　如果组件所用到的 data 属性值并没有严格按照本节开始时所强调的那种格式书写，则有两种处理方法：一是自行编写 JS 代码，将它转换成所需要的数组及对象格式；二是使用组件本身自带的 parseData 属性。

例如将 data 属性所使用的 dt 变量改成这样：

```
var dt = [{
    id:1,name:' 数据录入 '
},{
    id:2,name:' 数据查询 '
},{
    id:3,name:' 数据统计 '
},{
    id:4,name:' 数据打印 '
}];
```

很显然，这是不符合指定的数据格式的。尽管它是一个数组，但元素对象中都没有包含 title、value、disabled 和 checked 属性。刷新页面之后，所有的选择项标题都将变成 undefined，且无法获取到选择项的值。

对于这种不合规范的数据源，可使用 parseData 属性处理。例如：

```
data:dt,                // 这里使用的是不规范的数据源
parseData: function(data){
    return {
        value: data.id,            // 将 id 作为 value 属性的值
        title: data.name,          // 将 name 作为 title 属性的值
        disabled: data.disabled,   // 也可直接写 true 或 false
        checked: data.checked      // 也可直接写 true 或 false
    }
},
```

这样就能正常显示了。如果自己编码处理，其实也很简单，使用数组对象中的 forEach 遍历方法即可搞定，例如：

```
dt.forEach(function(v,i,array){
    array[i] = {
        value:v.id,
        title:v.name,
        disabled: v.disabled,
        checked: v.checked
    }
});
```

当然，这是需要具备一定的 JS 基础知识的。

7.2.2 常用方法

穿梭框组件有以下两个常用方法。

getData 方法：获取选择项数据，也就是右侧数据。此方法必须指定组件的 id 属性值。

reload 方法：重载组件配置项。它必须带两个参数：第 1 个是组件的 id 属性值，第 2 个是配置参数对象。例如以下代码本来是开启了搜索功能的，但由于随后使用了 reload 方法，又将它关闭了：

```
var tr = layui.transfer;
tr.render({
    elem: '#test',
    data:dt,
    id:'cs',              //id 属性仅供方法调用时使用
    showSearch:true,   // 开启搜索
 });
tr.reload('cs',{
    showSearch:false, // 关闭搜索
})
```

7.2.3 穿梭事件

本事件在数据左右穿梭时触发，回调函数返回的是当前被穿梭的数据以及来源位置。

例如在 render 参数对象中加上以下代码：

```
onchange: function(data, index){
    console.log(data);   // 当前被穿梭的数据对象数组
    console.log(index); // 来源位置: 0 表示左边, 1 表示右边
}
```

以图 7-15 为例，当"数据打印"项从左侧穿梭到右侧时，浏览器控制台输出的 data 内容为：

```
[{value: 4, title: " 数据打印 "}]
```

而 index 输出的值是 0，表示是从左边穿梭过去的。

当"数据统计"项从右侧穿梭到左侧时，index 的值为 1，data 则变成了：

```
[{value: 3, title: " 数据统计 "}]
```

如果你希望在此事件中获取已经穿梭到右侧的全部数据，可使用 getData 方法。例如在 onchange 事件中加上一行代码：

```
console.log(tr.getData('cs'));
```

请注意，getData 方法和 onchange 事件中的 data 参数，它们的返回值不完全是一回事：data 参数仅返回穿梭的数据，如果穿梭的选择项是一个，那它就是一个，如果同时穿梭了两个选择项，那它就是两个，以此类推；而 getData 方法返回的是已经穿梭到右侧的所有数据项。

7.3 轮播组件

本组件主要适用于跑马灯、轮播等交互场景。它并非单纯地为焦点图而生，可满足任何类型内容的轮播式切换操作。

例如在页面 body 元素中使用以下代码：

```
<div class="layui-carousel" id="test">
    <div carousel-item>
        <div class="layui-bg-blue">条目 1</div>
        <div> 条目 2</div>
        <div> 条目 3</div>
        <div> 条目 4</div>
        <div> 条目 5</div>
    </div>
</div>
```

其中最外层的父级 div 必须使用 layui-carousel 样式来标识它是一个轮播容器，子 div 必须加上 carousel-item 属性来标识它是一个轮播条目，至于最里面的轮播内容就全部由开发者自由发挥了。

这里的轮播内容是 5 个 div，第 1 个 div 还使用了 layui-bg-blue 的背景色。接着在 JS 中执行渲染：

```
var $ = layui.$;
$(function(){
    var ca = layui.carousel;
    ca.render({
        elem: '#test',
    });
});
```

页面刷新后的效果如图 7-16 所示。

图 7-16

默认生成的就是一个宽 600px、高 280px 的轮播，每隔 3 秒会自动切换内容，也可单击下方的指示器手动切换，或者将鼠标指针放置到轮播区域后单击左右两边的箭头进行切换。

轮播内容可以使用 div，也可直接使用图片，或者在 div 中内嵌图片及其他各种需要显示的元素内容。例如：

```
<div class="layui-carousel" id="test">
    <div carousel-item>
        <div class="layui-bg-blue"> 轮播内容 </div>
        <div style="background: url(./layui/res/2.png) no-repeat center/100%">
轮播内容 </div>
        <div><img src="./layui/res/2.png"></div>
        <img src="./layui/res/2.png">
    </div>
</div>
```

这里的轮播内容有 4 项。

第 1 项是使用了 layui-bg-blue 样式的 div，内容就是几个汉字，显示效果与图 7-16 相同。

第 2 项是使用了图片背景的 div，这样做的好处是可以在图片背景上继续添加要显示的内容，如图 7-17 所示。

图 7-17

第 3 项是在 div 中嵌入的图片。当使用此种方式时，一定要给它加上 CSS 样式，否则可能会出现图片显示不全或者太大、太小等问题，如图 7-18 所示。

图 7-18

第 4 项是直接使用的图片，如图 7-19 所示。

图 7-19

很明显，当在轮播中直接使用 img 图片时，可能会因为自动进行的伸缩处理而导致图片变形。因此在轮播中直接使用 img 图片时，图片大小最好和轮播容器的大小保持一致。

如果你希望用户单击某个轮播内容时可以执行跳转等操作，只要在 div 或 img 元素外套一个 a 标签或绑定单击事件即可。

7.3.1 常用属性

轮播组件的常用属性如表 7-4 所示。

表 7-4

属性名	说明	类型	默认值
elem	指向容器选择器	String/Object	–
width	轮播容器宽度	String	600px
height	轮播容器高度	String	280px
full	是否全屏轮播	Boolean	false

属性名	说明	类型	默认值
anim	切换动画方式。可选值有 default（左右）、updown（上下）、fade（渐隐渐显）	String	default
autoplay	是否自动切换	Boolean	true
interval	自动切换时间间隔（毫秒）	Number	3000
index	初始开始的条目索引	Number	0
arrow	切换箭头默认显示状态。可选值有 hover（悬停）、always（一直显示）、none（不显示）	String	hover
indicator	指示器位置。可选值有 inside（内部）、outside（外部）、none（不显示）	String	inside
trigger	指示器的触发事件	String	click

这些属性使用起来非常简单，仅补充说明以下几点。

第一，当 anim 属性设置为 updown 时，轮播切换的动画方式就变成了上下方向，此时不允许将指示器放到轮播容器的外面。例如以下代码即使将 indicator 属性设置为 outside，也是无效的：

```
ca.render({
    elem: '#test',
    anim: 'updown',
    indicator:'outside',
});
```

页面刷新效果如图 7-20 所示，指示器仍然在轮播容器的内部。

图 7-20

如果将 anim 属性改为 default 或 fade，轮播指示器就会显示在容器外面，如图 7-21 所示。

图 7-21

第二，arrow 属性是指轮播中箭头的显示状态，其默认值为 hover，也就是当鼠标指针进入并悬浮在轮播区域时才显示。如果将其改为 always，将始终显示；改为 none，则始终不显示。

第三，trigger 属性是指指示器的触发事件，默认值为 click，也就是在用户单击指示器中的某个项目时（指示器中的灰色圆点变为白色圆点），才会强制切换到指定的轮播内容。

假如在上述代码中加上一行：

```
trigger:'hover',
```

那么只要将鼠标指针悬浮到指示器的某个项目上就会自动切换轮播内容。

7.3.2　常用事件及方法

轮播组件可通过 on 方法监听切换事件。该事件返回一个 Object 参数，它携带以下成员。

index：当前轮播到的条目索引。

prevIndex：当前轮播的上一个条目索引。

item：当前轮播到的 jQuery 对象。

例如：

```
ca.on('change', function(obj){
    console.log(obj.index);          // 当前条目的索引
    console.log(obj.prevIndex);      // 上一个条目的索引
    console.log(obj.item.text());    // 在控制台输出当前轮播到的元素内容
});
```

这里的 on 方法和之前学习的 element、form 等组件中的同名方法的用法完全一致，当页面中存在多个轮播容器时，可以给这里的监听事件名称加上过滤器。例如将页面代码改为：

```
<div class="layui-carousel" id="test" lay-filter="t1">
    …其他内容略…
</div>
<div id="demo"> 轮播内容说明 </div>
```

假如希望在切换轮播内容时，可以在 #demo 中动态显示其相关说明，那么就可参考下面的代码：

```
var ca = layui.carousel;
ca.render({
    elem: '#test',
});
ca.on('change(t1)', function(obj){
    $('#demo').html('这里是关于轮播的第 ' + (obj.index+1) + ' 个轮播说明 ')
});
```

页面效果如图 7-22 所示。

图 7-22

轮播组件在执行 render 方法时，还会返回一个当前实例对象，通过该对象的 reload 方法可以重新加载轮播组件的配置参数。例如：

```
var ca = layui.carousel;
var ins =  ca.render({
    elem: '#test',
});
ins.reload({      // 重新加载轮播组件的配置参数
    arrow: 'none'
});
```

轮播组件默认在鼠标指针进入并处于悬停状态时显示切换箭头。该代码执行后，由于重新加载了 arrow 的属性值为 none，因此当鼠标指针再次进入时就不会再显示箭头。

7.4 评分组件

评分组件一般用于对产品或商家服务的满意度进行评价。该组件的名称为 rate。

例如在页面 body 元素中有如下 div 元素：

```
<div id="test"></div>
```

然后在 JS 中使用如下代码：

```
var $ = layui.$;
$(function(){
    var rate = layui.rate;
    rate.render({      // 渲染生成评分功能
        elem: '#test',
    });
});
```

页面刷新后的效果如图 7-23 所示。

图 7-23

单击其中的任何一颗星星即可产生评分。

7.4.1 常用属性

评分组件的常用属性如表 7-5 所示。

表 7-5

属性名	说明	类型	默认值
elem	指向容器选择器	String/Object	–
length	星星个数。设置成小数时自动向下取整	Number	5
value	评分的初始值	Number	0
theme	主题颜色	String	#FFB800
half	是否可以选择半星	Boolean	false
text	是否显示评分对应的内容	Boolean	false
readonly	是否只读，即只用于展示而不可单击	Boolean	false

现给 render 方法中的配置参数加上几个属性，例如：

```
rate.render({
    elem: '#test',
```

```
    theme: '#009688',      // 更换主题颜色
    half:true,             // 可以选择半星
    text:true,             // 显示评分内容
});
```

执行后的效果如图 7-24 所示。

图 7-24

本组件有以下评分规范。

❶ 关闭半星功能时（half 为 false）

● 小数值大于 0.5：分数向上取整。例如 3.6 分将被系统自动更改为 4 分。

● 小数值小于等于 0.5：分数向下取整。例如 3.2 分会被自动更改为 3 分。

❷ 开启半星功能时（half 为 true）

不论你的小数值是 0.1 还是 0.9，都会被统一为 0.5。

如果你不想使用系统默认的评分内容，可通过 setText 函数重新设置。例如：

```
rate.render({
    elem: '#test',
    theme: '#009688',
    half:true,
    text:true,
    setText: function(value){
        var arrs = {
                '1': '极差',
                '2': '差',
                '3': '中等',
                '4': '好'
        };
        this.span.text(arrs[value] || (value + '星'));
    }
});
```

上述代码的意思是，当选择的星值为 1、2、3、4 时，右侧的文字分别显示为极差、差、中等、好。当选择的星值为 5 或者包含半星时，则直接显示为具体的星值。

这里的 this 表示当前的评分对象，this.span 返回的是用来显示文字的 jQuery 对象，使用该对象的 text 方法可重新设置其中的文字内容。例如选择 3 星时，旁边的文字说明显示为"中等"，如图 7-25 所示。

★ ★ ★ ☆ ☆ 中等

图 7-25

7.4.2 常用事件

评分组件在单击时会触发 choose 事件。

例如当用户给出的评分值大于等于 4 时，将弹出提示信息：

```
rate.render({
    …其他配置参数同上…
    choose: function(value){
        if(value >= 4) alert( '感谢评价 ')
    }
});
```

7.5 信息流加载

所谓的信息流加载，就是当需要加载的内容非常多时，为了避免过长时间等待所采取的仅将可视部分先行加载显示的处理方式。

7.5.1 常用属性

信息流加载组件的常用属性如表 7-6 所示。

表 7-6

属性名	类型	说明	默认值
elem	String	指定列表容器的选择器	–
scrollElem	String	滚动条所在元素选择器	document
isAuto	Boolean	是否自动加载	true
end	String	用于显示末页内容，可传入任意 HTML 字符	没有更多了
mb	Number	触发加载的底部临界距离。仅在自动加载时有效	50
done	Function	到达临界点触发加载的回调函数	–

例如页面中有一个指定大小的 ul 无序列表区块，现要在它里面加载数十个甚至数千个商品信息资料，这肯定是装不下的，而且也没必要一次性加载完毕，这时就可以使用信息流方式加载。

页面示例代码如下：

```html
<ul id="test"></ul>
<style>
    ul {
        width: 420px;
        height: 420px;
        overflow: auto;
        border: 1px solid blue
    }
    li {
        display: inline-block;
        margin: 5px;
        width: 190px;
        height: 210px;
        line-height: 210px;
        text-align: center;
        background: #eee;
    }
</style>
```

为方便查看效果，上述代码还分别给 ul 以及要动态加载的 li 元素设置了样式。

在这个信息流加载组件中，最重要的就是 done 回调函数，所有的数据都必须通过此函数来触发加载。它返回以下两个参数。

page：加载的页码，从 1 开始，也就是在本组件初始加载时即执行一次本回调。

next：这是用于加载内容的方法。它可传入两个参数，第 1 个是要加载的内容，第 2 个是加载条件。每执行一次 next 方法就相当于加载了一页。

以下是用来测试的 JS 代码：

```javascript
var $ = layui.$;
$(function(){
    var fl = layui.flow;
    fl.load({                    // 注意，这里执行的是 load 方法
        elem: '#test',
        done: function(page, next){
            console.log(page);
            next('<li>新加载 1</li><li>新加载 2</li><li>新加载 3</li>',page<3)
```

```
        },
      });
  });
```

刷新页面，并将滚动条拉到最下方，如图 7-26 所示。

图 7-26

　　这就表示初始加载了第 1 页，控制台输出的 page 值为 1。

　　由于 next 方法中指定的条件为 page<3，因此容器中出现了【加载更多】按钮，再次单击该按钮就会把同样的内容作为第 2 页继续加载显示。此时输出的 page 值为 2。

　　当 page 值为 2 时，next 方法中的条件还是成立的，因此还会继续出现【加载更多】按钮，单击后继续把同样的内容作为第 3 页加载显示。此时 page 值为 3，条件不再成立，就会在尾部显示 end 属性默认指定的内容"没有更多了"，如图 7-27 所示。

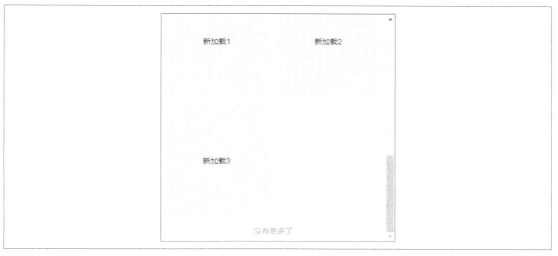

图 7-27

也就是说，通过上述很简单的几行代码，就在 ul 中加载了 9 个 li 元素。

如果在代码中再加上以下属性：

```
scrollElem: '#test',
```

那么当拖曳滚动条到距离底部临界距离为 50px 的时候就会自动加载，无须再单击【加载更多】按钮，除非你又将 isAuto 属性设置为 false。

为了让这个例子看起来更直观，现将 done 事件中的代码做如下修改：

```
fl.load({
    elem: '#test',
    done: function(page, next){
        var lis = [];
        for(var i = 0; i < 4; i++){     // 每页为 4 个 li 元素
            var n = (page-1)*4+i+1;
            lis.push('<li>' + n + '</li>')
        };
        next(lis.join(''), page < 10); // 使用数组中的 join 方法将要加载的内容转为字符串
    },
    scrollElem: '#test',
});
```

由于每页为 4 个元素，next 方法中的加载条件为 page<10，因此在不断地拖曳滚动条之后，一共可加载 40 个 li 元素，如图 7-28 所示。

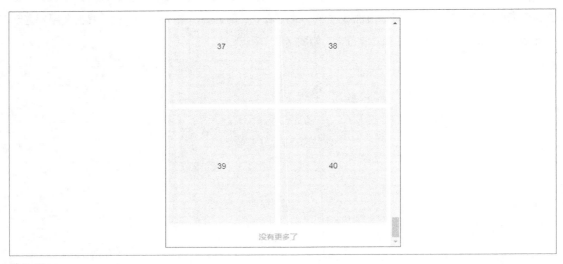

图 7-28

上述代码中的 lis 变量值完全可以通过 Ajax 从服务器端远程获取。为了让效果看起来更直观，你也可以在代码中加上计时器，这样就可以完全模拟出 Ajax 远程数据加载的效果了。例如：

```
fl.load({
    elem: '#test',
    done: function(page, next){
        setTimeout(function(){
            …其他代码同上…
        }, 500);
    },
scrollElem: '#test',
});
```

7.5.2　图片信息流加载

信息流加载用于加载图片的场合非常多。

例如要动态地加载 EP1 ~ EP9 共 9 张 BMP 图片，每页加载 4 张，那么就可以这样处理：

```
var $ = layui.$;
$(function(){
    var fl = layui.flow;
    fl.load({
        elem: '#test',
        done: function(page, next){
            setTimeout(function(){
                var lis = [];
                for(var i = 0; i < 4; i++){    // 每页为 4 个 li 元素
                    var n = (page-1)*4+i+1;
                    if(n<10) {
                        lis.push('<li><img src="./layui/res/ep' + n +
'.bmp"></li>')
                    }
                };
                next(lis.join(''), page < 3);
            }, 500);
        },
        scrollElem: '#test',
    });
});
```

由于每次加载 4 个 li 元素，且 page<3，这样就会动态加载 12 个 li 元素。而需要用到的图片

只有 9 张，为避免生成空的 li 元素，所以在 for 循环中又专门加上了 n<10 的判断。

当然，这个仅仅只是出于演示需要，实际应用时只要将每次加载的 4 个 li 元素改成 3 个即可。

页面动态加载的效果如图 7-29 所示。

图 7-29

7.5.3　图片懒加载

图片懒加载和信息流都是同一个目的，都是为了提高网页打开速度、获得更好的用户体验的一种手段。它往往是先加载可视区域的图片。

要在信息流中使用图片懒加载，需要特别注意以下两点。

第一，将 isLazyimg 属性设置为 true。本属性用于决定是否开启图片懒加载功能，默认为 false。

第二，在拼接 HTML 字符串的时候，img 元素不能使用 src 属性，必须改用 lay-src 属性。

例如将前面的图片信息流加载改为图片懒加载，JS 关键代码如下：

```
fl.load({
    elem: '#test',
    isLazyimg:true,
    done: function(page, next){
        setTimeout(function(){
            var lis = [];
            for(var i = 0; i < 4; i++){    // 每页为 4 个 li 元素
                var n = (page-1)*4+i+1;
                if(n<10) {
                    lis.push('<li><img lay-src="./layui/res/ep' + n + '.bmp">
</li>')
```

```
            }
        };
        next(lis.join(''), page < 3);
    }, 500);
    },
    scrollElem: '#test',
});
```

除此之外，还可使用 lazyimg 方法对页面中的图片进行懒加载。当然，前提必须是使用 lay-src 属性而非 src 属性。例如将页面代码改为：

```
<div id="test">
    <img lay-src="./layui/res/ep1.bmp">
    <img lay-src="./layui/res/ep2.bmp">
    <img lay-src="./layui/res/ep3.bmp">
    <img lay-src="./layui/res/ep4.bmp">
    <img lay-src="./layui/res/ep5.bmp">
    <img lay-src="./layui/res/ep6.bmp">
    <img lay-src="./layui/res/ep7.bmp">
    <img lay-src="./layui/res/ep8.bmp">
    <img lay-src="./layui/res/ep9.bmp">
</div>
<style>
    div {       /*div 样式 */
        width: 420px;
        height: 420px;
        overflow: auto;
        border: 1px solid blue
    }
    img {     /*img 样式 */
        margin: 5px;
        width: 180px;
        height: 210px;
    }
</style>
```

要对这些图片进行懒加载，使用 lazyimg 方法的示例代码如下：

```
var $ = layui.$;
$(function(){
```

```
    var fl = layui.flow;
    fl.lazyimg({
        elem: '#test>img',        // 这里的选择器必须指定到 img
        scrollElem: '#test'
    });
});
```

7.6 代码修饰器

本组件和之前学习的"引用区块"有点类似，都是用来引用大段文字的。但"引用区块"一般使用 blockquote 标签创建，而本组件一般使用 pre 标签创建。

例如在页面 body 元素中输入以下代码：

```
<pre class="layui-code">
所谓的代码修饰器，就是对你页面中需要展示的 pre 标签元素进行一个修饰，从而让它更具可读性。
虽然名为代码修饰器，但也可以将其当做"引用区块"使用。
</pre>
```

页面刷新后的效果如图 7-30 所示。

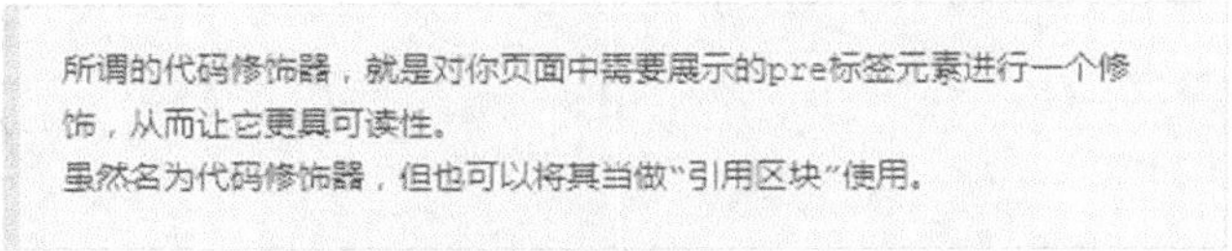

所谓的代码修饰器，就是对你页面中需要展示的pre标签元素进行一个修饰，从而让它更具可读性。
虽然名为代码修饰器，但也可以将其当做"引用区块"使用。

图 7-30

由于 pre 标签可以完全忠实于页面代码的编排格式，因此这里展现出来的文字也会自动换行。如果把 pre 换成 div，就不会自动换行，这正是 pre 标签和其他同类分组标签的不同之处。

很显然，这里的修饰效果就是通过 class 为 layui-code 的样式实现的，它和"引用区块"中的 layui-elem-quote 样式非常像，只不过这里还给整个区块加上了灰色背景。

尽管本组件可当作另外一种"引用区块"来使用，但其本意毕竟还是用来修饰代码的（组件名称为 code），因此也就具备了一些独具特色的功能。

7.6.1 原样展示代码

为方便说明问题，现将页面 body 元素中的代码做如下修改：

```
<pre>
    <span> 我是一行文字 </span>
    <style>
        span {
            color:red;
        }
    </style>
    <script>
        var a = 123;
        var b = 456;
        console.log(a + b);
    </script>
</pre>
```

这个 pre 标签包含了 3 种很常见的页面代码：页面标签、CSS 样式和 JS 代码。由于这些代码都是可以直接被浏览器解析的，因此刷新之后就仅在页面上输出了一行红色的文字，同时在浏览器得出运算结果为 579。而我们的本意只是在页面中展示这些代码，并不希望它们作为程序被运行，这时就可以使用 code 组件的 encode 属性把代码中的所有 HTML 标签转义为 HTML 实体。例如：

```
layui.code({
    elem:'pre',        // 元素选择器
    encode:true,       // 对元素中的所有 HTML 标签进行转义
})
```

这样页面所展示的就是 pre 标签中的全部原始代码了，且自动给每行代码加上了序号，如图 7-31 所示。

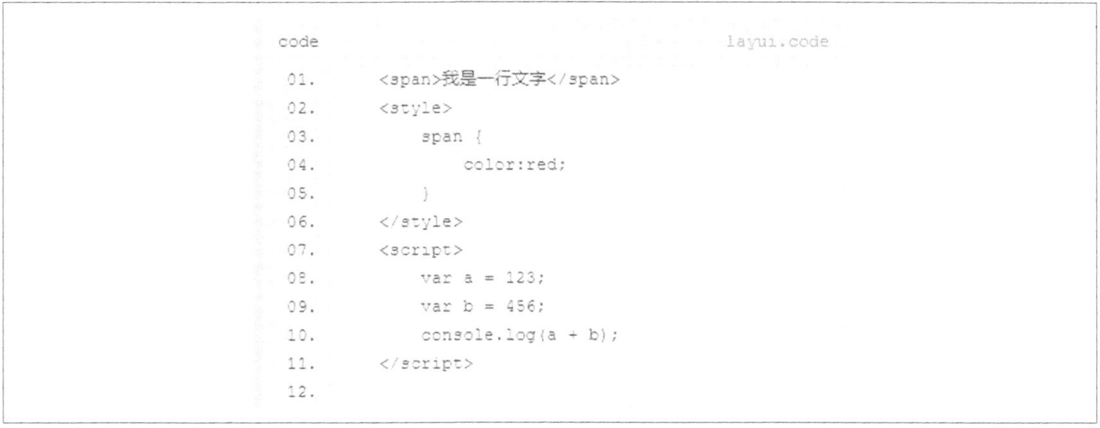

```
code                                              layui.code
01.    <span>我是一行文字</span>
02.    <style>
03.        span {
04.            color:red;
05.        }
06.    </style>
07.    <script>
08.        var a = 123;
09.        var b = 456;
10.        console.log(a + b);
11.    </script>
12.
```

图 7-31

由此可见，encode 属性的作用就在于是否对指定元素中的 HTML 代码进行转义，默认为 false。而这个转义的过程，其实就是将 HTML 标签中的符号"<"和">"转换为 HTML 标签实体。

例如把 span、style 和 script 这 3 个标签中的 "<" 全部变为 "<"，把 ">" 全部变为 ">"，这样就可避免浏览器对它们直接解析，而这些 HTML 实体在页面中仍然可以正常显示成 "<" 或 ">"。

7.6.2　其他常用属性

在前面的 JS 代码中，已经用到了 code 组件中的两个属性：elem 和 encode。

其中，elem 的默认值为 ".layui-code"，也就是 class 为 layui-code 的样式类。由于上述修改后的页面代码中没有使用此样式，因此就需要通过 elem 属性来重新设置选择器以指向具体的元素容器。

完整的常用属性如表 7-7 所示。

表 7-7

属性名	类型	说明	默认值
elem	String	指定元素的选择器	.layui-code
encode	Boolean	是否转义 HTML 标签	false
title	String	设定标题	code
height	String	设置最大高度	auto
skin	String	皮肤风格选择	–
about	Boolean	是否显示右上角的 "关于"	true

对表中 4 个属性的简单说明如下。

title：设置标题，也就是左上角显示的文本。

height：设置容器的最大高度。当内容低于该高度时，会自动适应；超过该高度时，则会出现滚动条。

skin：设置容器皮肤。还有一个可选项为 notepad。

about：是否在右上角显示 "关于" 字眼。默认为 true，设置为 false 即可剔除。

例如给 code 组件添加几个配置参数：

```
layui.code({
    elem:'pre',
    encode:true,
    title:' 页面示例代码 ',
    height:'160px',
    skin: 'notepad',
    about:false
})
```

执行后的效果如图 7-32 所示。

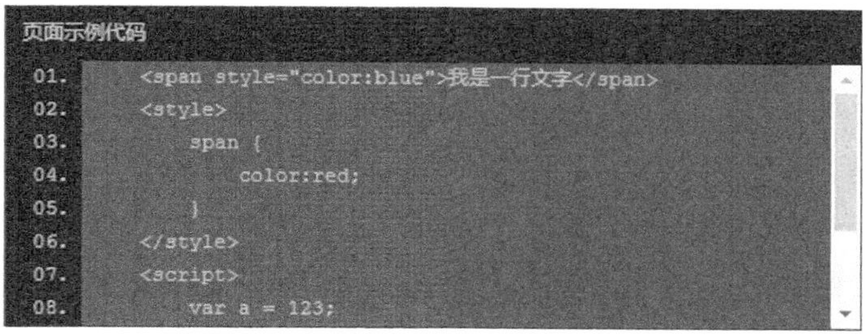

图 7-32

7.7 弹出层组件

弹出层是指浮动于页面之上的所有组件的总称，它类似于 Windows 操作系统中的窗口。但弹出层的功能更加强大，它甚至还拥有比 layui 框架本身更高的知名度、更好的美誉度，以及更多的用户使用基础。这是因为 layui 的弹出层组件还有一个独立的版本 layer，它应该是国内 Web 开发者群体中使用人数最多的弹出层组件。

正是由于 layer 组件在整个 layui 框架中的特殊地位，因此当你需要给页面加上此组件时，可以直接使用 layer 对象。例如在 JS 中直接使用以下代码即可弹出一个最简单的信息框：

```
var layer = layui.layer;      // 此行可以省略
layer.open({
    title: '信息框标题',
    content: '这里是信息框内容'
});
```

弹出层效果如图 7-33 所示。

图 7-33

由此可见，layer 是可以不依赖于页面中的任何元素的，且会在弹出层与页面之间生成透明度为 0.3 的黑色遮罩。

7.7.1 弹出层原始核心方法

layer 对象提供了多个方法，以便弹出不同类型的层。例如上面的 open 方法就是其中的原始核心方法，使用它可弹出各种类型的层。

open 方法中的参数必须是 object 对象，且可使用表 7-8 所示的属性。

表 7-8

属性名	类型	说明	默认值
type	Number	弹出层类型，有 0 ~ 4 共 5 种	0
title	String/Array/Boolean	弹出层标题	信息
content	String/DOM/Array	弹出层内容	-
icon	Number	弹出层图标	-
skin	String	弹出层皮肤	-
area	String/Array	弹出层的宽、高	auto
maxWidth	Number	弹出层的最大宽度	360
maxHeight	Number	弹出层的最大高度	-
offset	String/Array	弹出层的左上角显示坐标	auto
resize	Boolean	是否允许拖曳右下角改变大小	true
scrollbar	Boolean	是否允许浏览器出现滚动条	true
fixed	Boolean	是否在滚动时固定在可视区域	true
closeBtn	Number	是否显示关闭按钮或按钮样式	-
btn	String/Array	自定义操作按钮	确认
btnAlign	String	操作按钮对齐方式	r
maxmin	Boolean	是否显示最大最小化按钮	false
anim	Number	弹出时是否使用动画或类型	0
isOutAnim	Boolean	关闭时是否启用过渡动画	true
time	Number	是否允许自动关闭及需要时长	0
moveOut	Boolean	是否允许拖到浏览器窗口之外	false
move	String/DOM/Boolean	是否允许拖曳或重新绑定触发拖曳的元素	.layui-layer-title
shade	Number/Array	是否使用遮罩或重新设置遮罩	0.3
shadeClose	Boolean	单击弹出层以外的区域是否自动关闭弹出层	false
zIndex	Number	层叠顺序，有多个弹出层时可用	19891014
id	String	弹出层的唯一标识	-

348

❶ 层类型及弹出的标题和内容

　　type 属性用于区分弹出层类型。它有 5 种可选值：0（信息层）、1（页面层）、2（嵌入层）、3（加载层）、4（提示层）。

● 　信息层用于弹出各种交互信息，标题可以是字符串、数组或布尔值，内容只能是文本或 HTML 字符串。例如：

```
layer.open({
    title: '信息层标题',     // 省略时显示标题为"信息"
    type:0,                 //0 是默认值，可省略
    content:'<span style="color:green">这里是信息层内容</span>',
});
```

弹出层效果如图 7-34 所示。

图 7-34

　　如果将 title 属性改为数组类型，则第 1 个数组元素用于指定标题，第 2 个数据元素用来设置样式。例如：

```
title: ['信息层标题','background:green;color:white'],
```

那么标题就会变为绿底白字，如图 7-35 所示。

图 7-35

　　如果将 title 的属性值设为 false，则不显示标题，如图 7-36 所示。

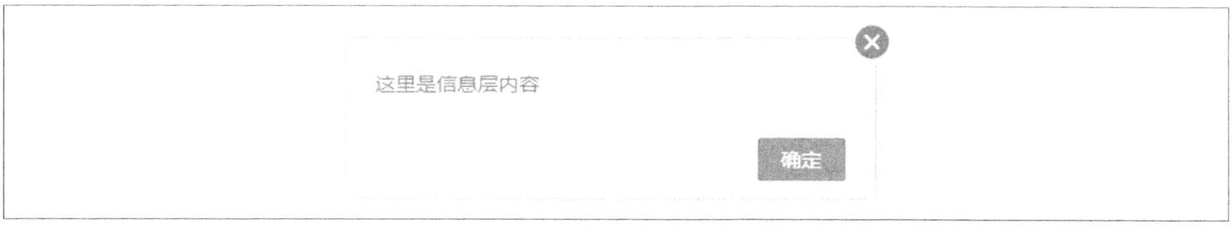

图 7-36

信息层中还可使用 icon 属性指定图标，以便让弹出的信息层更具亲和力。其可选值为 0 ~ 6，默认值为 −1，也就是不显示图标。例如：

```
layer.open({
    title: ['信息层标题','background:green;color:white'],
    type:0,           //0 是默认值，可省略
    content:'<span style="color:green">这里是信息层内容</span>',
    icon:0,           // 显示图标
});
```

弹出层效果如图 7-37 所示。

图 7-37

　　1 ~ 6 的图标效果如图 7-38 所示。

图 7-38

● 页面层的标题及内容设置方法和信息层的设置方法完全一样。只不过由于它更强调内容来自页面，因此其 content 属性还支持 jQuery 对象的写法。

　　例如在页面中有如下一个 div 元素：

```
<div style="width:100px;height:100px;background:green;margin:20px" id=
"test"></div>
```

要将它作为页面层的内容弹出，可使用如下代码：

```
layer.open({
    title: '页面层标题',
    type:1,         //1 表示页面层
    content:$('#test'),  // 页面层同时支持 HTML 字符串
});
```

这样该 div 将从原来的页面移出，并放到页面层中显示，如图 7-39 所示。

图 7-39

很显然，由于页面层的作用主要在于显示页面中现有的元素内容，因此它并不会像信息层那样默认添加一个【确定】按钮，也不能使用 icon 属性设置图标。

● 嵌入层标题仍然可以使用前面的 3 种设置方法，但它的内容必须是 URL 字符串或者包含了 URL 字符串元素的数组，因为嵌入层的作用就是用来嵌入显示其他页面的（包括本地页面）。

例如要在嵌入层中显示 layui 官网，则可使用如下代码：

```
layer.open({
    title: ' 嵌入层标题 ',
    type:2,       //2 表示嵌入层
    content: 'http://www.layui.com',
});
```

执行后的效果如图 7-40 所示。

图 7-40

如果你不希望在弹出的嵌入层中显示滚动条，则可给 content 属性使用数组形式。例如：

```
content: ['http://www.layui.com','no'],
```

和页面层一样，嵌入层不会默认生成【确定】按钮，也不能使用 icon 属性设置图标。

● 加载层一般仅在请求服务器数据时才弹出，无须设置标题和内容。因为它弹出显示的就是一个表示加载状态的图标而已。

例如以下代码：

```
layer.open({
    type:3,        //3 表示加载层
});
```

执行后的效果如图 7-41 所示（一个不断滚动的动态图标）。

图 7-41

加载层可以使用 icon 属性指定需要显示的加载图标，可选值为 0 ~ 2，默认为 0，也就是图 7-42 所示的图标效果。

图 7-42 左边的图标是 icon 为 1 时的加载图标，右边的图标是 icon 为 2 时的加载图标。

图 7-42

● 提示层必须作用于页面中一个具体的可见元素上，无须设置标题，内容必须使用数组。该数组的第 1 个元素为提示信息，第 2 个元素为 DOM 选择器。

例如页面中有一个【操作按钮】：

```
<button> 操作按钮 </button>
```

要给它添加提示层的话，代码可以这么写：

```
layer.open({
    type:4,        //4 表示提示层
    content:[' 这是一个操作按钮，单击之后可执行数据提交等操作！ ','button'],
});
```

执行后的效果如图 7-43 所示。

操作按钮　这是一个操作按钮，点击之后可执行数据提交等操作！　　×

图 7-43

提示层还有以下两个专用属性。

tipsMore 属性：是否允许弹出多个提示层，默认为 false。当把此属性设置为 true 时，就意味着不会销毁之前的提示层。

tips 属性：其值可以是数字，也可以是数组。设置为数字时，表示提示层的显示方向，可选值

有 1（上）、2（右）、3（下）、4（左）。如果要同时修改提示层的背景颜色，则必须使用数组。例如给上面的代码加上一行设置：

```
tips:3,
```

刷新之后，提示层就显示在下方，如图 7-44 所示。

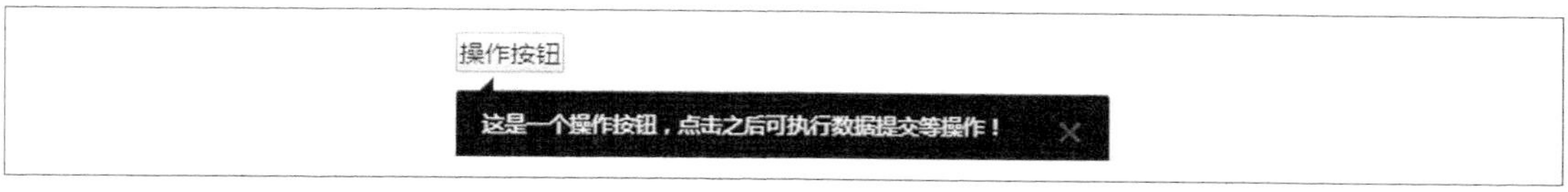

操作按钮

这是一个操作按钮，点击之后可执行数据提交等操作！　×

图 7-44

　　如果将 tips 的属性值改为：

```
tips: [3, '#c00'],
```

则提示框不仅显示在下方，且背景色也变了，如图 7-45 所示。

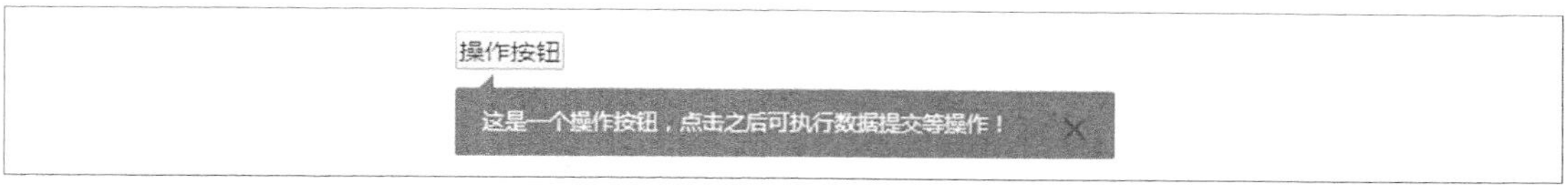

操作按钮

这是一个操作按钮，点击之后可执行数据提交等操作！　×

图 7-45

❷ 弹出层皮肤属性

　　要更改弹出层的皮肤，可使用 skin 属性。它有两个可选值：layui-layer-lan 和 layui-layer-molv。例如：

```
layer.open({
    title: '信息层标题',
    icon:0,
    content:'<span style="color:green">这里是信息层内容</span>',
    skin:'layui-layer-lan',
});
```

执行后的效果如图 7-46 所示。

图 7-46

　　如果将 skin 改为 layui-layer-molv，效果如图 7-47 所示。

图 7-47

请注意，尽管在 title 属性中可以通过数组方式改变标题背景色，但这仅对标题有效；而 skin 属于皮肤属性，它不仅可以改变标题，同时也会改变弹出层中的按钮或其他细节。例如上面两个皮肤，layui-layer-lan 样式就比 layui-layer-molv 样式多了一条横线。

还有一点，skin 属性仅对信息层、页面层和嵌入层有效，对加载层和提示层无效。

❸ 弹出层大小及坐标属性

弹出层和大小相关的属性有以下 4 个。

area：表示层的宽高。默认值为 auto，也就是根据内容自动适应大小。如果只想定义宽，可使用字符串；如果想同时定义宽和高，则必须使用数组。

maxWidth：允许的最大宽度，仅在 area 为 auto 时有效，默认为 360。

maxHeight：允许的最大高度，仅在 area 为 auto 时有效，必须是数字型。

resize：是否允许拖曳弹出层的右下角来拉伸尺寸大小，默认为 true。

请注意，上述 4 个属性对于加载层和提示层而言基本都是无效的。尽管加载层和提示层也能通过 area 等属性改变大小，但实际上没什么意义。例如：

```
layer.open({
    title: ' 信息层标题 ',
    icon:0,
    content:' 这里是信息层内容 ',
    area:'300px',      // 仅设置宽度为 300px，高度会自动适应
});
```

层在弹出时，默认坐标位置是垂直水平居中，也就是 offset 属性的默认值为 auto。如果你要修改它的弹出显示位置（指左上角的 top 及 left），可使用字符串或数组。例如：

```
offset:'100px',
```

这表示在距离顶部 100px 的位置水平居中弹出。如果要同时设置左边的距离，则必须使用数组形式。例如：

```
offset:['100px','200px'],      // 指定弹出层的左上角坐标
```

除此之外，offset 属性还可以使用以下预定义的字符串：

t（顶部）、r（右边）、b（底部）、l（左边）、lt（左上角）、lb（左下角）、rt（右上角）、rb（右下角）。

❹ **弹出层按钮属性**

除了加载层以外，其他层默认都会显示关闭按钮。而加载层之所以不出现关闭按钮，是因为它仅在请求加载服务器端数据时才会弹出显示，当然也就应该在数据请求完毕时再自动关闭。很显然，加载层的关闭操作应放到 Ajax 事件中来执行。

对加载层之外的其他层而言，如果要取消关闭按钮或者更改关闭按钮的类型，可使用 closeBtn 属性，它有 3 个可选值：0（不显示）、1 或 2（关闭按钮的两种样式，默认为 1）。例如：

```
layer.open({
    title: '信息层标题',
    content:'<span style="color:green">这里是信息层内容</span>',
    icon:0,
    closeBtn:2,      // 将关闭按钮改为 2
});
```

弹出的信息层如图 7-48 所示。

图 7-48

当 closeBtn 属性为 0 时，弹出层中的标题位置将不会出现关闭按钮。这时我们也可根据需要使用 btn 属性给它另外添加操作按钮。默认情况下，信息层只有一个【确定】按钮，而页面层和嵌入层没有按钮，加载层和提示层则无须设置。

当使用 btn 属性添加操作按钮时，添加一个按钮可使用字符串形式（为空串时表示不显示按钮），添加多个按钮则必须用数组。

例如将信息层中的按钮文本内容从"确定"改成"知道了"：

```
btn:'知道了',
```

如果要给它添加多个操作按钮，可以这样设置：

```
layer.open({
    title: '删除提示',
```

```
    content:' 您确定要删除当前记录吗？ ',
    icon:3,
    closeBtn:2,
    btn:[' 确定 ',' 取消 '],
});
```

弹出层效果如图 7-49 所示。

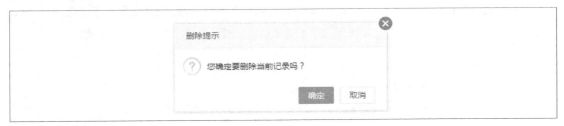

图 7-49

当然也可以定义更多的按钮。例如：

```
btn: [' 按钮 1', ' 按钮 2', ' 按钮 3', ' 按钮 4']
```

默认情况下，单击其中的任何一个按钮，弹出层都会自动关闭，且所有操作按钮自动靠右对齐。如果要修改对齐方式，可使用 btnAlign 属性。该属性有 3 个可选值：l（左对齐）、c（居中）、r（右对齐，此为默认）。例如给上述代码中的配置参数加上一行：

```
btnAlign:'c',
```

那么新添加的两个按钮就会居中显示，如图 7-50 所示。

图 7-50

至于如何为这些按钮添加功能，后面的事件部分还将详细说明。

对于页面层和嵌入层而言，它们往往还需要最大化及最小化按钮。要实现这个功能只需将 maxmin 属性设置为 true 即可。例如：

```
layer.open({
    title: 'layui 官网 ',
    type:2,
    content: 'http://www.layui.com',
```

```
    btn:[' 刷新 ',' 关闭 '],
    maxmin:true,
});
```

刷新之后就会在标题右侧自动增加两个按钮，如图 7-51 所示。

图 7-51

❺ 层的弹出、关闭和拖动属性

层的弹出、关闭和拖动方面的属性有以下 5 个。

anim：设定层弹出时所使用的动画，默认值为 0，也就是以平滑放大方式弹出，其他可选值还有 1（从上掉落）、2（从最底部往上滑入）、3（从左滑入）、4（从左翻滚）、5（渐显）、6（抖动）、-1（取消动画效果）。

isOutAnim：是否启用层关闭时的过渡动画，默认值为 true。

time：默认值为 0，也就是不允许自动关闭。当把它设置为大于 0 的任何一个数字时，都将会在指定的时间内自动关闭。请注意，这里的数字计量单位为毫秒，假如希望 3 秒后自动关闭，就应该将 time 的属性值设置为 3000。

moveOut：是否允许将弹出层拖曳到浏览器窗口之外，默认为 false。

move：设置触发拖曳的元素，默认为标题，也就是将鼠标指针放到标题上即可拖曳。如果要修改，可使用字符串选择器、jQuery 对象等方式。例如：

```
layer.open({
    title: ' 信息层标题 ',
    content:' 这里是 <span style="color:red" id="dg"> 信息层 </span> 内容 ',
    move:'#dg',
});
```

由于这里的 move 属性已经改为选择器 "#dg"，因此当鼠标指针放到标题上时将不能拖曳弹出层，但当放到 id 为 dg 的 span 标签上时，按住鼠标指针即可拖曳弹出层，如图 7-52 所示。

图 7-52

如果将它改成页面层，且 content 属性中的内容来自当前页面，则 move 属性还可使用 jQuery 对象的写法。例如：

```
move: $('#test')
```

如果要禁止用户拖曳，可将此属性设置为 false。

❻ 层的遮罩属性

当层弹出的时候，默认会在弹出层与页面之间生成一个透明度为 0.3 的黑色遮罩。正是由于这个遮罩的存在，在弹出层没有关闭之前，你是无法对页面进行任何操作的。这时的弹出层就相当于传统桌面程序中的模式窗口。

如果你要取消这个遮罩，可将 shade 属性设置为 0；如果你要调整黑色遮罩的透明度，可取 0 ～ 1 的任何一个小数，数字越小就越透明，设置为 1 时就完全不透明，也就是相当于使用一块密不透风的黑布把页面完全遮挡了。

如果你不希望使用默认的黑色遮罩，可以给 shade 属性赋值一个数组。例如：

```
shade:[0.3,'green'],
```

这样就会在弹出层和页面之间生成一个透明度为 0.3 的绿色遮罩。

当 shade 属性不为 0 的时候，还可使用 shadeClose 属性来控制用户在单击弹出层以外任何区域的时候是否自动关闭弹出层，默认为 false。

❼ 层的 zIndex 及 id 属性

同一个页面中有时会存在多个弹出层（不同类型的多个，或者同一类型中的多个），这样可能就会出现不同弹出层之间相互覆盖的问题。

例如以下代码就同时弹出了两个层，一个信息层，一个嵌入层：

```
layer.open({
    type:1,
    content:' 我是页面弹出层 ',
});
layer.open({
    type:2,
```

```
        content: 'http://www.layui.com',
    })
```

当它们弹出的时候，后面的嵌入层就覆盖了先前的页面层。当然你可以通过拖曳嵌入层的方式看到页面层，或者将它们的遮罩取消，也可以重新选中页面层，但问题是如何才能实现类似于 Windows 操作系统中将选中层置顶显示呢？这就需要用到 zIndex 属性，它和 CSS 样式定位中的 z-index 是同一个意思，作用就在于重置弹出层的层叠顺序。关于该属性的完整用法，将在后面即将要学习的置顶方法中进行详细举例说明。

再来看 id 属性。它是弹出层的唯一标识，其作用在于当同一个页面中存在多个相同 id 的弹出层时，只有第 1 个层会弹出，从而避免重复。例如给上面的两个弹出层都加上相同的 id：

```
id:123
```

刷新页面，则只有页面层弹出，嵌入层就被禁止了。

此属性在某些场合还是很有用处的。例如页面上有个按钮是用来弹出公告信息的，而且这个公告是采用无遮罩弹出的方式。为避免用户多次单击按钮导致反复弹出，就可给它加上 id 属性。

注意：type 为 0 的信息层和 type 为 3 的加载层，它们本身就不允许同一类型的弹出层同时存在多个，都会在弹出新层时自动关闭前一层。

7.7.2　不同类型弹出层的快捷使用方法

之前学习的 open 方法之所以被称为原始核心方法，是因为它属于 layer 对象中的最底层用法，尤其是其中提到的各种配置属性，更是灵活应用 layer 的基础。

底层用法毕竟还是有点麻烦，例如要使用 type 属性来区分不同的弹出层类型，很多属性在不同的 type 类型中用法还不一样等。为方便用户使用，layui 官方又专门提供了一系列的深度定制快捷方法，你想弹出什么层，直接使用相应的方法即可。这种处理方式和 jQuery 中的 Ajax 有着异曲同工之妙：常规请求可使用 load、get、post 等快捷方法，复杂一点的请求就使用 Ajax 底层方法。

请注意，不论你使用哪种方法来生成弹出层，之前 open 方法中所用到的配置属性都是必须要了解的。

❶ alert 及 msg：信息框

这两种方法都是基于 open 方法中的信息层定制而来的。

● alert 信息框。

其语法格式为：

```
layer.alert(content, options, yes)
```

这种信息框一般用于引起用户比较强烈的关注，类似于 JS 中的 alert，但比它更灵活。其中，第 1 个参数表示要弹出的信息内容；第 2 个为配置参数对象，在这个对象里可使用之前学习过的各种基础属性；第 3 个参数表示单击【确定】按钮后的回调事件函数。

这 3 个参数中，除了第 1 个参数必选之外，另外两个都是可选的，且会自动向左补齐。例如：

```
layer.alert(' 只想简单地提示 ');              // 仅指定弹出的信息内容
layer.alert(' 加了个图标 ', {icon: 1});      // 使用参数对象给它加了个图标
layer.alert(' 这是带回调函数的 ', function(index){    // 带回调函数
     console.log(index)
});
```

弹出效果与之前使用 open 方法弹出的信息层相同。至于这里的回调函数，在后面的事件中再统一详细讲解。如果你想在 alert 方法中修改信息框的标题或按钮文字，还可以在第 2 个参数对象中进行配置。例如：

```
layer.alert('',{          // 由于第 1 个参数是必选的，所以这里可使用空串占个位
     title:' 我是标题 ',
     content:' 信息提示内容 ',
     icon:1,
     btn:' 好吧 '
});
```

弹出层效果如图 7-53 所示。

图 7-53

本实例仅用来说明 alert 方法是基于原始的 open 方法定制而来的。如果真的要做这么多的配置修改，肯定应该直接使用 open 方法。

● msg 信息框。

其语法格式为：

```
layer.msg(content, options, end)
```

如果仅从语法格式上看，两种信息框的区别在于第 3 个参数：alert 信息框用的是 yes，也就是单击【确定】按钮后触发的事件函数；而 msg 信息框变成了 end，这个是指弹出层在关闭（销毁）后所执行的事件函数。为什么要做这样的改变？这是因为 msg 信息框的一个最大特色就是可以默认 3 秒后自动消失，以尽量做到用户对它零操作。例如：

```
layer.msg(' 我是弹出的信息,默认 3 秒后自动消失 ');
```

弹出层效果为透明的灰色背景,如图 7-54 所示。

图 7-54

也可以给它加上表情图标。例如:

```
layer.msg(' 我是弹出的信息,默认 3 秒后自动消失 ',{
    icon:6
});
```

这时就略微能看出它是基于 open 方法中的信息层变化而来的了,如图 7-55 所示。

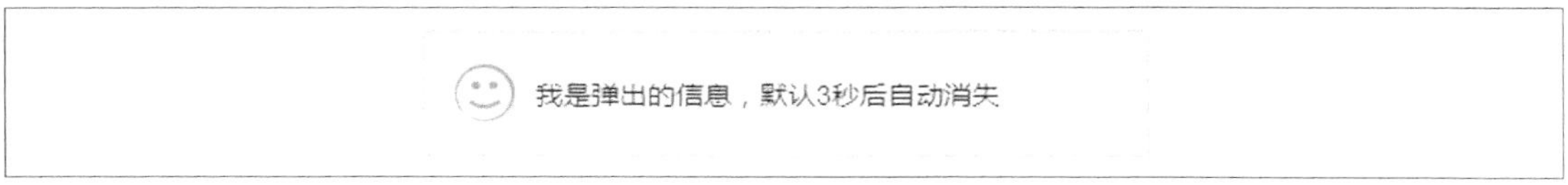

图 7-55

如果给配置参数再加上一些属性,那么它就会彻底变回 open 方法中的信息层:

```
layer.msg(' 我是弹出的信息 ',{
    icon:6,
    title:' 信息 ',    // 标题
    time:0,            // 禁止自动关闭
    btn:' 确定 '        // 加上按钮
});
```

和 alert 方法一样,msg 方法中的第 1 个参数是必选的,后面两个参数是可选的。至于 end 回调函数的用法,将在后面的事件中详细说明。

❷ **confirm:询问框**

询问框的语法格式和使用方法均与 alert 方法完全相同,只不过这里默认显示的是【确定】和【取消】两个按钮,回调函数也相应变成了 yes 和 cancel。其语法格式如下:

```
layer.confirm(content, options, yes, cancel)
```

例如:

```
layer.confirm(' 您确定要删除当前记录吗? ', {icon: 3, title:' 提示 '});
```

弹出层效果如图 7-56 所示。

图 7-56

❸ prompt：输入框

输入框是基于 open 方法中的页面层进行深度定制后得到的，其语法格式如下：

```
layer.prompt(options, yes)
```

其中第 1 个参数为配置对象，在这里不仅可以使用之前学习的各种基础属性，还可以使用为 prompt 专门定制的以下属性。

formType：输入框类型，可选值有 0（普通字符）、1（密码字符）、2（多行字符）。

value：输入框中的默认值。

maxlength：可输入字符的最大长度，默认为 500。

第 2 个参数表示单击【确定】按钮后的回调函数。

这两个参数都是可选的。例如直接在 JS 中执行以下代码：

```
layer.prompt();
```

将弹出完全使用页面层默认配置生成的输入框，如图 7-57 所示。

图 7-57

给输入框加上一些配置参数。例如：

```
layer.prompt({
    title:'请输入密码',      // 这是基础属性
    value:'123456',         // 这是输入框的专用属性
    formType:1              // 这是输入框的专用属性
})
```

请注意，由于输入框是基于 open 方法中的页面层深度定制的，因此它的 content 属性默认

就是一个输入框，不能再在配置参数中重新设置 content 的值，也不能给它指定 icon 属性（因为 icon 在页面层中本身就是无效的）。

　　输入框弹出层效果如图 7-58 所示。

图 7-58

　　如果将 formType 改为 2，就变成了多行文本输入框。效果如图 7-59 所示。

图 7-59

　　当使用多行输入框时，还可以在配置参数对象中使用 area 属性重新定义输入框的宽高。例如：

```
area: ['600px', '300px'] // 自定义文本域宽高
```

　　如果要获取用户输入的值，可在第 2 个参数中设置事件代码。例如：

```
layer.prompt(function(value, index, jq){
    console.log(value);    // 输入值
    console.log(index);     // 当前弹出层的序号
    console.log(jq.val()) //jq 返回当前弹出层中的 input 对象
});
```

　　由于该事件中的 jq 返回的是当前弹出层中的 input 对象，因此也可以使用 jQuery 中的 val 方法获取用户输入的值（该事件只有在输入内容不为空时才会触发）。

❹ **load：加载层**

　　本方法用于弹出加载层，它基于 open 方法中的加载层深度定制，使用起来非常简洁方便。其

语法格式如下：

```
layer.load(icon, options)
```

其中，第 1 个参数表示所使用的加载图标，可选值为 0 ~ 2，默认为 0；第 2 个参数为配置参数对象。这两个参数都是可选的。例如：

```
layer.load();      // 默认图标为 0，可省略
layer.load(2);     // 重新指定加载层的图标
layer.load(0,{time:3*1000});   //3 秒后自动关闭
```

❺ tips：提示层

本方法是基于 open 方法中的提示层深度定制的，它拥有和信息框一样的"低调"和"自觉"的特性（默认 3 秒后自动消失），而且能智能定位（即灵活地判断出应该出现在哪边，默认是在元素右边弹出）。其语法格式如下：

```
layer.tips(content, follow, options)
```

其中，第 1 个参数表示要弹出的内容，第 2 个参数表示要跟随的页面元素选择器或 jQuery 对象，第 3 个参数为基础配置。

假如页面中有一个 button 元素，要给它添加提示层，可使用如下代码：

```
layer.tips('只想提示得精准些', 'button');       // 第 2 个参数使用的选择器
layer.tips('只想提示得精准些', $('button')); // 也可改用 jQuery 对象
```

如果希望单击按钮时才弹出，则可以给该元素绑定 click 事件。例如：

```
$('button').click(function(){
    layer.tips('只想提示得精准些',this);   // 第 2 个参数也可写成 $(this)
});
```

这里的 click 事件都是 jQuery 中的写法，不再展开详述。

由于定制后的 tips 方法默认是在 3 秒后自动关闭的，因此在弹出层中不会出现关闭按钮。如果要手动单击关闭，可以再加上第 3 个参数。例如：

```
layer.tips('只想提示得精准些', 'button',{
    time:0,                  // 禁止自动关闭
    closeBtn:2,              // 关闭按钮类型
    tips: [3, 'green'],      // 修改弹出位置及弹窗背景色
});
```

很显然，当你需要给提示层添加这么多的配置参数时，不如直接使用 open 方法。

7.7.3 基于页面层定制的两个实用弹出层：选项卡和相册

这两个弹出层如果使用 open 方法中的页面层也是可以实现的，无非是将 content 属性指定为页面中的选项卡或轮播对象。

由于这两种弹出层在页面开发中的使用频率比较高，因此 layer 又专门对它们做了定制。

❶ **选项卡**

选项卡弹出层使用的方法为 tab，它只有一个配置对象参数。其语法格式如下：

```
layer.tab(options)
```

在这个配置对象参数中，可使用新增的 tab 属性来设置选项卡。该属性的值为 Array 数组，每个数组元素又是 Object 对象，且必须包含 title 和 content 两项内容。其中，title 表示选项标题，content 为具体的选项内容（只能使用文本或 HTML 字符串）。例如：

```
layer.tab({
    tab: [{
        title: '选项 1',
        content: '<div>内容 1</div>'
    }, {
        title: '选项 2',
        content: '<div id="demo">内容 2</div>',
    }],
});
```

这样就会在弹出层中自动生成包含两个选项的选项卡，如图 7-60 所示。

图 7-60

除了新增的 tab 属性之外，还可继续添加之前在 open 方法中学习的各种基础参数。例如：

```
layer.tab({
    tab: […同上…],
    area: ['400px', '100px'],     // 指定大小
    resize:true,          //tab 层默认不能拖曳改变大小，加上此属性即可
    maxmin:true,          // 加上最大最小化按钮
});
```

弹出层效果如图 7-61 所示。

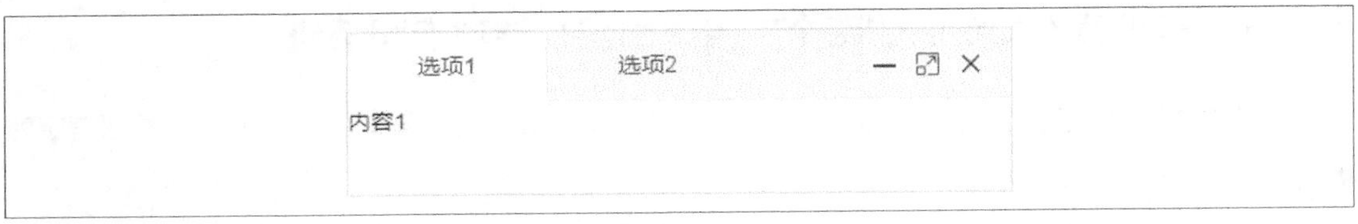

图 7-61

　　需要注意的是，由于 tab 层的选项卡标题占用了弹出层本身的标题区域，所以一定不能在参数对象中重新指定 title 标题属性，否则选项卡标题就没了。另外，尽管这里的 tab 选项卡内容只能使用文本或者 HTML 字符串，不能直接绑定 jQuery 对象，但我们仍然可以用变通的方式动态地向选项卡加载内容或者执行其他的组件代码。

　　例如我们在"选项 2"中设置的 content 内容是：

```
<div id="demo"> 内容 2</div>
```

既然有了 id，那就可以很方便地在相关事件中通过 jQuery 选择器选中它并使用 Ajax 方法来动态地获取数据。关于这方面的应用实例，稍后将在事件中给出详细说明。

❷ 相册层

　　相册层也被称为图片查看器。它使用的方法为 photos，同样只有一个配置对象参数：

```
layer.photos(options)
```

　　在这个配置参数对象中，可使用新增的 photos 属性，用于指定要弹出的图片内容。而且这个属性值有两种写法：一种是 Object 数据对象，另一种是选择器字符串或者 jQuery 对象。

● 　数据对象的写法适用于从服务器端获取的图片数据。

　　例如以下数据是通过服务器端动态获取的：

```
var obj = {
    start: 0,    // 初始显示的图片序号，默认为 0
    data: [{    // 具体包含的图片数据数组
        src: './layui/res/2.png',    // 原图，必选
        alt: '广告创意之一 ',         // 图片标题，可选
        thumb: '',                  // 缩略图地址，可选
        pid: 1                      // 图片 id，可选
    },{
        src: './layui/res/6.png',
        alt: '广告创意之二 ',
        thumb: '',
        pid: 2
    }]
};
```

在这个数据对象中，start 属性是可选的，它表示初始显示的图片序号，默认为 0；data 属性是必选的，它表示要显示的全部图片数组。在这个数组中，每一个元素都是对象，且必须指定 src 属性的值（alt、thumb 及 pid 属性都是可选的）。

如果要将这些图片以相册层的方式弹出，只需使用以下代码：

```
layer.photos({
    photos:obj,        // 将变量 obj 赋值给 photos 属性
});
```

执行后的效果如图 7-62 所示。

图 7-62

当鼠标指针移入弹出层时，会在图片的左右两侧出现切换箭头，下方也会显示当前图片的名称。如果你想给这个相册层再加上一些其他设置，没关系，open 核心方法中的基础属性尽管拿来使用。例如：

```
layer.photos({
    photos:obj,
    area:'400px',     // 重新指定弹出层的显示宽度，高度自适应
    anim: 5,          // 重新设置动画效果
});
```

● 选择器或 jQuery 对象的写法适用于直接读取页面中的现有图片。

例如在页面 body 元素中有这样一个 div 区块元素：

```
<div id="demo" style="border:1px solid silver;text-align:center">
    <img layer-pid="id2" layer-src="2.png" src="s2.png" alt=" 广告创意 2">
    <img layer-pid="id6" layer-src="6.png" src="s6.png" alt=" 广告创意 6">
    <img layer-pid="id7" layer-src="7.png" src="s7.png" alt=" 广告创意 7">
</div>
```

367

为方便这里的图片在弹出层中显示，每个 img 都专门使用了 layer-src 属性来指定原始大图，使用 src 属性指定对应的小图，使用 layer-pid 属性指定图片的 id（此属性可省略）。请注意，大图属性必须使用 layer-src，不要把它和之前学习的图片懒加载中的 lay-src 混淆了。

由于上述代码中的 src 属性指定的都是小图，因此页面中正常显示的就是小图（这样也能提高页面加载速度），如图 7-63 所示。

图 7-63

现在希望将它们放到相册层中弹出显示，就可以使用如下代码：

```
layer.photos({
    photos: '#demo',    // 写成 $('#demo') 也可以
    area:'600px',       // 指定弹出层的宽度
    shade:0,            // 为方便查看弹出效果，将遮罩取消
    closeBtn:2          // 为方便关闭，加上关闭按钮
});
```

代码执行之后，只要单击页面中的任何一张图片，就会弹出相册层，如图 7-64 所示。

图 7-64

补充说明一点：如果页面中的 img 元素没有使用 layer-src 属性指定大图，则弹出的相册层只能显示 src 属性所指定的小图。同理，如果没有指定 src 中的小图，但 layer-src 中的大图地址是正确的，单击页面上的出错图片仍然可以正常弹出相册层。当然，如果 src 和 layer-src 属性都没指定或者指定地址都是错的，那就只能弹出错误提示，如图 7-65 所示。

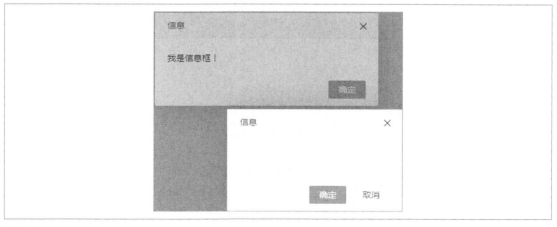

图 7-65

7.7.4　其他常用方法

截至目前，我们已经学会了基本层（open）以及专门定制的信息框（alert 或 msg）、询问框（confirm）、输入框（prompt）、加载层（load）、提示层（tips）、选项卡（tab）、相册层（photos）等不同弹出层的弹出方法。这些弹出层目前都是通过手动单击的方式将其关闭的，那么如何使用代码进行关闭操作和最大化、最小化、还原操作呢？

页面上有时会同时存在多个类型的弹出层或者是多个同一个类型的弹出层（只有信息层、加载层，以及基于信息层定制的信息框和询问框是不允许同时存在多个同一类型的弹出层的，它们都会在弹出新层时自动关闭前一层）。例如以下代码就同时弹出了两个层，一个是信息框，另一个是输入框：

```
layer.alert('我是信息框！');
layer.prompt();
```

执行后的效果如图 7-66 所示。

图 7-66

由于输入框弹出在后，因此输入框是活动的。但由于遮罩的存在，第 1 个弹出的信息框就没办法操作了。这又该怎么办？这就需要用到 layer 中的一些其他方法。

在 layer 中，每一个弹出层都会有具体的返回值，这个返回值就是弹出序号：第 1 个弹出层的序号为 1，第 2 个弹出层的序号为 2，以此类推。很显然，这个序号是由 layer 在内部动态递增计算的。仍以上述代码为例，如果将其改成：

```
var i1 = layer.alert(' 我是信息框! ');
var i2 = layer.prompt();
console.log(i1);    //1
console.log(i2);    //2
```

由此可见，通过每个弹出层的返回序号就可以将它们很好地区分开来，这也正是对弹出层执行其他方法操作的关键。

❶ 关闭单个弹出层的方法：close

语法格式为：

```
layer.close(index)
```

其中的 index 就是指需要关闭的弹出层序号。

仍以上面的代码为例，如果需要关闭第 1 个弹出的信息框，只需使用以下代码：

```
layer.close(1);
```

同理，如果要关闭第 2 个弹出的输入框，可以这样：

```
layer.close(2);
```

如果要关闭最新的弹出层，可直接使用 layer.index：

```
layer.close(layer.index);
```

❷ 关闭多个弹出层的方法：closeAll

该方法不带任何参数时将关闭所有的弹出层：

```
layer.closeAll();
```

如果指定 type 参数，将关闭指定类型中的所有层。例如：

```
layer.closeAll('dialog');  // 关闭信息层（含用 alert、msg、confirm 方法打开的层）
layer.closeAll('page');    // 关闭页面层（含用 prompt、tab、photos 方法打开的层）
layer.closeAll('iframe');  // 关闭嵌入层
layer.closeAll('loading'); // 关闭加载层（含用 load 方法打开的层）
layer.closeAll('tips');    // 关闭提示层（含用 tips 方法打开的层）
```

❸ 最大化、最小化及还原方法：full、min 和 restore

这 3 个方法的用法和 close 方法相同，只要传入要操作的弹出层的序号即可。

虽然 maxmin 属性仅在 page 类型和 iframe 类型的弹出层中有效，但经测试，这 3 个方法可同时用在信息层上。

❹ **改变层标题及层样式方法：title 和 style**

这两个方法仅对 dialog、page 和 iframe 类型的弹出层有效，对 loading 和 tips 类型的弹出层无效。

其中，title 方法的语法格式为：

```
layer.title(title, index)        //title 为新设置的标题，index 为指定层的序号
```

style 方法的语法格式为：

```
layer.style(index, cssStyle)        //index 为指定层序号，cssStyle 为新设置的样式
```

例如：

```
layer.title('新标题', 1);      // 给第 1 个弹出层重置标题名称
layer.style(2, {              // 给第 2 个弹出层重置样式，可使用任意的 CSS 样式属性
    width: '1000px',
    top: '10px'
});
```

❺ **嵌入层相关方法：iframeSrc、getFrameIndex、iframeAuto 和 getChildFrame**

由于嵌入层没有专门定制的快捷方法，因此只能使用 open 方法来弹出。例如：

```
var i = layer.open({
    type: 2,
    maxmin: true,
    content: 'http://www.layui.com',
});
```

这样就弹出了内容为 layui 官网的嵌入层。现使用相关方法对它进行处理。

● iframeSrc 方法用于重置指定嵌入层的 URL。

该方法的语法格式为：

```
layer.iframeSrc(index, url)
```

假如将上例中的嵌入内容改成本地同目录下的 test.html，那么就可以使用以下代码：

```
layer.iframeSrc(i,'./test.html');
```

● getFrameIndex 方法用于获取指定嵌入层的索引，且仅用在嵌入的子页面中。

该方法的语法格式为：

```
layer.getFrameIndex(window.name)
```

本方法只有一个参数，就是当前弹出层的 name 属性值，它由 layer 在内部动态递增生成，例如 layui-layer-iframe1、layui-layer-iframe2、layui-layer-iframe3 等。由于 window 对象名称可以省略，因而 window.name 也可以直接简写成 name。

仍以上述代码为例：如果把执行 open 方法的所在页面看作父页面的话，那么该方法弹出的嵌入层所嵌入的 test.html 就相当于是子页面。以下是 test.html 的子页面完整代码：

```html
<!DOCTYPE html>
<html>
    <head>
        <meta charset="UTF-8">
        <title>这是要嵌入的子页面</title>
        <link rel="stylesheet" href="./layui/css/layui.css">
        <script src="./layui/layui.all.js"></script>
    </head>
    <body>
        <div id="t">我是子页面的区块</div>
        <button>操作按钮</button>
        <script>
            var $ = layui.$;
            $('button').click(function(){
                layer.close(layer.index)
            })
        </script>
    </body>
</html>
```

在父页面执行 open 方法之后的弹出层效果如图 7-67 所示。

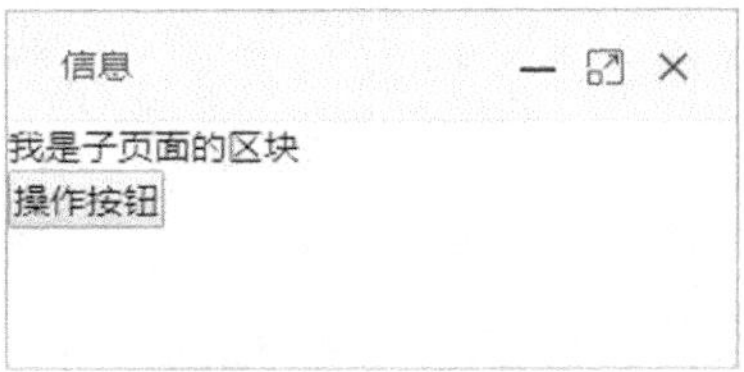

图 7-67

由上述 JS 代码可知，【操作按钮】的单击事件的目的是想关闭当前层，但实际上并无效果。为什么？就是因为这个弹出操作是在父页面中执行的，close 操作也应该放在父页面中执行。那么如何在子页面中获取这个弹出层索引并执行父页面的关闭方法？这就需要用到 JS 的 parent 对象以及

layer 中的 getFrameIndex 方法。

以下是修改后的 JS 代码:

```
var $ = layui.$;
$('button').click(function(){
    var i = parent.layer.getFrameIndex(name); // 参数 name 也可写成 window.name
    parent.layer.close(i);       // 执行父页面 layer 中的 close 方法
})
```

这样就可以单击【操作按钮】关闭子页面所在的弹出层了。而且还可以让父页面继续打开弹出层。例如在单击事件的代码中加上一行:

```
parent.layer.msg(' 我是在子页面中让父页面弹出的! ');
```

● iframeAuto 方法用于重置指定嵌入层的高度以让它自动适应内容。

该方法的语法格式为:

```
layer.iframeAuto(index)
```

仍以上述代码为例,假如希望单击【操作按钮】后在 div 模块的后面不断添加新内容,这时就可以使用 iframeAuto 方法来重置弹出层的高度,从而避免出现滚动条。例如:

```
var $ = layui.$;
var i = parent.layer.getFrameIndex(name);
$('button').click(function(){
    $('#t').after('<div> 我是新增加的内容! </div>');
    parent.layer.iframeAuto(i);
})
```

● 父、子页面的数据传值及 getChildFrame 方法。

要从子页面向父页面传值,这个操作非常简单,使用 parent 对象即可。

例如将子页面中的 JS 代码改为:

```
var $ = layui.$;
$('button').click(function(){
    parent.$('#demo').html('<div> 我是通过子页面修改的! </div>')
})
```

单击弹出层中的【操作按钮】,就会自动将父页面中的 #demo 元素内容修改掉。

那如何从父页面向子页面传值呢? 例如在父页面执行 open 方法弹出嵌入层之后,接着使用以下代码:

```
$('#t').html('<div>我是通过父页面修改的！</div>')
```

经测试，上述代码无法修改弹出层的 div 值！这是因为嵌入层的内容并不实际存在于当前页面中，使用 $('#t') 肯定无法获取到指定的 jQuery 对象。如果要向子页面传值，必须使用 layer 中的 getChildFrame 方法。该方法的语法格式为：

```
layer.getChildFrame(selector, index)
```

其中，第 1 个参数为选择器，第 2 个参数为弹出层索引。

例如在弹出层弹出之后，只要在浏览器控制台执行以下代码：

```
var jq = layer.getChildFrame('#t', 1);
jq.html('<div>我是通过父页面修改的！</div>')
```

即可将弹出层中 id 为 t 的元素内容修改掉。

❻ 弹出层准备方法：ready

仍以之前的代码为例，为什么要把最后的两行测试代码放到浏览器控制台执行？这是因为如果将它按顺序放到 open 方法后面的话，有可能会出现嵌入页面内容还没有加载完却先执行 getChildFrame 的情况，从而导致代码失效。

为避免这种情况的发生，可以考虑使用 ready 方法，也就是在弹出层完全准备好之后再执行。以下是完整代码：

```
var i = layer.open({
    type:2,
    content:'./test.html',
});
layer.ready(function(){
    var jq = layer.getChildFrame('#t', i);
    jq.html('<div>我是通过父页面修改的！</div>')
})
```

当然还有一种更好的处理方式，即将它放到弹出层的相关事件中去执行。

❼ 弹出层置顶方法：setTop

本方法用于置顶当前层，仅在页面中可能存在多个弹出层时使用。

例如以下代码将弹出两个层：

```
layer.alert('我是信息框！');
layer.prompt();
```

执行后的效果如图 7-68 所示。

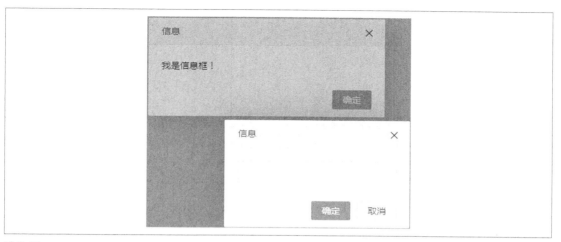

图 7-68

如果你希望像 Windows 操作系统那样，单击某个窗口时就自动将其置顶在上面，那么就需要使用 setTop 方法来实现。以下是加入配置参数后的完整代码：

```
layer.alert(' 我是信息框！ ',{
    shade:0,
    zIndex: layer.zIndex,
    success: function(jq){
        layer.setTop(jq)
    }
});
layer.prompt({
    shade:0,
    zIndex: layer.zIndex,
    success: function(jq){
        layer.setTop(jq)
    }
});
```

由此可见，要将任何一个选中的弹出层置顶，仅有一个 setTop 方法是不够的，它需要以下 3 个方面的配合。

第一，弹出层不能有遮罩，否则没办法选择。

第二，弹出层的 zIndex 层叠属性值必须为 layer.zIndex。

第三，在弹出层的成功弹出事件中执行 setTop 方法才能将其置顶，该事件参数 jq 表示当前弹出层的 jQuery 对象。

由于这两个弹出层的配置参数完全一样，因此上述代码也可以简写为：

```
var obj = {
    shade:0,
    zIndex: layer.zIndex,
    success: function(jq){
        layer.setTop(jq);
    }
};
layer.alert(' 我是信息框! ',obj);        // 弹出第 1 个层
layer.prompt(obj);                       // 弹出第 2 个层
```

7.7.5 常用事件

layer 用到的事件主要分两大类：一类是与弹出层相关的事件，另一类是与按钮相关的事件。

❶ 与弹出层相关的事件

这方面的常用事件有 7 个，如表 7-9 所示。

表 7-9

事件名	参数	说明
success	jq 和 index	弹出层创建成功时执行
end	-	弹出层关闭（销毁）时执行
full	jq	弹出层最大化时执行
min	jq	弹出层最小化时执行
restore	jq	弹出层大小还原时执行
resizing	jq	弹出层大小拉伸时执行
moveEnd	jq	弹出层移动完毕时执行

其中，参数 jq 表示当前弹出层的 jQuery 对象，index 表示当前层的序号。

仍以之前的嵌入层为例，假如要在弹出的同时修改所嵌入的 test.html 中的页面内容，就可以使用如下代码：

```
layer.open({
    type:2,
    content:'./test.html',
    success:function(jq,index){
        var obj = layer.getChildFrame('#t', index);
        obj.html('<div> 我是通过父页面修改的! </div>')
    }
});
```

376

再比如，选项卡弹出层中的 content 虽然只能写入 HTML 代码，但我们仍然可以结合 success 事件来动态地更新弹出层内容：

```
layer.tab({
    tab: [{
        title: '选项 1',
        content: '<div id="demo1">内容 1</div>'
    }, {
        title: '选项 2',
        content: '<div id="demo2">内容 2</div>',
    }],
    success:function(jq,index){
        $('#demo1').load('url');   // 使用 Ajax 的 load 方法从服务器端动态加载内容
        $('#demo2').load('url');   // 使用 Ajax 的 load 方法从服务器端动态加载内容
    }
});
```

需要补充说明的是，表 7-9 中的 end 事件在弹出层关闭（销毁）时触发，包括使用 close 方法或者 closeAll 方法的代码关闭、单击弹出层按钮的手动关闭，以及定时之后的自动关闭；full、min、restore 等事件也是同样的道理。

例如 msg 信息框的一个最大特点就是默认 3 秒后自动关闭，其语法格式为：

```
layer.msg(content, options, end)
```

这里的 end 就是指弹窗自动关闭后所触发的事件。如果按此快捷方式的写法，可以这样写：

```
layer.msg('我是弹出的信息，默认 3 秒后自动消失 ',{
    icon:6
},function(){
    console.log('弹窗已经自动关闭！')
});
```

其实也可以将 end 回调函数写到此快捷方法的配置参数中。例如：

```
layer.msg('我是弹出的信息，默认 3 秒后自动消失 ',{
    icon:6,
    end:function(){
        console.log('弹窗已经自动关闭！')
    }
});
```

如果完全改用 open 底层的写法，就应该这样写：

```
layer.open({
    title:false,  // 不显示标题
    closeBtn:0,   // 标题右侧不显示关闭按钮
    time:3000,    //3 秒后自动关闭
    btn:'',       // 同时不显示任何操作按钮
    content:' 我是弹出的信息，默认 3 秒后自动消失 ',
    icon:6,
    end:function(){
        console.log(' 弹窗已经自动关闭！ ')
    }
});
```

❷ 与按钮相关的事件

这方面的常用事件有 3 类，如表 7-10 所示。

表 7-10

事件名	参数	说明
yes	index：层序号 jq：层 jQuery 对象	单击弹出层中第 1 个操作按钮时触发
cancel		单击弹出层右上角关闭按钮时触发
btn2、btn3、btn4 等		单击弹出层中的其他按钮时触发

例如我们先使用 open 基础方法创建一个最常见的信息框：

```
layer.open({
    content:' 弹出信息内容 ',
    btn:[' 按钮 1',' 按钮 2',' 按钮 3',' 按钮 4'],
})
```

当没有使用 btn 属性时，弹出的信息框只有一个默认的【确认】按钮，添加该属性后就变为 4 个按钮，如图 7-69 所示。

图 7-69

此时单击其中的任何一个按钮（包括右上角的关闭按钮），都会自动关闭该信息框，因为还没有给它们设置任何的触发事件。当需要设置事件时，就应该按照上表中的规则来处理：第 1 个按钮

必须是 yes，第 2 个按钮是 btn2，第 3 个按钮是 btn3，以此类推。弹出层右上角的关闭按钮为 cancel。如下面的代码：

```
layer.open({
    content:' 弹出信息内容 ',
    btn:[' 按钮 1',' 按钮 2',' 按钮 3',' 按钮 4'],
    yes:function(index,jq){
        console.log(' 我是第 1 个按钮触发的！ ');
    },
    cancel:function(index,jq){
        console.log(' 我是关闭按钮触发的！ ');
    },
    btn2:function(index,jq){
        console.log(' 我是第 2 个按钮触发的！ ');
    },
    //btn3 和 btn4 的事件设置代码略
})
```

一旦设置了事件，再次单击第 1 个操作按钮时就不会自动关闭弹出层了。如果你希望在事件执行完毕后可以自动关闭弹出层，应该再加上一行代码：

```
yes:function(index,jq){
    console.log(' 我是第 1 个按钮触发的！ ');
    layer.close(index);
},
```

和 yes 事件完全相反，单击第 2 个及其之后的操作按钮，以及右上角的关闭按钮时，则会在触发相应事件的同时自动关闭弹出层。如果你不希望这样，可以这样处理：

```
cancel:function(index,jq){
    console.log(' 我是关闭按钮触发的！ ');
    return false     // 取消关闭弹出层
},
btn2:function(index,jq){
    console.log(' 我是第 2 个按钮触发的！ ');
    return false     // 取消关闭弹出层
},
//btn3 和 btn4 的事件设置代码略
```

再来看其他几种常用的弹出层快捷方法。例如 alert 的语法格式为：

```
layer.alert(content, options, yes)
```

这里的 yes 就是指单击【确定】按钮所触发的事件。本方法默认只有一个【确定】按钮，且在添加了事件之后就不会自动关闭弹出层。如果要强行关闭它，可以在 yes 事件中加上一行：

```
layer.alert(' 弹出信息内容 ',{icon:1},function(index,jq){
    // 正常的事件处理代码
    layer.close(index)
})
```

confirm 方法的语法格式为：

```
layer.confirm(content, options, yes, cancel)
```

这里的后面两个参数就是分别单击【确定】和【取消】按钮所触发的事件。需要注意的是，此格式中的 cancel 名称虽然与表 7-10 中的 cancel 事件名称相同，但两者的含义是完全不一样的：这里的 cancel 仅指【取消】按钮所触发的事件；而表中的 cancel 是指单击弹出层右上角关闭按钮触发的事件。当你需要在 confirm 方法中同时设置弹出层关闭事件时，应该将它写到 options 配置参数中。例如：

```
layer.confirm(' 弹出信息内容 ',{
    icon:1,
    cancel:function(index,jq){
        console.log(' 这是单击右上角关闭按钮触发的！ ')
    }
},function(index,jq){    // 此为【确定】按钮事件
    console.log(' 单击的是【确定】按钮！ ')
},function(index,jq){    // 此为【取消】按钮事件
    console.log(' 单击的是【取消】按钮！ ')
})
```

与 confirm 类似的还有一个 prompt 方法，该方法默认也有【确定】和【取消】两个按钮，但其语法格式中只带了一个回调函数：

```
layer.prompt(options, yes)
```

很显然，这个回调函数是在单击【确定】按钮时触发的。例如：

```
layer.prompt({
    title:' 请输入姓名 ',
},function(value,index,elem){    // 此为【确定】按钮事件
    console.log(value);          // 输入值
    console.log(index);          // 当前弹出层的序号
    console.log(elem.val())      //elem 返回当前层中的 input 对象
})
```

那么弹出层关闭按钮及【取消】按钮所触发的事件写在哪？当然只能写到配置参数中。例如：

```
layer.prompt({
    title:'请输入姓名',
    cancel:function(index,jq){    // 关闭按钮事件
        console.log('我是单击弹出层右上角关闭按钮触发的')
    },
    btn2:function(index,jq){     //【取消】按钮事件
        console.log('我是单击【取消】按钮触发的')
    },
},function(value,index,elem){     //【确定】按钮事件
    console.log(value);
    console.log(index);
    console.log(elem.val())
})
```

事实上，除了 prompt 方法以外，其他所有的快捷方法事件都可以写到配置参数中。例如现在要弹出一个 confirm 层，并将按钮改为 3 个：是、否、取消。如果按照 confirm 快捷方式的写法，它后面要放两个回调函数，那第 3 个按钮就只能放到配置参数中了：

```
layer.confirm('是么？', {
    btn: ['是', '否', '取消'],
    btn3: function(){
        console.log('单击的【取消】按钮')
    }
}, function(){
    console.log('单击的【是】按钮')
}, function(){
    console.log('单击的【否】按钮')
});
```

如果要把后面的两个回调函数也放到配置参数中，加上触发的事件名称即可。例如：

```
layer.confirm('是么？', {
    btn: ['是', '否', '取消'],
    btn3: function(){
        console.log('单击的【取消】按钮')
    },
    yes:function(){
        console.log('单击的【是】按钮')
    },
```

```
    btn2:function(){
        console.log(' 单击的【否】按钮 ')
    }
});
```

为什么不能把 prompt 方法中的回调函数也放到配置参数中？这主要是因为该回调函数同时执行了一些判断操作（只在输入值不为空时才执行）以及能够返回用户输入的数值。如果强行将它放进去，这些功能都将失效，且返回值也变成了和其他按钮事件完全一样的 index 及 jq，这个时候如果要获取用户输入的返回值就会麻烦一些。例如：

```
layer.prompt({
    title:' 请输入姓名 ',
    cancel:function(index,jq){
        console.log(' 我是单击弹出层右上角关闭按钮触发的 ')
    },
    btn2:function(index,jq){
        console.log(' 我是单击【取消】按钮触发的 ')
    },
    yes:function(index,jq){    // 此时就需要自己编码处理了
        var input = jq.find('input');
        if(input.val()){    // 如果值不为空
            console.log(' 输入值为: ' + input.val());
            layer.close(index)
        }else{
            input.focus();
            layer.tips(' 请输入内容 ',input)
        }
    }
})
```

❸ 给按钮动态绑定属性

现以一个完整的公告信息弹出层为例：

```
var str = '<div style="padding: 50px; line-height: 22px; background: #393D49;
color: #fff;"> 你知道吗? 亲! <br>layer ≠ layui<br><br>layer 只是作为 Layui 的一
个弹出层模块，由于其用户基数较大，所以常常会有人以为 layui 就是 layer!</div>';
layer.open({
    type: 1,
    title: false,
```

```
    closeBtn: false,
    id: 'gg',
    btn: [' 火速围观 ', ' 残忍拒绝 '],
    btnAlign: 'c',
    content: str,
});
```

执行后的效果如图 7-70 所示。

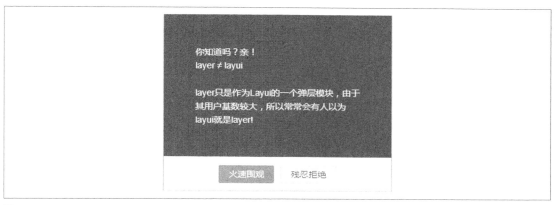

图 7-70

现在想给【火速围观】按钮加上链接，应该怎么处理？有以下两种办法。

第 1 种，使用 yes 事件。

由于本事件是直接对第 1 个操作按钮有效的，因此可以在这里重置 location：

```
yes:function(){
    location = 'http://www.layui.com'      // 指定链接地址
}
```

第 2 种，使用 success 事件。

本事件在弹出层成功创建时执行，可以在这里使用 jQuery 中的相关方法获取第 1 个操作按钮，然后再给它加上链接等属性：

```
success: function(jq,index){
    var btn = jq.find('.layui-layer-btn0');  // 获取第 1 个按钮
    btn.attr({                               // 添加属性
        href: 'http://www.layui.com/',
        target: '_blank'
    });
}
```

7.8 util 工具集

本节要学习的都是一些小工具，且全部集中在 util 模块中。这些工具在项目开发时虽然不一定能全部用到，但它们的实用性都非常强。

7.8.1 fixbar 固定块

所谓的固定块就是指不会随滚动条移动的小区块，它可以固定显示在页面的某个位置。

和弹出层一样，fixbar 可以不用依赖于页面中的任何元素。例如你可以先在页面中添加很多个 br 换行标签，然后执行以下 JS 代码：

```
var ut = layui.util;
ut.fixbar()
```

刷新页面，当出现垂直滚动条且滚动条距离顶部有 200px 以上的距离时，页面右下角将自动出现一个固定块，如图 7-71 所示。

图 7-71

单击该固定块又会快速回到页面顶部，固定块随后自动消失。

在 fixbar 方法中，还可根据需要添加一些必要的固定块配置参数。其可用属性如表 7-11 所示。

表 7-11

属性名	类型	说明	默认值
showHeight	Number	弹出 TopBar 的滚动条高度临界值	200
css	Object	重置区块显示位置	-
bgcolor	String	区块背景色	-
bar1	Boolean/String	可选的第 1 个 bar	false
bar2	Boolean/String	可选的第 2 个 bar	false

例如固定块默认都是显示在右下角，且背景为灰色，使用以下参数即可将其显示在左下角，背景色也改为墨绿：

```
ut.fixbar({
    css: {
        left: 10,
        bottom: 10
```

```
    },
    bgcolor: '#009688',
})
```

固定块中的 TopBar 虽然是默认必选的，但它仅在页面垂直滚动条滚动到指定位置时才会出现。除此之外，还可通过 bar1 或 bar2 属性最多添加两个固定块。例如：

```
ut.fixbar({
    css: {
        left: 10,
        bottom: 10
    },
    bgcolor:'#009688',
    bar1:true,
    bar2:true
})
```

当给 bar1 或 bar2 属性仅设置为 true 时，这两个固定块都将以默认图标显示，如图 7-72 所示。

图 7-72

你也完全可以根据自己的功能需求给它们重新指定相匹配的图标。例如将 bar2 改成：

```
bar2:'&#xe602;'
```

页面刷新后的效果如图 7-73 所示。

图 7-73

如果页面中有滚动条，当把它滚动到距离顶部 200px 的距离时，固定块将显示为 3 个，如图 7-74 所示。

图 7-74

固定块有个单击事件 click，通过此事件可监听到用户的单击行为：

```
ut.fixbar({
    …其他参数略…,
    click: function(type){
        console.log(type);    // 返回的 type 参数可区分 bar 类型：bar1、bar2 或 top
    }
})
```

7.8.2 toDateString、timeAgo 及 countdown 时间方法

这 3 个方法都是和日期时间相关的，非常实用，尤其是 toDateString 方法。

❶ 日期时间格式化

这个使用的是 util 中的 toDateString 方法，它可将任意的时间戳或日期对象转换为指定格式的字符。其语法格式为：

```
toDateString(time, format)
```

其中，参数 time 可以是日期对象，也可以是时间戳；参数 format 则是指定的日期字符格式，默认为 "yyyy-MM-dd HH:mm:ss"，可随意拼接组合定义。例如：

```
var str = layui.util.toDateString(new Date(2020,1,1),'yyyy年MM月dd日')
console.log(str)    //2020 年 02 月 01 日
```

❷ 某个时间在当前时间的多久之前

这个使用的是 util 中的 timeAgo 方法，用来判断某个时间点在系统时间的"多久之前"。其语法格式为：

```
timeAgo(time, onlyDate)
```

其中，参数 time 是必选的，表示某个具体的时间节点（可以是时间戳或日期对象）；参数 onlyDate 可选，表示是否在超过 30 天后只返回日期字符而不返回时分秒字符。

该方法的返回内容为字符串，返回规则如下。

● 如果在 3 分钟以内，返回：刚刚。

● 如果在 30 天以内，返回：若干分钟前、若干小时前或者若干天前。

● 如果在 30 天以上，则直接返回具体的年月日时分秒；如果在 30 天以上且 onlyDate 属性值为 true，则仅返回日期。

假如当前的系统时间为 2020 年 3 月 11 日，则以下代码的返回值为 "30 天前"：

```
var str = layui.util.timeAgo(new Date('2020-2-10'));
console.log(str)
```

如果将指定日期改为"2020-2-9"，则返回的就是具体日期和时间；如果再加上第 2 个参数为 true，则仅返回日期：

```
var str = layui.util.timeAgo(new Date('2020-2-9'),true);
console.log(str)      //2020-02-09
```

请注意，timeAgo 方法只能用来处理已经过去的时间。如果指定的时间是未来的某个节点，则一律返回"未来"。

❸ 倒计时

这个使用的是 util 中的 countdown 方法。它和 timeAgo 完全相反，只有在方法中指定未来的某个时间，才会产生倒计时的效果。其语法格式为：

```
countdown(endTime, startTime, callback)
```

其中，参数 endTime 为倒计时的结束时间（可以是时间戳或日期对象）；参数 startTime 为倒计时的开始时间，一般可以直接取服务器端的系统时间；参数 callback 为执行倒计时期间的回调函数。该回调函数每秒执行一次，且返回以下 3 个参数。

date：包含天、时、分、秒的数值数组。

time：倒计时执行到的时间戳或 Date 对象。

timer：倒计时执行到的计时器 ID 值，可用于 clearTimeout（关闭计时）。

为了更清晰地看到倒计时效果，我们先在页面 body 元素中添加一个 div。例如：

```
<div id="demo"></div>
```

然后使用以下代码开始倒计时：

```
var end = new Date('2021,1,1 00:00:00');    // 倒计时结束时间
var start = new Date();    // 倒计时开始时间（一般取服务器端的系统时间）
layui.util.countdown(end, start, function(date, time, timer){
    var str = date[0] + '天' + date[1] + '时' +  date[2] + '分' + date[3] + '秒';
    layui.$('#demo').html('距离 2021 年元旦还有: '+ str);
});
```

执行后的效果如图 7-75 所示（每秒都会更新一次）。

距离2021年元旦还有：295天7时2分55秒

图 7-75

使用倒计时需要注意以下两点。

第一，倒计时的结束时间应该是未来的某个时间，不应该是已经过去的时间。如果你一定要使用某个过去的结束时间，则开始时间也要重新指定，且必须小于结束时间。例如：

```
var end = new Date('2000,12,29 12:00:00');    // 结束时间
var start = new Date('2000,12,28 00:00:00'); // 开始时间
```

如果结束时间小于开始时间，则不会有倒计时效果。

第二，当需要结束计时时，可以在回调函数中执行 clearTimeout 方法。例如：

```
var end = new Date('2000,12,29 12:00:00');    // 结束时间
var start = new Date('2000,12,28 00:00:00'); // 开始时间
layui.util.countdown(end, start, function(date, time, timer){
    var str = date[0] + '天' + date[1] + '时' +  date[2] + '分' + date[3] + '秒';
    layui.$('#demo').html('还有 ['+ str + '] 计时结束! ');
    if (timer==20) clearTimeout(timer);    // 倒计时 20 秒时，结束计时
});
```

7.8.3 digit 整数前置补零方法

digit 方法可以对整数按指定长度补零（小数无效）。其语法格式为：

```
digit(num, length)
```

其中，参数 num 表示要处理的原始整数，参数 length 表示整数长度。如果原始数字长度小于 length，则前面补零。例如：

```
layui.util.digit(7, 3)     //007
layui.util.digit(89, 3)    //089
layui.util.digit(789, 3)   //789
```

7.8.4 escape 字符转义方法

我们知道之前学习的代码修饰器组件可以将页面代码转义为 HTML 实体，这里的 escape 方法可实现同样的效果。

例如在没有转义的时候，以下代码将在页面上输出两个很大的红色汉字"张三"：

```
var str = '<p style="color:red;font-size:128px">张三 </p>';
layui.$('#demo').html(str);
```

如果对 str 变量使用 escape 方法转义，那么页面输出的就是原始代码。例如：

```
var str = '<p style="color:red;font-size:128px">张三</p>';
str = layui.util.escape(str);        // 将字符串转义为 HTML 实体
layui.$('#demo').html(str);
console.log(str);                     // 在浏览器控制台输出转义后的内容
```

浏览器控制台输出的转义后的字符串内容如下：

```
&lt;p style=&quot;color:red;font-size:128px&quot;&gt;张三&lt;/p&gt;
```

7.8.5 event 批量处理事件方法

该方法是根据页面元素的属性和属性值来批量处理事件的，在某些场合下使用会很便捷。其语法格式如下：

```
event(attr, obj, eventType)
```

其中，参数 attr 表示需要监听的事件的元素属性；参数 eventType 表示监听的 jQuery 事件类型（此参数可选，默认为 click）。最关键的就是第 2 个参数 obj，这是一个回调链对象，必须在这里分别指定不同的元素属性值应该对应执行什么样的回调函数。

例如页面 body 元素中有 3 个按钮，每个按钮都有 lay-active 属性：

```
<button class="layui-btn" lay-active="e1">事件 1</button>
<button class="layui-btn" lay-active="e2">事件 2</button>
<button class="layui-btn" lay-active="e3">事件 3</button>
```

如果要给 3 个按钮同时添加事件，可以这样编写 JS 代码：

```
layui.util.event('lay-active', {
    e1: function(){
        alert('触发了事件 1');
    },
    e2: function(){
        alert('触发了事件 2');
    },
    e3: function(){
        alert('触发了事件 3');
    }
}, 'click');
```

　　本代码指定的属性名称为 lay-active（可自由定义，但必须和页面元素中的属性名称完全一致），接着在第 2 个参数中为 e1、e2、e3 这 3 个属性值分别定义回调函数，第 3 个参数为 click。

　　为了让代码看起来更直观，也可以这样编写：

```
var obj = {                // 事件链对象
    e1: function(){
        alert('触发了事件1');
    },
    e2: function(){
        alert('触发了事件2');
    },
    e3: function(){
        alert('触发了事件3');
    }
};
layui.util.event('abc', obj, 'click');    // 第 3 个参数使用的默认值，可以省略
```

　　如果将上述代码中的 click 改成 dblclick，则只有双击时才会触发事件。

第 **08** 章

数据表组件

在第 5 章常用页面元素中，我们学习过一个样式为 layui-table 的静态表格。由于静态表格没有用到任何的 JS 代码，因此其功能非常有限，更不可能与用户之间产生交互（例如单击排序、调整列宽、分页加载等）。本章学习的 table 组件可解决这些问题。

主要内容

8.1 分页组件

8.2 动态表格与列属性

8.3 表格常规属性

8.4 表格数据加载属性

8.5 表格基础方法

8.6 事件监听

8.7 laytpl 模板

当需要从服务器端动态加载表格数据，或者需要对服务器端的数据执行增删改查操作时，这就更加离不开专门的数据表组件了。本章要学习的数据表组件只有两个：laypage（分页）和 table（数据表格）。

8.1 分页组件

当页面中的数据比较多时，一般都需要进行分页处理。

分页组件的名称为 laypage。

例如页面的 body 元素中只有一个空的 div 元素：

```
<div id="test"></div>
```

然后在页面中输入以下 JS 代码：

```
<script>
    var $ = layui.$;
    $(function(){
        var lp = layui.laypage;
        lp.render({
            elem: 'test',    // 也可写成: $('#test')
            count: 50,        // 数据总数
            limit:5,          // 每页显示数
        });
    });
</script>
```

即可自动生成一个分页导航器，如图 8-1 所示。

图 8-1

很显然，分页组件和我们之前学习的其他绝大部分组件一样，都是通过 render 方法渲染的。在这个方法中，用到了 3 个属性：elem（指定页面元素）、count（数据总数）、limit（每页显示的条数）。由于上述代码指定的 count 为 50，limit 为 5，因而该组件自动将数据分成了 10 页。

8.1.1 常用属性

laypage 组件的常用属性如表 8-1 所示。

表 8-1

属性名	说明	值类型	默认值
elem	指向存放分页的页面容器	String/Object	–
count	数据总数	Number	–
limit	每页显示的条数	Number	10
groups	连续出现的页码按钮个数	Number	5
theme	当前分页按钮主题，可传入颜色值	String	–
curr	起始页	Number	1
hash	开启 location 对象中的 hash 定位	String/Boolean	false
prev	【上一页】按钮内容，可传入文本或 HTML	String	上一页
next	【下一页】按钮内容，可传入文本或 HTML	String	下一页
first	【首页】按钮内容，可传入文本或 HTML	String	–
last	【尾页】按钮内容，可传入文本或 HTML	String	–
layout	自定义分页布局	Array	–
limits	每页条数的选择项	Array	–

其中，elem 的属性值可以是 id 或者 jQuery 对象，但一定不能是字符型的选择器。仍以上述代码为例，如果要指定页面中 id 为 test 的 div 元素，以下两种写法都是可以的：

```
elem: 'test',         //id 属性值
elem: $('#test'),     //jQuery 对象
```

如果使用字符串选择器的写法，就是错误的。例如：

```
elem: '#test',        // 此写法无效
```

这是 laypage 组件中的 elem 属性的特别之处，请务必注意。

❶ **groups 属性**

此属性用于设置分页按钮不能全部显示时按钮组的个数。

图 8-1 中，由于该属性的默认值是 5，所以当显示第 1 页时，按钮组中就会连续出现 5 个按钮。如果单击到中间的某个分页按钮（如第 6 页），groups 连续显示的按钮则如图 8-2 所示。

图 8-2

如果将此属性值改为 3，那么连续显示的按钮组数量就会变成 3 个，如图 8-3 所示。

图 8-3

❷ theme 属性

此属性用于设置当前单击的分页按钮的背景颜色。例如：

```
theme: '#c00',
```

这样就会将按钮背景色由墨绿改为红色。

❸ curr 和 hash 属性

这两个属性都是用于定位指定页的。其中最常用的就是 curr 属性，它的默认值是 1，也就是默认认显示第 1 页。如果将它改为 3，那么刷新页面的时候，将默认打开第 3 页。

hash 属性则用于开启 location 对象中的锚部分，默认值为 false（不开启）。如果将上述 JS 代码改为：

```
lp.render({
    elem: 'test',
    count: 50,
    limit:5,
    curr:3,
    hash: 'fenye',
});
```

刷新页面，初始显示则变成了第 3 页，如图 8-4 所示。

图 8-4

请注意看浏览器中的 Web 地址，这时候的 location 后面光秃秃的，并没有带锚点链接地址。可是如果单击其他换页按钮，就会在 Web 地址后面自动加上符号 "#" 连接。例如单击第 4 页，如图 8-5 所示。

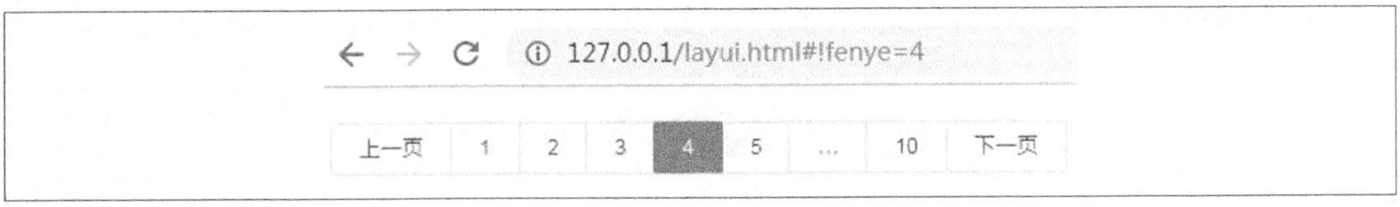

图 8-5

就在原来的地址后面加上了以下内容：

```
#!fenye=4
```

其中，fenye 是自定义的 hash 属性值，4 是指定页。很显然，在启用了 hash 属性之后，curr 的属性值应该从 location 对象的锚部分重新获取。以下是重新设置的 curr 属性代码：

```
curr: location.hash.replace('#!fenye=', ''),
```

它的意思是，先获取 location 对象中的 hash 属性值，然后再将其中的 "#!fenye=" 替换为空串，这样得到的就只有一个数字了。此时如果你直接修改浏览器 Web 地址中的分页数字，也可以定位到指定的分页。

❹ layout 及相关属性

此属性用于自定义分页组件的按钮布局。

在之前的各个示例截图中，分页组件默认都包含 3 个部分：最左边的【上一页】、最右边的【下一页】，以及中间的分页数字按钮。这 3 个部分其实就是由 layout 属性定义的，因为它的默认值就是：['prev','page','next']。

其中，prev 表示"上一页"，next 表示"下一页"，page 表示数字分页区域。

如果重新设置 layout 属性，并且把它们的顺序调整一下：

```
layout: ['prev','next','page'],
```

则分页效果如图 8-6 所示。

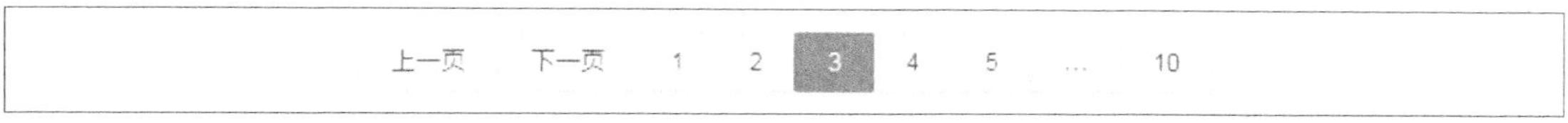

上一页   下一页   1   2   **3**   4   5   ...   10

图 8-6

同样地，如果将数组中的 page 去掉，那么生成的分页就只有【上一页】和【下一页】按钮。

需要说明的是，在 page 分页区域中，其实还包括了【首页】和【尾页】按钮，只不过这两个按钮默认是不显示的，除非你分别给 first 和 last 赋值。例如：

```
lp.render({
    elem: 'test',
    count: 50,
    limit:5,
    first:' 首页 ',
    last:' 尾页 ',
    layout:['page'],    // 仅显示 page 分页区域
});
```

分页效果如图 8-7 所示。

图 8-7

当单击【尾页】按钮的时候，【首页】按钮又将显示出来。由此可见，【首页】和【尾页】按钮会随着用户单击的分页按钮不同而动态地隐藏或显示。

除了 prev、next 和 page 之外，在 layout 属性中还可使用以下可选值。

count：总条目说明区域。

limit：条目选项区域。

refresh：页面刷新区域。

skip：快捷跳页区域。

例如将 layout 属性改为：

```
layout: ['limit','refresh','prev','skip','next','count'],
```

分页效果如图 8-8 所示。

图 8-8

其中条目选项区域的默认值为"[10,20,30,40,50]"，你可使用 limit 属性重新进行设置。

8.1.2　常用事件

本组件只有一个 jump 事件，在切换分页时触发。该回调函数返回以下两个参数。

obj：当前分页的所有选项值。

first：是否为首次打开，一般用于初始加载的判断。

例如：

```
lp.render({
    elem: 'test',
    count: 50,
    limit:5,
    jump: function(obj, first){
        if(!first){
            console.log(obj);        // 得到当前分页组件的全部属性配置数据
```

```
                console.log(obj.curr); // 得到当前页，以便向服务器端请求对应页的数据
                console.log(obj.limit);// 得到每页显示的条数
            }
        }
});
```

当刷新页面时，由于分页组件是初次生成的，因此这里的 console.log 命令并不会执行。只有在单击换页时才会输出相关数据信息。

为了让大家更清晰地看到数据分页效果，这里以一个数组数据为例进行模拟。首先在页面中添加 ul 列表元素：

```
<div id="test"></div>
<ul></ul>
```

然后在 JS 中声明一个数组变量，并对它进行分页处理：

```
// 数组数据
var data = ['北京','上海','广州','深圳','南京','杭州','成都','武汉','郑州', '西安'];
// 调用分页
var lp = layui.laypage;
lp.render({
    elem: 'test',
    count: data.length,
    limit:3,
    jump: function(obj){
        var i = obj.limit * (obj.curr - 1);       // 获取页号
        var thisData = data.concat().splice(i, obj.limit);   // 截取 data 数组
        thisData.forEach(function(v,i,arr){   // 对截取后的数组遍历并生成新数组
            arr[i] = '<li>'+ v +'</li>'
        });
        $('ul').html(thisData.join(''))      // 将新数组拼接成字符串填入 ul 元素
    }
});
```

请注意，在截取数组数据时，一定要使用 concat 方法对返回的新数组进行处理。如果不使用截取方式，也可改用其他方法对原数组进行遍历。例如将 jump 事件中的回调函数代码修改为：

```
jump: function(obj){
    var i = obj.limit * (obj.curr - 1);              // 获取页号
    var arr = data.filter(function(v,index,ar){    // 过滤出当前页的数据
```

```
            if (index >= i && index < i + obj.limit)  return v
    });
    var thisData = arr.map(function(v,index){      // 对过滤出的数据进行拼接
        return '<li>'+ v +'</li>'
    });
    $('ul').html(thisData.join(''))      // 写入 ul 元素中
}
```

由于 filter 方法只能过滤数组而不能返回新的值，所以又对过滤后得到的新数组执行 map 方法进行遍历拼接。这些都是 JS 中的基础知识，此处代码略。

执行后的效果如图 8-9 所示。

图 8-9

8.2 动态表格与列属性

8.1 节学习的 laypage 组件一般是与动态表格结合在一起使用。动态表格组件的名称为 table。

例如页面 body 元素中只有一个 div 元素：

```
<div id="test"></div>
```

使用如下 JS 代码即可让它变身为一个漂亮的动态表格：

```
var tb = layui.table;
tb.render({
    elem: '#test',
    cols:[[
        {field:'id',title:' 序号 '},
        {field:'dhy',title:' 行业大类 '},
        {field:'xhy',title:' 行业小类 '},
        {field:'sales',title:' 销售总额 '},
```

```
        {field:'percent',title:'销售份额'},
    ]],
    data:[
        {id:1,dhy:'大家电',xhy:'家用空调',sales:21791,percent:'20.63%'},
        {id:2,dhy:'大家电',xhy:'彩色电视机',sales:37148,percent:'35.17%'},
        {id:3,dhy:'大家电',xhy:'家用电冰箱',sales:14448,percent:'13.68%'},
        {id:4,dhy:'大家电',xhy:'洗衣机',sales:12210,percent:'11.56%'},
        {id:5,dhy:'大家电',xhy:'抽油烟机灶具',sales:20042,percent:'18.97%'}
    ],
    page:true
});
```

执行后的效果如图 8-10 所示。

序号	行业大类	行业小类	销售总额	销售份额
1	大家电	家用空调器	21791	20.63%
2	大家电	彩色电视机	37148	35.17%
3	大家电	家用电冰箱	14448	13.68%
4	大家电	洗衣机	12210	11.56%
5	大家电	抽油烟机...	20042	18.97%

1 到第 1 页 确定 共 5 条 10 条/页 ▼

图 8-10

如果将鼠标指针放到列标题旁边的分隔线处，还将自动出现双箭头的拖动图标，这时就可以按住鼠标左键来动态地调整列宽了。

在上面的 JS 代码中，我们只用到了 4 个最基本的动态表格属性，即 elem（表格容器）、cols（表格列）、data（表格数据）和 page（分页导航），而 HTML 中的可见页面元素只有一个 div，这就能让开发者最大限度地脱离各种冗长的 HTML 页面文件代码而仅需专注于 JS 本身。尤其对于频繁改动发布的项目而言，这种处理方式的便捷性就会更加明显。

通过分析上述代码可以发现，cols 和 data 属性都是数组类型。

cols 中的每个元素均为列配置对象，需要显示多少列，就要在这里设置多少个列对象。其中的列名称 field 必须和 data 中的键名完全一致，而 title 就无所谓了，它表示的列标题，可自由定义。

data 中的每个元素为数据行对象。这里有多少个元素，就会在表格中显示多少行。实际项目开发时，data 数据一般从服务器端动态请求得到，这里仅以静态数据作基础知识的说明。

再仔细研究 data 中的数据又可发现，这里一共包含了 5 个字段的数据，所以在 cols 属性中就添加了 5 个配置对象，以便让这些数据都能在表格中展示出来。可问题是，既然 cols 和 data 属性一样都是数组类型，而数组是用一对中括号，但这里的 cols 为什么要用两对中括号？要搞清楚这些问题就必须系统学习列属性方面的知识。

表 8-2 所示是全部的列属性，都可用到 cols 列的配置对象中。

表 8-2

属性名称	值类型	描述
field	String	列字段名称
title	String	列标题名称
colspan	Number	横向占用的单元格数量（合并列）。默认值为 1
rowspan	Number	纵向占用的单元格数量（合并行）。默认值为 1
type	String	列类型。可选值有 normal（默认）、checkbox（复选框列）、radio（单选框列）、numbers（行号列）、space（空列）
LAY_CHECKED	Boolean	是否为全选状态，仅对 checkbox 列有效。默认值为 false
width	Number/String	列宽，可为数字或字符型的百分比。默认自动列宽
minWidth	Number	允许的最小宽度。默认值为 60
unresize	Boolean	是否禁止拖曳列宽。只有 normal 型列默认为 false
align	String	列对齐方式。可选值有 left（默认）、center（居中）、right（居右）
fixed	String	固定列。可选值有 left（左固定）、right（右固定）
hide	Boolean	隐藏列。默认值为 false
sort	Boolean	是否允许排序。默认值为 false
style	String	列样式
templet	String	列模板
toolbar	String	列工具栏
event	String	列事件名称
totalRowText	String	用于显示自定义的合计文本
totalRow	Boolean	是否开启列合计功能。默认值为 false
edit	Boolean/String	单元格编辑类型。默认不开启

8.2.1 多层表头

由上述属性可知，表格中的单元格是可以合并的。假如我们想在"行业大类"和"行业小类"

的上方加上"行业归类",变成两层表头,那么前面的"序号"列就会占用两行,后面的"销售总额"和"销售份额"也是同样的情况,因此都需要做纵向合并。例如:

```
cols:[[
    {field:'id',title:' 序号 ',rowspan:2},
    {title:' 行业归类 ',colspan:2},        // 新增的一层表头,跨两列
    {field:'sales',title:' 销售总额 ',rowspan:2},
    {field:'percent',title:' 销售份额 ',rowspan:2}
],[
    {field:'dhy',title:' 大类 '},
    {field:'xhy',title:' 小类 '}
]],
```

这样就把数组里面的元素分成了两个:第 1 个数组元素显示在多层表头的第 1 层,第 2 个数组元素显示在第 2 层。其中,在第 1 个数组中,新添加的表头标题只需设置 title 和 colspan 属性(不能带 field)。执行后的效果如图 8-11 所示。

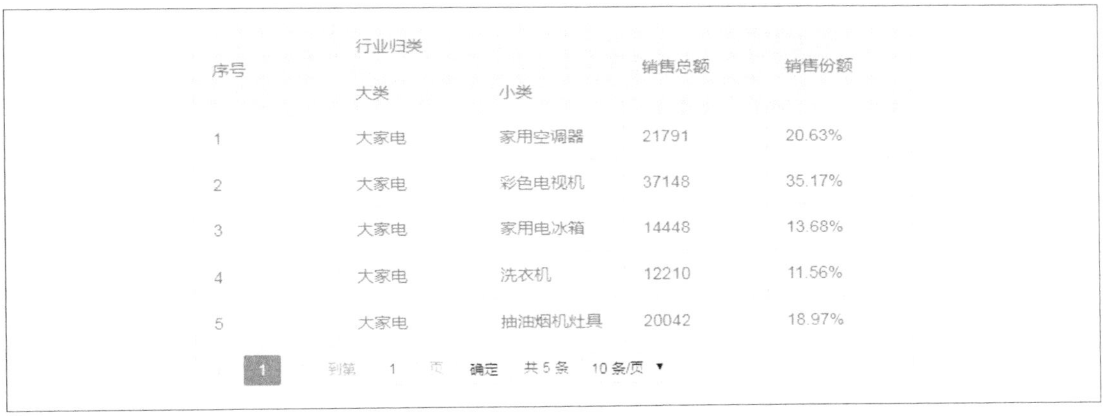

图 8-11

由此可见,之前设置的 cols 属性,之所以看起来是重复使用了两个中括号,实际上是因为它只有一层表头。

按照第 1 个数组元素显示在第 1 层、第 2 个数组元素显示在第 2 层、第 3 个数组元素显示在第 3 层……第 N 个数组元素显示在第 N 层的规律,我们可以轻易做出更加复杂的多层表头效果。例如:

```
cols:[[    // 第 1 层标题
    {field:'id',title:' 序号 ',rowspan:3},      // 因为有 3 层, rowspan 为 3
    {title:' 行业归类 ',colspan:2},            // 有下层标题的 ,不能有 field
    {title:' 销售情况 ',colspan:5}             // 因为有下层的下层,所以合并 5 列
],[    // 第 2 层标题
    {field:'dhy',title:' 大类 ',rowspan:2},      //rowspan 为 2
```

```
    {field:'xhy',title:'小类',rowspan:2},
    {title:'销售额',colspan:2},                    // 从第 3 层里取两列
    {title:'销售量',colspan:2},                    // 从第 3 层里取两列
    {field:'dt',title:'备注说明',rowspan:2}        // 数据里没有 dt 列，会显示为空
],[      // 第 3 层标题
    {field:'sales',title:'总额'},
    {field:'percent',title:'份额'},
    {field:'xl',title:'数量'},                     // 数据里没有 xl 列，会显示为空
    {field:'xlp',title:'份额'}                     // 数据里没有 xlp 列，会显示为空
]],
```

上述代码中，第 1 层标题有 3 个，其中第 2 个标题"行业归类"有下级标题，因此只能设置 title，不能设置 field；第 3 个标题"销售情况"同理。

第 2 层标题有 5 个。按照顺序，前两个标题是上一层中"行业归类"的下级标题；后 3 个标题是上一层中"销售情况"的下级标题。

第 3 层标题有 4 个，按顺序依次分配给上一层相应的父标题。

运行后的效果如图 8-12 所示。

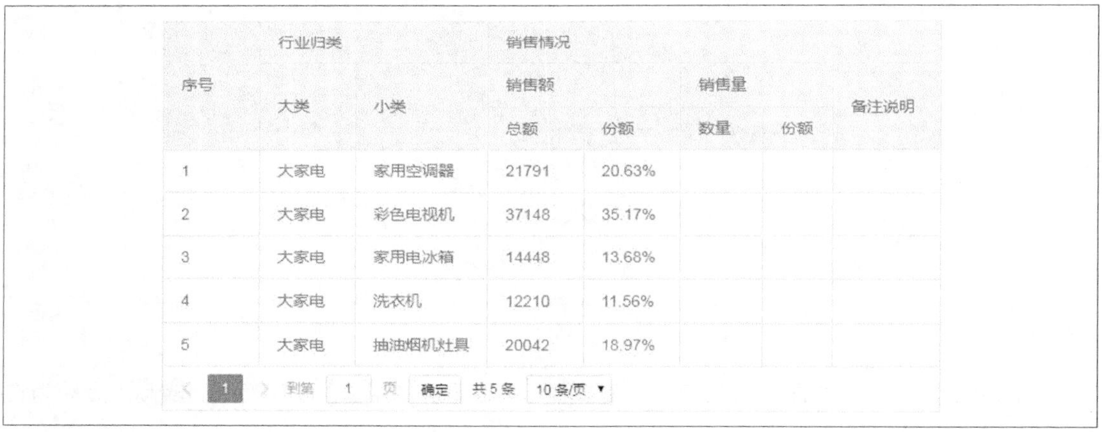

图 8-12

其中"销售量"之后的所有列字段由于没有对应的数据，所以全部显示为空。

在接下来的示例中，为方便读者观察其他更重要列属性的设置效果，仍将 cols 属性设置为单层标题。

8.2.2 列类型

默认情况下，所有的列 type 属性都是 normal。我们可根据需要将列改成以下类型。

numbers：行号列。

checkbox：复选框列。对于复选框类型的列，还可使用 LAY_CHECKED 属性，以自动选中全部数据行。

radio：单选框列（仅能选择其中的一行）。

space：空列。

例如将 table 配置参数修改为：

```
tb.render({
    elem:'#test',
    cols:[[
        {field:'num',title:'行号',type:'numbers'},
        {field:'ck',title:'复选列',type:'checkbox',LAY_CHECKED:true},
        {field:'dhy',title:'行业大类'},
        {field:'xhy',title:'行业小类'},
        {field:'sales',title:'销售总额'},
        {field:'percent',title:'销售份额'},
        {field:'sp',title:'空列',type:'space'},
        {field:'rd',title:'单选列',type:'radio'},
    ]],
    data:[…同前，此略…],
});
```

其中开始的两列和最后的两列都是没有具体数据的，其 field 属性值可随意定义，也可不用设置。执行后的效果如图 8-13 所示。

行号	☑	行业大类	行业小类	销售总额	销售份额	… 单选列
1	☑	大家电	家用空调器	21791	20.63%	○
2	☑	大家电	彩色电视机	37148	35.17%	○
3	☑	大家电	家用电冰箱	14448	13.68%	○
4	☑	大家电	洗衣机	12210	11.56%	○
5	☑	大家电	抽油烟机灶具	20042	18.97%	◉

图 8-13

对复选框列而言，title 标题属性其实是可以省略的，因为它并不会显示标题。当单击标题上的复选框时，可自动全选或取消全选当前列中的全部行。

复选框列也可改用 checkbox 属性设置。例如：

```
{field:'ck',checkbox:true,LAY_CHECKED:true},
```

而空列表示当前列没有内容。默认情况下，它的宽度会自动缩减到最小，除非你给它强制指定了列宽。

8.2.3 列宽与列对齐

与列宽相关的属性有以下 3 个。

width：可指定具体的数字或字符型的百分比。例如"50%"就表示该列占整个表格宽度的一半。

minWidth：允许的最小宽度。默认为 60。

unresize：是否禁止拖曳列宽。此属性仅对 normal 类型的列有效，默认值为 false，也就是不禁用，可以拖曳。其他类型的列，包括行号列、复选框列、单选框列和空列都是禁止拖曳的，也无法通过此属性改变。

例如将"行业大类"列的配置参数修改为：

```
{field:'dhy',title:' 行业大类 ',unresize:true},
```

则该列将从允许拖曳变为禁止拖曳。

给"行业小类"列添加 minWidth 属性，例如：

```
{field:'xhy',title:' 行业小类 ',minWidth:80},
```

当你拖曳改变该列宽度时，最小只能到 80px，想把它拉得更小就不可能了。

给空列设置 width 属性。例如：

```
{field:'sp',title:' 空列 ',type:'space',width:80},
```

那么该列将以 80px 的宽度显示，列标题自然也能显示出来。

列对齐属性只有一个，就是 align。它有 3 个可选值，即 left（默认）、center（居中）和 right（居右），同时对列标题及该列数据有效。例如将所有列标题及数据居中放置：

```
cols:[[
    {field:'id',title:' 序号 ',align:'center'},
    {field:'dhy',title:' 行业大类 ',align:'center'},
    {field:'xhy',title:' 行业小类 ',align:'center'},
    {field:'sales',title:' 销售总额 ',align:'center'},
    {field:'percent',title:' 销售份额 ',align:'center'},
]],
```

执行后的效果如图 8-14 所示。

序号	行业大类	行业小类	销售总额	销售份额
1	大家电	家用空调器	21791	20.63%
2	大家电	彩色电视机	37148	35.17%
3	大家电	家用电冰箱	14448	13.68%
4	大家电	洗衣机	12210	11.56%
5	大家电	抽油烟机灶具	20042	18.97%

图 8-14

8.2.4 列的冻结、隐藏与排序

冻结列也被称为固定列，仅当表格内容在指定容器中无法完整显示时才会用到，使用的属性的名称为 fixed，可选值有 left（固定在左）和 right（固定在右）。一旦设定，对应的列将会被固定在左或右，不会随滚动条而滚动。

需要注意的是，如果固定在左，则该列必须放在表头最前面；如果固定在右，则该列必须放在表头最后面，可冻结的列数不限。例如将"序号"和"行业大类"列固定冻结在左边：

```
cols:[[
    {field:'id',title:' 序号 ',fixed:'left'},
    {field:'dhy',title:' 行业大类 ',fixed:'left'},
    {field:'xhy',title:' 行业小类 '},
    {field:'sales',title:' 销售总额 '},
    {field:'percent',title:' 销售份额 '},
]],
```

如果将表格的宽度缩小，列内容无法完整显示时，表格下方会自动出现滚动条。拖曳滚动条时，固定在左侧的两列将始终显示，如图 8-15 所示。

序号	行...	行...	销...	销...
1	大...	家...	21...	20...
2	大...	彩...	37...	35...
3	大...	家...	14...	13...
4	大...	洗...	12...	11...
5	大...	抽...	20...	18...

图 8-15

列隐藏和列排序非常简单，只需将指定列的 hide 或 sort 属性设置为 true 即可。例如隐藏"序号"列，同时允许"行业小类"和"销售总额"列进行排序：

```
cols:[[
    {field:'id',title:'序号',hide:true},
    {field:'dhy',title:'行业大类',},
    {field:'xhy',title:'行业小类',sort:true},
    {field:'sales',title:'销售总额',sort:true},
    {field:'percent',title:'销售份额'},
]],
```

执行后的效果如图 8-16 所示。

行业大类	行业小类 ⇕	销售总额 ▲	销售份额
大家电	洗衣机	12210	11.56%
大家电	家用电冰箱	14448	13.68%
大家电	抽油烟机灶具	20042	18.97%
大家电	家用空调器	21791	20.63%
大家电	彩色电视机	37148	35.17%

图 8-16

图 8-16 中，"序号"列已经不见了，"行业小类"和"销售总额"列旁边都加上了排序图标。该图标有上下两个箭头：上面的箭头表示由低到高的升序排序，下面的箭头表示由高到低的降序排序。图 8-16 所示就是单击了"销售总额"列的升序箭头后所得到的排序结果。

当然，你也可以直接单击标题名称进行排序：第 1 次单击为升序，第 2 次为降序，第 3 次取消排序（也就是还原为默认排序），如此反复。

需要特别说明的是，如果对存在中文字符的列开启排序，可能得到的并不是你所需要的结果。因为这里的排序是按照字符编码进行的，并不是按照大家常用的拼音进行排序。例如单击"行业小类"中的降序按钮，得到的排序结果如图 8-17 所示。

行业大类	行业小类 ▼	销售总额 ⇕	销售份额
大家电	洗衣机	12210	11.56%
大家电	抽油烟机灶具	20042	18.97%
大家电	彩色电视机	37148	35.17%
大家电	家用空调器	21791	20.63%
大家电	家用电冰箱	14448	13.68%

图 8-17

很显然，这样的中文排序结果并不是按拼音顺序来的。

8.2.5　列样式

与列样式相关的有两个属性：一个是 style，一个是 templet。

❶ style 属性

该属性的使用方法简单，但功能有限，因为它所用到的就是各种单纯的 CSS 样式代码。

例如"销售总额"和"销售份额"由于是数字类型的列，大家习惯上将它靠右对齐。如果仅使用 align 属性，它会将标题和列数据全部靠右。此时如果要将列标题再居中应该怎么办？这就需要将 align 和 style 属性结合起来使用了。以下是示例代码：

```
cols:[[
    {field:'id',title:' 序号 '},
    {field:'dhy',title:' 行业大类 '},
    {field:'xhy',title:' 行业小类 '},
    {field:'sales',title:' 销售总额 ',align:'center',style: 'text-align:right'},
    {field:'percent',title:' 销售份额 ',align:'center',style: 'text-align:right'},
]],
```

执行后的效果如图 8-18 所示。

序号	行业大类	行业小类	销售总额	销售份额
1	大家电	家用空调器	21791	20.63%
2	大家电	彩色电视机	37148	35.17%
3	大家电	家用电冰箱	14448	13.68%
4	大家电	洗衣机	12210	11.56%
5	大家电	抽油烟机灶具	20042	18.97%

图 8-18

❷ templet 属性

该属性可自由定义列显示模板，并能实现逻辑处理，从而让你的表格展示内容变得异常丰富多彩。它有以下 3 种写法。

● 函数模板。

该函数有个返回参数，它包含了所有的字段和数据。例如将"销售份额"列中大于 20% 的数据以红色突出显示，其他数据正常显示。那么就可以给该列设置 templet 函数：

```
{field:'percent',title:'销售份额',templet: function(d){
    var p = parseFloat(d.percent);
    if(p>20){
        return '<span style="color:red">' + d.percent + '</span>'
    }else{
        return d.percent
    }
}},
```

执行后的效果如图 8-19 所示。

序号	行业大类	行业小类	销售总额	销售份额
1	大家电	家用空调器	21791	20.63%
2	大家电	彩色电视机	37148	35.17%
3	大家电	家用电冰箱	14448	13.68%
4	大家电	洗衣机	12210	11.56%
5	大家电	抽油烟机灶具	20042	18.97%

图 8-19

如果要将"销售份额"列做成类似于进度条的显示效果，可以这样设置：

```
{field:'percent',title:'销售份额',templet: function(d){
    return '<div style="background:blue;color:white;width:100%">' +
        '<div style="width:' + d.percent +';background:red">' + d.percent +
'</div></div>'
}},
```

该代码的原理非常简单，就是利用了页面元素的百分比属性，然后设置背景色而已。执行后的效果如图 8-20 所示。

序号	行业大类	行业小类	销售总额	销售份额
1	大家电	家用空调器	21791	20.63%
2	大家电	彩色电视机	37148	35.17%
3	大家电	家用电冰箱	14448	13.68%
4	大家电	洗衣机	12210	11.56%
5	大家电	抽油烟机灶具	20042	18.97%

图 8-20

如果仅需在列单元格中显示进度条而不包含数字，可将代码中的子 div 内容由 "d.percent"
改成 " "：

```
return '<div style="background:blue;color:white;width:100%">' +
    '<div style="width:' + d.percent +';background:red"> </div></div>'
```

● 字符模板。

就是给 templet 属性直接赋值一段 HTML 字符串代码。

例如在 cols 属性中新增一个 "操作" 列：

```
{title:' 操作 ',templet:'<div><a href="javascript:;" class="layui-table-link">
查询 </a></div>'},
```

其中的 class 样式类 "layui-table-link" 专门用于表格中的链接。执行后的效果如图 8-21 所示。

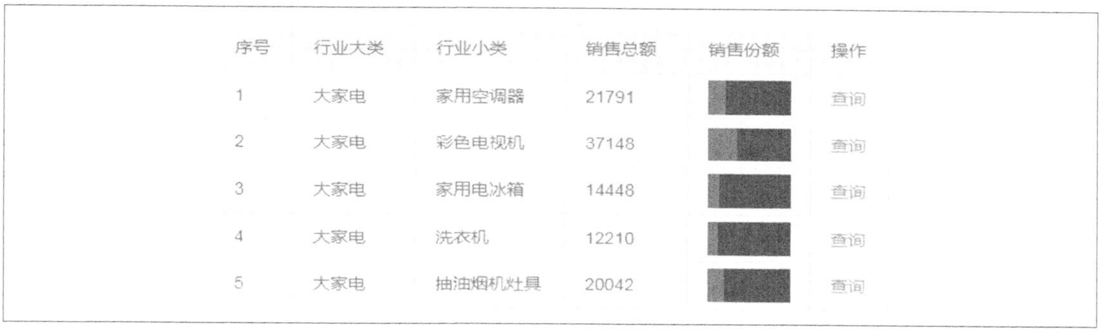

图 8-21

在这个 HTML 字符串中，还可以使用 laytpl 模板引用数据。例如将新增列的配置项参数修改为：

```
{title:' 行业备注 ',templet:'<div>{{d.dhy}} - {{d.xhy}}</div>'},
```

这里以两个大括号包起来的就是引用数据，d 表示数据对象，它和函数模板中返回的 d 参数是
同一个意思。本段代码的意思是，将表格中的 dhy 字段数据和 xhy 字段数据以符号 "-" 连接起来
作为 "行业备注" 列的内容进行显示，如图 8-22 所示。

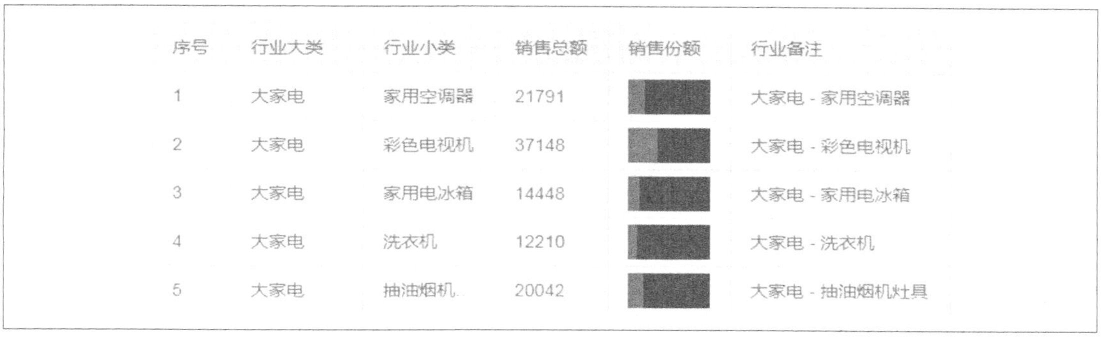

图 8-22

411

请注意，当使用 laytpl 模板方式引用数据时，在它的外面必须要用一对双标签包起来（如 div、p、span 等），否则将无法读取到引用数据。对 layui-table-link 样式而言，它所在的 a 标签外面也必须包一对双标签，否则链接效果及样式会全部无效。

● laytpl 模板选择器。

这种写法就是直接给 templet 属性指定一个 laytpl 的模板选择器。例如：

```
{title:' 行业备注 ',templet:'#demoTpl'},
```

既然这里绑定的选择器是 #demoTpl，那就应该在页面中再专门创建 id 为 demoTpl 的 laytpl 模板。该模板可放到页面的任何位置，但必须使用 script 标签创建，且必须将该标签的 type 属性设置为 "text/html"（ script 标签的默认 type 类型为 "text/javascript"）。例如：

```
<script type="text/html" id="demoTpl">
    <div>{{d.dhy}} - {{d.xhy}}</div>
</script>
```

执行后的效果与图 8-22 所示完全相同。

在这个模板中，我们甚至可以写任意的 JS 脚本代码以完成类似于函数模板一样的逻辑处理，但必须遵循 laytpl 语法。关于这方面的详细说明，请参考 8.7 节。

8.2.6 列工具栏

在之前学习列样式的 templet 属性时，曾经举过一个 "操作" 列的例子。其实要在表格中生成数据操作列，一般更常使用列工具栏属性 toolbar。例如：

```
{title:' 操作 ',toolbar:'<div>' +
    '<a class="layui-btn layui-btn-xs"> 查看 </a>' +
    '<a class="layui-btn layui-btn-xs"> 编辑 </a>' +
    '<a class="layui-btn layui-btn-xs layui-btn-danger"> 删除 </a></div>'},
```

这里传入的就是一段 HTML 字符串。很显然，当需要传入的内容很多时，这种字符串就会非常长，不利于阅读和维护。因此，toolbar 属性还可以改用 laytpl 选择器的写法。

例如将 "操作" 列的 toolbar 属性值修改为：

```
{title:' 操作 ',toolbar:'#barDemo'},
```

然后在页面的任何位置创建 id 为 barDemo 的 laytpl 模板：

```
<script type="text/html" id="barDemo">
    <a class="layui-btn layui-btn-xs"> 查看 </a>
```

```
    <a class="layui-btn layui-btn-xs">编辑 </a>
    <a class="layui-btn layui-btn-xs layui-btn-danger">删除 </a>
</script>
```

两者的执行效果完全相同，如图 8-23 所示。

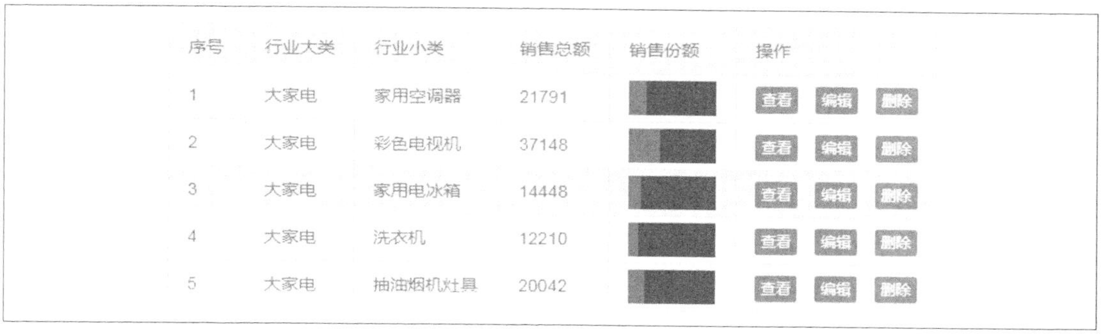

图 8-23

当使用 laytpl 模板的写法时，它还有一个非常大的好处：可以进行逻辑处理。例如要想当销售总额超过 20000 时，在"操作"列中增加一个【审核】操作按钮，就可以这样设置模板：

```
<script type="text/html" id="barDemo">
    <a class="layui-btn layui-btn-xs">查看 </a>
    <a class="layui-btn layui-btn-xs">编辑 </a>
    <a class="layui-btn layui-btn-xs layui-btn-danger">删除 </a>
    {{#  if(d.sales > 20000){ }}
        <a class="layui-btn layui-btn-xs">审核 </a>
    {{#  } }}
</script>
```

执行后的效果如图 8-24 所示。

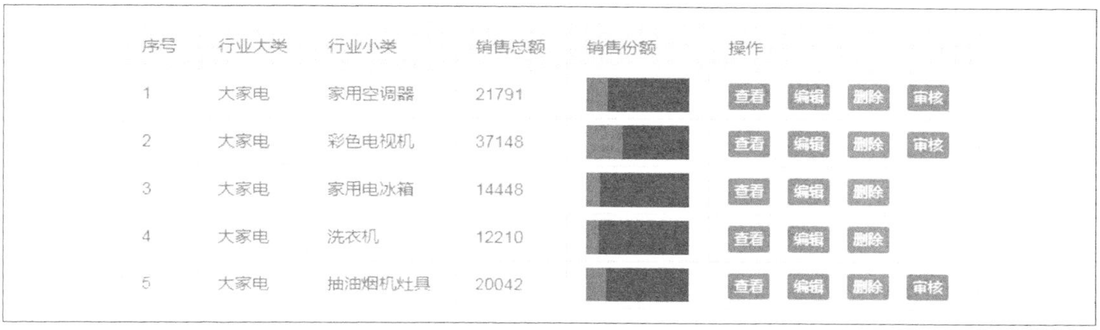

图 8-24

其实仔细分析一下这个 laytpl 模板可知，所谓的 laytpl 语法无非是在 JS 代码的前面加上 "{{#"、在结束位置加上 "}}" 而已。

另外与 toolbar 相关的还有 event 属性，该属性用于绑定列事件。此事件和工具栏按钮事件都可以被监听到，这些将放到后面的事件中讲述。

8.2.7 列合计与列数据编辑

与列合计相关的属性有以下两个。

totalRowText 属性：用于自定义合计行的文本显示内容。

totalRow 属性：是否开启列合计功能，默认为 false。

例如要在"序号"列加上合计文本说明，同时对"销售总额"和"销售份额"列进行合计，可以这样设置代码：

```
var tb = layui.table;
tb.render({
    elem: '#test',
    cols:[[
        {field:'id',title:' 序号 ',totalRowText:' 销售合计 '},
        {field:'dhy',title:' 行业大类 '},
        {field:'xhy',title:' 行业小类 '},
        {field:'sales',title:' 销售总额 ',totalRow:true},
        {field:'percent',title:' 销售份额 ',totalRow:true},
    ]],
    data:[…与前同，此略…],
    totalRow:true,  // 这是 table 中的属性。如果不设置为 true，将不会增加合计行
});
```

执行后的效果如图 8-25 所示。

序号	行业大类	行业小类	销售总额	销售份额
1	大家电	家用空调器	21791	20.63%
2	大家电	彩色电视机	37148	35.17%
3	大家电	家用电冰箱	14448	13.68%
4	大家电	洗衣机	12210	11.56%
5	大家电	抽油烟机灶具	20042	18.96%
销售合计			105639.00	100.00

图 8-25

而列数据编辑非常简单，只要给需编辑修改的列加上值为 true 的 edit 属性即可。例如要让"行

业小类"允许编辑，可这样设置：

```
{field:'xhy',title:'行业小类',edit:true},
```

当单击该列的任何一个单元格时，都将自动进入编辑状态，如图 8-26 所示。

序号	行业大类	行业小类	销售总额	销售份额
1	大家电	家用空调器	21791	20.63%
2	大家电	彩色电视机	37148	35.17%
3	大家电	家用电冰箱	14448	13.68%
4	大家电	洗衣机	12210	11.56%
5	大家电	抽油烟机灶具	20042	18.96%

图 8-26

需要说明的是，本组件的表格编辑功能还比较弱，它并不会根据不同的列类型调用不同的编辑器，且只能使用 text 文本进行编辑。如果你一定要在表格中使用不同类型的编辑器（例如日期列就要调用日期控件输入），可通过 event 属性或加入表单的方式来处理，这些都将在表格事件中详细举例说明。

8.3 表格常规属性

8.2 节学习的都是表格中的列属性，本节重点讲解数据表格本身的属性。例如之前代码中用到的 elem、cols、data、page、totalRow 等都是 table 的属性。

table 组件的常规属性如表 8-3 所示。

表 8-3

属性名称	值类型	描述
elem	String/Object	绑定表格容器。可使用选择器或 jQuery 对象
cols	Array	列字段配置数组
data	Array	静态数据数组
page	Boolean/Object	开启分页，默认为 false。也可使用参数对象
limit	Number	每页显示条数，默认为 10
limits	Array	每页条数选择项，默认 [10,20,30,40,50,60,70,80,90]

属性名称	值类型	描述
totalRow	Boolean	是否开启合计行区域。默认为 false
width	Number	表格容器宽度，默认随父元素铺满
height	Number/String	表格容器高度，可使用数字或字符
cellMinWidth	Number	表格所有列的最小宽度，默认为 60
skin	String	表格边框风格，可选值有 line（行线）、row（列线）、nob（无线）
even	Boolean	是否开启隔行斑马线背景。默认为 false
size	String	表格尺寸大小风格。可选值有 sm（小）、lg（大）
toolbar	String/Boolean	表格头部工具栏，默认为 false
defaultToolbar	Array	表格头部工具栏右侧图标按钮配置属性
title	String	表格数据导出时的文件名及表名
initSort	Object	表格数据的初始排序
autoSort	Boolean	是否自动在前端处理排序，默认为 true
text	Object	表数据异常时的提示信息
id	String	表格容器 id，也可从绑定容器的 id 属性中获取

8.3.1　分页相关属性

将表格组件的 page 属性设置为 true，就会自动在表格下方显示分页。例如：

```
var tb = layui.table;
tb.render({
    elem: '#test',
    cols:[[
        {field:'id',title:' 序号 '},
        {field:'dhy',title:' 行业大类 '},
        {field:'xhy',title:' 行业小类 '},
        {field:'sales',title:' 销售总额 '},
        {field:'percent',title:' 销售份额 '},
    ]],
    data:[…与前同，此略…],
    page:true,       // 显示分页
});
```

生成的表格如图 8-27 所示。

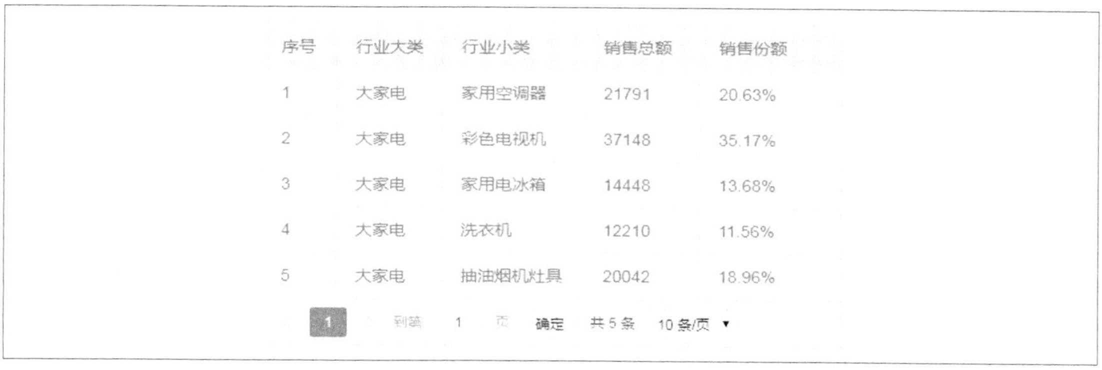

序号	行业大类	行业小类	销售总额	销售份额
1	大家电	家用空调器	21791	20.63%
2	大家电	彩色电视机	37148	35.17%
3	大家电	家用电冰箱	14448	13.68%
4	大家电	洗衣机	12210	11.56%
5	大家电	抽油烟机灶具	20042	18.96%

图 8-27

默认情况下，分页后的每页显示行数为 5，可更改的分页选择项有 10、20、30、40、50、60、70、80、90 共 9 种，如图 8-28 所示。

图 8-28

如果要修改这两个默认值，可分别使用 limit 和 limits 属性。例如将每页显示行数设置为 3，将可选择的分页项改为 2 和 3，可在上述代码中添加以下属性：

```
limit:3,
limits:[2,3],
```

这样表格就会自动分为两页，如图 8-29 所示。

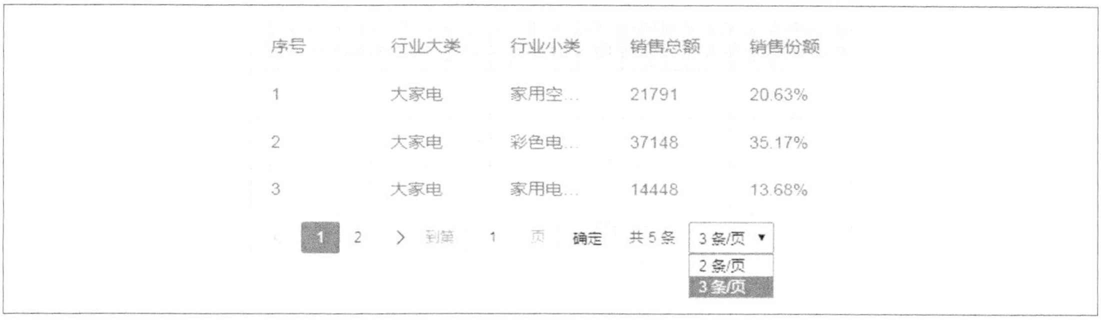

序号	行业大类	行业小类	销售总额	销售份额
1	大家电	家用空...	21791	20.63%
2	大家电	彩色电...	37148	35.17%
3	大家电	家用电...	14448	13.68%

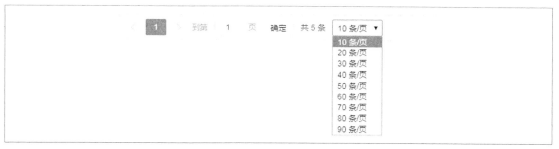

图 8-29

当在下拉框中选择"2 条 / 页"时，表格就会自动分成 3 页。

如果你要在表格中重新设置分页的其他属性，可将 page 属性值改成 Object 对象，在这个对象里可以使用 laypage 组件中除了 elem 属性及 jump 事件以外的其他全部属性。例如将上述代码中的 page 属性值改为：

```
page:{
    prev:'<i class="layui-icon">&#xe65a;</i>', // 重新设置【下一页】按钮的显示图标
    next:'<i class="layui-icon">&#xe65b;</i>', // 重新设置【上一页】按钮的显示图标
    layout:['prev','page','next'],    // 只显示【上一页】、【下一页】和分页按钮
    limit:1     // 每页仅显示一行
},
```

执行后的效果如图 8-30 所示。

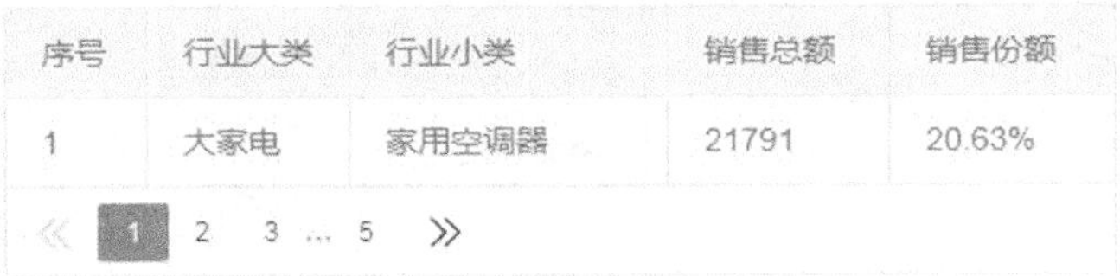

序号	行业大类	行业小类	销售总额	销售份额
1	大家电	家用空调器	21791	20.63%

《 1 2 3 ... 5 》

图 8-30

由此可见，尽管在之前的代码中已经将数据表格的 limit 属性设置为 3，但由于 page 属性中又把 limit 改成了 1，因此表格的每页最终显示行数还是一行。这就说明表格的 limit 属性的优先级要低于 page 对象中的 limit 属性，limits 也是同样的道理。

8.3.2　外观相关属性

这方面的属性主要包括两大类：一类是宽高，一类是风格。

❶ 宽高属性

width：表格容器宽度。默认情况下，table 容器的宽度跟随它的父元素铺满，你也可以设定一个固定值，当容器中的内容超出了该宽度时，自动出现横向滚动条。列属性中也有 width，但它仅对设定的列有效，且同时可以使用字符百分比表示；而这里的 width 对整个表格有效，重新设置的话，只能使用数字，不能使用百分比。

cellMinWidth：全局定义表格中所有常规单元格的最小宽度，默认为 60，一般用于自动处理没有指定具体列宽的列。但要注意，当列属性中已经指定 minWidth 时，minWidth 的优先级要高于 cellMinWidth。也就是说，本属性对于已经设置了 minWidth 属性的列无效。

height：表格容器高度。默认情况下，table 容器的高度是根据数据区域的大小自动适应的。你可以给它设定一个固定的数字，当容器中的内容超出了该高度时，将自动出现纵向滚动条。你也

可以使用字符来表示高度，但这种字符是有特定格式的，必须写为"full- 差值"。其中，full 是固定的，表示高度始终铺满浏览器；差值则是一个数值，这需要你来预估，如表格容器距离浏览器顶部和底部的距离之和。例如：

```
height: 315,              // 数字写法
height: 'full-20',       // 字符串写法
```

❷ 风格属性

这方面的属性有以下 3 个。

skin：用于设置边框风格，可选值有 line（只显示横线）、row（只显示竖线）、nob（横线竖线都不显示）。例如图 8-31 所示就是 skin 为 nob 时的效果。

序号	行业大类	行业小类	销售总额	销售份额
1	大家电	家用空调器	21791	20.63%
2	大家电	彩色电视机	37148	35.17%
3	大家电	家用电冰箱	14448	13.68%
4	大家电	洗衣机	12210	11.56%
5	大家电	抽油烟机灶具	20042	18.96%

图 8-31

even：是否开启隔行斑马线背景，默认为 false。图 8-32 所示是开启之后的效果。

序号	行业大类	行业小类	销售总额	销售份额
1	大家电	家用空调器	21791	20.63%
2	大家电	彩色电视机	37148	35.17%
3	大家电	家用电冰箱	14448	13.68%
4	大家电	洗衣机	12210	11.56%
5	大家电	抽油烟机灶具	20042	18.96%

图 8-32

size：用于设置表格中单元格的尺寸及字体大小，可选值有 sm（小）和 lg（大），此属性未设置时为标准大小。

8.3.3 头部工具栏属性

列属性中可使用 toolbar 给指定列设置工具栏，table 表格也有这样一个同名属性，但它是在表格头部设置工具栏。table 中和头部工具栏相关的属性有 3 个: toolbar、defaultToolbar 和 title。

❶ toolbar 属性

该属性用于开启表格头部工具栏区域，它支持两种类型的值：Boolean 和 String。

当使用布尔值 true 时，仅在头部右侧开启工具栏，左侧不显示。默认为 false。例如：

```
var tb = layui.table;
tb.render({
    elem: '#test',
    cols:[[
        {field:'id',title:' 序号 '},
        {field:'dhy',title:' 行业大类 '},
        {field:'xhy',title:' 行业小类 '},
        {field:'sales',title:' 销售总额 '},
        {field:'percent',title:' 销售份额 '},
    ]],
    data:[…与前同，此略…],
    toolbar:true,        // 开启头部工具栏
});
```

执行之后将在表格头部右侧显示【筛选列】、【导出】、【打印】3 个操作按钮，如图 8-33 所示。

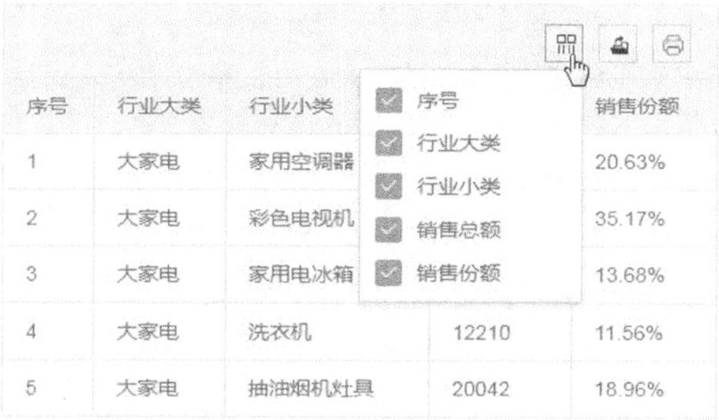

图 8-33

单击【筛选列】按钮时，将列出所有列标题，可任意勾选让它们隐藏或者显示；单击【导出】按钮时，有两种选择，即导出到 Csv 文件、导出到 Excel 文件；单击【打印】按钮时，可以预览和打印。

当使用字符串时，则有以下 3 种写法。

第 1 种是直接用字符串 default。这将在头部工具栏左侧同时显示默认的内置工具栏按钮。例如：

```
toolbar:'default',
```

则头部工具栏效果如图 8-34 所示。

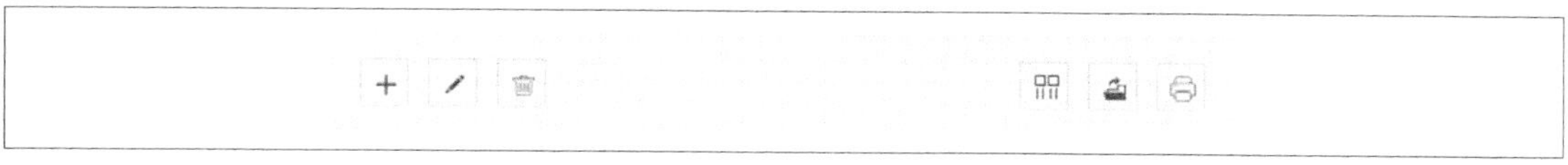

图 8-34

很显然，工具栏左侧的 3 个默认按钮分别是：增加行、编辑行和删除行。

第 2 种是写入 HTML 字符串，用于重新定义工具栏左侧的内容。例如：

```
toolbar:'<div><a class="layui-btn layui-btn-sm"> 获取选中行数据 </a>' +
    '<a class="layui-btn layui-btn-sm"> 获取选中数目 </a>' +
    '<a class="layui-btn layui-btn-sm"> 验证是否全选 </a></div>',
```

执行后的效果如图 8-35 所示。

图 8-35

第 3 种是写入选择器，用于绑定一个现成的工具栏模板。

此种写法所实现的效果与第 2 种完全相同，只不过它更适用于比较复杂的工具栏设置。例如给 toolbar 属性指定选择器：

```
toolbar: '#toolbarDemo',
```

然后在页面的任意位置创建模板：

```
<script type="text/html" id="toolbarDemo">
    <a class="layui-btn layui-btn-sm"> 获取选中行数据 </a>
    <a class="layui-btn layui-btn-sm"> 获取选中数目 </a>
    <a class="layui-btn layui-btn-sm"> 验证是否全选 </a>
</script>
```

执行后的效果与图 8-35 所示完全相同，但很显然，这种写法更有条理。而且这种写法尤其适合创建比较复杂的工具栏。例如将上述模板改为：

```
<script type="text/html" id="toolbarDemo">
    <label class="layui-form-mid"> 查询关键字 </label>
    <div class="layui-inline">
        <input class="layui-input">
    </div>
```

```
    <a class="layui-btn layui-btn-sm">
        <i class="layui-icon">&#xe615;</i>
    </a>
</script>
```

这样就会在头部工具栏左侧生成一个查询输入框，如图 8-36 所示。

图 8-36

❷ defaultToolbar 属性

toolbar 属性的 3 种字符串写法都是用来处理头部工具栏的左侧内容的。如果要修改右侧的按钮配置，就可使用 defaultToolbar 属性。

defaultToolbar 属性值为数组，且支持以下 3 个可选值的任意组合。

filter：列筛选。

exports：导出。

print：打印。

例如使用以下设置后，头部工具栏右侧将仅显示"打印"和"导出"两个图标：

```
defaultToolbar: ['print', 'exports'],
```

你也可以无限扩展右侧的图标按钮。例如：

```
defaultToolbar: ['filter', 'print', 'exports', {
    title: ' 提示 ',
    icon: 'layui-icon-tips'
},{
    title: ' 刷新 ',
    icon: 'layui-icon-refresh'
}],
```

生成的效果如图 8-37 所示。

图 8-37

❸ title 属性

本属性用于设置表格数据导出时的文件名及表名。

422

8.3.4　数据排序属性

与表格数据排序相关的属性有两个：initSort 和 autoSort。

其中 initSort 指定了在数据表格渲染完毕时所执行的字段排序。本属性的值为 Object 对象，可设置 field 和 type 两个参数。例如：

```
initSort: {
    field: 'sales', // 排序字段
    type: 'desc'      // 排序方式。可选值有 asc（升序）、desc（降序）、null（默认）
},
```

autoSort 属性用于指定是否自动在前端处理排序，默认为 true。

需要特别说明的是，如果对存在中文字符的列执行前端排序，可能得到的并不是你所需要的结果。因为这里的排序是按照字符编码进行的，并不是按拼音排序。为避免发生此种情况，可将 autoSort 属性设置为 false，然后通过监听排序事件，将它放到服务器端处理。

8.3.5　其他属性

这里讲解两个其他属性：text 和 id。

属性 text 的值虽然是 Object 类型，但目前只能用于设置表格数据异常时的提示信息。例如将之前代码中的 data 属性值改为空数组：

```
data:[],
```

页面刷新之后表格的显示效果如图 8-38 所示。

图 8-38

如果你要修改这里的默认提示信息，就可使用 text 属性。例如：

```
text: {
    none: '暂无相关数据' // 默认：无数据
},
```

数据表格中的另外一个属性 id，虽然在之前的示例代码中从未用过，但它的作用非常强大，因为它是表格数据操作方法上的必要传递条件，在随后将学习的各种方法和事件中都会见到它。此属

性也可从表格容器元素的 id 属性中获取。

8.4 表格数据加载属性

在之前的示例中，我们用来演示的数据都是本地已知的静态数据。这种数据必须是数组类型，且只能使用 data 属性：

```
data:[
    {id:1,dhy:' 大家电 ',xhy:' 家用空调 ',sales:21791,percent:'20.63%'},
    {id:2,dhy:' 大家电 ',xhy:' 彩色电视机 ',sales:37148,percent:'35.17%'},
    {id:3,dhy:' 大家电 ',xhy:' 家用电冰箱 ',sales:14448,percent:'13.68%'},
    {id:4,dhy:' 大家电 ',xhy:' 洗衣机 ',sales:12210,percent:'11.56%'},
    {id:5,dhy:' 大家电 ',xhy:' 抽油烟机灶具 ',sales:20042,percent:'18.97%'}
],
```

尽管这种已知的静态数据也可以分页展示，但当数据量特别大的时候，就会显得非常不方便，更不能根据用户的检索条件实现动态加载。这时就需要通过服务器来动态地请求加载数据了。

与远程数据加载相关的表格属性如表 8-4 所示。

表 8-4

属性名	值类型	描述
url	String	服务器请求接口地址
response	Object	服务器端返回的数据格式。默认包括以下属性。 statusName: 'code',　　　　// 请求状态字段名 statusCode: 0,　　　　　　// 请求成功状态码 msgName: 'msg',　　　　　// 请求状态信息字段名 countName: 'count',　　　　// 数据总数字段名 dataName: 'data',　　　　　// 数据列表字段名 totalRowName: 'totalRow'　// 数据合计字段名
parseData	Function	对服务器端返回的数据进行解析
where	Object	请求附加参数
method	String	接口 http 请求类型，默认为 get
request	Object	请求分页参数。默认包括以下属性。 pageName: 'page', // 页码参数名 limitName: 'limit' // 每页数据行数参数名
contentType	String	发送到服务器端的内容编码类型
headers	Object	请求头参数
done	Function	数据渲染完成后的回调函数

8.4.1 服务器数据返回格式

由表 8-4 可知，服务器端的返回格式是由 response 属性决定的，该属性的默认值是：

```
response: {
    statusName: 'code',          // 数据请求状态的字段名称
    statusCode: 0,               // 数据请求成功时的状态码
    msgName: 'msg',              // 数据请求状态信息的字段名称
    countName: 'count',          // 数据总数的字段名称
    dataName: 'data',            // 数据列表的字段名称
    totalRowName: 'totalRow'     // 数据合计的字段名称
}
```

这就是说，服务器端返回的数据必须是 Object 对象，且应该包含以下几个属性：

```
{
    code: 0,                 // 请求状态，值为 0 时表示请求成功。此值必须返回
    msg: '',                 // 请求的返回信息。此值可选
    count: 1000,             // 请求得到的数据记录总数。此值可选，但在分页时必须返回
    data: [{},{},{}],        // 数据列表，必须是数组形式
    totalRow: {}             // 数据合计行，必须是 Object 对象，仅在用到合计行时返回
}
```

现以 Foxtable"基本功能演示"文件中的"订单"表为例，如图 8-39 所示。

	产品	客户	雇员	数量	单价	折扣	金额	日期
1	PD05	CS03	EP04	650	30	0.05	18525.00	2009-01-02
2	PD03	CS04	EP01	610	13.5	0	8235.00	2009-01-02
3	PD02	CS04	EP04	342	25.5	0	8721.00	2009-01-02
4	PD01	CS01	EP05	968	18	0.05	16552.80	2009-01-03
5	PD02	CS02	EP04	733	27.5	0	20157.50	2009-01-03
6	PD03	CS03	EP04	595	12.5	0	7437.50	2009-01-03
7	PD05	CS02	EP02	698	28.5	0.12	17505.84	2009-01-04
8	PD01	CS01	EP04	10	18	0	180.00	2009-01-04
9	PD05	CS01	EP02	554	28.5	0.12	13894.32	2009-01-04
10	PD03	CS05	EP03	247	12.5	0	3087.50	2009-01-04

图 8-39

要将此表数据返回到客户端浏览器，就应该在 HttpRequest 事件中使用如下所示代码：

```
Select Case e.Path
    Case "griddata"
        Dim dt As DataTable = DataTables("订单")
        Dim arr As New JArray              '数据列表数组
        For i As Integer = 0 To dt.DataRows.Count - 1
```

```
                    Dim dr As DataRow = dt.DataRows(i)
                    arr.Add(New JObject)             ' 给数组添加对象
                    For Each dc As DataCol In dt.DataCols
                        If dc.IsDate Then
                            arr(i)(dc.Name) = Format(dr(dc.Name),"yyyy-MM-dd")
                        Else If dc.IsBoolean Then
                            arr(i)(dc.Name) = CBool(dr(dc.Name))
                        Else If dc.IsNumeric Then
                            arr(i)(dc.Name) = val(dr(dc.Name))
                        Else
                            arr(i)(dc.Name) = dr(dc.Name).ToString()
                        End If
                    Next
                Next
                Dim obj As New JObject                ' 数据对象
                obj("code") = 0                       ' 状态值必须返回
                obj("data") = arr                     ' 数据列表
                e.WriteString(CompressJson(obj))      ' 将对象值压缩返回给客户端
        End Select
```

然后在浏览器请求此地址，数据便可以正常返回，准备工作完成，如图 8-40 所示。

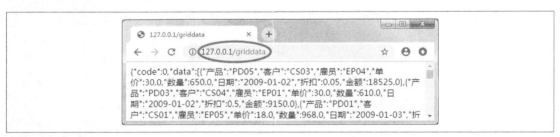

图 8-40

接着再在页面 body 元素中写入以下代码：

```
<div id="test"></div>
<script>
    var $ = layui.$;
    $(function(){
        var tb = layui.table;
        tb.render({
            elem: '#test',
            url: 'griddata',       // 将原来的 data 属性改为 url 属性
```

```
            cols: [[                  // 重新定义列属性
                    {type:'numbers'},
                    {field: '产品', title: '产品', width:80},
                    {field: '客户', title: '客户', width:80},
                    {field: '雇员', title: '雇员', width:80},
                    {field: '单价', title: '单价', width:80},
                    {field: '折扣', title: '折扣', width:80},
                    {field: '数量', title: '数量', width:80},
                    {field: '日期', title: '日期', width:140},
            ]],
        });
    });
</script>
```

刷新页面，执行后的结果如图 8-41 所示。

	产品	客户	雇员	单价	折扣	数量	日期
1	PD05	CS03	EP04	30	0.05	650	2009-01-02
2	PD03	CS04	EP01	30	0.5	610	2009-01-02
3	PD01	CS01	EP05	18	0.05	968	2009-01-03
4	PD02	CS02	EP04	27.5	0	733	2009-01-03
5	PD03	CS03	EP04	12.5	0	595	2009-01-03

图 8-41

如果在服务器端将 code 返回值改为除 0 之外的其他任意数值，则刷新结果如图 8-42 所示。

产品	客户	雇员	单价	折扣	数量	日期
			返回的数据不符合规范，正确的成功状态码应为："code" 0			

图 8-42

如果返回的 code 值为 0，但没有返回 data，则会提示"无数据"。

如果你请求的是第三方接口数据，而且这些数据并没有按照默认的 response 属性格式返回，该怎么处理？例如 Foxtable 服务器端 HttpRequest 事件的最后几行代码是这样的：

```
Dim obj As New JObject
obj("status") = 200          ' 请求成功的状态值没有使用 code 和 0
obj("rows") = arr            ' 数据列表没有使用 data 而是使用 rows
e.WriteString(CompressJson(obj))    ' 将对象值压缩返回给客户端
```

427

页面刷新之后，将直接给出图 8-42 所示的错误提示。

如果要解决 table 组件 url 属性请求的数据规范化问题，有以下两种处理方法。

第 1 种，修改 response 属性的默认值，让 table 主动与外部数据匹配。例如：

```
tb.render({
    elem: '#test',
    url: 'griddata',
    cols: [[…同前，略…]],
    response:{
        statusName: 'status', // 请求成功的状态名称改成 status
        statusCode: 200,       // 请求成功的状态码改成 200
        dataName: 'rows'       // 数据列表属性改成 rows
    },
});
```

第 2 种，设置 parseData 属性，让外部数据主动与 table 匹配。

此方式实际上是将请求得到的外部原始数据解析为 table 组件所能接受的数据格式。例如：

```
tb.render({
    elem: '#test',
    url: 'griddata',
    cols: [[…同前，略…]],
    parseData: function(res){      //res 为请求得到的原始返回数据
        return {
            code: res.status,            // 解析接口请求状态
            msg: '数据已经请求成功',    // 尽管没有返回 msg，但照样可添加提示文本
            data: res.rows               // 解析数据列表
        };
    },
});
```

这样解析之后，数据格式虽然正确了，但依然无法正常显示数据，如图 8-43 所示。

产品	客户	雇员	单价	折扣	数量	日期
			数据已经请求成功			

图 8-43

这是因为服务器端是以 200 为返回值表示请求成功的，而 table 组件必须是 0 才可以。因此正确的 parseData 属性应该设置为：

```
parseData: function(res){
    return {
        code: (res.status==200) ? 0 : res.status,
        msg: '数据已经请求成功',
        data: res.rows
    };
},
```

　　其实通过 parseData 属性还可变相实现远程数据过滤的功能。例如仅加载显示数量大于 900 的数据记录，可以这样处理：

```
parseData: function(res){
    var arr = res.rows.filter(function(v){
        if(v.数量>900) return v;     // 仅返回数量大于 900 的记录
    });
    return {
        code: (res.status==200) ? 0 : res.status,
        msg: '数据已经请求成功',
        data: arr        // 将过滤后得到的数组用于数据表中
    };
},
```

　　当然，这种过滤方法并不是最好的，因为服务器返回了大量不需要的数据。这样做不仅浪费流量，而且还影响服务器处理效率。不管是否需要，先一股脑地请求过来，然后再用 parseData 过滤的这种做法怎么看都觉得有点傻。

8.4.2　按需请求加载数据

　　table 组件有专门的 where 属性，用于向服务器提交请求参数，这样即可按需加载数据。

　　例如同样是希望加载显示数量大于 900 的数据记录，则可使用如下 JS 代码：

```
tb.render({
    elem: '#test',
    url: 'griddata',
    cols: [[…同前，略…]],
    where:{
        tj:'数量>900',
        // 可以同时提交多个参数
    },
});
```

429

既然这里提交了 tj 参数，那服务器端也应该对它进行接收处理。以下是修改后的 HttpRequest 事件代码：

```
Select Case e.Path
    Case "griddata"
        '加载条件处理
        Dim filter As String = ""
        If e.Values.containskey("tj") Then    '如果收到 tj 参数，就以它作为查询条件
            filter = e.Values("tj")                '将查询条件作为重载数据条件
        End If
        Dim dt As DataTable = DataTables("订单")
        dt.LoadFilter = filter
        dt.Load()
        '生成 JSON 数据
        Dim arr As New JArray
        For i As Integer = 0 To dt.DataRows.Count - 1
            Dim dr As DataRow = dt.DataRows(i)
            arr.Add(New JObject)
            For Each dc As DataCol In dt.DataCols
                If dc.IsDate Then
                    arr(i)(dc.Name) = Format(dr(dc.Name),"yyyy-MM-dd")
                Else If dc.IsBoolean Then
                    arr(i)(dc.Name) = CBool(dr(dc.Name))
                Else If dc.IsNumeric Then
                    arr(i)(dc.Name) = val(dr(dc.Name))
                Else
                    arr(i)(dc.Name) = dr(dc.Name).ToString()
                End If
            Next
        Next
        Dim obj As New JObject
        obj("code") = 0
        obj("data") = arr
        e.WriteString(CompressJson(obj))
End Select
```

这样客户端浏览器所获取到的就仅是"数量 >900"的数据记录。不符合条件的数据，服务器根本就不会返回。

请注意，当提交的附加参数比较多时，建议将 method 改为 post。

8.4.3　数据分页处理

仍以之前的代码为例，当向服务器端请求数据时，默认会同时提交两个分页参数（不论 table 是否设置分页都会提交），如图 8-44 所示。

```
▼ Query String Parameters
        page: 1
        limit: 10
        tj: 数量>900
```

图 8-44

其中，参数 page 表示要加载的数据页码，参数 limit 表示要加载的数据行数，tj 是通过 where 属性添加的附加参数。

如果你要对 table 进行分页处理，就应该将其分页属性设置为 true。例如：

```
tb.render({
    elem: '#test',
    url: 'griddata',
    cols: [[…同前，略…]],
    where:{tj:'数量>900'},
    page: true,      // 设置分页
});
```

然后在服务器端的 HttpRequest 事件中也加上相应的分页处理及记录总数代码。例如：

```
Case "griddata"
    '加载条件处理
    Dim filter As String = ""
    If e.Values.containskey("tj") Then
        filter = e.Values("tj")
    End If
    Dim dt As DataTable = DataTables("订单")
    dt.LoadFilter = filter
    '分页处理
    If e.Values.containskey("page") Then
        dt.LoadPage = e.Values("page") - 1
        dt.LoadTop = e.Values("limit")
    End If
    dt.Load()
    '生成 JSON 数据
```

```
        Dim arr As New JArray                   ' 数据列表数组
        For i As Integer = 0 To dt.DataRows.Count - 1
            Dim dr As DataRow = dt.DataRows(i)
            arr.Add(New JObject)                 ' 给数组添加对象
            For Each dc As DataCol In dt.DataCols
                If dc.IsDate Then
                    arr(i)(dc.Name) = Format(dr(dc.Name),"yyyy-MM-dd")
                Else If dc.IsBoolean Then
                    arr(i)(dc.Name) = CBool(dr(dc.Name))
                Else If dc.IsNumeric Then
                    arr(i)(dc.Name) = val(dr(dc.Name))
                Else
                    arr(i)(dc.Name) = dr(dc.Name).ToString()
                End If
            Next
        Next
        ' 拼接生成 Object 数据对象
        Dim obj As New JObject
        obj("code") = 0
        obj("count") = val(dt.SQLCompute("Count(*)",filter))     ' 总记录数
        obj("data") = arr                        ' 数据列表
        e.WriteString(CompressJson(obj))          ' 将对象值压缩返回给客户端
```

请注意上述代码中的加粗部分：由于 page 和 limit 参数是同时出现的，因此服务器端程序只要判断是否接收到了其中的一个即可。客户端 table 组件提交过来的这两个参数，与 Foxtable 中 DataTable 的 LoadPage 及 LoadTop 属性完全对应，含义也完全相同。特别要注意的是，table 组件中的分页从 1 开始，而 Foxtable 对 DataTable 的分页从 0 开始，因此需要将获取到的 page 值减 1。

另外还有一点，代码中的 count 值不能简单地使用 DataTable 中的记录总数。这是因为此时 DataTable 中的数据都是分页后的数据，它的记录数始终小于等于客户端浏览器发来的 rows 值。假如 table 每页显示 10 行数据，那么这里的 DataTable 数据最多只有 10 行。试想，如果返回的是 10 条记录，同时 count 也是 10，那还怎么换页？因此这里的 count 必须是符合条件的所有记录数，必须将 count 的值取为：

```
obj("count") = val(dt.SQLCompute("Count(*)",filter))
```

Foxtable 服务器端程序修改完毕之后，刷新页面即可得到正常的数据分页效果，如图 8-45 所示。

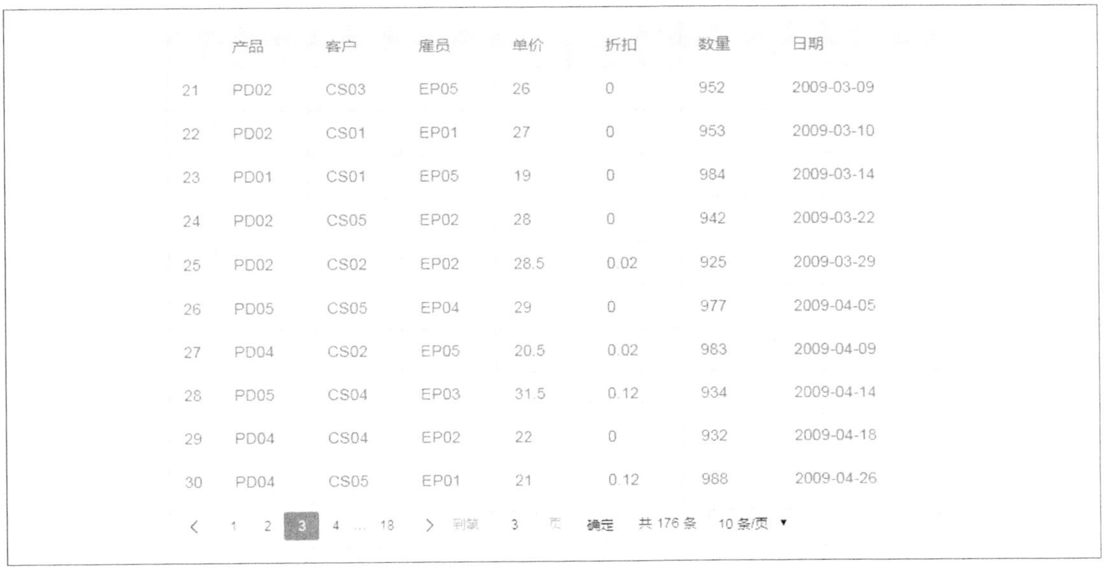

	产品	客户	雇员	单价	折扣	数量	日期
21	PD02	CS03	EP05	26	0	952	2009-03-09
22	PD02	CS01	EP01	27	0	953	2009-03-10
23	PD01	CS01	EP05	19	0	984	2009-03-14
24	PD02	CS05	EP02	28	0	942	2009-03-22
25	PD02	CS02	EP02	28.5	0.02	925	2009-03-29
26	PD05	CS05	EP04	29	0	977	2009-04-05
27	PD04	CS02	EP05	20.5	0.02	983	2009-04-09
28	PD05	CS04	EP03	31.5	0.12	934	2009-04-14
29	PD04	CS04	EP02	22	0	932	2009-04-18
30	PD04	CS05	EP01	21	0.12	988	2009-04-26

〈 1 2 **3** 4 ... 18 〉 到第 3 页 确定 共 176 条 10 条/页 ▾

图 8-45

一旦重新设置每页显示的行数，例如 30，那么服务器每次返回的数据条数就变为 30，可以切换的页数也会相应减少。每次换页时，你也可以同时观察浏览器页面及 Foxtable 项目中的"订单"表数据，保证两者的加载数据都是完全相同且完全同步的。这样就真正实现了数据分页。

table 组件与分页相关的属性还有 request，其默认值是一个包含了 pageName 及 limitName 的对象：

```
{
    pageName: 'page',  // 页码参数名
    limitName: 'limit' // 每页数据行数参数名
}
```

如果你要修改提交到服务器端的分页参数名称，则可以重新定义此属性。例如将提交到服务器端的分页行数由默认的 limit 改成 rows：

```
request:{
    limitName:'rows'
},
```

这样提交到服务器端的分页参数就变了，如图 8-46 所示。

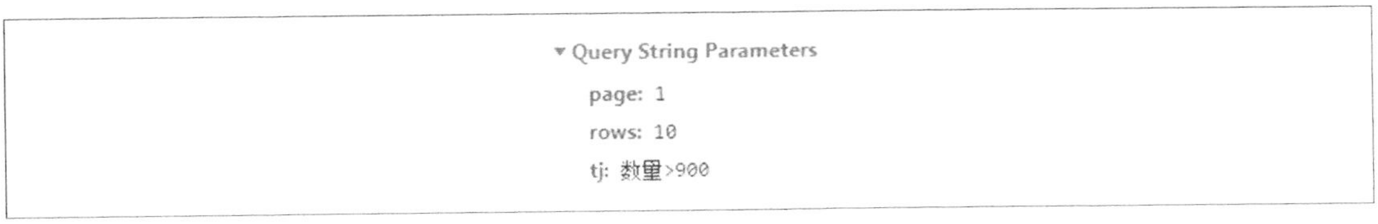

▾ Query String Parameters
　　　　page: 1
　　　　rows: 10
　　　　tj: 数量>900

图 8-46

服务器端分页代码也应做出相应修改：

```
If e.Values.containskey("page") Then
    dt.LoadPage = e.Values("page") - 1
    dt.LoadTop = e.Values("rows")
End If
```

8.4.4 请求参数编码类型

不论是 table 组件自动提交的分页参数，还是通过 where 属性提交的附加参数，默认情况下都是以键值对的方式提交到服务器端的，如图 8-46 所示。

在某些情况下，当需要将这些参数以 JSON 等其他格式提交时，可以使用 contentType 属性来重新定义发送到服务器端的内容编码类型。例如：

```
tb.render({
    elem: '#test',
    url: 'griddata',
    cols: [[…同前，略…]],
    where:{tj:' 数量 >900'},
    page: true,        // 设置分页
    contentType: 'application/json',      // 改为 JSON 发送
    method:'post',                        // 提交方式必须改为 post
});
```

请注意，当使用此方式提交时，table 组件的 method 属性必须改为 post，否则服务器端将无法获取到提交后的数据。

刷新页面，提交到服务器端的参数数据就是 JSON 格式了，如图 8-47 所示。

```
▼ Request Headers
   ⚠ Provisional headers are shown
   Accept: application/json, text/javascript, */*; q=0.01
   ┌─────────────────────────────────┐
   │ Content-Type: application/json  │
   └─────────────────────────────────┘
   Origin: http://127.0.0.1
   Referer: http://127.0.0.1/layui.html
   User-Agent: Mozilla/5.0 (Windows NT 6.1; Win64; x64) AppleWebKit/537.36
   X-Requested-With: XMLHttpRequest
▼ Request Payload        view source
   ┌──────────────────────────────────────────┐
   │ ▼ {page: 1, limit: 10, tj: "数量>900"}    │
   └──────────────────────────────────────────┘
        limit: 10
        page: 1
        tj: "数量>900"
```

图 8-47

这时 Foxtable 服务器端代码也应做如下修改：

```
' 加载条件处理
Dim filter As String = e.PlainText
Dim jo As JObject = JObject.Parse(filter)
If jo("tj") IsNot Nothing  Then
     filter = jo("tj")
End If
Dim dt As DataTable = DataTables(" 订单 ")
dt.LoadFilter = filter
' 分页处理
If jo("page") IsNot Nothing Then
    dt.LoadPage = val(jo("page")) - 1
    dt.LoadTop = jo("limit")
End If
dt.Load()
' 此后生成 JSON 数据的代码完全不变
```

上述代码的关键在于以下 3 点。

第一，必须使用 e 参数的 PlainText 属性获取客户端浏览器发送过来的文本数据。

第二，要将接收到的 JSON 字符串解析为 JObject 对象。

第三，随后的加载条件及分页参数都要改为从 JObject 对象中获取数据。

这样修改之后，加载数据效果会与之前完全相同。

8.4.5　请求头属性

客户端在向服务器端发起请求时，服务器端能同时获取到请求头及其用户真正提交的数据（也被称为请求体）。图 8-47 中的 Request Headers 就是客户端浏览器向服务器端发起请求时自动提交的头信息。

如果你希望在提交相关正式数据之前先发个"接头暗号"，也就是所谓的令牌（token），就可以使用请求头属性 headers。例如：

```
tb.render({
    elem: '#test',
    url: 'griddata',
    cols: [[…同前，略…]],
    where:{tj:' 数量 >900'},
    page: true,    // 设置分页
```

```
    headers: {
        token: 'sasasas'                //token 可改成其他名称，也可提交多个
    },
});
```

在服务器端的 HttpRequest 事件中加上相应处理代码，可以让这种数据请求更加安全。例如：

```
Dim obj As New JObject        'obj 为返回到客户端浏览器的 JObject 对象
If Array.IndexOf(e.Request.Headers.AllKeys,"token") = -1 Then ' 如果没收到令牌
    obj("code") = 1        ' 返回一个非 0 状态码，表示请求失败
    obj("msg") = " 请提交据手令牌！ "        ' 请求失败时给出的提示信息
Else If e.Headers("token") <> "sasasas" Then        ' 如果令牌内容不匹配
    obj("code") = 1
    obj("msg") = " 令牌无效 !"
Else
    ' 加载条件处理
    Dim filter As String = ""
    If e.Values.containskey("tj") Then
        filter = e.Values("tj")
    End If
    Dim dt As DataTable = DataTables(" 订单 ")
    dt.LoadFilter = filter
    ' 分页处理
    If e.Values.containskey("page") Then
        dt.LoadPage = e.Values("page") - 1
        dt.LoadTop = e.Values("limit")
    End If
    dt.Load()
    ' 生成 JSON 数据
    Dim arr As New JArray
    For i As Integer = 0 To dt.DataRows.Count - 1
        ' 代码同前，此略
    Next
    ' 正常返回数据
    obj("code") = 0
    obj("count") = val(dt.SQLCompute("Count(*)",filter))
    obj("data") = arr
End If
e.WriteString(CompressJson(obj))        ' 将对象值压缩返回给客户端
```

上述代码的意思是，服务器端如果没有收到浏览器发来的 token 头部信息，就返回请求失败的状态码，同时给出错误提示"请提交握手令牌！"。假如将 table 中的 headers 属性去掉，或者在 headers 中没有用到 token，都会执行此段代码，如图 8-48 所示。

产品	客户	雇员	单价	折扣	数量	日期

请提交握手令牌！

图 8-48

如果收到的 token 头部信息不是指定的"sasasas"，同样返回请求失败状态码，并给出错误提示"令牌无效！"，如图 8-49 所示。

产品	客户	雇员	单价	折扣	数量	日期

令牌无效！

图 8-49

只有在正确地接收到 token 头部信息且其值为"sasasas"时，才会正常返回分页数据。

由此可见，通过对 table 组件 headers 属性的合理使用，可以将一些非法的、无效的数据请求在执行数据库查询之前就拦截掉，这不仅可以有效保证服务器端的数据安全，更能减轻因频繁操作数据库所带来的服务器压力。

而在实际的项目开发应用中，token 令牌的值一般都是在用户成功登录之后，由后台返回给前端的。这时客户端浏览器就应把 token 暂存在本地，每次发送请求时在 headers 里带上 token 参数并由后台进行验证即可。这样就无须再次使用用户名和密码。至于如何将数据保存到本地，可参考本书第 10 章中的 layui 常用全局方法。

8.4.6　返回合计行数据

默认情况下，如果要给指定列添加合计数据，则需要在执行合计的列属性中将 totalRow 设置为 true，或者给需要显示合计文本内容的列设置 totalRowText 属性。

如果能在服务器端直接返回合计行数据，那么就无须在列属性中使用这些设置了。例如将服务器端正常返回数据的最后几行代码修改为：

```
'正常返回数据
obj("code") = 0
obj("count") = val(dt.SQLCompute("Count(*)",filter))
```

```
obj("data") = arr
Dim tr As New JObject           ' 合计行
tr(" 产品 ") = " 本页合计 "
tr(" 单价 ") = val(Round2(dt.Compute("Avg( 单价 )"),2))
tr(" 折扣 ") = val(Round2(dt.Compute("Avg( 折扣 )"," 折扣 >0"),2))
tr(" 数量 ") = val(dt.Compute("Sum( 数量 )"))
tr(" 日期 ") = " 共 " & val(dt.Compute("Count( 产品 )")) & " 条数据记录 "
obj("totalRow") = tr            ' 将合计行添加到 obj 对象的 totalRow
```

然后在 table 组件中将 totalRow 属性设置为 true ：

```
tb.render({
    …其他参数同前，此略…
    totalRow:true,
});
```

这样，当从服务器端加载数据时，就会直接读取 totalRow 中的返回数据而无须在列属性中再做任何设置。执行后的效果如图 8-50 所示。

	产品	客户	雇员	单价	折扣	数量	日期
171	PD03	CS01	EP02	13	0.05	981	2010-12-16
172	PD02	CS01	EP01	28	0	914	2010-12-16
173	PD01	CS03	EP02	18	0.02	905	2010-12-20
174	PD02	CS01	EP01	26	0.05	955	2010-12-22
175	PD02	CS01	EP01	27	0	998	2010-12-23
176	PD01	CS05	EP02	17.5	0	976	2010-12-28
	本页合计			21.58	0.04	5729	共6条数据记录

‹ 1 … 16 17 **18** › 到第 18 页 确定 共 176 条 10 条/页 ▼

图 8-50

很显然，由服务器端直接返回合计行的方式更加灵活。它不仅可以使用 sum 聚合函数得到合计数，也可使用 count、avg、min、max 等函数得到记录总数、平均数、最小值或最大值。

8.4.7 数据渲染完成后的回调

不论是异步请求远程数据，还是直接赋值数据，都会触发 done 回调函数。在 done 回调函数中可以做一些表格元素之外的渲染处理。例如：

```
tb.render({
     …其他参数同前，此略…
     done: function(res, curr, count){
          // 各种处理代码
     },
});
```

其中各返回参数的含义如下。

res：如果是异步请求，则此为接口返回的全部数据，包括 code、count、data 和 totalRow 等；如果是直接赋值的方式，则仅包括 data（数据记录数组）和 count（数据总数）。

curr：得到当前页码。

count：得到数据总数。

8.5 表格基础方法

基础方法是 table 组件的关键组成部分，最常用的有 4 个，如表 8-5 所示。

表 8-5

方法名	参数	描述
checkStatus	id	获取表格选中行数据
reload	id, options	重载表格数据
resize	id	重置表格尺寸大小
exportFile	id, data, type	导出表格数据

由表 8-5 可知，4 个方法都要用到 id 参数。当表格容器本身就有 id 属性时，可直接从容器中获取，否则就要在 table 中加上此属性。

例如之前的数据表格都是通过页面中的 div 元素直接生成的：

```
<div id="test"></div>
```

那么这里的 id 属性值 test 就可以作为上述方法中的 id 参数使用。假如生成容器改为 table，且没有给它设置 id 属性：

```
<table></table>
```

则当使用 render 方法对它进行渲染时，就应该强制加上 id 属性。例如：

```
tb.render({
     elem: 'table',          // 使用标签选择器选中容器
```

```
        id:'test',
        …其他参数略…
    });
```

当在表格容器及 table 组件中同时指定了 id 时，则以 table 组件中的 id 参数值为准。

8.5.1　获取表格选中行数据

当需要选择表格中的行时，必须有 type 类型为 checkbox（复选）或 radio（单选）的列。例如将之前动态加载表格数据的 table 列改为：

```
cols: [[
    {type:'checkbox'},        // 增加一个复选框类型的列
    {type:'numbers'},
    {field: '产品', title: '产品', width:80},
    {field: '客户', title: '客户', width:80},
    {field: '雇员', title: '雇员', width:80},
    {field: '单价', title: '单价', width:80},
    {field: '折扣', title: '折扣', width:80},
    {field: '数量', title: '数量', width:80},
    {field: '日期', title: '日期', width:140},
]],
```

执行后的效果如图 8-51 所示。

		产品	客户	雇员	单价	折扣	数量	日期
☐	1	PD01	CS01	EP05	18	0.05	968	2009-01-03
☐	2	PD01	CS04	EP05	17.5	0	914	2009-01-12
☑	3	PD02	CS04	EP05	25.5	0.1	972	2009-01-13
☐	4	PD03	CS04	EP04	12.5	0.15	912	2009-01-15
☑	5	PD05	CS04	EP01	30.5	0	971	2009-01-22
☐	6	PD02	CS05	EP03	27	0	953	2009-01-23
☑	7	PD04	CS05	EP01	23	0.02	981	2009-01-25
☐	8	PD03	CS05	EP04	13	0	975	2009-01-26
☐	9	PD02	CS02	EP01	28	0	994	2009-01-28
☐	10	PD05	CS04	EP02	29.5	0.1	908	2009-02-03

图 8-51

如果要获取表格中已经选择的 3 条记录数据，可在浏览器控制台执行以下代码：

```
var checkStatus = layui.table.checkStatus('test');
console.log(checkStatus.data);          // 获取选中行的数据
console.log(checkStatus.data.length);   // 获取选中行的数量
console.log(checkStatus.isAll);         // 表格是否全选
```

这里补充说明一个 layui 官方并未公开的方法：cache。该方法用于获取当前页面中所有表格的已加载数据，如图 8-52 所示。

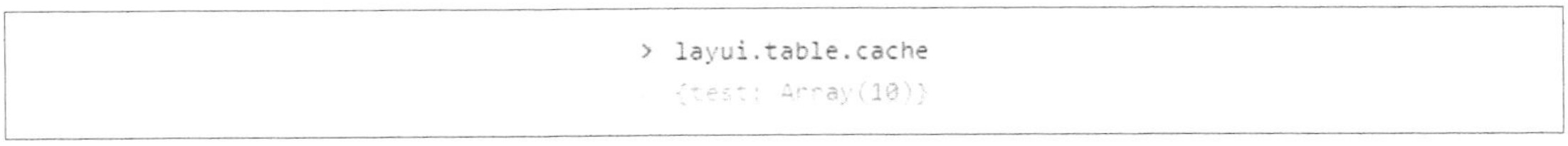

```
> layui.table.cache
  {test: Array(10)}
```

图 8-52

很显然，cache 方法的返回值是一个包含了表格 id 及其对应数据行数组的对象。由于当前页面中只有一个 id 为 test 的表格，所以返回的对象中就只有 test。如果要直接获取指定 id 表格的已加载数据，可使用以下代码：

```
layui.table.cache.test
```

8.5.2 重载表格数据

很多时候，你可能需要对表格数据进行重载。

仍以图 8-52 为例，假如要在当前表格中重新加载数量大于 950 且折扣大于 0 的数据，就可以在浏览器控制台执行以下代码：

```
layui.table.reload('test',{
    where:{
        tj:'数量 >950 and 折扣 >0',
    },
});
```

其中，第 1 个参数为 id，这是必选的；第 2 个参数可选，一般用于设置重载数据的条件。在这个配置参数中，虽然可以使用 table 组件的全部属性，但最常使用的仍然是与远程数据加载相关的属性，包括 where（重载条件）、url（重载地址）、method（请求方式）等。

若你在重载数据的同时还要重新渲染表格，就应该先获取当前表格实例对象，然后再执行 reload 方法。例如：

```
var tb = layui.table;
var t =  tb.render({      //t 为当前表格实例对象
    elem: '#test',
```

```
        url: 'griddata',
        …其他配置参数略…
    });
    t.reload({              // 使用实例对象中的 reload 方法
        where: {},          // 可指定重载条件
        page: false         // 关闭分页，也可继续重新指定其他渲染参数
    });
```

请注意，table 组件中的 reload 方法可以使用两个参数，而 table 实例对象中的 reload 方法只有一个参数。前者只重载数据，而后者还会重新渲染表格。

8.5.3　重置表格大小

当数据表格由于父容器尺寸变化等原因列宽适配异常时，可使用 resize 方法重置表格大小。该方法在执行之后，可自动完成固定列高度平铺、动态分配列宽、容器滚动条宽高补丁等操作。

例如对 id 为 test 的表格重置大小：

```
layui.table.resize('test')
```

实际上，table 实例对象一样有 resize 重置大小方法，只不过它不用再指定 id 参数。

8.5.4　导出表格数据

尽管 table 组件的工具栏已经内置了数据导出按钮，但有时你可能需要直接通过方法来导出数据，这时就需要用到 exportFile 方法。其语法格式为：

```
exportFile(id, data, type)
```

其中，前两个参数是必选的，第 3 个参数是可选的，默认为 csv 类型。例如：

```
var tb = layui.table;
var data = tb.cache.test;              // 获取 id 为 test 的表格加载数据
tb.exportFile('test', data, 'xls');
```

当在 table 组件中指定了 title 属性时，则导出的文件名由该属性决定，否则由系统自动生成导出文件名。

其实 exportFile 方法并非只能导出表格数据，也可以导出其他任意数据，只不过这个时候的第 1 个参数必须指定为导出的列名称。例如：

```
var tb = layui.table;
var data = [['张三','男','20'],['李四','女','18'],['王五','女','19']];
tb.exportFile(['姓名','性别','年龄'], data, 'xls');
```

8.6 事件监听

在 8.5 节的基础方法示例中，绝大部分都是在浏览器控制台中测试运行的。事实上，这些方法都应该放到事件中执行。例如当需要获取选中行数据时，最好的处理方式是在表格工具栏单击相关操作按钮的时候或者在选择行的时候执行；重载表格数据应该放到可输入查询关键字的工具栏中执行；重置表格大小则应在父容器尺寸发生变化的时候执行等。

本节就系统学习 table 组件的事件监听。

8.6.1 单元格常规编辑事件监听

我们知道，要编辑修改单元格数据，只需给相关的列属性加上 edit 为 true 的参数设置即可。例如允许修改表格中的"产品"列，可这样修改 cols 属性：

```
var tb = layui.table;
tb.render({
elem: '#test',
url: 'griddata',
cols: [[
    {type:'checkbox'},
    {type:'numbers'},
    {field: '产品', title: '产品', width:80, edit:true},
    {field: '客户', title: '客户', width:80},
    {field: '雇员', title: '雇员', width:80},
    {field: '单价', title: '单价', width:80},
    {field: '折扣', title: '折扣', width:80},
    {field: '数量', title: '数量', width:80},
    {field: '日期', title: '日期', width:140},
]],
…其他参数设置略…
});
```

执行后的结果如图 8-53 所示。

		产品	客户	雇员	单价	折扣	数量	日期
☐	1	PD01	CS01	EP05	18	0.05	968	2009-01-03
☐	2	PD01	CS04	EP05	17.5	0	914	2009-01-12
☐	3	PD02	CS04	EP05	25.5	0.1	972	2009-01-13
☐	4	PD03	CS04	EP04	12.5	0.15	912	2009-01-15
☐	5	PD05	CS04	EP01	30.5	0	971	2009-01-22
☐	6	PD02	CS05	EP03	27	0	953	2009-01-23
☐	7	PD04	CS05	EP01	23	0.02	981	2009-01-25
☐	8	PD03	CS05	EP04	13	0	975	2009-01-26
☐	9	PD02	CS02	EP01	28	0	994	2009-01-28
☐	10	PD05	CS04	EP02	29.5	0.1	908	2009-02-03

图 8-53

当单击“产品”列中的任何一个单元格时，都将自动生成一个 text 文本框供用户直接编辑修改。如果要将前端修改后的值同步保存到后台，就需要对编辑数据进行监听。例如：

```
tb.on('edit', function(obj){
    console.log(obj.value); // 得到修改后的值
    console.log(obj.field); // 当前编辑的字段名
    console.log(obj.data);  // 所在行的所有相关数据
});
```

这里的 on 方法和之前学习的 element、form、carousel 等组件中的同名方法完全一致，当页面中存在多个表格容器时，可以给这里的监听事件名称加上 lay-filter 过滤器。

其中的 edit 是固定事件名，表示监听单元格中的数据编辑动作。本事件仅在单元格内容被编辑、且数值发生改变时才会触发，回调函数会返回一个 Object 参数，其携带成员如下。

- value：修改后的值。
- field：当前编辑单元格的所在字段名（列名）。
- data：当前编辑单元格所在行的数据对象。
- update：行数据更新方法。本方法参数为 Object 对象，用于指定需要更新的行数据内容。

假如当前表中有“金额”列，且该列的值是通过单价、折扣和数量三者相乘得到的，那么在相关列数据被修改之后，可使用本方法对“金额”列数据进行同步更新，当然也可以将修改后的值提交到服务器以便让后台同步做出修改。示例代码如下：

```
tb.on('edit', function(obj){
    // 如果修改的是单价、折扣、数量中的任何一列
    if(['单价','折扣','数量'].includes(obj.field)){
        obj.update({            // 更新前端表格
```

```
            金额：obj.data.单价 * (1 - obj.data.折扣) * obj.data.数量
        });
        $.post('up_ser',{         // 更新后台数据
            [obj.field]:obj.value,    // 当前修改的列及其修改后的值
            id:obj.data.id               // 为方便后台更新，必须同时提交 id 值
        })
    }
});
```

- del：删除当前行的方法。如果要在编辑后自动删除行，可在回调函数中加上以下代码：

```
obj.del();
```

当然，del 作为一种常规方法，它很少在编辑事件中使用。

- tr：当前行的 jQuery 对象。如果要将当前编辑行以醒目的背景色突出显示，可在回调函数中加上以下代码：

```
obj.tr.css('background','red');        // 将当前行以红色背景显示
```

8.6.2 单元格表单事件监听

通过给列属性加上 edit 事件的方式虽然能解决单元格的数据编辑问题，但这样只能自动生成 text 文本输入框。为了更加方便地在表格中输入数据，最好的处理方式是加入表单元素。

❶ 普通单选框或复选框

往表格中加入普通单选框或复选框非常简单，只要将列属性中的 type 改成 radio 或 checkbox 即可。其中在选择单选框时的监听事件的名称为 radio。例如：

```
tb.on('radio', function(obj){
    console.log(obj)
});
```

这里的回调函数同样返回一个 Object 参数，携带成员包括 5 个：data（当前行数据对象）、update（行数据更新方法）、del（删除当前行方法）、tr（当前行 jQuery 对象）和 checked（是否选中）。除了 checked 以外，另外 4 个成员在 edit 事件中也是存在的，且含义完全相同。

在选择复选框时的监听事件的名称为 checkbox。例如：

```
tb.on('checkbox', function(obj){
    console.log(obj)
});
```

这里的 Object 参数除了携带 radio 中的全部 5 个成员之外，还额外多了一个 type：如果触发的是全选，则为 all，否则就是 one。

如果要获取所选择的全部记录，可使用如下示例代码：

```
tb.on('checkbox', function(obj){
    var checkStatus = tb.checkStatus('test');
    console.log(checkStatus.data);
    console.log(checkStatus.data.length);
    console.log(checkStatus.isAll );
});
```

请注意，当表格中存在多个复选框列时，一行里的复选框只有同时被勾选才会被作为选中行处理。

❷ 带标题的复选框及 switch 开关

这就需要在列属性中使用 templet。例如在表格的 cols 属性中添加一个"是否锁定"列：

```
{field:'lock', title:'是否锁定', width:110, templet: '#lockTpl'},
```

接着在页面的任意位置添加 laytpl 模板。例如：

```
<script type="text/html" id="lockTpl">
    <input type="checkbox" value="{{d.产品 }}" title="锁定">
</script>
```

执行后的结果如图 8-54 所示。

产品	客户	雇员	单价	折扣	数量	日期	是否锁定
PD01	CS01	EP05	18	0.05	968	2009-01-03	锁定
PD01	CS04	EP05	17.5	0	914	2009-01-12	锁定
PD02	CS04	EP05	25.5	0.1	972	2009-01-13	锁定 ✓
PD03	CS04	EP04	12.5	0.15	912	2009-01-15	锁定 ✓
PD05	CS04	EP01	30.5	0	971	2009-01-22	锁定
PD02	CS05	EP03	27	0	953	2009-01-23	锁定
PD04	CS05	EP01	23	0.02	981	2009-01-25	锁定

图 8-54

假如要让这个带标题的复选框按钮可以根据列数据自动选中或不选中，可将 laytpl 模板中的代码做如下修改：

```
<input type="checkbox" value="{{d.产品 }}" title="锁定" {{ d.客户 =='CS04' ?
'checked' : '' }}>
```

该代码的意思是，如果客户名称为 CS04，就让复选框默认自动选中。

由于这里的 laytpl 模板定义的是 input 输入表单，因此使用 table 组件本身的 checkbox 事件是监听不到的，必须改用表单事件。例如：

```
layui.form.on('checkbox', function(obj){
    layer.tips(obj.value + ': '+ this.checked, obj.othis);
});
```

选择效果如图 8-55 所示。

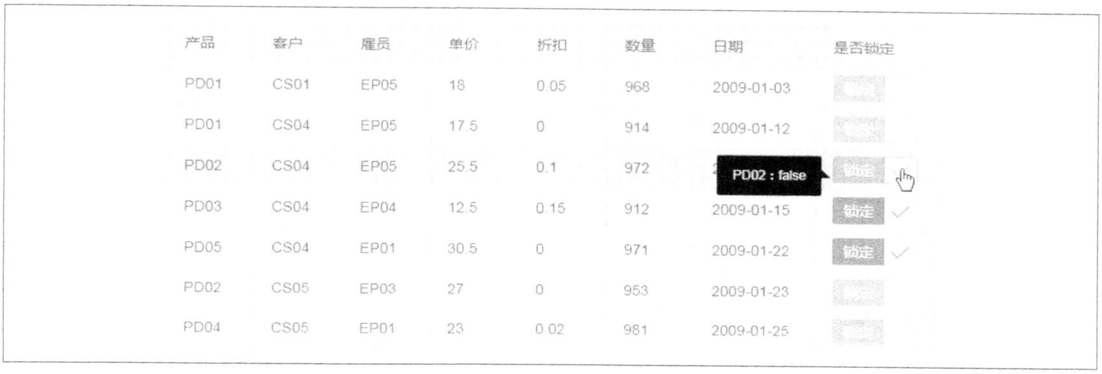

图 8-55

同样地，如果要将这个带标题的复选框改成 switch 开关，应将 laytpl 模板中的 input 做如下修改（删除 title，加上 lay-skin 和 lay-text）：

```
<input type="checkbox" value="{{d.产品}}" {{ d.客户=='CS04' ? 'checked' : '' }}
lay-skin="switch" lay-text=" 已锁定 | 未锁定 ">
```

表单事件监听中的事件名称也应将 checkbox 改成 switch，执行后的效果如图 8-56 所示。

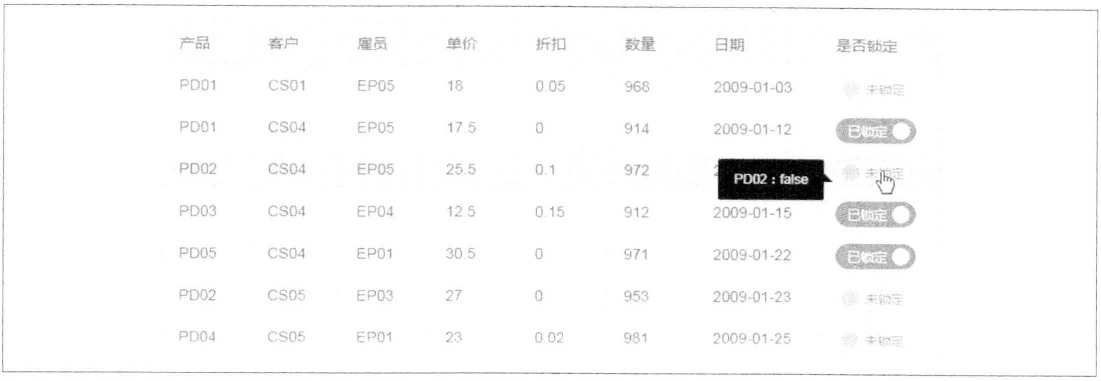

图 8-56

❸ 选择输入框

通过列属性的 templet 一样可以在表格中使用选择输入框。只是这种用法并非 layui 官方支持的，因此还需要做一些样式上的调整和改变。

例如给表格中的"产品"列加上选择输入框：

```
{field: '产品', title: '产品', width:80, templet: '#seleTpl'},
```

templet 所对应的 laytpl 模板为：

```html
<script type="text/html" id="seleTpl">
    <select>
        <option value=""></option>
        <option value="PD01" {{ d.产品=='PD01' ? 'selected' : ''}}>PD01</option>
        <option value="PD02" {{ d.产品=='PD02' ? 'selected' : ''}}>PD02</option>
        <option value="PD03" {{ d.产品=='PD03' ? 'selected' : ''}}>PD03</option>
        <option value="PD04" {{ d.产品=='PD04' ? 'selected' : ''}}>PD04</option>
        <option value="PD05" {{ d.产品=='PD05' ? 'selected' : ''}}>PD05</option>
    </select>
</script>
```

正常情况下，这样设置就应该可以了，但运行之后却发现在单元格中无法正常弹出选择输入框。这是因为 table 组件的单元格样式默认都是超出部分自动隐藏的，要解决此问题，必须在表格数据渲染完毕之后的 done 回调函数中将其改为可见，同时还要适当调整选择输入框的显示位置。例如：

```javascript
done:function(){
    $('td[data-field="产品"]>.layui-table-cell').css('overflow','visible')
    .find('.layui-form-select').css({
        marginTop: '-10px',
        marginLeft: '-15px',
        marginRight: '-15px',
    });
}
```

上述代码的意思是，将 data-field 属性值为"产品"的 td 子元素中使用了 class 样式为 layui-table-cell 的单元格的元素样式 overflow 设置为 visible（可见），接着在该元素中查找 class 为 layui-form-select 的选择输入框表单，重新设置它的相关外边距。这样设置之后，"产品"列的选择输入框即可正常弹出使用。

请注意，这里之所以给 td 又加上了 data-field 等于"产品"列的属性选择器，是为了使随后执行的 CSS 样式方法仅对这个指定的列有效。如果不加上此选择器，就会导致所有的数据列在内容超长时都会正常显示，从而导致界面的混乱。图 8-57 所示就不是我们希望看到的。

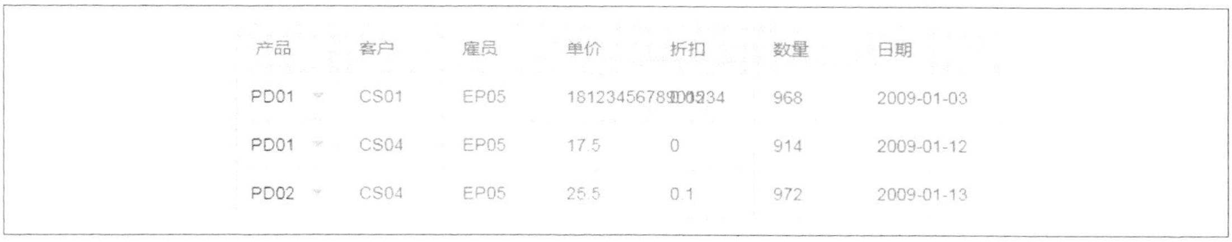

产品	客户	雇员	单价	折扣	数量	日期
PD01	CS01	EP05	1812345678900234		968	2009-01-03
PD01	CS04	EP05	17.5	0	914	2009-01-12
PD02	CS04	EP05	25.5	0.1	972	2009-01-13

图 8-57

由于所有单元格的超长内容都被允许显示，当在“单价”列中输入一个很长的数字时，它就会把后面单元格的内容给覆盖掉。如果加上“产品”列的属性选择器限制，那么其他列就不会受到任何影响，如图 8-58 所示。

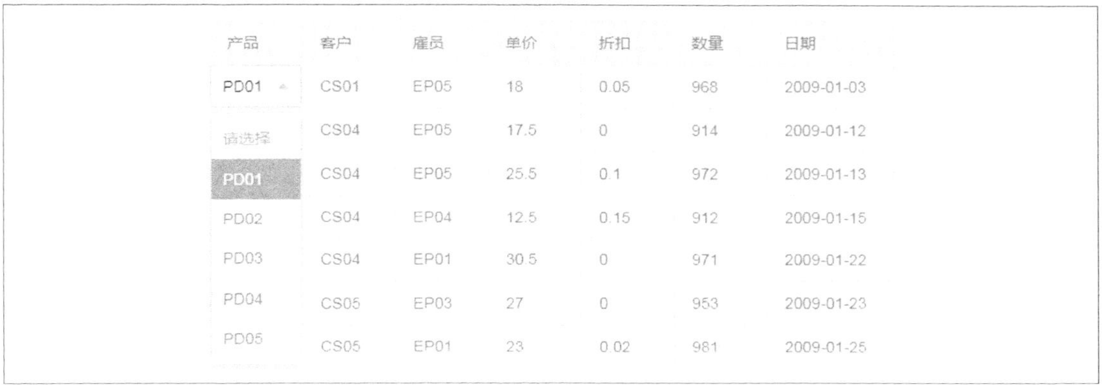

产品	客户	雇员	单价	折扣	数量	日期
PD01	CS01	EP05	18	0.05	968	2009-01-03
请选择	CS04	EP05	17.5	0	914	2009-01-12
PD01	CS04	EP05	25.5	0.1	972	2009-01-13
PD02	CS04	EP04	12.5	0.15	912	2009-01-15
PD03	CS04	EP01	30.5	0	971	2009-01-22
PD04	CS05	EP03	27	0	953	2009-01-23
PD05	CS05	EP01	23	0.02	981	2009-01-25

图 8-58

而要监听用户的选择输入情况，可使用表单中的 select 事件。例如：

```
layui.form.on('select', function(obj){
    layer.tips('您选择的值是：' + obj.value, obj.othis);
});
```

选择之后的事件触发效果如图 8-59 所示。

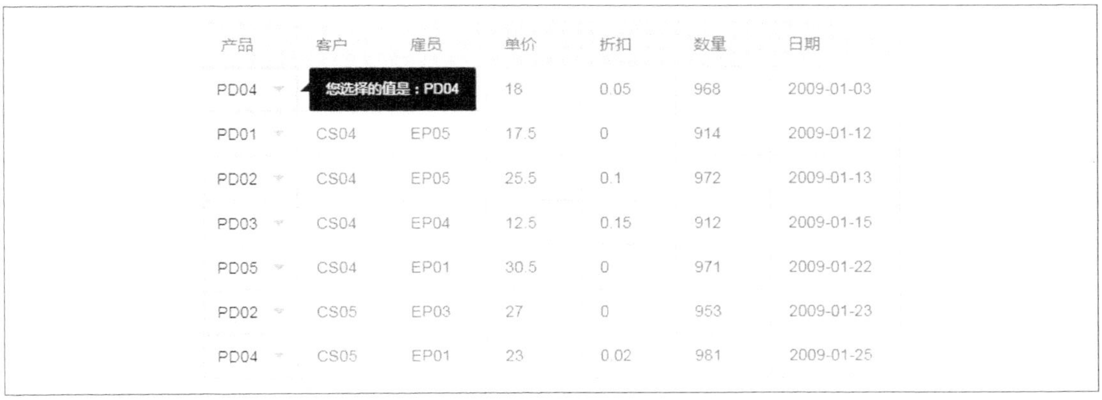

产品	客户	雇员	单价	折扣	数量	日期
PD04	您选择的值是：PD04		18	0.05	968	2009-01-03
PD01	CS04	EP05	17.5	0	914	2009-01-12
PD02	CS04	EP05	25.5	0.1	972	2009-01-13
PD03	CS04	EP04	12.5	0.15	912	2009-01-15
PD05	CS04	EP01	30.5	0	971	2009-01-22
PD02	CS05	EP03	27	0	953	2009-01-23
PD04	CS05	EP01	23	0.02	981	2009-01-25

图 8-59

❹ 日期输入框

月历在 layui 中是以一个独立组件的方式提供的。如果要在表格中调用该组件，可使用列属性中另外一个非常重要的属性：event。该属性用于绑定单击列时所触发的事件名称。

例如将表格 cols 列属性中的"日期"列修改为：

```
{field: '日期', title: '日期', width:110, event:'editDate'},
```

这就表示当用户单击"日期"列中的任何一个单元格时，都会触发 editDate 事件。在 table 组件中，所有列的 event 事件都可通过 tool 监听到：

```
tb.on('tool', function(obj){
    // console.log(obj)
});
```

在这个事件名为 tool 的回调函数中，Object 参数所携带的成员包括以下 5 个。

● data（当前行数据对象）、update（行数据更新方法）、del（删除当前行方法）、tr（当前行 jQuery 对象）：这 4 个成员在之前已经学习的 3 种表格监听事件 (edit、radio、checkbox) 中都有，且含义与之前完全相同。

● event（事件名称）：此成员仅在 tool 监听事件中存在。

如果希望在用户单击日期列中的任何一个单元格时都能弹出月历输入框，可在回调函数中加上以下代码：

```
if(obj.event === 'editDate'){         // 如果事件名称是 editDate 就生成月历
    layui.laydate.render({
        elem: this.firstChild,        // 在当前单元格的首个子节点中绑定生成
        show: true,
        closeStop: this,
        done: function (value, date) {
            var field = $(this).data('field');    // 获取列字段名称
            obj.data[field] = value;        // 将选中日期赋值给当前行的数据对象
        }
    });
}
```

这段代码中的 this 代表的就是当前所单击的单元格 DOM 元素。如果你对上述代码感到困惑，只要输出 this 元素的内容就很好理解了，本段代码就是据此结构编制出来的。例如单击第 1 行的"日期"单元格，this 的内容如下：

```
<td data-field="日期" data-key="1-0-6" lay-event="editDate" class="">
    <div class="layui-table-cell laytable-cell-1-0-6" lay-key="1">2009-01-03</div>
</td>
```

很显然，这就是一个 td 单元格标签元素，元素内容是用 div 包起来的日期。在 JS 代码中，通过 this.firstChild 得到的就是这个 div 元素，并用它来生成月历。如果改用 jQuery 写法，以下代码能产生同样的效果：

```
elem: $(this).children()[0],
```

当用户在 laydate 中选择了某个日期之后，为了将选中值写入当前行数据中，可以在 laydate 组件的 done 事件中加上两行代码。

第 1 行使用 jQuery 中的 data 方法获取当前元素对象的 field 字段名称。

第 2 行将选中值赋给当前行数据对象中的指定字段。

运行后的效果如图 8-60 所示。

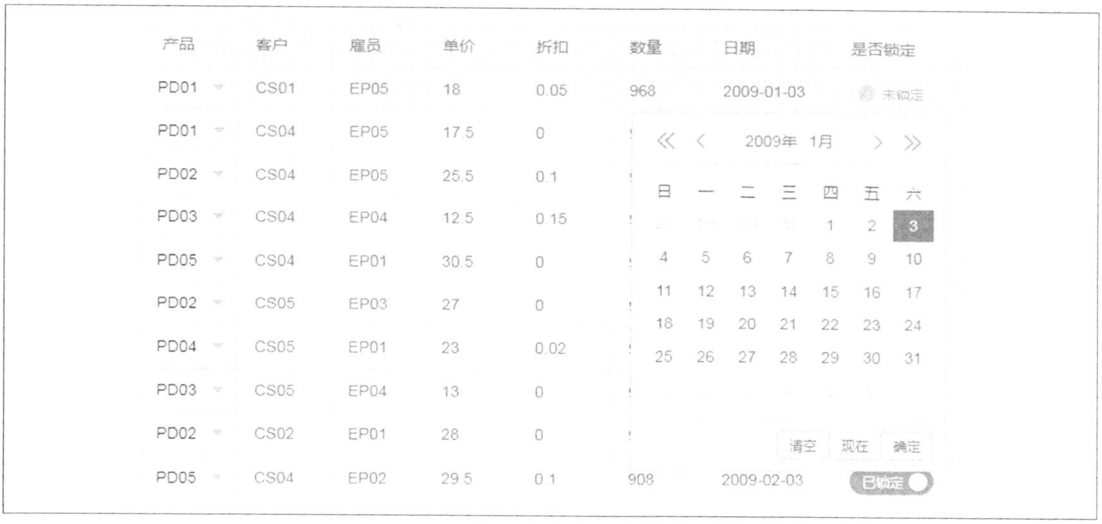

图 8-60

8.6.3　单元格操作按钮事件监听

单元格操作按钮一般都是通过列属性中的 toolbar 添加的。例如在 table 组件的 cols 中添加一个"操作"列：

```
{title:' 操作 ',align:'center',toolbar:'#barDemo'},
```

然后在页面的任何位置创建 id 为 barDemo 的 laytpl 模板。例如：

```
<script type="text/html" id="barDemo">
    <a class="layui-btn layui-btn-xs"> 查看 </a>
    <a class="layui-btn layui-btn-xs"> 编辑 </a>
    <a class="layui-btn layui-btn-xs layui-btn-danger"> 删除 </a>
</script>
```

这样就在表格中添加了一个"操作"列，如图 8-61 所示。

产品	客户	雇员	单价	折扣	数量	日期	操作
PD01 ▼	CS01	EP05	18	0.05	968	2009-01-03	查看 编辑 删除
PD01 ▼	CS04	EP05	17.5	0	914	2009-01-12	查看 编辑 删除
PD02 ▼	CS04	EP05	25.5	0.1	972	2009-01-13	查看 编辑 删除
PD03 ▼	CS04	EP04	12.5	0.15	912	2009-01-15	查看 编辑 删除
PD05 ▼	CS04	EP01	30.5	0	971	2009-01-22	查看 编辑 删除
PD02 ▼	CS05	EP03	27	0	953	2009-01-23	查看 编辑 删除
PD04 ▼	CS05	EP01	23	0.02	981	2009-01-25	查看 编辑 删除
PD03 ▼	CS05	EP04	13	0	975	2009-01-26	查看 编辑 删除
PD02 ▼	CS02	EP01	28	0	994	2009-01-28	查看 编辑 删除
PD05 ▼	CS04	EP02	29.5	0.1	908	2009-02-03	查看 编辑 删除

图 8-61

对于这种同时存在多个操作选项的单元格事件监听，虽然仍然通过 tool 事件名，但不用再在列属性中指定统一的 event 名称，而是在 laytpl 模板中给每个按钮分别绑定 lay-event 事件。例如将 laytpl 模板修改为：

```html
<script type="text/html" id="barDemo">
    <a class="layui-btn layui-btn-xs" lay-event="detail">查看 </a>
    <a class="layui-btn layui-btn-xs" lay-event="edit">编辑 </a>
    <a class="layui-btn layui-btn-xs layui-btn-danger" lay-event="del">删除 </a>
</script>
```

通过 tool 一样可以监听到每个按钮事件。例如：

```javascript
tb.on('tool', function(obj){
    if(obj.event === 'detail'){          // 查看
        layer.msg('【'+ obj.data. 产品 + '】的查看操作 ');
    }else if(obj.event === 'del'){        // 删除
        layer.confirm(' 真的删除行么 ', function(index){
            obj.del();
            layer.close(index);
        });
    }else if(obj.event === 'edit'){       // 编辑
        layer.alert(' 编辑行: <br>'+ JSON.stringify(obj.data))
    }
})
```

图 8-62 所示是单击【删除】按钮时的执行效果。

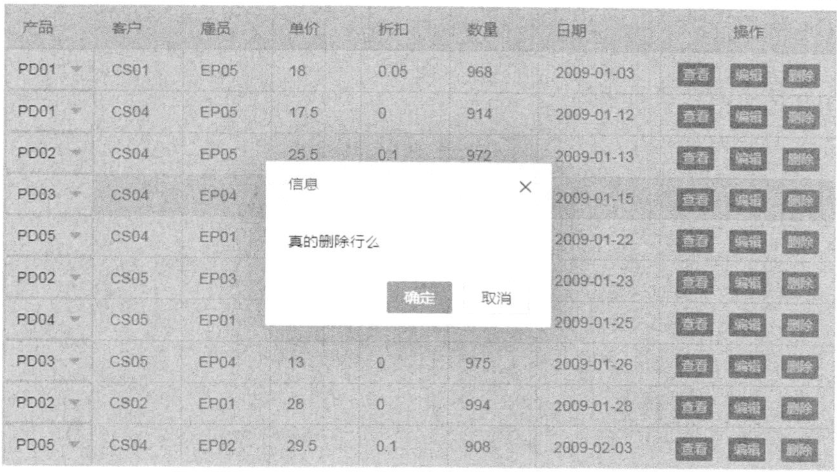

图 8-62

即便如此，你仍然可以在列属性中同时指定 event。例如：

```
{title:' 操作 ',align:'center',toolbar:'#barDemo',event:'abc'},
```

此时单击单元格中的任何一个操作按钮将首先触发 toolbar，然后触发 event。也就是说，同样的 tool 监听事件会执行两次。例如将 tool 事件修改为：

```
tb.on('tool', function(obj){
    if(obj.event === 'abc'){
        console.log('event 属性触发 ')
    };
    if(obj.event === 'detail'){
        console.log('toolbar 触发 ')
    }
})
```

当单击【查看】按钮时，会先在控制台输出"toolbar 触发"，然后输出"event 属性触发"；当单击【编辑】或【删除】按钮时，则仅输出"event 属性触发"。

8.6.4　头部工具栏事件监听

表格头部工具栏分左侧和右侧，它们都通过事件名 toolbar 监听。

❶ 右侧工具栏

当把 table 组件的 toolbar 属性设置为 true 时，将在表格头部的右侧显示 3 个默认的操作按钮。例如：

```
var tb = layui.table;
tb.render({
    elem: '#test',
    url: 'griddata',
    cols: [[
        {type:'checkbox'},
        {field: '产品', title: '产品', width:80},
        {field: '客户', title: '客户', width:80},
        {field: '雇员', title: '雇员', width:80},
        {field: '单价', title: '单价', width:80},
        {field: '折扣', title: '折扣', width:80},
        {field: '数量', title: '数量', width:80},
        {field: '日期', title: '日期', width:110},
    ]],
    toolbar:true,
    …其他属性设置略…
});
```

这样就会在表格头部右侧自动生成 3 个拥有完整功能的操作按钮, 如图 8-63 所示。

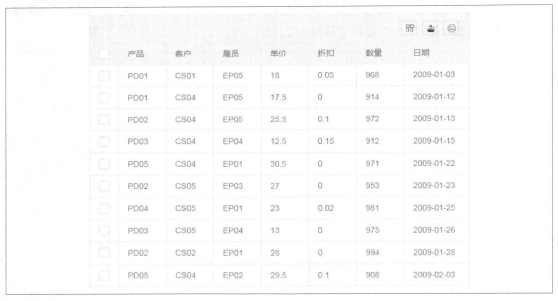

图 8-63

如果要监听这 3 个按钮事件, 可使用以下示例代码:

```
tb.on('toolbar', function(obj){
    console.log(obj)
})
```

在这个事件名为 toolbar 的回调函数中，Object 参数所携带的成员包括以下两个。

event：事件名称。

config：当前表格的参数配置对象。

经测试运行可知，头部右侧的 3 个默认按钮所触发的 event 事件名称分别是：LAYTABLE_ COLS、LAYTABLE_EXPORT 和 LAYTABLE_PRINT。

假如要扩展并监听工具栏右侧的新增按钮，可以重新设置 defaultToolbar 属性：

```
defaultToolbar: ['filter', 'print', 'exports', {
    title: '提示',
    icon: 'layui-icon-tips',
    layEvent: 'tips'
},{
    title: '刷新',
    icon: 'layui-icon-refresh',
    layEvent: 'reload'
}],
```

请注意，这里新增按钮的 layEvent 属性是用于 toolbar 事件监听的。如果没有设置此属性，将仅仅生成图标按钮而无法对其单击事件进行监听，如图 8-64 所示。

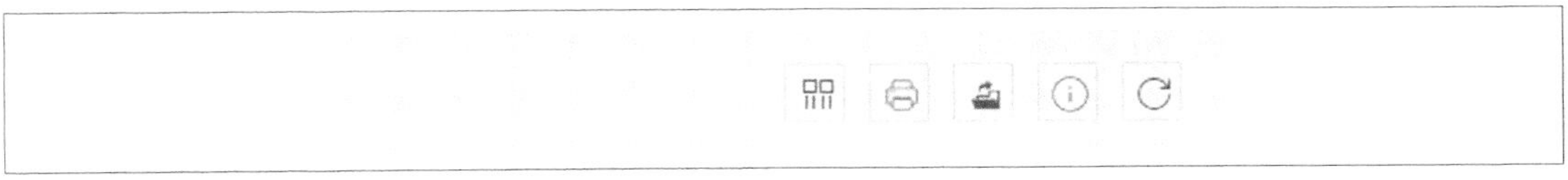

图 8-64

由于默认的 3 个按钮本身的功能就是完整的，所以在 toolbar 事件中只需监听另外两个新增的按钮即可。例如：

```
tb.on('toolbar', function(obj){
    if(obj.event === 'tips'){
        layer.alert('这里是头部工具栏扩展的右侧图标按钮！');
    }else if(obj.event === 'reload'){
        tb.reload('test',{
            where:{
                tj:'数量>950 and 折扣>0.1',
            },
        });
    };
})
```

当单击右侧新增加的两个按钮时，将分别执行信息弹出和数据重载操作。

455

❷ 左侧工具栏

当把 table 组件的 toolbar 属性设置为不同格式的字符串时，将在表格头部的左侧生成工具栏。例如：

```
toolbar:'default',
```

这样将在头部工具栏的左侧生成 3 个默认按钮，如图 8-65 所示。

图 8-65

很显然，工具栏左侧的这 3 个默认按钮分别是【增加行】、【编辑行】和【删除行】按钮，它们在 toolbar 监听事件中返回的 event 名称分别是 add、update 和 delete。遗憾的是，layui 官方并没有给这 3 个按钮提供完整的功能，如果要实现真正的增删改操作，还需要自己编写事件处理代码。例如：

```
tb.on('toolbar', function(obj){
    if(obj.event === 'add'){
        // 增加事件的处理代码
    }else if(obj.event === 'update'){
        // 编辑事件的处理代码
    }else if(obj.event === 'delete'){
        // 删除事件的处理代码
    };
})
```

你也可以自定义左侧的工具栏按钮。例如将 table 中的 toolbar 属性改为：

```
toolbar: '#toolbarDemo',
```

然后在页面的任意位置创建模板。例如：

```
<script type="text/html" id="toolbarDemo">
    <a class="layui-btn layui-btn-sm" lay-event="getCheckData">获取选中行数据 </a>
    <a class="layui-btn layui-btn-sm" lay-event="getCheckLength">获取选中数目 </a>
    <a class="layui-btn layui-btn-sm" lay-event="isAll"> 验证是否全选 </a>
</script>
```

如果要监听这 3 个按钮的单击事件，可使用以下示例代码：

```
tb.on('toolbar', function(obj){
    var checkStatus = tb.checkStatus('test');
    var data = checkStatus.data;
```

```
    if(obj.event === 'getCheckData'){
        layer.alert(JSON.stringify(data));
    }else if(obj.event === 'getCheckLength'){
        layer.msg('选中了: '+ data.length + ' 个 ');
    }else if(obj.event === 'isAll'){
        layer.msg(checkStatus.isAll ? ' 全选 ': ' 未全选 ')
    }
})
```

执行后的效果如图 8-66 所示。

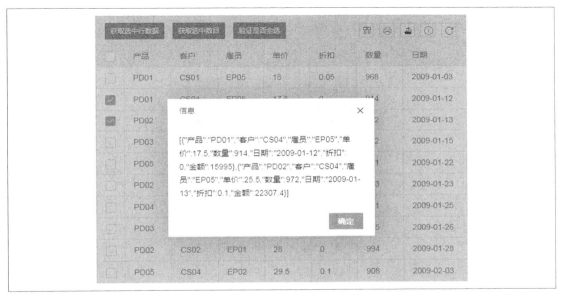

图 8-66

如果将 laytpl 模板改为：

```
<script type="text/html" id="toolbarDemo">
    <label class="layui-form-mid"> 按产品名称查询 </label>
    <div class="layui-inline">
        <input class="layui-input" id="key">
    </div>
    <a class="layui-btn layui-btn-sm">
        <i class="layui-icon" lay-event="search">&#xe615;</i>
    </a>
</script>
```

一样可以在 toolbar 中对设置了 lay-event 属性的 a 标签按钮设置事件监听。例如：

```
tb.on('toolbar', function(obj){
    if(obj.event === 'search'){
        var key = $('#key').val();              //获取输入关键字
        tb.reload('test',{                      //重载数据
            where:{
                tj:"产品 = '" + key + "'",
            },
        });
        $('#key').val(key);                     //重新填入关键字
    };
})
```

根据输入的“PD05”关键字所执行的数据查询结果如图 8-67 所示。

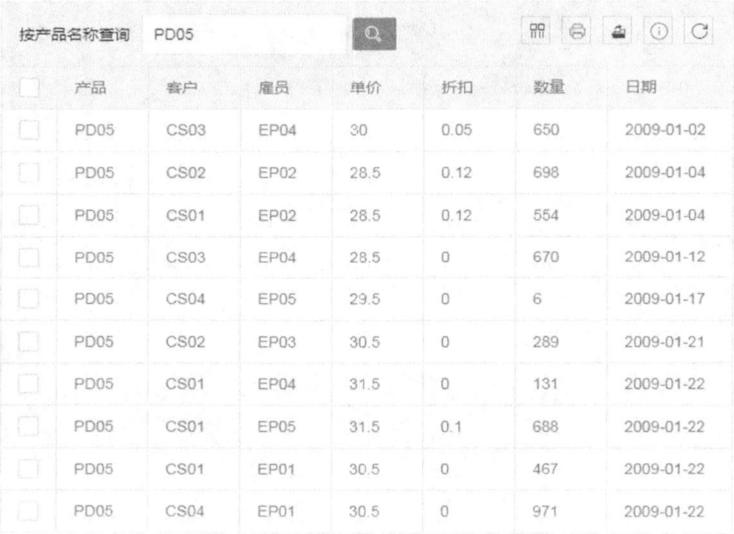

产品	客户	雇员	单价	折扣	数量	日期
PD05	CS03	EP04	30	0.05	650	2009-01-02
PD05	CS02	EP02	28.5	0.12	698	2009-01-04
PD05	CS01	EP02	28.5	0.12	554	2009-01-04
PD05	CS03	EP04	28.5	0	670	2009-01-12
PD05	CS04	EP05	29.5	0	6	2009-01-17
PD05	CS02	EP03	30.5	0	289	2009-01-21
PD05	CS01	EP04	31.5	0	131	2009-01-22
PD05	CS01	EP05	31.5	0.1	688	2009-01-22
PD05	CS01	EP01	30.5	0	467	2009-01-22
PD05	CS04	EP01	30.5	0	971	2009-01-22

图 8-67

由于这里的查询关键字输入框是作为头部工具栏与表格融为一体的，当执行数据重载的时候，关键字输入框内容会被清空，因此在执行了 reload 方法之后，还要重置一下输入关键字。为避免这种麻烦，实际项目开发时也可将 laytpl 模板内容作为正常的页面内容放到表格容器的外面。例如：

```
<label class="layui-form-mid">按产品名称查询</label>
<div class="layui-inline">
    <input class="layui-input" id="key">
</div>
<a class="layui-btn">
    <i class="layui-icon">&#xe615;</i>
</a>
<div id="test"></div>          <!-- 表格容器 -->
```

这样它就不是作为表格工具栏出现了，因此可以将 table 组件中的 toolbar 属性删除，改用常规的 jQuery 单击事件处理：

```
$('i').click(function(){
    var key = $('#key').val();
    tb.reload('test',{
        where:{
            tj:"产品 = '" + key + "'",
        },
    });
})
```

页面效果如图 8-68 所示。

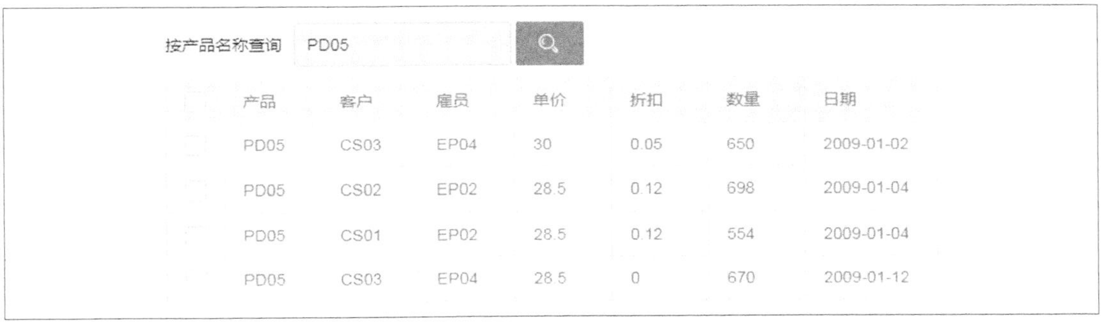

图 8-68

8.6.5　数据行单双击事件监听

数据行的单击事件名为 row，双击事件名为 rowDouble。例如：

```
tb.on('row', function(obj){
    console.log(obj)
});
```

两个事件的回调函数都会返回 Object 参数，该参数所携带的成员包括 4 个：data（当前行数据对象）、update（行数据更新方法）、del（删除当前行方法）和 tr（当前行 jQuery 对象）。

仍以之前的表格为例，在 JS 中加入以下代码：

```
tb.on('row', function(obj){
    // 弹出当前行数据
    layer.alert(JSON.stringify(obj.data), {
        title: '当前行数据：'
```

```
    });
    // 给当前单击行加上选中样式，同时取消其前后的所有数据行的选中样式
    obj.tr.addClass('layui-table-click').siblings().removeClass('layui-table-click');
});
```

当单击表格中的任何一个数据行时，都将弹出图 8-69 所示的信息框，同时标记出当前行。

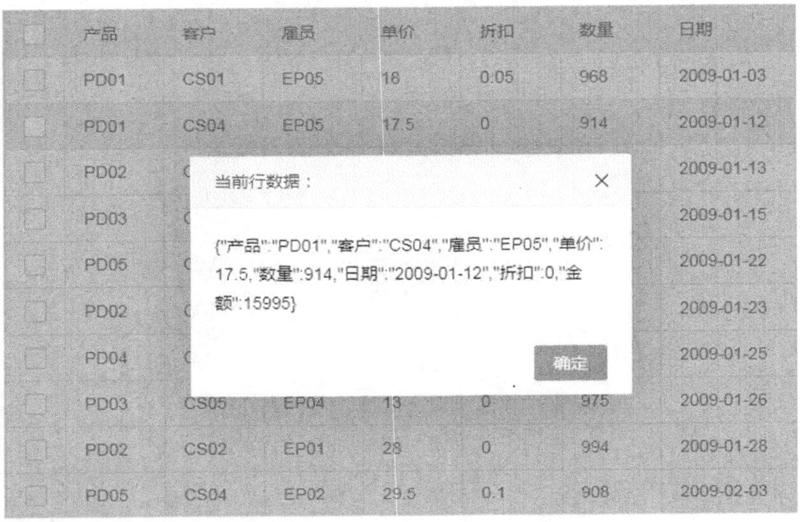

图 8-69

再例如，由于 table 本身的单元格编辑功能有局限性，因此想在表格中直接输入密码、数字或多行文本等是一件很麻烦的事。但现改用单击或双击弹窗的方式即可轻松解决这个问题。

例如要在弹窗中输入"产品""客户""雇员""单价"和"日期"共 5 列数据，可在页面中先添加一个表单区块：

```html
<div class="layui-form" id="rowForm" style="padding: 20px 20px 0 0;display: none">
    <div class="layui-form-item">
        <label class="layui-form-label">产品 </label>
    <div class="layui-input-inline">
        <select>
            <option value="PD01">PD01</option>
            <option value="PD02">PD02</option>
            <option value="PD03">PD03</option>
            <option value="PD04">PD04</option>
            <option value="PD05">PD05</option>
        </select>
```

```
                </div>
        </div>
        <div class="layui-form-item">
                <label class="layui-form-label"> 客户 </label>
                <div class="layui-input-inline">
                        <input class="layui-input">
                </div>
        </div>
        <div class="layui-form-item">
                <label class="layui-form-label"> 雇员 </label>
                <div class="layui-input-inline">
                        <input class="layui-input">
                </div>
        </div>
        <div class="layui-form-item">
                <label class="layui-form-label"> 单价 </label>
                <div class="layui-input-inline">
                        <input type="number" class="layui-input">
                </div>
        </div>
        <div class="layui-form-item">
                <label class="layui-form-label"> 日期 </label>
                <div class="layui-input-inline">
                        <input type="text" class="layui-input" id="rd">
                </div>
        </div>
</div>
```

然后在单击行时生成弹窗：

```
tb.on('row', function(obj){
    obj.tr.addClass('layui-table-click').siblings().removeClass('layui-table-click');
    var index = obj.tr.data('index');    // 行序号
    layer.open({        // 生成弹窗
        title: ' 第【 '+ index +'】行数据编辑 ',
        type:1,
```

```
            content:$('#rowForm'),        // 指定弹窗内容
            area:'360px',
            btn:[' 确定 '],
            success:function(){    // 弹窗生成后根据当前行数据顺序填入表单值并进行渲染
                $('#rowForm .layui-form-label').each(function(){
                    var lab = $(this).text();
                    if(lab == ' 产品 '){
                        $(this).next().find('[value="' + obj.data.产品 + '"]').
prop ('selected',true)
                    }else{
                        $(this).next().find('input').val(obj.data[lab])
                    }
                });
                layui.form.render();                // 渲染表单（因为有 select 选择输入框 ）
                layui.laydate.render({        // 渲染生成月历
                    elem:'#rd',
                    value:obj.data. 日期
                });
            },
            yes:function(index,jq){        // 单击【确定】按钮时执行表格数据填入操作
                layer.close(index);
                $('#rowForm .layui-form-label').each(function(){
                    var lab = $(this).text(),value;
                    if(lab == ' 产品 '){
                        value = $(this).next().find('.layui-this').text();
                    }else{
                        value = $(this).next().find('input').val()
                    };
                    obj.update({
                        [lab]: value
                    })
                })
            }
        });
    });
```

执行后的效果如图 8-70 所示。

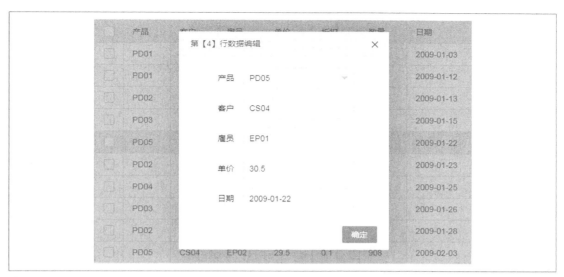

图 8-70

8.6.6 排序单击事件监听

在 8.3 节"表格常规属性"中,我们学习了与表格数据排序相关的两个属性: initSort 和 autoSort。

其中 initSort 指定了在数据表格渲染完毕时所默认执行的字段排序。本属性的值为 Object 对象,可设置 field 和 type 两个参数。例如:

```
initSort: {
    field: 'sales', // 排序字段
    type: 'desc'    // 排序方式。可选值有 asc(升序)、desc(降序)、null(默认)
},
```

autoSort 属性则用于指定是否自动在前端处理排序,默认为 true。也就是说,当需要在服务器端执行排序时,必须将此属性设置为 false,这样就会在单击标题排序图标按钮时触发 sort 排序事件。

例如给列属性中的"数量"列添加排序功能:

```
var tb = layui.table;
tb.render({
    elem: '#test',
    url: 'griddata',
    cols: [[
        {type:'checkbox'},      // 增加一个复选框类型的列
        {field: '产品', title: '产品', width:80},
```

```
            {field: '客户', title: '客户', width:80},
            {field: '雇员', title: '雇员', width:80},
            {field: '单价', title: '单价', width:80},
            {field: '折扣', title: '折扣', width:80},
            {field: '数量', title: '数量', width:80,sort:true},
            {field: '日期', title: '日期', width:110},
        ]],
        where:{
            tj:'数量>900',
        },
        page: true,
    });
```

执行后的效果如图 8-71 所示。

	产品	客户	雇员	单价	折扣	数量 ▲	日期
☐	PD05	CS04	EP02	29.5	0.1	908	2009-02-03
☐	PD03	CS04	EP04	12.5	0.15	912	2009-01-15
☐	PD01	CS04	EP05	17.5	0	914	2009-01-12
☐	PD02	CS05	EP03	27	0	953	2009-01-23
☐	PD01	CS01	EP05	18	0.05	968	2009-01-03
☐	PD05	CS04	EP01	30.5	0	971	2009-01-22
☐	PD02	CS04	EP05	25.5	0.1	972	2009-01-13
☐	PD03	CS05	EP04	13	0	975	2009-01-26
☐	PD04	CS05	EP01	23	0.02	981	2009-01-25
☐	PD02	CS02	EP01	28	0	994	2009-01-28

`< 1 2 3 ... 18 > 到第 1 页 确定 共176条 10条/页 ▼`

图 8-71

　　当单击列标题"数量"时，第 1 次单击为升序排序，第 2 次单击变为降序排序，第 3 次单击则取消排序（也就是变为默认排序），如此反复。当然你也可以直接单击标题旁边的上下箭头按钮让它执行升序或降序排序。

　　由于 table 的 autoSort 属性默认为 true，因此仅在前端进行这种排序。图 8-71 中，不论是升序排序还是降序排序，它只在当前页面的 10 条数据中排列，并不会跨页。如果你希望将所有符合条件的加载数据都统一进行排序，那么就应该加上此属性：

```
autoSort:false,
```

　　加上此属性之后，再次单击排序时，表格数据将不会有任何反应。很显然，这时就应该在

table 的 sort 监听事件中进行相关的数据处理：

```
tb.on('sort', function(obj){
    console.log(obj);        // 返回参数
    console.log(this);       // 当前排序的列标题 jQuery 对象
});
```

在这个 sort 监听事件返回的 Object 参数对象中，携带了以下两个值。

field：排序的字段名称。

type：排序类型，可能的值有 asc（升序）、desc（降序）、null（默认排序）。

如果要让服务器端据此参数对象进行排序处理，就应该将它提交给服务器端，并重新加载数据。例如：

```
tb.on('sort', function(obj){
    tb.reload('test', {
        initSort: obj,   // 此参数必须设置，否则将无法标记表头的排序状态
        where: {                // 提交到服务器端的排序参数
            field: obj.field,   // 排序字段
            order: obj.type,    // 排序方式
            // 还可加上其它条件
        },
    })
});
```

服务器端的 HttpRequest 事件也应据此做出处理。例如：

```
Select Case e.Path
    Case "griddata"
        '加载条件处理
        Dim filter As String = ""
        If e.Values.containskey("tj") Then
            filter = e.Values("tj")
        End If
        Dim dt As DataTable = DataTables("订单")
        dt.LoadFilter = filter
        '排序处理
        dt.LoadOrder = ""
        If e.Values.containskey("field") Then    ' 收到 field 即表示要进行排序
            If e.Values("order") <> "" Then
                dt.LoadOrder = e.Values("field") & " " & e.Values("order")
            End If
```

```
            End If
            '分页处理
            If e.Values.containskey("page") Then
                  dt.LoadPage = e.Values("page") - 1
                  dt.LoadTop = e.Values("limit")
                  dt.LoadOver = ""
                  If dt.LoadOrder > "" Then    '如果 LoadOrder 不为空，则表示要分页排序
                        dt.LoadOver = e.Values("field")      '重新设置分页依据列
                        dt.LoadReverse = (e.Values("order")="desc")    '倒序
                  End If
            End If
            dt.Load()
            '生成 JSON 数据
            Dim t As Table = Tables(dt.Name)        '改从 Table 中生成 JSON 数据
            t.sort = dt.LoadOrder                   '给 Table 设置排序
            Dim arr As New JArray                   '数据列表数组
            For i As Integer = 0 To t.Rows.Count - 1
                  Dim r As Row = t.Rows(i)
                  arr.Add(New JObject)              '给数组添加对象
                  For Each c As Col In t.Cols
                        If c.DataCol.IsDate Then
                              arr(i)(c.Name) = Format(r(c.Name),"yyyy-MM-dd")
                        Else If c.DataCol.IsBoolean Then
                              arr(i)(c.Name) = CBool(r(c.Name))
                        Else If c.DataCol.IsNumeric Then
                              arr(i)(c.Name) = val(r(c.Name))
                        Else
                              arr(i)(c.Name) = r(c.Name).ToString()
                        End If
                  Next
            Next
            '拼接生成 Object 数据对象
            Dim obj As New JObject
            obj("code") = 0
            obj("count") = val(dt.SQLCompute("Count(*)",filter))     '总记录数
            obj("data") = arr                       '数据列表
            e.WriteString(CompressJson(obj))        '将对象值压缩返回给客户端
End Select
```

此服务器端代码的关键在于以下两点。

第一，DataTable 加载数据时的排序是分情况的：当没有分页时，使用的是 LoadOrder 属性，这里可以同时加上 asc 或 desc 对指定列进行升序或降序加载；当分页时，必须使用 LoadOver 属性指定排序列，使用 LoadReverse 属性来指定升序还是倒序。

第二，排序效果体现在 Table 而非 DataTable 中，JSON 数据应该根据 Table 来生成。

代码生效后的"数量"列升序排序效果如图 8-72 所示。

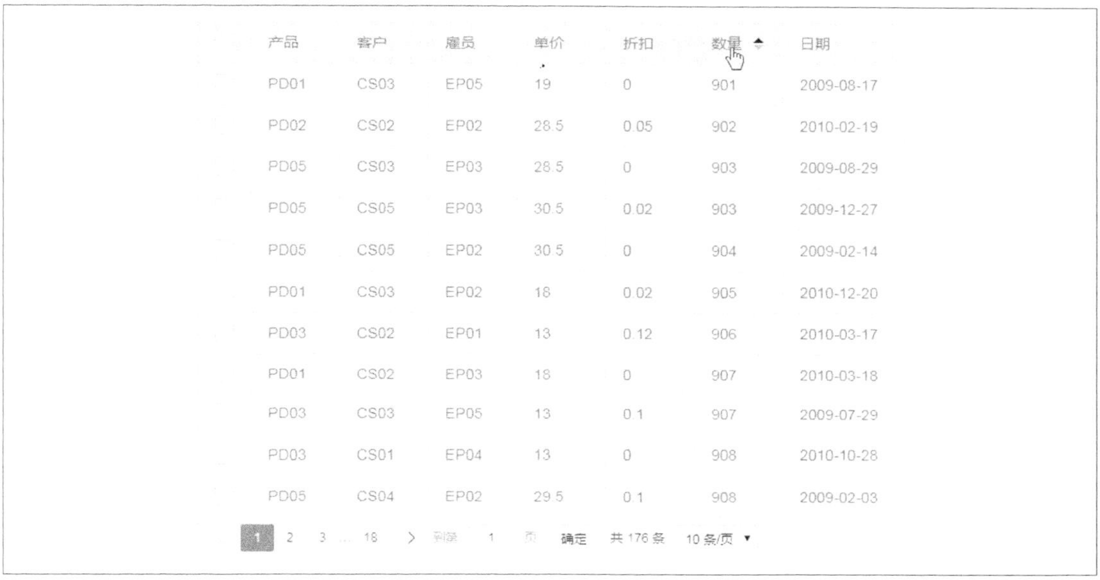

产品	客户	雇员	单价	折扣	数量 ▲	日期
PD01	CS03	EP05	19	0	901	2009-08-17
PD02	CS02	EP02	28.5	0.05	902	2010-02-19
PD05	CS03	EP03	28.5	0	903	2009-08-29
PD05	CS05	EP03	30.5	0.02	903	2009-12-27
PD05	CS05	EP02	30.5	0	904	2009-02-14
PD01	CS03	EP02	18	0.02	905	2010-12-20
PD03	CS02	EP01	13	0.12	906	2010-03-17
PD01	CS02	EP03	18	0	907	2010-03-18
PD03	CS03	EP05	13	0.1	907	2009-07-29
PD03	CS01	EP04	13	0	908	2010-10-28
PD05	CS04	EP02	29.5	0.1	908	2009-02-03

1　2　3 … 18　〉 到第　1　页　确定　共 176 条　10 条/页 ▼

图 8-72

很显然，这样得到的数据就是服务器端处理过的，从第 1 页翻到最后一页，"数量"列始终从低到高排序。在标题上再单击一次时，"数量"列就变成了从高到低的降序排序。

但有一点要注意：当在分页状态下排序时，Foxtable 服务器实际上是将默认的主键分页改成了指定列分页（如"数量"列）。由于指定的列可能有重复值，因此在分页排序时，每页所显示的记录数可能并不完全是指定的行数，同一条数据记录也可能在不同的数据页中重复出现。例如图 8-72 中，每页显示行数为 10，但第 1 页显示的记录数却为 11，这是因为排到最后一行的数量 908 有重复值，所以最终显示的行数为 11。

8.7 laytpl 模板

所谓的 laytpl 模板，它在本质上是一种 JavaScript 引擎，它能将数据通过事先设定好的模板以指定格式解析出来，这样即可实现可视层（view）与数据层（data）的分离。用户在实际项目开发时，只需将精力放在可视层的逻辑处理上，从而提升代码的可维护性。

laytpl 模板在 table 组件的列属性、工具栏等方面已经有了很多的应用，本节再来系统地讲解一下。

8.7.1　从一个最简单的实例讲起

既然 laytpl 模板能够实现可视层与数据层的分离，那就在页面 body 元素中写入以下两个元素：

```
<div id="view"></div>    <!-- 可视层，laytpl 模板的解析内容将放到这里 -->
<script id="demo" type="text/html">  <!-- 这是 laytpl 模板 -->
    <h1>{{d.title}}</h1>
</script>
```

其中，div 元素是作为可视层出现的，该元素内容为空；script 元素则是 laytpl 模板，在这个模板中只有一个 h1 元素。那么如何把数据放到 laytpl 模板中解析，又如何将解析后生成的内容放到可视层中展示呢？这就要用到 laytpl 组件。示例代码如下：

```
<script>
    var $ = layui.$;
    $(function(){
        var data = {
            title:' 我是标题 ',
            content:' 我是内容 '
        };
        var tpl = layui.laytpl, str = $('#demo').html();
        tpl(str).render(data,function(string){
            $('#view').html(string)
        });
    })
</script>
```

其中，变量 data 是要解析的数据，变量 tpl 表示 layui 中的 laytpl 组件对象，变量 str 表示用于解析的模板文本内容。

执行解析时，要将模板内容作为参数传给 laytpl，并执行 render 渲染方法。该方法有两个参数：第 1 个表示要解析的数据，第 2 个表示渲染生成字符串之后的回调函数。在这个回调函数中，可将渲染得到的字符串写入指定的视图层（如 id 为 view 的 div 元素）。

由于模板中只有一个 h1 元素，而且要解析的数值是 d.title，因此在执行之后上述代码，将在页面中显示一个 h1 标题——"我是标题"。

事实上，对于这种极其简单的 laytpl 模板，是无须在页面中专门使用 script 标签来创建的。例如在页面中仅写入一个 div 元素：

```
<div id="view"></div>
```

然后使用如下 JS 代码：

```
<script>
    var $ = layui.$;
    $(function(){
        layui.laytpl('<h1>{{d.title}}</h1>').render({
            title:' 我是标题 '
        },function(string){
            $('#view').html(string)
        });
    })
</script>
```

两者的执行效果完全相同。这里只不过是省略了一些声明变量的语句，且把 laytpl 模板内容直接以字符串参数的形式传入 laytpl 而已。

由此可见，laytpl 模板并非是一定要在页面中事先设置好的，对于一些简单的模板，完全可以以字符串形式直接传入。当需要在页面中创建模板时，请务必使用 script 标签，并将该标签的 type 属性设置为 text/html（script 标签的 type 类型默认为 text/javascript）。

可能有的读者会问：为什么在 table 组件中使用 laytpl 模板时，并没有用到 render 方法？实际上，table 内部还是进行了渲染步骤的，只不过用户感觉不到而已。

laytpl 的 render 方法在执行之后也会返回渲染字符串，因此上述代码还有另外一种写法：

```
<script>
    var $ = layui.$;
    $(function(){
        var str = layui.laytpl('<h1>{{d.title}}</h1>').render({
            title:' 我是标题 '
        });      // 将渲染结果赋给一个变量
        $('#view').html(str);      // 将渲染得到的字符串写入可视层
    })
</script>
```

8.7.2　模板分隔符

模板分隔符默认以 "{{" 开始，以 "}}" 结束。例如：

```
layui.laytpl('<h1>{{d.name}} 是一位 {{d.type}}</h1>').render({
    name:' 张三 ',
```

```
    type:'医生'
},function(string){
    $('#view').html(string)
});
```

执行之后，页面 div 显示的内容是 h1 标题——"张三是一位医生"。

如果你想改变这种默认的分隔符，可使用 config 方法。例如：

```
var tpl = layui.laytpl;
tpl.config({          // 重新定义分隔符
    open: '<%',
    close: '%>'
});
tpl('<h1><%d.name%> 是一位 <%d.type%></h1>').render({
    name:'张三',
    type:'医生'
},function(string){
    $('#view').html(string)
});
```

为了让代码看起来更清晰，模板分隔符内也可适当地使用空格，这并不会影响最终的展示效果。例如：

```
<h1><% d.name %> 是一位 <% d.type %></h1>
```

8.7.3 模板语法

在模板中引用数据共有 4 种写法。用默认分隔符编写的语法格式如表 8-6 所示。

表 8-6

语法	说明
{{d.field}}	引用普通字段，HTML 格式的字符串直接输出
{{= d.field}}	引用普通字段，HTML 格式字符串转义后输出
{{# JS 代码 }}	引用 JS 代码，一般用于逻辑处理（分隔符加符号 "#" 开头）
{{! template !}}	对一段指定的模板区域进行过滤，即不解析该区域的模板

例如将之前示例中的传入数据改成 HTML 字符串格式，同时将模板中的引用数据分别以不同的分隔符开头（d.name 以 "{{" 开头，d.type 以 "{{=" 开头）：

```
var tplstr = '<h1>{{ d.name }}是一位{{= d.type }}</h1>';
layui.laytpl(tplstr).render({
    name:'<span style="color:red">张三</span>',
    type:'<span style="color:blue">医生</span>'
},function(string){
    $('#view').html(string)
});
```

渲染后的页面显示效果如图 8-73 所示。

张三是一位医生

图 8-73

这就很好地解释了"{{"与"{{="之间的区别。

同样地，如果给模板字符串中的分隔符都加上感叹号，则分隔符内的所有内容都不会做任何解析而直接原样输出。例如：

```
var tplstr = '<h1>{{! d.name !}}是一位{{= d.type }}</h1>';
```

渲染效果如图 8-74 所示。

d.name 是一位医生

图 8-74

❶ **在模板中进行逻辑处理**

事实上，"{{="和"{{!"的使用场合极少，最常用的还是"{{"和"{{#"，它们能进行一些比较复杂的逻辑判断处理。例如：

```
var tplstr = '<input value="{{d.销量}}" {{d.客户=="张三" ? "disabled" : ""}}>';
layui.laytpl(tplstr).render({
    销量:300,
    客户:'张三'
},function(string){
    $('#view').html(string)
});
```

执行后将在页面中生成一个不允许编辑的输入框，且默认值为 300。如果将数据中的"客户"改成其他任何不等于"张三"的值，则生成的输入框是可编辑的。这样的动态处理结果由模板中的三元表达式完成：

```
d.客户=="张三" ? "disabled" : ""
```

471

如果要将这个三元表达式改用流程控制语句实现，就必须改用"{{#"开头，因为这里用到了一些 JS 中的关键字及代码符号。而当使用"{{#"时，一般都要在页面中单独创建模板，因为这个时候把它们一股脑地写到字符串里会很麻烦，而且不便阅读。例如：

```
<script id="demo" type="text/html">
    <input value="{{d.销量}}"
    {{# if(d.客户=="张三"){ }}
        disabled
    {{# } }}
    >
</script>
```

或者写成如下代码会更加直观：

```
<script id="demo" type="text/html">
    {{# if(d.客户=="张三"){ }}
        <input value="{{d.销量}}" disabled>
    {{# }else{ }}
        <input value="{{d.销量}}">
    {{# } }}
</script>
```

这个时候只需将变量 tplstr 的值改为：

```
var tplstr = $('#demo').html();
```

运行效果便会与之前完全相同。

再例如，以下 JS 代码中的 data 是一个更有代表性的数组：

```
var data = {
    title:'部分省会城市列表',
    list:[{
        province:'广东省',city:'广州市'
    },{
        province:'江苏省',city:'南京市'
    },{
        province:'浙江省',city:'杭州市'
    },{
        province:'山东省',city:'济南市'
    }]
};
```

```
var tplstr = $('#demo').html();     // 要使用的 laytpl 模板
layui.laytpl(tplstr).render(data,function(string){
    $('#view').html(string)
});
```

如果要将该数据以指定格式有序地展示出来，可以这样设置 laytpl 模板：

```
<script id="demo" type="text/html">
    <h3>{{ d.title }}</h3>
    <ul>
        {{# d.list.forEach(function(item){ }}
        <li>
            <span>{{ item.province }}: </span>
            <span>{{ item.city }}</span>
        </li>
        {{# }) }}
    </ul>
</script>
```

最终输出的内容如图 8-75 所示。

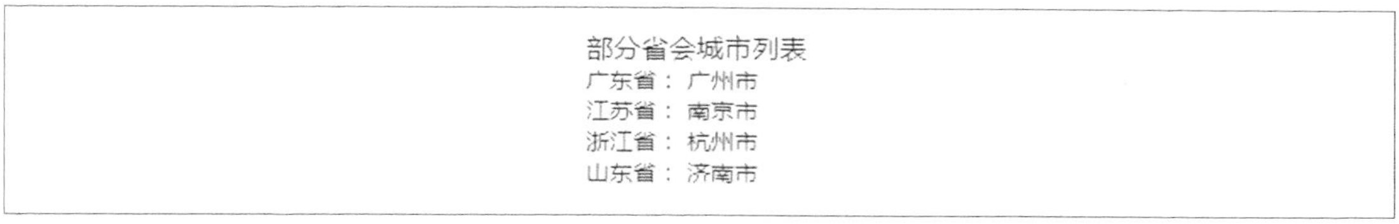

部分省会城市列表
广东省：广州市
江苏省：南京市
浙江省：杭州市
山东省：济南市

图 8-75

❷ **在模板中使用函数**

　　当在模板中使用函数时，必须遵循先声明、后使用的原则。也就是说，声明函数的代码在前，使用函数的代码在后。声明函数时要用"{{#"，而执行函数则要用"{{"。

　　仍以上面的数据为例，假如希望先通过函数对其进行处理，然后再使用，就可以这样设置 laytpl 模板：

```
<script id="demo" type="text/html">
    <h3>{{ d.title }}</h3>
    {{#
        var fn = function(arr){
            if(arr.length == 0) {
                return '<li> 无数据 </li>';
            }else{
```

```
                var str = '';
                arr.forEach(function(item){
                    str += '<li><span>' + item.province + ': </span>' +
                        '<span>' + item.city + '</span></li>';
                });
                return str;
            }
        }
    }}
    <ul>
        {{ fn(d.list) }}
    </ul>
</script>
```

当然你也可以将函数从模板中移出，改放到 JS 代码中。但要注意，JS 中的函数代码必须放到
jQuery 的 ready 事件外面。以下是页面 body 元素中的完整代码：

```
<div id="view"></div>                <!-- 可视层 -->
<script id="demo" type="text/html">    <!-- laytpl 模板 -->
    <h3>{{ d.title }}</h3>
    <ul>
        {{ fn(d.list) }}
    </ul>
</script>
<script>                               <!-- JS 程序代码 -->
    var $ = layui.$;
    $(function(){          // 这里是 jQuery 的 ready 事件代码
        var data = {
            title:' 部分省会城市列表 ',
            list:[{
                province:' 广东省 ',city:' 广州市 '
            },{
                province:' 江苏省 ',city:' 南京市 '
            },{
                province:' 浙江省 ',city:' 杭州市 '
            },{
                province:' 山东省 ',city:' 济南市 '
            }]
        };
```

```
            var tplstr = $('#demo').html();
            layui.laytpl(tplstr).render(data,function(string){
                $('#view').html(string)
            });
        });
        var fn = function(arr){         // 这里是函数声明代码
            if(arr.length == 0) {
                return '<li>无数据</li>';
            }else{
                var str = '';
                arr.forEach(function(item){
                    str += '<li><span>' + item.province + ': </span>' +
                        '<span>' + item.city + '</span></li>';
                });
                return str;
            }
        };
</script>
```

❸ **laytpl 模板的局限性**

laytpl 模板最大的局限是不便调试。因此对于特别复杂的逻辑处理，建议采用上述示例代码的写法，即将其声明为一个 JS 中的函数，然后在模板中直接调用。

另外，在 laytpl 模板中不能添加注释，否则会出现渲染解析错误。

第**09**章

响应式页面布局

为丰富页面布局、简化 HTML/CSS 代码的耦合、满足用户多终端的适配应用需求，layui 提供了一套具备响应式能力的栅格系统。该系统采用业界常见的 12 等分规则，内置移动设备、平板、中等桌面及大型屏幕的多终端适配处理，可帮助用户快速搭建能够自动适应各种设备的网站页面。

主要内容

9.1　多终端调试环境

9.2　栅格系统

9.3　页面整体布局

9.4　卡片式常规内容布局

9.5　卡片式图表内容布局

9.1 多终端调试环境

既然要考虑将同一个代码放在不同的终端环境中运行，那我们就应该在不同的设备上来查看它们的实际运行效果。为提高开发效率，绝大部分的主流浏览器都提供了响应式开发的多终端调试环境。

9.1.1 页面文件要求

要让页面文件可以在不同的设备上正常运行和显示，其头部元素（head）中必须使用 meta 标签，而且这个标签中也必须加上 name 和 content 属性。例如：

```
<meta name="viewport" content="width=device-width, initial-scale=1">
```

其中 name 的属性值为 viewport，它表示设备浏览器中的显示窗口。在不同的设备中，这一显示窗口的大小也不同。为了让页面内容自动适应移动设备上的屏幕，就应该将移动设备的宽度作为 viewport 显示窗口的宽度。因此还要通过 content 属性对这个 viewport 窗口进行专门的设置。

在 content 属性中，"width=device-width"表示窗口宽度要等于设备的宽度。例如 PC 端的 viewport 窗口宽度一般都在 1024 像素以上，如果用于显示页面的设备只有 320 像素，那么 viewport 的宽度就要改为实际屏幕的 320 像素；"initial-scale=1"则用于限定 viewport 窗口在打开页面时不要缩放，以便以 1:1 的比例为用户提供最佳的页面浏览体验。

除此之外，在页面头部引用 layui.css 样式文件代码时，也要加上 media 为 all 的属性，表示该样式适用于全部设备。以下就是页面头部设置必须要添加的内容：

```
<!DOCTYPE html>
<html lang="zh-cn">
    <head>
        <meta charset="UTF-8">
        <meta name="viewport" content="width=device-width, initial-scale=1">
        <title>layui 页面示例</title>
        <link rel="stylesheet" href="./layui/css/layui.css" media="all">
        <script src="./layui/layui.all.js"></script>
    </head>
    <body>
        这里是页面主体代码
    </body>
</html>
```

9.1.2 终端设备分类

所谓的响应式页面布局，就是用来自动适配不同设备的。现在先来了解一下 layui 对设备的分类。按照不同屏幕设备的可显示宽度，layui 将其分成 4 种，如表 9-1 所示。

表 9-1

设备分类	屏幕宽度	标记符号
超小屏幕（手机）	< 768px	xs
小屏幕（平板电脑）	≥ 768px	sm
中等屏幕（桌面设备）	≥ 992px	md
大型屏幕（桌面设备）	≥ 1200px	lg

要在 JS 中获取当前访问设备的相关信息，可使用类似于下面的代码：

```
var width = screen.width;      // 获取屏幕宽度
var device;
if(width > 1200){
     device = '大屏幕'
}else if(width > 992){
     device = '中屏幕'
}else if(width > 768){
     device = '小屏幕'
}else{
     device = '超小屏幕'
};
layer.msg(device);
```

不过这样的代码都是根据屏幕的显示宽度进行判断的。对同一个设备而言，screen 的值始终不会变化。为方便在 PC 端调试代码并直接观看代码在不同设备中的响应效果，一般都是改用浏览器窗口或者是当前页面文档的宽度进行判断。

例如将上述代码中的第 1 行改为如下两行：

```
var $ = layui.$;
var width = $(window).width();        // 或者使用 $(document).width()
```

然后打开浏览器控制台，你会发现，拖曳分隔条会导致浏览器显示窗口宽度的变化，每次执行此段代码所弹出的内容都可能不一样，如图 9-1 所示。

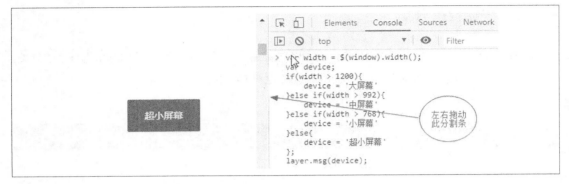

图 9-1

而 layui 的响应式布局正是根据 window 窗口而非 screen 屏幕的宽度进行的，所以当你需要调试本章中的全部示例代码时，只要拖曳浏览器控制台中的分隔条即可立即看到效果。

9.1.3　终端设备环境

在之前的示例代码中，不论是 window 还是 screen，使用的都是 JS 宿主对象中的属性或方法，所得到的也仅仅是终端设备中的显示宽度。

其实 layui 还专门提供了一个至关重要的 device 底层方法，该方法用于获取所访问设备的类型及环境信息。例如在浏览器控制台执行以下代码：

```
var device = layui.device();
console.log(device)
```

将得到图 9-2 所示的返回信息。

```
> var device = layui.device();
  console.log(device)
▼ {os: "windows", ie: false, weixin: false, android: false, ios: false, …}
    android: false
    ie: false
    ios: false
    mobile: false
    os: "windows"
    weixin: false
```

图 9-2

由此可见，通过该方法将获取到以下 6 方面的信息。

- os：底层操作系统，包括 Windows、Linux、Mac 等。
- ie：使用的浏览器是否是 IE6-11 版本。如果不是 IE 浏览器，则为 false。
- android：是否为安卓系统。
- ios：是否为 iOS 系统。
- mobile：是否为移动设备。
- weixin：是否在微信环境下使用。

9.1.4 终端设备模拟效果

为了看到页面代码在不同设备上的真实运行效果，同时也为了提高代码开发效率，市场上绝大部分的主流浏览器都提供了相应的设备模拟预览功能。

以谷歌浏览器为例，单击控制台左侧的移动设备图标，即可进入设备显示界面，如图 9-3 所示。

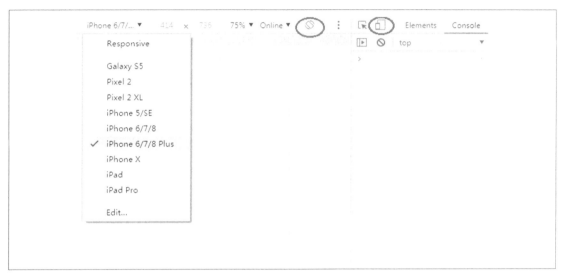

图 9-3

在浏览器页面的设备列表中，可根据需要选择相应的设备，以观察代码在不同设备上的运行效果。单击图 9-3 所示的左侧图标，还可切换为横向显示。

图 9-3 标示出来的两个按钮都是可以切换页面显示样式的。以左侧按钮为例，首次单击将切换为横屏显示，再次单击又恢复为竖屏显示。右侧的移动设备按钮同理：首次单击切换为移动设备页面，再次单击又恢复为常规的 PC 端页面。

假如要查看不同设备上所返回的真实相关信息，可以在浏览器控制台输入以下测试代码：

```
var device = layui.device();
layer.msg(JSON.stringify(device))
```

图 9-4 所示是在 Galaxy S5 设备上的模拟执行效果。

图 9-4

因为该设备使用的是安卓系统，而它的底层是 Linux，所以得到的结果是：

```
os: "linux"
ie: false
weixin: false
android: true
ios: false
mobile: true
```

如果将设备换成 iphone 6/7/8，得到的结果又会变成：

```
os: "ios"
ie: false
weixin: false
android: false
ios: true
mobile: true
```

以上调试方法请务必掌握，因为这可以大大提高你的开发效率。

9.2 栅格系统

栅格系统的核心在于 12 等分规则。

该规则的意思是，不论设备屏幕的大小，一律将其按照显示宽度等分为 12 列。当用户需要在页面中显示某个元素的内容时，不再以像素或百分比等方式来指定其宽度，而是改用列数。

例如指定为 6 时，表示其宽度将占据屏幕宽度的 6/12，也就是一半；指定为 3 时，将占据屏幕宽度的 3/12，也就是 1/4。

9.2.1 行列定义

由于在页面的同一水平位置可以显示多个内容，因此有了"行"的概念。

例如在同一行上显示 4 个 div 区块，每个 div 的宽度都设置为 3 列，那么就会刚好做到满行排列；如果每个 div 的宽度都设置为 4 列，那么总列数就会大于 12，多余列部分就会自动另起一行。

通过这样的行、列设置，就构成了一个所谓的"栅格系统"。

由此可见，栅格布局应该先定义"行"，然后在"行"里再定义所要显示的"列"及其宽度。

❶ 行定义

栅格中的"行"必须使用样式为 layui-row 的 class 类定义。例如：

```
<div class="layui-row">
    <div style="background:red;color:white"> 内容 1</div>
    <div style="background:green;color:white"> 内容 2</div>
    <div style="background:blue;color:white"> 内容 3</div>
</div>
```

这就是一个非常普通的 div 内容嵌套，没有任何的响应式效果。唯一的变化在于行中的 3 个 div 都会自动保持屏幕 100% 的宽度堆叠排列显示，如图 9-5 所示。

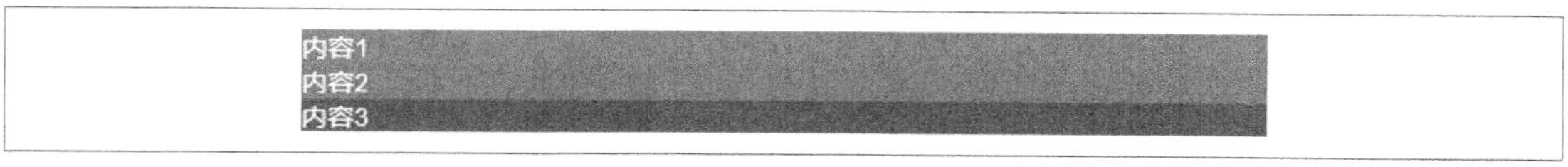

图 9-5

❷ 列定义

如果要在同一行中显示这些 div 内容，且能自动响应不同的设备，就必须给它们分别指定列宽。这种列宽要采用以下格式的 class 类名：

```
layui-col-??N
```

其中"??"表示要响应的设备标记符号，"N"表示具体占据的列数。

为了让大家能更清晰地看到这种响应式的效果，现将页面代码做如下修改：

```
<div class="layui-row">
    <div class="layui-col-xs4"> 内容 1</div>
    <div class="layui-col-xs4"> 内容 2</div>
    <div class="layui-col-xs4"> 内容 3</div>
</div>
<style>
    div[class*="layui-col"] {        /* 给指定了列宽的 div 设置样式 */
        height:38px;
        border:1px solid red;
    }
</style>
```

这里的 div 内容列宽都指定为 layui-col-xs4，表示在超小屏幕（xs）设备上的列宽都占据 4 列，3 个 div 占据 12 列，刚好可以满行排列。也就是说，3 个 div 分别占据屏幕宽度的 1/3。既然超小屏幕都可以等分排列，那么比它大的其他设备自然也可以，如图 9-6 所示。

图 9-6

如果希望在平板及屏幕更大的设备上访问时，第 1 个 div 占 50% 的宽度，第 2 个和第 3 个 div 各占 25% 的宽度，那么就可以继续添加 class：

```
<div class="layui-row">
    <div class="layui-col-xs4 layui-col-sm6">内容 1</div>
    <div class="layui-col-xs4 layui-col-sm3">内容 2</div>
    <div class="layui-col-xs4 layui-col-sm3">内容 3</div>
</div>
```

这里的 sm 表示小屏幕设备，6 表示占 50%（6/12）的宽度，3 表示占 25%（3/12）的宽度。

页面刷新之后，当使用屏幕宽度小于 768px 的手机设备访问时，3 个 div 内容仍然是等分排列的；当使用屏幕宽度大于等于 768px 的其他设备访问时，就自动变成了图 9-7 所示的效果。

图 9-7

这样就做到了响应式的布局：同样一段代码，可根据不同设备自动进行适配显示。如果你愿意，当然还可以继续添加 class，让它在 md 和 lg 类型的设备上继续以不同的宽度显示。

需要说明的是，当行内的总列数大于 12 时，则超过屏幕宽度的列会自动堆叠排列。例如：

```
<div class="layui-row">
    <div class="layui-col-xs6">内容 1</div>
    <div class="layui-col-xs6">内容 2</div>
    <div class="layui-col-xs8">内容 3</div>
</div>
```

由于前面两列的宽度已经达到了 12 列，因此第 3 列会换行堆叠显示，如图 9-8 所示。

图 9-8

9.2.2 列间隔与列偏移

给 layui-row 追加预设的 class 类，可以给本行中的所有列加上间隔；给指定的列追加预设的 class 类，可以让该列向右发生偏移。

❶ 列间隔

如果要让不同的列之间保持一定间隔，可使用 layui-col-space* 类。当使用间隔类的时候，一行中最左边的列不会出现左边距，最右边的列不会出现右边距。

间隔类中的符号"*"表示具体的间隔距离，可选值包括 1 ~ 30 的所有双数间隔，以及 1、5、15 和 25 这 4 个单数间隔。数字越大，间隔越大。

间隔类必须用在 layui-row 上，且列中内容必须是块级元素。这样就能在保证排版美观的同时，进一步提高分列的宽度精细程度。例如：

```
<div style="background: #f2f2f2; padding: 10px">
    <div class="layui-row layui-col-space10">
        <div class="layui-col-xs4">
            <div style="height: 200px;background: red"></div>
        </div>
        <div class="layui-col-xs4">
            <div style="height: 200px;background: green"></div>
        </div>
        <div class="layui-col-xs4">
            <div style="height: 200px;background: blue"></div>
        </div>
    </div>
</div>
```

为了让布局效果看起来更好，上述代码还在 layui-row 的外面包了一个背景为灰色的 div 容器。刷新后的页面效果如图 9-9 所示（不同区块之间保持了 10px 的距离）。

图 9-9

不过在实际的项目开发过程中，这种区块更常使用的是卡片面板。例如：

```
<div style="background: #f2f2f2; padding: 10px">
    <div class="layui-row layui-col-space10">
        <div class="layui-col-xs4">
            <div class="layui-card"></div>
        </div>
        <div class="layui-col-xs4">
```

```
                <div class="layui-card"></div>
        </div>
        <div class="layui-col-xs4">
                <div class="layui-card"></div>
        </div>
    </div>
</div>
<style>
    .layui-card {        /* 设置卡片面板的高度为 200px*/
        height: 200px
    }
</style>
```

由于卡片面板只有在非白色背景上才能有比较好的效果，因此这里也在 layui-row 的外面包了一个灰色背景的 div 容器，显示效果如图 9-10 所示。

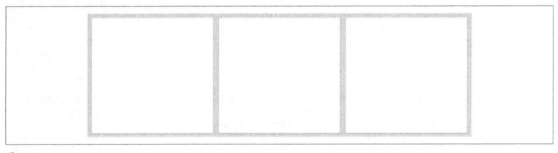

图 9-10

再举一个可以根据不同屏幕设备自动响应的卡片面板布局实例：

```
<div style="background: #f2f2f2; padding: 10px">
    <div class="layui-row layui-col-space10">
        <div class="layui-col-xs6 layui-col-sm7 layui-col-md3">
                <div class="layui-card"></div>
        </div>
        <div class="layui-col-xs6 layui-col-sm5 layui-col-md3">
                <div class="layui-card"></div>
        </div>
        <div class="layui-col-xs6 layui-col-sm5 layui-col-md3">
                <div class="layui-card"></div>
        </div>
        <div class="layui-col-xs6 layui-col-sm7 layui-col-md3">
                <div class="layui-card"></div>
```

```
            </div>
            <div class="layui-col-xs6 layui-col-sm7 layui-col-md9">
                <div class="layui-card"></div>
            </div>
            <div class="layui-col-xs6 layui-col-sm5 layui-col-md3">
                <div class="layui-card"></div>
            </div>
            <div class="layui-col-xs6 layui-col-sm5 layui-col-md3">
                <div class="layui-card"></div>
            </div>
            <div class="layui-col-xs6 layui-col-sm7 layui-col-md9">
                <div class="layui-card"></div>
            </div>
        </div>
</div>
<style>
    .layui-card {       /* 设置卡片面板的高度为 80px*/
        height: 80px
    }
</style>
```

这段代码虽然有点长，但结构非常简单：在一个 layui-row 中放置了 8 个列，每列的内容都是 layui-card 卡片面板，同时给卡片面板设置了空的标题和内容；不同之处在于，8 个列分别指定了在 xs（手机）、sm（平板）、md（桌面设备）3 种设备中占据的宽度。

当使用手机设备访问时，看到的内容是 4 行，且每个卡片的宽度都相等。这是因为在 xs 中，所有列的宽度都是 6，两列即可排满一行，剩余的只能继续换行堆叠显示。8 列自然就会分成 4 行显示，如图 9-11 所示。

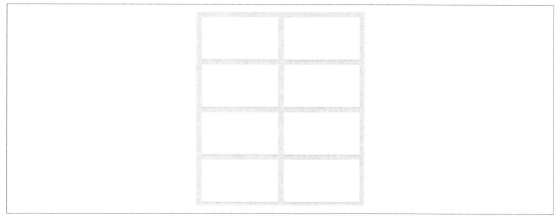

图 9-11

当使用平板设备访问时，虽然仍显示为 4 行，但 8 个面板已经不再等宽。这是因为在 sm 中，第 1 列是 sm7，第 2 列是 sm5，它们合计值为 12，刚好排满一行；第 3 ~ 4 列、5 ~ 6 列、7 ~ 8 列也是同样的道理，所以最后显示为 4 行，如图 9-12 所示。

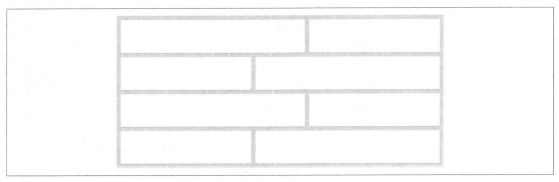

图 9-12

当使用电脑设备访问时，看到的内容则变成了 3 行。这是因为在 md 中，开始的 4 列都是 md3，它们合计值为 12，刚好排满一行；第 5 列为 md9，第 6 列为 md3，两者合计值为 12，也排满一行；第 7 列为 md3，第 8 列为 md9，同样排满一行，所以最后会显示成 3 行，如图 9-13 所示。

图 9-13

这就实现了相同内容在不同设备中以不同的宽度和行数显示的效果：大屏幕设备适合宽度更宽、行数更少的布局；小屏幕设备适合宽度更小，而行数更多的布局。

在真正理解了栅格系统中的行列及列间隔之后，就可以很轻松地做出适用于任何屏幕设备的"九宫格"布局页面。例如：

```
<div style="background: #f2f2f2; padding: 10px">
    <div class="layui-row layui-col-space1">
        <div class="layui-col-xs4">
            <div class="layui-card">1</div>
        </div>
        <div class="layui-col-xs4">
            <div class="layui-card">2</div>
        </div>
        <div class="layui-col-xs4">
```

```
            <div class="layui-card">3</div>
        </div>
        <div class="layui-col-xs4">
            <div class="layui-card">4</div>
        </div>
        <div class="layui-col-xs4">
            <div class="layui-card">5</div>
        </div>
        <div class="layui-col-xs4">
            <div class="layui-card">6</div>
        </div>
        <div class="layui-col-xs4">
            <div class="layui-card">7</div>
        </div>
        <div class="layui-col-xs4">
            <div class="layui-card">8</div>
        </div>
        <div class="layui-col-xs4">
            <div class="layui-card">9</div>
        </div>
    </div>
</div>
<style>
    .layui-card {        /* 让卡片中的数字垂直居中显示 */
        display: flex;
        flex-direction: column;
        justify-content: center;
        text-align: center;
        font-size: 20px
    }
    .layui-card:hover {   /* 让鼠标指针经过的卡片改变背景色 */
        background: #FAFAFA
    }
</style>
<script>
    var $ = layui.$;
    var card = $('.layui-card');
    $(function(){
```

```
            var h = card.width();
            card.height(h);
            $(window).resize(function(){
                  h = card.width();
                  card.height(h)
            })
      })
</script>
```

本段代码实际上包括 3 部分：第 1 部分是 layui-row，在这里添加了 9 列，每列的宽度都是 4，也就是说一行可以显示 3 列；第 2 部分是样式设置，无非是想让九宫格中的数字序号显示得更漂亮，这里使用了 CSS3 中的 flex 弹性布局样式；第 3 部分的 JS 代码是为了让其中的每个卡片的高度和宽度相等，并且在浏览器窗口大小发生变化时也能自动调整。执行后的效果如图 9-14 所示。

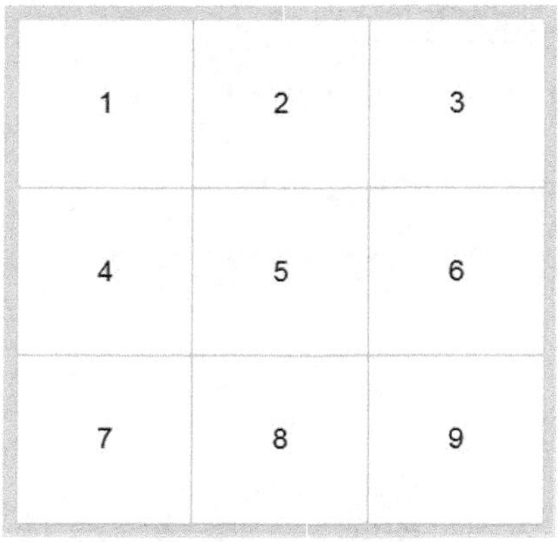

图 9-14

❷ 列偏移

当列间隔需要超过 30px 时，就要用到列偏移了。给列追加类似于 layui-col-??-offset* 的预设类，可以实现向右偏移。其中，"??"表示设备标记符号，* 表示需要偏移的列数，可选值为 1 ~ 12。

例如下面的代码，由于只有两列且占据的列数为 10，因此为避免右侧出现空白，就通过给第 2 列追加偏移列数的方式，让它们实现了左右对齐：

```
<div style="background: #f2f2f2; padding: 10px">
    <div class="layui-row layui-col-space10">
        <div class="layui-col-xs5">
            <div class="layui-card"></div>
        </div>
        <div class="layui-col-xs5 layui-col-xs-offset2">
```

```
                        <div class="layui-card"></div>
                </div>
        </div>
</div>
<style>
        .layui-card {        /* 设置卡片面板的高度为 200px*/
                height: 200px
        }
</style>
```

页面效果如图 9-15 所示。

图 9-15

需要特别注意的是，列偏移只能对不同屏幕的标准进行设定。例如上面的例子，如果将列宽都改为 layui-col-sm5，则只会在平板设备或者大中型屏幕中偏移，当使用比它小的设备访问时，还是会堆叠排列。

9.2.3　栅格嵌套

理论上你可以对栅格进行无穷层次的嵌套，这样就更能增强栅格的表现能力。而嵌套的使用非常简单，只要在列元素（layui-col-??N）中插入一个行元素（layui-row）即可完成嵌套。

例如以下代码就在第 1 列中嵌套了 3 个卡片面板：

```
<div style="background: #f2f2f2; padding: 10px">
    <div class="layui-row layui-col-space10">
        <div class="layui-col-xs4">
            <div class="layui-row layui-col-space8">
                <div class="layui-col-xs6">
                    <div class="layui-card" style="height: 100px"></div>
                </div>
                <div class="layui-col-xs6">
                    <div class="layui-card" style="height: 100px"></div>
```

```
                </div>
                <div class="layui-col-xs12">
                        <div class="layui-card" style="height: 100px"></div>
                </div>
            </div>
        </div>
        <div class="layui-col-xs4">
            <div class="layui-card" style="height: 200px"></div>
        </div>
        <div class="layui-col-xs4">
            <div class="layui-card" style="height: 200px"></div>
        </div>
    </div>
</div>
```

页面效果如图 9-16 所示。

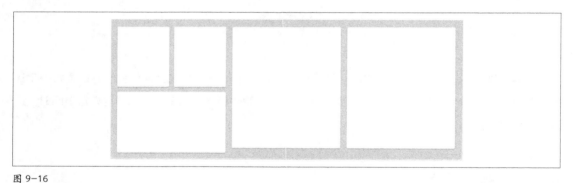

图 9-16

9.2.4 布局容器

在之前所有使用了卡片面板的布局实例中，我们都在 layui-row 的外面又包了一个 div。这个 div 就可看作布局容器。

实际上，layui-row 本身也是一个容器，在这里可以放任意多个列，占用总宽度超过 12 个列数时会换行堆叠显示，每个列的宽度也都会按指定数字自适应显示。之所以将 layui-row 又放到 div 容器里，无非是想达到更好的页面效果。例如给这个容器加上灰色背景就能让卡片看起来更有层次感。

如果给这个容器加上预设的 class 类名称，还会起到一些其他效果。

❶ layui-fluid 类

此样式类可以让 layui-row 中的内容 100% 自适应宽度。例如：

```
<div class="layui-fluid">
    <div class="layui-row layui-col-space10">
        <div class="layui-col-xs4">
            <div class="layui-card"></div>
        </div>
        <div class="layui-col-xs4">
            <div class="layui-card"></div>
        </div>
        <div class="layui-col-xs4">
            <div class="layui-card"></div>
        </div>
    </div>
</div>
<style>
    .layui-fluid {        /* 给布局容器设置样式 */
        background: #f2f2f2;
        color: #666;
        padding: 10px
    }
    .layui-card {        /* 给卡片设置样式 */
        height: 200px
    }
</style>
```

由于 layui-row 本身就是自适应宽度的，所以这个 layui-fluid 类可以看作布局容器的默认值。

❷ layui-container 类

当需要对列内容进行精确控制时，可使用此容器。该容器的最大特点在于，它在平板或更大屏幕的设备上将以固定的宽度显示，固定宽度大小如表 9-2 所示。

表 9-2

设备分类	标记符号	固定显示宽度	屏幕实际宽度
超小屏幕（手机）	xs	按指定列宽显示	< 768px
小屏幕（平板）	sm	总列宽固定为 750px	≥ 768px
中等屏幕（桌面设备）	md	总列宽固定为 970px	≥ 992px
大型屏幕（桌面设备）	lg	总列宽固定为 1170px	≥ 1200px

仍以上面的代码为例，当把 class 类由 layui-fluid 改成 layui-container 时，如果用屏幕宽度小于 768px 的手机设备访问，它仍然会按照每列各占屏幕总宽度的 1/3 来显示；当使用平板设备

访问时，则只会固定按照 750px 的总列宽来显示。

假如你的设备实际可显示宽度为 990px，如果按照 100% 自适应的 fluid 容器处理方法，每个列的显示宽度为 330px（990/3）；改用 container 容器之后，每列显示宽度变为 250px（750/3）。而且不论你使用的是大平板还是小平板，只要其显示宽度在 768px 到 992px 这个范围内，每列都会固定按 250px 的宽度显示。这就意味着，越大的平板，容器左右两侧出现的空白就会越明显，如图 9-17 所示。其他设备同理。

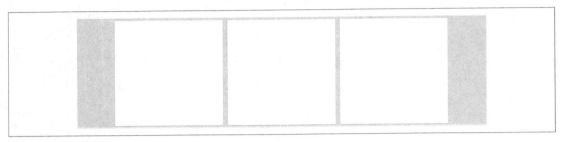

图 9-17

container 容器最大的好处就是可以对列内容做出更加精确的控制。

9.3 页面整体布局

layui 提供了多个与页面整体布局相关的 class 类，以方便开发者编织漂亮的前台页面以及繁杂的后台管理系统，如表 9-3 所示。

表 9-3

class 类	子元素类	页面布局中的作用效果
layui-layout-body		隐藏子元素中所有超出盒模型之外的内容，可直接用在 body 标签上
layui-layout-admin（必须和子类结合）	layui-header	将背景色设置为 #23262E，常用于页面头部
	layui-logo	头部 logo 区域：宽 200px，行高 60px
	layui-nav	头部导航区域，自动清除导航原有背景色
	layui-side	侧边栏区域：宽 200px，距离页面顶部 60px
	layui-body	主体内容区域：距页面顶部 60px、底部 44px
	layui-footer	底部区域：距页面左侧 200px，高 44px
layui-layout-left		绝对定位方式下，距离左侧 200px、顶部为 0 的左对齐
layui-layout-right		绝对定位方式下，距离右侧为 0、顶部为 0 的右对齐

请注意，表9-3中的子元素类layui-header、layui-nav、layui-side和layui-body，它们除了可以与layui-layout-admin一起产生表9-3所述的效果之外，这些类本身也可以单独使用。

layui-header：高度为60px的头部区域。

layui-nav：与layui-nav-item等一起产生导航样式。具体请参考5.8节。

layui-side：宽度为200px且固定显示在左侧的侧边栏区域。

layui-body：距离左侧200px的主体内容区域。

9.3.1　后台页面布局

所谓的后台页面，一般是指专门用于管理网站后台数据的页面，或者是企业级B/S管理系统的页面。这种页面通常不对普通用户公开，只有管理员或者企业内部有使用权限的用户才可登录访问。

layui官方文档提供的后台页面布局包含四大组成部分：头部、侧边栏、底部及主体内容。以下是页面body部分的示例代码：

```
<body class="layui-layout-body">              <!-- 给body使用class样式 -->
    <div class="layui-layout-admin">          <!-- 布局中的根级容器 -->
        <div class="layui-header">            <!-- 页面头部 -->
            <div class="layui-logo">layui后台布局</div>
            <ul class="layui-nav layui-layout-left">
                <li class="layui-nav-item"><a href="">控制台</a></li>
                <li class="layui-nav-item"><a href="">商品管理</a></li>
                <li class="layui-nav-item"><a href="">用户</a></li>
                <li class="layui-nav-item">
                    <a href="javascript:;">其他系统</a>
                    <dl class="layui-nav-child">
                        <dd><a href="">邮件管理</a></dd>
                        <dd><a href="">消息管理</a></dd>
                        <dd><a href="">授权管理</a></dd>
                    </dl>
                </li>
            </ul>
            <ul class="layui-nav layui-layout-right">
                <li class="layui-nav-item">
                    <a href="javascript:;">
                        <img src="./layui/res/xx.jpg" class="layui-nav-img">
                        贤心
                    </a>
```

```html
                            <dl class="layui-nav-child">
                                <dd><a href="">基本资料</a></dd>
                                <dd><a href="">安全设置</a></dd>
                            </dl>
                    </li>
                    <li class="layui-nav-item"><a href="">退了</a></li>
            </ul>
    </div>
    <div class="layui-side layui-bg-black">    <!-- 侧边栏 -->
        <div class="layui-side-scroll">
            <ul class="layui-nav layui-nav-tree">
                <li class="layui-nav-item layui-nav-itemed">
                    <a class="" href="javascript:;">所有商品</a>
                    <dl class="layui-nav-child">
                        <dd><a href="javascript:;">列表一</a></dd>
                        <dd><a href="javascript:;">列表二</a></dd>
                        <dd><a href="javascript:;">列表三</a></dd>
                        <dd><a href="">超链接</a></dd>
                    </dl>
                </li>
                <li class="layui-nav-item">
                    <a href="javascript:;">解决方案</a>
                    <dl class="layui-nav-child">
                        <dd><a href="javascript:;">列表一</a></dd>
                        <dd><a href="javascript:;">列表二</a></dd>
                        <dd><a href="">超链接</a></dd>
                    </dl>
                </li>
                <li class="layui-nav-item"><a href="">云市场</a></li>
                <li class="layui-nav-item"><a href="">发布商品</a></li>
            </ul>
        </div>
    </div>
    <div class="layui-body">              <!-- 内容主体区域 -->
        内容主体区域
    </div>
```

```
        <div class="layui-footer">              <!-- 页面底部区域 -->
            底部固定区域
        </div>
    </div>
    <script>
        layui.element.render()          // 导航渲染
    </script>
</body>
```

页面效果如图 9-18 所示。

图 9-18

其中最上面的部分为高度为 60px 的头部区域。这个区域包含了 logo 和 nav 两部分，logo 就是文字内容"layui 后台布局"；nav 则包括两个 nav 水平导航，左侧导航为"控制台、商品管理、用户、其他系统"，右侧导航为"贤心、退了"。

侧边栏就是左侧的垂直导航。请注意，这里还在 layui-side 中添加了 class 为 layui-side-scroll 的子元素，该样式是必不可少的。它主要解决在菜单选择项非常多的时候，避免出现滚动条（其实就是适当加大了侧边栏的宽度）。

内容主体区域和底部固定区域就没什么好说的了。

如果要让这个布局的头部及侧边栏也能够自动适配设备屏幕，使用一些基本的 jQuery 方法即可轻松实现。例如在上面的 JS 代码中继续加入：

```
var $ = layui.$;
$(function(){
    var w = $(this).width();              // 获取当前浏览器窗口的宽度
    func(w);                              // 执行 func 函数
    $(window).resize(function(){          // 当窗口大小改变时也能自动响应
        w = $(this).width();
        func(w)
    })
});
var func = function(width){
    if(width < 768){                      // 如果是手机访问
        $('.layui-layout-admin').find('.layui-logo').hide().end()
            .find('.layui-layout-left').css('left',0)
            .find('li:gt(1)').hide().end().end()  // 隐藏头部左侧的后两个菜单项
            .find('.layui-side').hide().end()
            .find('.layui-body').css('left',0).end()
            .find('.layui-footer').css('left',0);
    }else{
        $('.layui-layout-admin').find('.layui-logo').show().end()
            .find('.layui-layout-left').css('left',200)
            .find('li:gt(1)').show().end().end()
            .find('.layui-side').show().end()
            .find('.layui-body').css('left',200).end()
            .find('.layui-footer').css('left',200);
    }
}
```

上述代码的重点在于 func 函数：如果浏览器窗口的宽度小于 768px，那么就隐藏 logo 区域和侧边栏，同时把头部导航的左边距、内容主体的左边距及页脚的左边距都设置为 0；否则就正常显示，且把左边距设置为 200px。

请注意，这里大量用到了 jQuery 中的 find 和 end 方法，前者用于在指定的 jQuery 对象中查找符合条件的后代元素，后者用来返回初始的 jQuery 对象。代码中的 this 是指当前页面文档，也就是"document"。

在 iPhone6/7/8 横屏上模拟的运行效果如图 9-19 所示。由于该设备的屏幕尺寸为 667px*375px，因此 logo、侧边栏及头部的两个菜单项都被自动隐藏了。

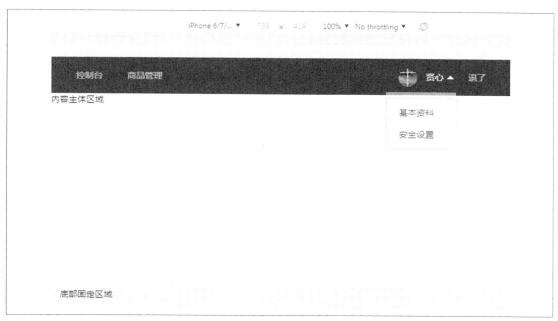

图 9-19

如果将设备改成 ipad，则可以正常显示全部内容，如图 9-20 所示。

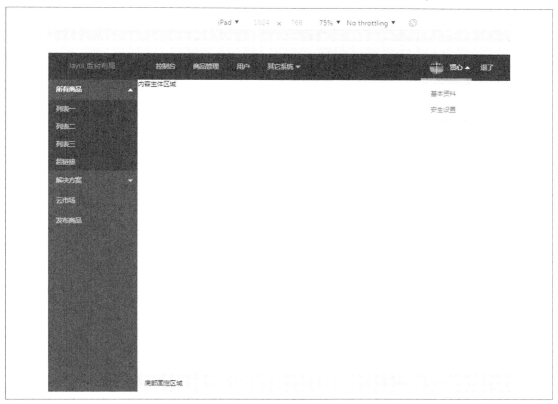

图 9-20

9.3.2 前端页面布局

就 layui 官方已经公开发布的组件而言，使用它搭建一个时尚、简约而又大气的常规前端页面是非常方便的，包括各种类型的新闻信息网站、企业宣传网站、个人主页等。

由于此类网站一般都是对社会公开的，无须用户登录等操作，也不会用到侧边栏，因此页面布局会简单一些。对 layout 布局稍做修改后的页面展示效果如图 9-21 所示。

图 9-21

页面 body 元素中的示例代码如下：

```
<body class="layui-layout-body">
    <div class="layui-layout-admin">
        <div class="layui-header layui-bg-orange">  <!-- 页面头部 -->
            <div class="layui-logo" style="width:160px">
                <img src="./layui/res/xx.jpg" class="layui-nav-img">
                职场码上汇
            </div>
```

```
                    <ul class="layui-nav layui-layout-left" style="left:160px">
                            <li class="layui-nav-item"><a href=""> 走进公司 </a></li>
                            <li class="layui-nav-item"><a href=""> 最新动态 </a></li>
                            <li class="layui-nav-item"><a href=""> 内设机构 </a></li>
                            <li class="layui-nav-item">
                                    <a href="javascript:;"> 产品说明 </a>
                                    <dl class="layui-nav-child">
                                            <dd><a href="">C/S 产品 </a></dd>
                                            <dd><a href="">B/S 产品 </a></dd>
                                            <dd><a href=""> 微信小程序 </a></dd>
                                    </dl>
                            </li>
                    </ul>
                    <ul class="layui-nav layui-layout-right">
                            <li class="layui-nav-item">
                                    <a href="javascript:;"> 联系我们 </a>
                                    <dl class="layui-nav-child">
                                            <dd><a href=""> 交通路线 </a></dd>
                                            <dd><a href=""> 在线方式 </a></dd>
                                    </dl>
                            </li>
                    </ul>
            </div>
            <div class="layui-body" style="left:0">      <!-- 内容主体区域 -->
                    内容主体区域
            </div>
            <div class="layui-footer" style="left:0">    <!-- 页面底部区域 -->
                    底部固定区域
            </div>
        </div>
        <script>
            layui.element.render()        // 导航渲染
        </script>
</body>
```

请注意，由于在页面左侧默认保留了 200px 的宽度供侧边栏使用，为了让调整后的页面布局更加紧凑，因此在上述代码中做了以下几个方面的样式微调（注意看加粗部分的代码）。

第一，头部 logo 的宽度改成 160px，头部左侧的导航距离也改成 160px。

第二，页面主体区域（layui-body）和页面底部区域（layui-footer）原来距左边距都是有 200px 的距离的，现在全部改为 0。

第三，将头部背景改为橙色，同时重新设置了菜单项。

9.3.3　在页面头部加上轮播

很多网站上方都会有个轮播，这在 layui 搭建的页面中非常容易实现。

例如在 layui-layout-admin 上面加个轮播：

```
<body class="layui-layout-body">
    <div class="layui-carousel" id="test">
        <div carousel-item>
            <a style="background: url(./layui/res/1.jpg) no-repeat center/
100%"></a>
            <a style="background: url(./layui/res/2.jpg) no-repeat center/
100%"></a>
            <a style="background: url(./layui/res/3.jpg) no-repeat center/
100%"></a>
            <a style="background: url(./layui/res/4.jpg) no-repeat center/
100%"></a>
        </div>
    </div>
    <div class="layui-layout-admin">
        <div class="layui-header layui-bg-orange">
            <!-- 页面头部内容与之前代码完全相同 -->
        </div>
        <div class="layui-body" style="left:0;top:220px">   <!--此处有改动 -->
            内容主体区域
        </div>
        <div class="layui-footer" style="left:0">   <!-- 页面底部区域 -->
            底部固定区域
        </div>
    </div>
    <script>
        var $ = layui.$;
        $(function(){
            var ca = layui.carousel,device = layui.device();
```

```
        ca.render({                    // 轮播
            elem: '#test',
            width:'100%',
            height:'160px',
            trigger: (device.mobile) ? 'click' : 'hover'
        });
        $('.layui-layout-left li:gt(1)').toggle(!device.mobile);
    });
  </script>
</body>
```

由于页面主体内容本来距离顶部只有 60px（也就是 header 的高度），而 JS 代码中将轮播的高度设置为 160px，因此需要给 layui-body 重置 top 样式，改为 220px。

另外，为了看到此页面在不同设备中的响应效果，JS 代码还针对不同设备做了以下处理。

● 　如果是移动设备访问，轮播指示器的触发事件就是 click（单击时切换）；否则就是 hover（将鼠标指针悬浮在指示器上即可切换）。

● 　如果是移动设备访问，自动隐藏左侧菜单中第 2 个之后的全部菜单项；否则正常显示。这里使用的是 jQuery 中的 toggle 方法。

PC 端的展示效果如图 9-22 所示。

图 9-22

在 PC 端中，不论浏览器窗口的大小，菜单项始终全部显示。因为这里的 JS 代码并不是根据窗口宽度进行响应的，而是根据设备类型。

如果在浏览器控制台选择任何一个移动设备来模拟显示，则不论设备屏幕的大小，它一律仅显示左侧菜单的前两个菜单项，如图 9-23 所示。

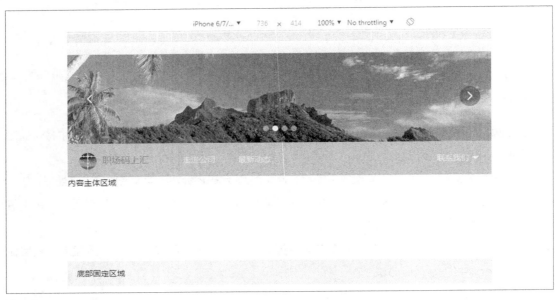

图 9-23

当然你也可以将布局中的 layui-header 头部去掉，仅保留轮播，但这时候的 layui-body 的 top 样式属性须改成 160px，如图 9-24 所示。

图 9-24

对于这种不带 nav 导航的简洁页面布局，当需要一些功能性的跳转链接时，可以考虑使用面包屑导航。

9.3.4　在页面中加载内容

在确定了整体页面布局的头部、侧边栏及底部内容之后，接下来的核心工作就是给页面主体填充内容。如果这只是一个单一的内容页面，可以直接写到 layui-body 中；如果是通过单击导航菜单动态生成的内容，就必须要用 JS 代码来处理。

例如有一个单独的 test.html 示例页面，其内容如下：

```
<div style="padding: 15px">
    <p> 这里是公司介绍，可以使用 layui 中的各种页面元素和组件！</p>
    <button class="layui-btn"> 操作按钮 </button>
</div>
<script>
    var $ = layui.$;
    $('button').click(function(){
        layer.msg(' 我是弹出的信息！')
    })
</script>
```

如果希望单击导航栏菜单中的"走进公司"就能在页面主体内容中加载此页面，可以有多种处理方法，下面以最常见的两种方式为例。

❶ 使用 Ajax 的 load 加载方式

这种方式就是使用 Ajax 中的 load 方法，将其他页面内容加载并合并到当前页面显示。例如先给菜单中的列表元素添加自定义的事件名称：

```
<li class="layui-nav-item"><a href="javascript:;" event="gs"> 走进公司 </a></li>
<li class="layui-nav-item"><a href=""> 最新动态 </a></li>
<li class="layui-nav-item"><a href=""> 内设机构 </a></li>
```

请注意，加上事件名称时，还应同时将 href 的属性值改成"javascript:;"，以避免在执行单击事件时自动执行页面跳转。

然后在 JS 中编写如下代码：

```
<script>
    var $ = layui.$;
    $(function(){
        layui.element.render();    // 渲染菜单
        $('.layui-header a').click(function(e){   // 使用 jQuery 中的单击事件
            var event = $(e.target).attr('event');
            switch(event){
```

```
                        case 'gs':
                                $('.layui-body').load('test.html');
                                break;
                        // 这里可继续添加其他各种单击的 case 判断
                    };
                })
            })
</script>
```

这样当单击菜单中的【走进公司】按钮时，就能自动加载 test.html 中的内容。单击其中的【操作按钮】时，会有弹窗提示信息，项目运行正常，如图 9-25 所示。

图 9-25

上述 JS 代码也可以改用导航组件本身的事件监听来处理，它在本质上和 jQuery 中的单击事件是一样的道理，只不过 layui 把它做了事件绑定而已：

```
var $ = layui.$;
$(function(){
    var el = layui.element;
    el.render();
    el.on('nav',function(elem){
        var event = elem.attr('event');
        switch(event){
            case 'gs':
                $('.layui-body').load('test.html');
                break;
            // 这里可继续添加其他各种单击的 case 判断
        };
```

```
    })
})
```

❷ iframe 页面嵌入方式

这是我们强烈建议使用的一种方式，因为非常简单、方便，还便于调试。只要把每个独立的页面开发完成，并通过菜单命令把它们嵌入主页的 iframe 标签中即可。

例如首先在页面主体内容中加上 iframe 标签：

```
<div class="layui-body" style="……">
    <iframe src="" frameborder="0"></iframe>
</div>
```

接着再往这个 iframe 标签里添加样式：

```
<style>
    iframe {
        position: absolute;
        width: 100%;
        height: 100%;
        left: 0;
        top: 0;
        right: 0;
        bottom: 0
    }
</style>
```

最后再适当修改 JS 代码：

```
case 'gs':
    $('iframe').attr('src','test.html');    // 重新设置 iframe 标签中的 src 属性
    break;
```

需要特别强调的是，当使用 iframe 方式时，每一个独立的页面都必须正常地加上 head 头部标签。也就是说，这里所嵌入的每一个页面都是独立的，它和主页本身没有任何关系，这与前面的 load 方法有着本质的不同。

仍以 test.html 为例，当使用 load 方法时，单击该页面中的【操作按钮】可以正常执行，因为它已经和当前页面完整地合并到了一起，且当前页面也已经在头部加载过 layui 的相关文件，所以能正常使用 layui 中的样式和方法；当使用 iframe 方式时，单击【操作按钮】就不会正常执行代码，因为它没有头部标签，更没有在页面中引用 layui 的相关文件。

9.4 卡片式常规内容布局

之前学习过的所有页面元素及组件都可作为主体内容放到 layui-body 中。本节将重点梳理日常项目开发过程中一些很常见的页面内容布局方法。

为了让内容在页面中的展示效果更有条理，同时也可以自动响应不同尺寸的设备屏幕，你可以将内容都先放到卡片面板中，然后再用栅格系统在页面中进行布局。为突出学习重点，同时也为了更方便地看到内容布局效果，本节实例都在最外层放置了一个灰色背景的 div，真正用到整体页面布局中时可改用栅格系统的 col 列代替。

本节实例非常经典，且有很多 CSS 样式设置技巧。

9.4.1 标题式列表卡片

项目列表一般都使用 HTML 中的 ul/li、ol/li 或 dl/dd 组合标签创建，再结合 layui 提供的各种预设样式及其自定义样式即可实现漂亮的界面效果。

以下就是一个很常用的标题式列表示例代码：

```
<div style="background: #f2f2f2; color: #666; padding: 15px">
    <div class="layui-card">
        <div class="layui-card-header"> 文章列表 </div>
        <div class="layui-card-body">
            <ul>
                <li> 单元格常规编辑事件监听 </li>
                <li> 单元格表单事件监听 </li>
                <li> 单元格操作按钮事件监听 </li>
                <li> 头部工具栏事件监听 </li>
            </ul>
        </div>
    </div>
</div>
<style>    /* 给 li 设置内边距，最后一行之外的其他 li 加下划线 */
    li {
        position: relative;
        padding: 10px 0
    }
    li:not(:last-child) {
        border-bottom: 1px solid #EEE
    }
</style>
```

这样即可生成一个带下划线的标题式列表。

如果你想在每个标题的后面再加上统一的箭头式图标，可用 jQuery 的 append 方法添加（当然也可以直接写到每一个 li 元素中）：

```
<script>
    var $ = layui.$;
    $(function(){
        $('li').append('<i class="layui-icon layui-icon-right"></i>')
        .find('i').css({          /* 给添加的 i 图标设置样式 */
            position:'absolute',
            right:0
        })
    })
</script>
```

页面效果如图 9-26 所示。

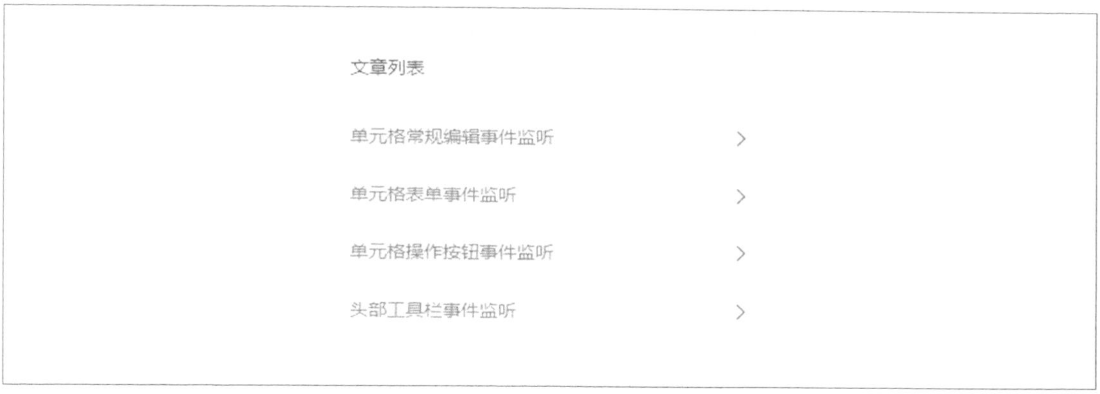

图 9-26

9.4.2 图文混合式列表卡片

由于列表中的 li 元素本身就是块级元素，因此可以在其中随意添加内容，然后通过样式设置让它们显示为图文混合式的列表。

例如将页面代码中的 4 个 li 元素做如下修改：

```
<li>
    <div>
        <img src="./images/ft1.jpg">
        <div class="layui-elip"> 单元格常规编辑事件监听 </div>
        <div class="layui-elip"> 这是文章内容摘要预览，内容超宽将显示省略号 </div>
```

```
        </div>
    </li>
    <li>
        <div>
            <img src="./images/ft2.jpg">
            <div class="layui-elip"> 单元格表单事件监听 </div>
            <div class="layui-elip"> 这是文章内容摘要预览，内容超宽将显示省略号 </div>
        </div>
    </li>
    <li>
        <div>
            <img src="./images/ft3.jpg">
            <div class="layui-elip"> 单元格操作按钮事件监听 </div>
            <div class="layui-elip"> 这是文章内容摘要预览，内容超宽将显示省略号 </div>
        </div>
    </li>
    <li>
        <div>
            <img src="./images/ft4.jpg">
            <div class="layui-elip"> 头部工具栏事件监听 </div>
            <div class="layui-elip"> 这是文章内容摘要预览，内容超宽将显示省略号 </div>
        </div>
    </li>
```

在这段代码中，已经将原来 li 元素中的文本内容改成了 div。在这个 div 中，又包含了 3 个元素：一个 img 和两个 div。其中，img 用来显示图片，另外两个 div 分别用于显示标题和文章摘要内容。两个 div 的 class 样式都是 layui-elip，这是 layui 内置的一种样式，当文字显示不下时，会自动在尾部加上省略号。

很显然，除了原有的 li 元素样式之外，还应该添加以下样式：

```
<style>
    img {                              /* 图片样式为宽高不相等的椭圆形 */
        width: 58px;
        height: 38px;
        margin: 5px 10px;
        border-radius: 50%;
```

```
        float: left
    }
    img+div {                        /* 和图片相邻的 div 样式，也就是标题样式 */
        font-weight: bold;
    }
</style>
```

页面显示效果如图 9-27 所示。

图 9-27

如果要在图文混合列表的后面加上箭头图标，同样可以在 JS 代码中进行处理：

```
<script>
    var $ = layui.$;
    $(function(){
        $('li').children('div').css('padding-right','20px')
        .after('<i class="layui-icon layui-icon-right"></i>')
        .next().css({
            position:'absolute',            // 相对定位
            right:0,                         // 距离右侧为 0
            top:20                           // 距离顶部 20px
        })
    })
</script>
```

为避免新添加的箭头图标和前面的内容靠得太紧，所以先使用 children 方法获取 li 元素中的子元素 div，并给它设置 20px 的右边距；接着再使用 after 方法给子 div 添加兄弟元素 i。由于此时选中的元素还是子 div，因此还要用 next 方法获取新添加的 i 元素，再给它设置 CSS 样式。

如果不使用 JS 代码来处理也是可以的，但要把 i 元素内容按顺序添加到每个 li 元素中，同时在 style 标签中补充设置子 div 及 i 元素的样式。这里之所以使用 JS 代码，无非是想给大家提供另外一种编码思路。

页面刷新后的效果如图 9-28 所示。

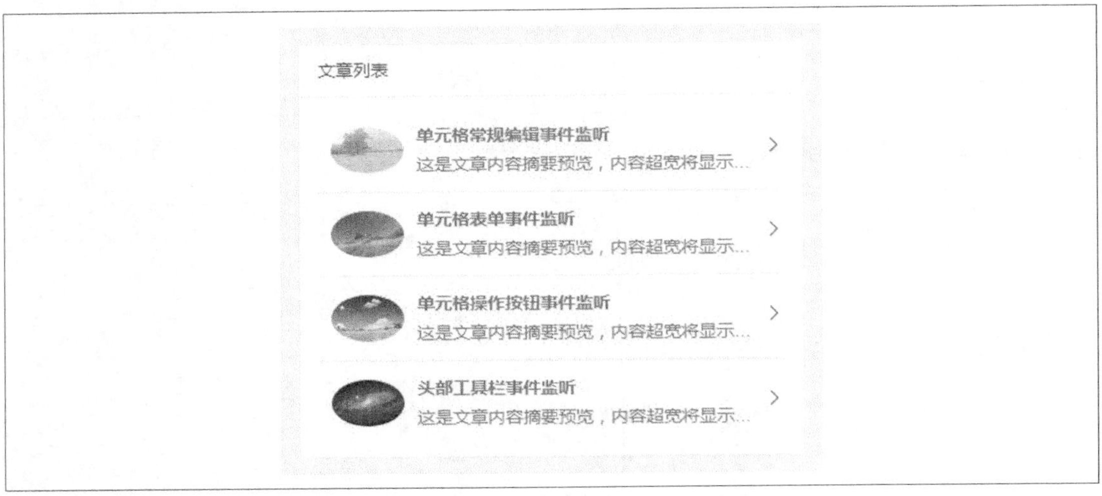

图 9-28

9.4.3 动态式列表卡片

我们知道，layui 会提供 timeline 时间线列表方式。如果适当地定义一些样式，则可轻松生成和它有着类似效果的动态式列表。

动态式的列表效果如图 9-29 所示。

图 9-29

单击每项列表左侧的圆形区域或者蓝色的文字，都可链接到指定页面。

其实这种页面效果和之前的图文混合式列表非常类似，只不过样式有所不同。以下是该实例用到的页面代码：

```
<div style="background: #f2f2f2; color: #666; padding: 15px">
    <div class="layui-card">
        <div class="layui-card-header"> 论坛动态 </div>
        <div class="layui-card-body">
            <ul>
                <li>
                    <div class="list-logo">
                        <a href=""><i class="layui-icon">&#xe645;</i></a>
                    </div>
                    <div>
                        <p>admin 在 <a href=""> 专家坐堂讨论区 </a> 发布
了新版本预告 </p>
                        <span> 几秒前 </span>
                    </div>
                </li>
                <li>
                    <div class="list-logo">
                        <a href=""><i class="layui-icon">&#xe770;</i></a>
                    </div>
                    <div>
                        <p> 张三 在 <a href="">Web 开发讨论区 </a> 进行了
提问 </p>
                        <span>2 天前 </span>
                    </div>
                </li>
                <li>
                    <div class="list-logo">
                        <a href=""><i class="layui-icon">&#xe705;</i></a>
                    </div>
                    <div>
                        <p> 李四 在 <a href=""> 发展建议区 </a> 提出了产品
改进建议 </p>
                        <span>7 天前 </span>
                    </div>
                </li>
            </ul>
        </div>
    </div>
</div>
```

样式设置代码如下：

```css
<style>
    li {    /* 给 li 加上下划线 */
        padding: 15px 0;
        border-bottom: 1px solid #EEE;
        display: flex
    }
    li:last-child {    /* 最后一个 li 取消下划线 */
        border: none
    }
    li .list-logo {    /* 这是一个圆形的区域样式 */
        width: 32px;
        height: 32px;
        border-radius: 50%;
        background-color: #009688;
        margin-right: 15px;
    }
    li .list-logo a {    /* 圆形区域里的 a 标签样式 */
        width: 100%;
        height: 100%;
        display: inline-block;
        text-align: center;
        line-height: 32px;
        color: #FFF
    }
    li a {    /*a 标签字体颜色 */
        color: #01AAED;
    }
    li span {    /*span 时间颜色 */
        color: #BBB
    }
</style>
```

也可以使用像下面这样简洁的动态式面板。当在代码中给徽标加上 a 标签时，可按不同的时间段动态地加载并更新数据，如图 9-30 所示。

图 9-30

示例代码如下（相关样式设置直接写到了 style 属性中）：

```
<div style="background: #f2f2f2; color: #666; padding: 15px">
    <div class="layui-card">
        <div class="layui-card-header">
                访问量
                <div style="float: right">
                        <span class="layui-badge layui-bg-blue">周 </span>
                        <span class="layui-badge layui-bg-blue">月 </span>
                        <span class="layui-badge layui-bg-blue">季 </span>
                </div>
        </div>
        <div class="layui-card-body" style="padding: 15px">
                <p style="font-size:36px;color:#666;line-height:36px;padding:5px
0 10px">9,999,666</p>
                <p>
                        总计访问量
                        <span style="position: absolute; right: 15px">
                                88 万
                                <i class="layui-icon layui-inline" style="padding-
left:5px">&#xe66c;</i>
                        </span>
                </p>
        </div>
    </div>
</div>
```

9.4.4　留言板卡片

把动态式列表稍微升级一下，就可以做成留言板。例如下面的代码，当鼠标指针经过内容所在区域的时候会自动显示【回复】按钮：

```
<div style="background: #f2f2f2; color: #666; padding: 15px">
    <div class="layui-card">
        <div class="layui-card-header">用户留言板 </div>
        <div class="layui-card-body">
                <ul>
                        <li>
```

```
                                          <h3> 小胡 </h3>
                                          <p> 相逢不晚，为何匆匆？山山水水几万重。</p>
                                          <span>5 月 11 日 00:00</span>
                                          <a href="javascript:;" class="layui-btn layui-btn-
xs"> 回复 </a>
                        </li>
                        <li>
                                          <h3> 小马 </h3>
                                          <p> 也信美人终作土，不堪幽梦太匆匆。</p>
                                          <span>4 月 11 日 00:00</span>
                                          <a href="javascript:;" class="layui-btn layui-btn-
xs"> 回复 </a>
                        </li>
                        <li>
                                          <h3> 老刘 </h3>
                                          <p> 林花谢了春红，太匆匆。无奈朝来寒雨晚来风。</p>
                                          <span>3 月 11 日 00:00</span>
                                          <a href="javascript:;" class="layui-btn layui-btn-
xs"> 回复 </a>
                        </li>
                </ul>
          </div>
     </div>
</div>
<style>
     li {        /* 给 li 加上下划线 */
          position: relative;
          padding: 10px 0;
          border-bottom: 1px solid #EEE
     }
     li:last-child {      /* 最后一个 li 取消下划线 */
          border: none
     }
     li>h3 {       /* 用户名样式 */
          padding-bottom: 5px;
          font-weight: 700
```

```
    }
    li>p {        /* 留言内容样式 */
        padding-bottom: 10px
    }
    li>span {    /* 留言时间样式 */
        color: #999
    }
    .layui-btn {    /* 按钮补充样式 */
        display: none;
        position: absolute;
        right: 0;
        bottom: 12px
    }
    li:hover .layui-btn {    /* 鼠标指针经过列表项时的样式 */
        display: block
    }
</style>
```

页面效果如图 9-31 所示。

用户留言板

小胡

相逢不晚，为何匆匆？山山水水几万重。

5月11日 00:00

小马

也信美人终作土，不堪幽梦太匆匆。

4月11日 00:00

回复

老刘

林花谢了春红，太匆匆。无奈朝来寒雨晚来风。

3月11日 00:00

图 9-31

　　如果你觉得这种留言板还是太简陋了，没关系，可以继续修饰。例如将"小胡"的列表项修改成：

```
<li>
    <a href="javascript:;" class="media-left">
        <img src="./layui/res/portrait.png">
    </a>
    <div>
        <p class="fontColor"><a href="javascript:;">小胡 </a></p>
        <p class="min-font">
            <span class="layui-breadcrumb" lay-separator="-">
                <a href="javascript:;" class="layui-icon layui-icon-
cellphone"></a>
                <a href="javascript:;"> 从移动 </a>
                <a href="javascript:;">11 分钟前 </a>
            </span>
        </p>
    </div>
    <p> 相逢不晚，为何匆匆？山山水水几万重。</p>
    <span>5 月 11 日 00:00</span>
    <a href="javascript:;" class="layui-btn layui-btn-xs"> 回复 </a>
</li>
```

再加上以下样式和 JS 代码（因为这里用到了面包屑，所以必须渲染一下才能生效）：

```
<style>
    .media-left {          /* 靠左侧的用户图片区域样式 */
        display: block;
        float: left;
        padding-right: 10px;
    }
    .media-left img {    /* 图片改为圆形 */
        height: 46px;
        width: 46px;
        border-radius: 50%
    }
    .fontColor a {       /* 用户名字体样式 */
        font-weight: 600;
        color: #337ab7
    }
    .min-font {          /* 设备信息行下边距 */
```

```
            margin-bottom: 10px
        }
        .layui-breadcrumb a {    /* 面包屑字号 */
            font-size: 11px
        }
</style>
<script>
        layui.element.render();    // 渲染面包屑
</script>
```

页面刷新后的效果如图 9-32 所示。

图 9-32

9.4.5 菜单导航卡片

之前学习过的面包屑及 nav 菜单都属于导航式列表的一种。如果你想自行制作导航列表，可参考下面的代码：

```
<div style="background: #f2f2f2; color: #666; padding: 15px">
    <div class="layui-card">
        <div class="layui-card-header">便捷导航</div>
        <div class="layui-card-body">
            <div class="card-link">
```

```
                            <a href="javascript:;"> 操作一 </a>
                            <a href="javascript:;"> 操作二 </a>
                            <a href="javascript:;"> 操作三 </a>
                            <a href="javascript:;"> 操作四 </a>
                            <a href="javascript:;"> 操作五 </a>
                            <a href="javascript:;"> 操作六 </a>
                    </div>
                </div>
        </div>
</div>
```

假如希望在面板中每行显示 4 个操作项，且能自动适应设备屏幕大小，可参考如下样式代码：

```
<style>
    .card-link {
        padding-left: 10px;
        font-size: 0               /* 这是很关键的技巧 */
    }
    .card-link a {
        display: inline-block;
        width: 25%;                /* 宽度为 25%*/
        color: #666;
        font-size: 14px;           /* 重新设置字体大小 */
        margin-bottom: 12px
    }
    .card-link a:hover {
        color: #01AAED;
    }
</style>
```

页面效果如图 9-33 所示。

图 9-33

如果要将这种导航列表做得再漂亮一点，可以采用动态式列表的处理方法，给它加上图标。例如以下代码使用栅格系统在每行固定显示 3 个菜单项：

```
<div style="background: #f2f2f2; color: #666; padding: 15px">
    <div class="layui-card">
        <div class="layui-card-header"> 系统功能预览 </div>
        <div class="layui-card-body">
            <ul class="layui-row">
                <li class="layui-col-xs4">
                    <a href="">
                        <span class="list-logo"><i class="layui-icon">&#xe62d;</i></span>
                        <span> 数据表格 </span>
                    </a>
                </li>
                <li class="layui-col-xs4">
                    <a href="">
                        <span class="list-logo"><i class="layui-icon">&#xe62a;</i></span>
                        <span> 选项卡 </span>
                    </a>
                </li>
                <li class="layui-col-xs4">
                    <a href="">
                        <span class="list-logo"><i class="layui-icon">&#xe63a;</i></span>
                        <span> 即时通讯 </span>
                    </a>
                </li>
                <li class="layui-col-xs4">
                    <a href="">
                        <span class="list-logo"><i class="layui-icon">&#xe63c;</i></span>
                        <span> 表单 </span>
                    </a>
                </li>
                <li class="layui-col-xs4">
                    <a href="">
```

```
                              <span class="list-logo"><i class="layui-icon">&
#xe634;</i></span>
                                  <span> 轮播 </span>
                          </a>
                  </li>
                  <li class="layui-col-xs4">
                      <a href="">
                              <span class="list-logo"><i class="layui-icon">&
#xe632;</i></span>
                              <span> 页面布局 </span>
                      </a>
                  </li>
              </ul>
          </div>
      </div>
</div>
<style>
    li {
        padding: 15px 0
    }
    .list-logo {
        display: inline-block;
        border-radius: 50%;
        background: #009688;
        color: #FFF;
        width: 24px;
        height: 24px;
        line-height: 24px;
        text-align: center;
        margin-right: 5px;
    }
    a:hover {
        color: #01AAED
    }
</style>
```

页面效果如图 9-34 所示。

图 9-34

9.4.6 产品说明及客户资料卡片

这两类卡片并没有什么统一的格式，完全可根据用户需要自行设计。

由于产品说明类卡片具有鲜明的个性化特征，为方便大家研习，接下来的示例代码将把 CSS 样式直接写到标签的 style 属性中。例如：

```
<div style="background: #f2f2f2; color: #666; padding: 15px">
    <div class="layui-card">
        <div class="layui-card-header">产品说明卡片 </div>
        <div class="layui-card-body">
            <div style="background: #f8f8f8; color: #777; padding: 24px">
                <div style="padding-bottom: 10px">
                    <i class="layui-icon" style="margin-right: 10px;
font-size: 24px; color: #009688">&#xe663;</i>
                    <a href="" style="line-height: 24px; font-size: 16px;
vertical-align: top">模板授权说明 </a>
                </div>
                <p style="height: 44px; line-height: 22px; margin-bottom:
10px; overflow: hidden">
                    本模板仅供用户内部学习使用。未经版权方书面许可，不得外传！
                </p>
                <p style="position: relative">
                    <a href="" style="color:#777;font-size:12px">开始试用 </a>
                    <span style="color: #CCC; font-size: 12px; position:
absolute; right: 0">7 天前 </span>
                </p>
            </div>
```

```
            </div>
        </div>
</div>
```

页面显示效果如图 9-35 所示。

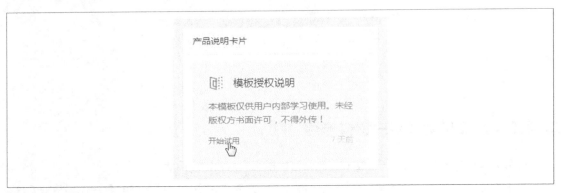

图 9-35

以下是客户资料卡片的示例代码：

```
<div style="background: #f2f2f2; color: #666; padding: 15px">
    <div class="layui-card">
        <div class="layui-card-header">客户资料卡片 </div>
        <div class="layui-card-body">
            <div style="padding:15px 0;    overflow: hidden">
                <img src="./layui/res/portrait.png">
                <div style="float: left;margin-left: 20px">
                    <p style="line-height: 100%;padding: 0 8px 8px 0">
                        <strong> 胡哥 </strong>
                        <em style="margin-left: 5px;font-style: normal">
最近联系: 1 小时前 </em>
                    </p>
                    <p style="line-height: 100%;padding:8px 0 12px 0">
                        <i class="layui-icon layui-icon-location" style=
"padding-right: 5px"></i>
                            广东省广州市 × × 区 × × 路 × × 号
                    </p>
                    <div>
                        <i class="layui-icon layui-icon-login-wechat"
style="margin-right:5px;color: #4DAF29"></i>
                        <i class="layui-icon layui-icon-login-qq" style=
"margin:0 5px;color: #3492ED"></i>
```

```
                                    <i class="layui-icon layui-icon-login-weibo"
style="margin:0 5px;color: #CF1900"></i>
                                </div>
                            </div>
                            <button class="layui-btn layui-btn-sm" style="margin-
top: 22px;float: right">
                                <i class="layui-icon layui-icon-ok"></i>
                                已收藏
                            </button>
                    </div>
                </div>
            </div>
        </div>
    </div>
</div>
<style>
    img {
        width: 40px;
        height: 40px;
        border-radius: 100%;
        float: left
    }
</style>
```

页面效果如图 9-36 所示。是不是很漂亮？

图 9-36

如果想让该卡片能根据设备屏幕自适应显示，还可以再加上 col 列。例如：

```
<div style="background: #f2f2f2; color: #666; padding: 15px">
    <div class="layui-card">
        <div class="layui-card-header">客户资料卡片 </div>
        <div class="layui-card-body" style="padding:20px;overflow: hidden">
            <div class="layui-col-sm6 layui-col-md4">
```

```
                    <a href="javascript:;">
                         <div style="text-align: center">
                              <img src="./layui/res/portrait.png">
                              <div style="font-weight:600;margin-top:5px">
经理 </div>
                         </div>
                    </a>
               </div>
               <div class="layui-col-sm6 layui-col-md8" style="padding-left:20px">
                    <a href="javascript:;">
                         <h3 style="margin:5px 0 10px 0">
                              <strong> 胡哥 </strong>
                         </h3>
                         <p style="line-height:25px;margin-bottom:10px">
                              <i class="layui-icon layui-icon-location"></i>
                              上海
                         </p>
                    </a>
                    <div style="line-height: 1.5">
                         <a href="javascript:;">
                              <strong>Hu Ge studio</strong>
                              <br>
                              E-mail:xxx@baidu.com
                              <br>
                              Weibo: https://weibo.com/××××××
                              <br>
                              <addr title="phone">Tel:</addr>
                              (123) 456-7890
                         </a>
                    </div>
               </div>
          </div>
     </div>
</div>
<style>
     img {
          width: 80px;
          border-radius: 100%;
          margin-top: 5px
     }
</style>
```

由于本段代码将客户资料分成了两个大的 div, 且仅给它们指定了 sm 和 md 两种设备下的显示列宽, 因此当使用手机等超小屏幕访问时, 客户资料卡片将直接以 100% 的宽度显示, 如图 9-37 所示。

图 9-37

当使用平板设备（sm）访问时, 由于将两个 div 所显示的列数都设置成了 6, 因此它们就会自动各以 50% 的等宽显示, 如图 9-38 所示。

图 9-38

当使用 md 及更大的屏幕设备访问时, 左侧 div 占 1/3 的屏幕宽度, 右侧 div 占 2/3 的屏幕宽度。

9.4.7　商品卡片

有了之前的客户资料实例, 现在要做一个商品卡片就太简单了。示例代码如下：

```
<div style="background: #f2f2f2; color: #666; padding: 15px">
    <div class="layui-card">
        <div class="layui-card-header">商品卡片 </div>
        <div class="layui-card-body cmdlist">
```

```html
                    <a href="javascript:;">
                        <img src="./layui/res/cmd.png" width="100%">
                    </a>
                    <a href="javascript:;">
                        <div style="padding:20px">
                            <p class="info">春夏季新款白色 T 恤 + 中长款半身裙两件套 </p>
                            <div style="font-size: 14px">
                                <b style="margin-right: 20px">￥79</b>
                                <p style="display: inline-block">
                                    ￥<del>130</del>
                                </p>
                                <span style="text-align: right;float: right">
                                    <i class="layui-icon layui-icon-rate"></i>
                                    433
                                </span>
                            </div>
                        </div>
                    </a>
                </div>
            </div>
        </div>
        <style>
            .cmdlist {
                border:1px solid transparent
            }
            .cmdlist:hover {
                border:1px solid #e8e8e8
            }
            .info {
                height: 40px;
                font-size: 14px;
                line-height: 20px;
                width: 100%;
                overflow: hidden;
                color: #666;
                margin-bottom:10px
            }
        </style>
```

页面效果如图 9-39 所示。

商品卡片

春夏季新款白色T恤+中长款半身裙
两件套

¥79 ¥130   ☆ 433

图 9-39

由于这里的代码将图片宽度设为 100%，因此当浏览器窗口大小发生改变时，此卡片中的图片及内容也会跟着动态调整。又因为给卡片面板的 body 部分添加了 hover 样式，所以当鼠标指针经过该商品时，会在商品周围增加显示一个浅灰色的边框。

9.4.8　轮播卡片

轮播不仅可以放到页面顶部，也可以放到卡片面板中。

例如将 9.3 节中用到的轮播代码放到卡片面板中，即可直接实现图 9-40 所示的效果。

轮播卡片

图 9-40

完整示例代码如下：

```
<div style="background: #f2f2f2; color: #666; padding: 15px">
    <div class="layui-card">
        <div class="layui-card-header"> 轮播卡片 </div>
        <div class="layui-card-body">
            <div class="layui-carousel">
                <div carousel-item>
                    <div style="background: url(./layui/res/1.jpg) no-
repeat center/100%"></div>
                    <div style="background: url(./layui/res/2.jpg) no-
repeat center/100%"></div>
                    <div style="background: url(./layui/res/3.jpg) no-
repeat center/100%"></div>
                    <div style="background: url(./layui/res/4.jpg) no-
repeat center/100%"></div>
                </div>
            </div>
        </div>
    </div>
</div>
<script>
    var $ = layui.$;
    $(function(){
        var ca = layui.carousel,device = layui.device();
        ca.render({
            elem: '.layui-carousel',
            width: '100%',
            height:'185px',
            arrow: 'none',
            trigger: (device.ios || device.android) ? 'click' : 'hover'
        });
    })
</script>
```

不过如果把轮播指示器放到卡片面板的头部，则效果会更好。要实现这样的效果，可以再加上以下样式代码（这些代码都是用来重新设置轮播指示器的）：

```
<style>
    .layui-carousel .layui-carousel-ind {        /* 位置右上 */
        position: absolute;
```

```
        top: -41px;
        text-align: right
    }
    .layui-carousel .layui-carousel-ind ul {   /* 无背景颜色 */
        background: none
    }
    .layui-carousel .layui-carousel-ind li {   /* 指示器选项背景 */
        background: #e2e2e2
    }
    .layui-carousel .layui-carousel-ind li.layui-this { /* 当前指示器选项背景 */
        background: #999
    }
</style>
```

页面刷新后的效果如图 9-41 所示。

图 9-41

　　对于轮播而言，使用图片是最简单、最容易也最常见的操作。如果改用其他区块来做轮播内容，就会稍微复杂一些。例如图 9-42 所示的轮播其实就是由两个 ul 元素组成的，每个 ul 元素相当于一张图片，在每个 ul 中又放置了 4 个 li 元素。

图 9-42

要实现这样的效果，就必须把之前代码中轮播部分的图片换成 ul 元素：

```html
<div class="layui-carousel">
    <div carousel-item>
        <ul class="layui-row layui-col-space10">
            <li class="layui-col-xs6">
                <a href="">
                    <i class="layui-icon">&#xe677;</i>
                    <cite> 微信 </cite>
                </a>
            </li>
            <li class="layui-col-xs6">
                <a href="">
                    <i class="layui-icon">&#xe676;</i>
                    <cite>QQ</cite>
                </a>
            </li>
            <li class="layui-col-xs6">
                <a href="">
                    <i class="layui-icon">&#xe675;</i>
                    <cite> 微博 </cite>
                </a>
            </li>
            <li class="layui-col-xs6">
                <a href="">
                    <i class="layui-icon">&#xe618;</i>
                    <cite> 邮箱 </cite>
                </a>
            </li>
        </ul>
        <ul class="layui-row layui-col-space10">
            <li class="layui-col-xs6">
                <a href="">
                    <i class="layui-icon">&#xe622;</i>
                    <cite> 全屏 </cite>
                </a>
            </li>
            <li class="layui-col-xs6">
                <a href="">
                    <i class="layui-icon">&#xe641;</i>
```

```
                        <cite>分享</cite>
                    </a>
            </li>
            <li class="layui-col-xs6">
                <a href="">
                    <i class="layui-icon">&#xe656;</i>
                    <cite>模板</cite>
                </a>
            </li>
            <li class="layui-col-xs6">
                <a href="">
                    <i class="layui-icon">&#xe653;</i>
                    <cite>应用</cite>
                </a>
            </li>
        </ul>
    </div>
</div>
```

这段代码虽然长一点，但逻辑很简单，就是两个使用了栅格行的 ul 元素，每个 ul 元素里都有 4 个 li 元素，每个 li 元素的宽度都是 6。这样可以保证在任何设备访问时，每行都显示两个图标。

除此之外，还应该在原来的样式基础上再加上以下设置：

```
<style>
    .layui-carousel > [carousel-item] > ul {   /*ul 样式 */
        margin: 0;
        background: #fff
    }
    .layui-carousel li {           /*li 元素内容水平居中 */
        text-align: center
    }
    .layui-carousel li .layui-icon {     /*li 中的图标样式 */
        display: inline-block;
        width: 100%;
        height: 60px;
        line-height: 60px;
        text-align: center;
        border-radius: 10px;
        font-size: 30px;
```

```
        background: #F8F8F8;
        color: #333
    }
    .layui-carousel li cite {    /*li 中的 cite 元素的文字样式 */
        position: relative;
        top: 2px;
        display: block;
        color: #666;
        font-size: 14px
    }
    .layui-carousel li:hover .layui-icon {   /* 鼠标指针经过图标时的样式 */
        background: #f2f2f2
    }
</style>
```

以下代码是另外一种比较常见的文字型轮播，如图 9-43 所示。

图 9-43

实现代码如下：

```
<div style="background: #f2f2f2; color: #666; padding: 15px">
    <div class="layui-card">
        <div class="layui-card-header"> 待办事项 </div>
        <div class="layui-card-body">
            <div class="layui-carousel">
                <div carousel-item>
                    <ul class="layui-row layui-col-space10">
                        <li class="layui-col-xs6">
                            <a href="">
```

```
                                    <h3> 待审评论 </h3>
                                    <p><cite>66</cite></p>
                                </a>
                            </li>
                            <li class="layui-col-xs6">
                                <a href="">
                                    <h3> 待审帖子 </h3>
                                    <p><cite>12</cite></p>
                                </a>
                            </li>
                            <li class="layui-col-xs6">
                                <a href="">
                                    <h3> 待审商品 </h3>
                                    <p><cite>99</cite></p>
                                </a>
                            </li>
                            <li class="layui-col-xs6">
                                <a href="javascript:;">
                                    <h3> 待发货 </h3>
                                    <p><cite>20</cite></p>
                                </a>
                            </li>
                        </ul>
                        <ul class="layui-row layui-col-space10">
                            <li class="layui-col-xs6">
                                <a href="javascript:;">
                                    <h3> 待审友情链接 </h3>
                                     <p><cite style="color: #FF5722;">
5</cite></p>
                                </a>
                            </li>
                        </ul>
                    </div>
                </div>
            </div>
        </div>
```

```
</div>
<style>
    /* 指示器样式同前，此略 */
    .layui-carousel>[carousel-item]>ul {
        margin: 0;
        background: #fff;
    }
    li>a {
        display: block;
        padding: 10px 15px;
        background: #f8f8f8;
        color: #999;
        border-radius: 10px
    }
    li>a>h3 {
        padding-bottom: 10px;
        font-size: 12px
    }
    li>a>p>cite {
        font-style: normal;
        font-size: 30px;
        font-weight: 300;
        color: #009688
    }
    li>a:hover {
        background: #f2f2f2;
        color: #888
    }
</style>
```

9.5 卡片式图表内容布局

为方便在整体页面中对图表数据进行布局，可以将图表数据放到卡片面板中。

例如如果要在轮播中展示多个表格数据，仍可套用之前的示例代码。页面效果如图 9-44 所示。

数据表格				●
序号	行业大类	行业小类	销售总额	销售份额
1	大家电	家用空调器	21791	20.63%
2	大家电	彩色电视机	37148	35.17%
3	大家电	家用电冰箱	14448	13.68%
4	大家电	洗衣机	12210	11.56%
5	大家电	抽油烟机灶具	20042	18.97%

图 9-44

套用之前的示例代码时，唯一需要注意的是，轮播项目中的 layui-row 不能设置列间距，否则生成的表格会不连贯。示例代码如下：

```
<div style="background: #f2f2f2; color: #666; padding: 15px">
    <div class="layui-card">
        <div class="layui-card-header"> 数据表格 </div>
        <div class="layui-card-body">
            <div class="layui-carousel">
                <div carousel-item>
                    <div class="layui-row">
                        <table id="t1"></table>
                    </div>
                    <div class="layui-row">
                        <table id="t2"></table>
                    </div>
                </div>
            </div>
        </div>
    </div>
</div>
<style>
    /* 轮播指示器样式代码同前。以下是表格容器样式 */
    .layui-carousel>[carousel-item]>div {
        margin: 0;
        background: #fff;
```

```
        }
</style>
<script>
    var $ = layui.$;
    $(function(){
        var cols = [[
                {field:'id',title:' 序号 '},
                {field:'dhy',title:' 行业大类 '},
                {field:'xhy',title:' 行业小类 '},
                {field:'sales',title:' 销售总额 '},
                {field:'percent',title:' 销售份额 '},
        ]];
        var data = [
                {id:1,dhy:' 大家电 ',xhy:' 家用空调器 ',sales:21791,percent:'20.63%'},
                {id:2,dhy:' 大家电 ',xhy:' 彩色电视机 ',sales:37148,percent:'35.17%'},
                {id:3,dhy:' 大家电 ',xhy:' 家用电冰箱 ',sales:14448,percent:'13.68%'},
                {id:4,dhy:' 大家电 ',xhy:' 洗衣机 ',sales:12210,percent:'11.56%'},
                {id:5,dhy:' 大家电 ',xhy:' 抽油烟机灶具 ',sales:20042,percent:'18.97%'}
        ];
        var table = layui.table;
        table.render({
                elem: '#t1',
                cols: cols,
                data: data,
                skin: 'line'      // 第 1 个表格只显示横线
        });
        table.render({
                elem: '#t2',
                cols: cols,
                data: data,
                skin: 'line',
                even: true       // 第 2 个表格显示横线的同时显示斑马线
        });
    })
    // 轮播渲染代码同前，只要将 height 的属性值改成 250px 即可
</script>
```

当然也可以改用 tab 选项卡代替轮播，这样会更加简单，无须另外设置任何样式。例如：

```
<div style="background: #f2f2f2; color: #666; padding: 15px">
    <div class="layui-card">
        <div class="layui-tab layui-tab-brief">
            <ul class="layui-tab-title">
                <li class="layui-this"> 横线表格 </li>
                <li> 斑马线表格 </li>
            </ul>
            <div class="layui-tab-content">
                <div class="layui-tab-item layui-show">
                    <table id="t1"></table>
                </div>
                <div class="layui-tab-item">
                    <table id="t2"></table>
                </div>
            </div>
        </div>
    </div>
</div>
<script>
    // 代码同上，且不再需要轮播的渲染代码
</script>
```

页面效果如图 9-45 所示。

横线表格	斑马线表格			
序号	行业大类	行业小类	销售总额	销售份额
1	大家电	家用空调器	21791	20.63%
2	大家电	彩色电视机	37148	35.17%
3	大家电	家用电冰箱	14448	13.68%
4	大家电	洗衣机	12210	11.56%
5	大家电	抽油烟机灶具	20042	18.97%

图 9-45

　　由此可见，在页面中插入表格是非常简单的，重点及难点在于生成图表，因为这需要用到第三方插件 echarts.js。该插件由百度公司出品，用户可自行到官网下载。下载完毕之后，还必须在页

面文件的 head 标签中引用它。例如:

```
<head>
    <meta charset="UTF-8">
    <meta name="viewport" content="width=device-width, initial-scale=1">
    <title>layui 页面示例 </title>
    <link rel="stylesheet" href="./layui/css/layui.css" media="all">
    <script src="./layui/layui.all.js"></script>
    <script src="./layui/res/echarts.js"></script>    <!-- echarts 插件 -->
    <script src="./layui/res/echartsTheme.js"></script>  <!-- echarts 皮肤插件 -->
</head>
```

其中 echartsTheme.js 是 layui 专门为 echarts 制作的皮肤插件,它可以让生成的图表更加漂亮。为方便说明问题,先在页面 body 元素中编写以下代码,以生成卡片面板:

```
<div style="background: #f2f2f2; color: #666; padding: 15px">
    <div class="layui-card">
        <div class="layui-card-header">echarts 图表 </div>
        <div class="layui-card-body">
            <div id="t" style="height: 300px"></div>  <!-- 高度必须设置 -->
        </div>
    </div>
</div>
```

这里 id 为 t 的 div 容器是用来存放图表的。而要生成图表,就必须使用 JS 代码。本节仅以折线图举例说明。至于 echarts 方面的知识,请参考百度 echarts 官网。

示例代码如下:

```
var opts = {                 // 图表参数,具体请参考 echarts 官网
    title : {
        text: ' 未来一周气温变化 ',
        subtext: ' 纯属虚构 '
    },
    tooltip : {
        trigger: 'axis'
    },
    legend: {
        data:[' 最高气温 ',' 最低气温 ']
    },
    calculable : true,
```

```
        xAxis : [{
            type : 'category',
            boundaryGap : false,
            data : [' 周一 ',' 周二 ',' 周三 ',' 周四 ',' 周五 ',' 周六 ',' 周日 ']
        }],
        yAxis : [{
            type : 'value',
            axisLabel : {
                formatter: '{value} ° C'
            }
        }],
        series : [{
            name:' 最高气温 ',
            type:'line',
            data:[11, 11, 15, 13, 12, 13, 10],
            markPoint : {
                data : [{type : 'max', name: ' 最大值 '},{type : 'min', name: ' 最小值 '}]
            },
            markLine : {
                data : [{type : 'average', name: ' 平均值 '}]
            }
        },{
            name:' 最低气温 ',
            type:'line',
            data:[1, -2, 2, 5, 3, 2, 0],
            markPoint : {
                data : [{name : ' 周最低 ', value : -2, xAxis: 1, yAxis: -1.5}]
            },
            markLine : {
                data : [{type : 'average', name : ' 平均值 '}]
            }
        }]
};
var echart = echarts.init(layui.$('#t')[0]);      // 指定 DOM 元素生成图表
echart.setOption(opts);                           // 将参数应用于图表
```

页面效果如图 9-46 所示。

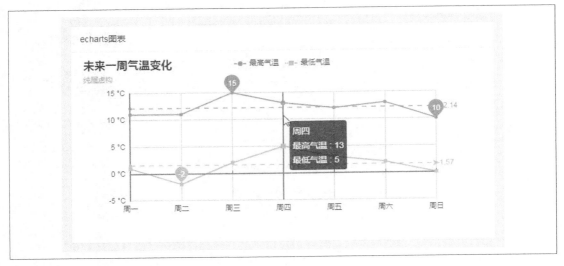

图 9-46

这是 echarts 插件生成的标准样式。如果将上述代码的倒数第 2 行改成：

```
var echart = echarts.init(layui.$('#t')[0], layui.echartsTheme);   // 使用皮肤
```

也就是在 echarts 的 init 方法中加上一个参数 layui.echartsTheme，则生成效果如图 9-47 所示。

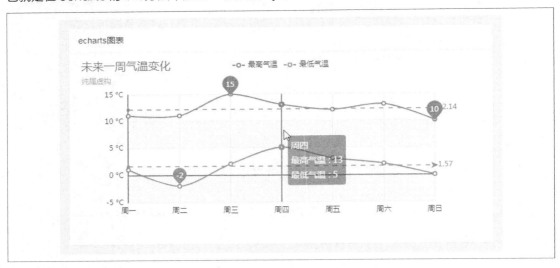

图 9-47

很显然，这种效果与 layui 整体的页面风格更搭一些。关键是在真正的页面生成过程中，还会有一些动画效果，非常的炫酷。

第 **10** 章

功能模块化编程

在本章之前所有的 JS 示例代码中，它们所用的都是最常规、最传统的写法。这是因为之前的示例所引用的 layui 模块文件为 layui.all.js，它已经包含了 layui 官方所公开的全部内置功能模块。如果你不需要一次性加载 layui 的全部内置功能，也可以改用 layui.js，从而实现按需加载。

主要内容

10.1 从一个最简单的示例讲起

10.2 功能模块设置

10.3 其他全局方法

10.4 内置的 class 样式类及扩展属性

10.5 内置的字体图标一览表

例如当没有在页面头部引用 layui.all.js 时，如果想在页面中使用弹出层功能，就可以这样编写 JS 代码：

```
<script src="./layui/layui.js"></script>    <!-- 引用 layui 核心库 -->
<script>
    layui.use('layer', function(){          // 使用 layer 组件
        var layer = layui.layer;
        layer.msg('Hello World');
    });
</script>
```

通过比较 layui.all.js 和 layui.js 的文件大小可知，前者是 272kb，后者只有 8kb，说明 layui.js 确实够小。可是在目前的宽带条件下，一个 272kb 的框架文件又何足挂齿？随便一张高清图片都几兆了，有必要为了节省这么一点流量而多写 use 语句及很多行代码吗？

实际上，layui 的功能模块化远不止字面上的“按需调用”，它更深层次的意义在于：可以以浏览器普遍认可的方式去组织模块，可以很方便地实现代码重用，并最终以最简单的方式去达到高效编写代码的目的。而这也正是 layui 官方一直宣称的“经典模块化”：它能让人避开当下那些基于 MVVM 底层的 UI 框架的复杂配置，开发者只需面对浏览器本身、安静高效地编写原生态的 HTML/CSS/JavaScript 代码就可以了。

因此如果仅从按需调用 layui 内置的功能模块来看，“经典模块化”的优势是不明显的；但当你需要扩展自己的功能模块时，其优势会立刻展现出来。从某种程度上说，学会了 layui 的功能模块化用法，也就获取了从旧时代过渡到未来新标准的最佳指引。

10.1 从一个最简单的示例讲起

为帮助大家更好地理解 layui 中的模块化代码编程，本节先从一个最简单的示例讲起。

例如我们先在页面的同级目录下创建两个自定义的 JS 文件：fun1.js 和 fun2.js。其中 fun1.js 的代码如下：

```
var obj1 = {
    name:' 张三 ',
    age:30,
    speak:function(){
        alert(' 大家好，我是 ' + this.name + '，今年 ' + this.age + ' 岁！ ')
    }
};
```

fun2.js 的代码如下:

```
var obj2 = {
    name:'李四 ',
    age:40,
    speak:function(){
        alert('大家好，我是 ' + this.name + ', 今年 ' + this.age + '岁! ')
    }
};
```

这两个 JS 文件其实就可以看成两个功能模块。如果要在页面中调用它们，并执行其中的方法，可以在页面中使用类似于下面的代码:

```
<script src="fun1.js"></script>
<script src="fun2.js"></script>
<script>
    obj1.speak();
    obj2.speak();
</script>
```

刷新页面，将会有两次弹窗，程序正常执行。

现在的问题是，如果想在 fun2.js 里使用 fun1.js 中的属性或者方法怎么办? 这就涉及程序代码的重用问题。常规的处理方法非常麻烦，且一般都要借助页面文档的配合才能完成。那么 layui 是怎么做的呢? 首先来看一下它的核心底层方法 define。

10.1.1　使用 define 方法定义模块

该方法用于定义一个 layui 功能模块。其语法格式为:

```
layui.define([mods], callback)
```

其中，第 1 个参数 mods 是可选的，它用于声明依赖模块; 第 2 个参数 callback 是必选的，它用于设置该模块要执行的程序代码。该函数返回一个 exports 参数，用于输出该模块的接口。

初学者看到这样的语法说明肯定会有点晕，现在我们就继续用上面的例子来说明。先将 fun1.js 中的代码使用 define 方法做如下改写:

```
layui.define(function(exports){
    var obj1 = {
        name:'张三 ',
        age:30,
```

```
        speak:function(){
            alert('大家好，我是' + this.name + ', 今年' + this.age + '岁！')
        }
    };
    exports('fun1',obj1);        // 输出接口为 fun1，接口内容为变量 obj1
})
```

由于上述代码中使用 exports 函数输出了名为 fun1 的接口，输出内容为对象 obj1，因此该接口就会直接绑定到 layui 对象中。此时如果在页面文件中输入以下代码：

```html
<!DOCTYPE html>
<html lang="zh-cn">
    <head>
        <meta charset="UTF-8">
        <title>layui 页面示例 </title>
        <link rel="stylesheet" href="./layui/css/layui.css">
        <script src="./layui/layui.all.js"></script>
    </head>
    <body>
        <script src="fun1.js"></script>
        <script>
            console.log(layui.fun1)
            layui.fun1.speak()
        </script>
    </body>
</html>
```

则既可在浏览器控制台输出接口 fun1（也就是 fun1.js 中的变量 obj1）的内容，也能直接执行其中的 speak 方法，当然也可以获取到 fun1 中的 name 及 age 的属性值。请注意，为调用 layui 内置模块方便，这里仍然使用了 layui.all.js 而不是 layui.js，建议大家在实际开发项目时也可以这样处理（layui.all.js 是包含了 layui.js 及所有内置模块的合并文件）。

exports 输出的接口内容可以自由定义。假如将 fun1.js 中的最后一行代码改为：

```
exports('fun1',obj1.name)
```

那么页面中得到的 layui.fun1 接口值就是"张三"。如果将最后一行改为：

```
exports('fun1',obj1.speak)
```

这样的接口值就直接是一个函数，在页面中使用 layui.fun1() 即可弹出内容。

如果将 fun1.js 中的 exports 输出代码去掉，那么页面在引用此 JS 文件后将只执行回调函数中的代码，但获取不到该接口，当然也就无法继续执行页面中随后的两行 JS 代码。这就是 define 方法中 exports 参数的作用。

现在再来修改 fun2.js 中的代码：

```
layui.define('fun1',function(exports){      // 这里指定了第 1 个参数
    var obj2 = {
        name:'李四',
        age:40,
        speak:function(){      // 在这里引用了接口 fun1 中的数据
                alert('大家好,我是' + layui.fun1.name + '的朋友,名叫' + this.
name + ', 今年' + this.age + '岁! ')
        }
    };
    exports('fun2',obj2)
})
```

由于这里在 define 方法中使用了第 1 个参数，也就是依赖的模块接口 fun1，因此就可以在回调函数中调用 fun1 中的内容，从而实现对另一个 JS 文件代码的复用。此时如果将页面中 body 元素的代码改为：

```
<script src="fun1.js"></script>
<script src="fun2.js"></script>
<script>
    layui.fun2.speak()
</script>
```

则刷新页面后弹出的信息内容如图 10-1 所示。

127.0.0.1 显示

大家好，我是张三的朋友，名叫李四, 今年40岁！

确定

图 10-1

由此我们也就理解了 define 方法中第 1 个参数的作用：它用于指定所依赖的模块接口。只有在指定了该参数之后，才能在程序模块中复用其他模块中的功能代码。当依赖的模块接口只有一个时，可以写成字符串，也可以写成数组。例如：

```
layui.define(['fun1'],function(exports){})
```

如果依赖的模块接口有多个，则只能使用数组。例如：

```
layui.define(['fun', 'fun1'],function(exports){})
```

10.1.2　使用 use 方法加载模块

该方法用于加载模块。其语法格式为：

```
layui.use([mods], callback)
```

其中，第 1 个参数 mods 是可选的，它用于声明所依赖的模块，其用法和 define 方法中的第 1 个参数相同，可以是字符串也可以是数组。但要注意，当不需要指定依赖时，第 1 个参数要用 [] 占位。第 2 个参数用于设置模块加载完毕后的回调函数。

例如在上面的页面代码中，两个 JS 文件都是使用 script 标签引用的。而且只有在引用了这两个文件之后，代码 layui.fun2.speak() 才能正常执行。如果改用 use 方法就会简洁高效很多。以下是修改后的 body 元素的代码：

```
<script>
    layui.use('fun2',function(){
        layui.fun2.speak();      // 通过 layui 对象获取接口
    })
</script>
```

这样不仅可以省去使用 script 标签引用多个 JS 文件的麻烦，而且由于 fun2 是依赖 fun1 所创建的模块接口，因此在 use 方法中只要指定 fun2，它所依赖的 fun1 也就自动加载了。例如在上述回调函数中加上以下代码：

```
layui.fun1.speak()
```

一样可以执行 fun1 中的 speak 方法。

需要补充说明的一点是，因为 use 方法的回调函数能够返回所加载的模块接口，所以也可以不通过 layui 对象来获取接口。例如：

```
layui.use('fun2',function(obj){       // 在回调函数中获取接口
    obj.speak();                      // 通过回调函数返回的接口调用
    layui.fun1.speak()                //fun1 还只能使用 layui 对象调用
})
```

但要注意，这里返回的模块接口数量是和前面所依赖的模块相匹配的。如果想通过回调函数返回接口调用 fun1，那么就应该在第 1 个参数中加上此依赖。例如：

```
layui.use(['fun1','fun2'],function(obj1,obj2){
    obj1.speak();
    obj2.speak()
})
```

10.2　功能模块设置

　　10.1 节的 JS 实例代码都是和页面文件放在相同的目录中的。当它们处于不同的目录中时，use 方法将无法正常加载 JS 文件。

　　例如把 JS 文件放到"layui/res"文件夹中，而页面文件仍然和 layui 同级，目录结构如图 10-2 所示。这时就需要对用到的功能模块进行设置，因为 use 方法中的依赖模块不可以含有路径。

```
┌─test.html
└─layui
    └─res
        ├─fun1.js
        └─fun2.js
```

图 10-2

10.2.1　使用 config 方法配置模块

　　该方法用于对需要使用的功能模块做一些全局配置。此方法必须在 use 方法之前设置，配置项为 Object 对象。此参数对象中最常用的配置项目只有 base，用于指定扩展模块的路径。

　　在将两个 JS 文件移动了目录之后，如图 10-2 所示，要想在页面中使用 use 方法加载它们，就必须先设置 config 方法，然后再设置 use 方法：

```
layui.config({
    base:'layui/res/'          // 指定扩展模块文件来自此目录
}).use('fun2',function(){
    layui.fun1.speak();
    layui.fun2.speak()
})
```

　　除了 base 之外，config 参数对象中还有一些其他属性，如 debug、version、dir 等。这些都极少用到，故此处不再赘述。

10.2.2　使用 extend 方法扩展模块

如果要扩展的功能模块文件并未全部放到 base 所指定的文件夹中，那么还需要使用 extend 方法来重新扩展定义该模块，简洁的说法就是拓展其别名。

例如我们在 res 文件夹中再新建一个 ttt 目录，然后把 fun2.js 移动到此目录下，目录结构如图 10-3 所示。

```
        ┌─test.html
        └─layui
            └─res
                ├─fun1.js
                ├─ttt
                    └─fun2.js
```

图 10-3

这时就必须使用 extend 方法重新定义 fun2.js：

```
layui.config({
    base:'layui/res/'
}).extend({
    fun2:'ttt/fun2'      // 必须同时指定路径和文件名（不含 .js 后缀名）
}).use('fun2',function(){
    layui.fun1.speak();
    layui.fun2.speak()
})
```

请注意，extend 中的文件使用相对路径时是相对于 base 而言的。例如上面的代码，它就表示 fun2.js 文件存放在 "layui/res" 里的 ttt 文件夹中。当然你也可以忽略 base 而采用自有路径，但必须在开始位置加上符号 "{/}"。例如：

```
extend({
    fun2:'{/}layui/res/ttt/fun2'
})
```

除此之外，extend 方法还可以修改接口名称。例如：

```
layui.config({
    base:'layui/res/',
}).extend({
    fun:'{/}layui/res/ttt/fun2'      // 将模块 fun2.js 的接口名称改为 fun
}).use('fun',function(){            //use 里的依赖模块名称也要改成 fun
    layui.fun1.speak();
    layui.fun.speak()              // 将 fun2 改成 fun
})
```

这样修改之后，当执行 layui.fun.speak() 时还是会报错，因为 fun2.js 里的输出接口名称并不是 fun。所以 fun2.js 中的代码也必须做出如下修改：

```
layui.define(['fun1'],function(exports){
    var obj2 = {
        name:'李四',
        age:40,
        speak:function(){
            alert('大家好,我是' + layui.fun1.name + '的朋友,名叫' + this.
name + ', 今年' + this.age + '岁! ')
        }
    };
    exports('fun',obj2)    // 将输出接口名称由 fun2 改成 fun
})
```

由此可见，正是由于 extend 方法的存在，每个功能模块的 JS 文件名称和其输出的接口名称并非是需要完全一致的。再例如，将 fun1.js 中的输出接口名称改为 zhangsan：

```
layui.define(function(exports){
    var obj1 = {
        name:'张三',
        age:30,
        speak:function(){
            alert('大家好, 我是' + this.name + ', 今年' + this.age + '岁! ')
        }
    };
    exports('zhangsan',obj1);    // 输出的接口名称和 JS 文件名称不一致
})
```

此时如果想在 fun2.js 里继续使用 fun1.js 中的代码，可以再对 fun2.js 做如下修改：

```
layui.extend({
    zhangsan:'fun1'    // 页面中指定的 base 目录就是 fun1.js 的所在目录
}).define('zhangsan',function(exports){    // 依赖模块改成 zhangsan
    var obj2 = {
        name:'李四',
        age:40,
        speak:function(){    // 在函数中引用 zhangsan 接口中的数据
            alert('大家好,我是' + layui.zhangsan.name + '的朋友,名叫' +
this.name + ', 今年' + this.age + '岁! ')
```

```
        }
    };
    exports('fun',obj2)     // 输出接口名称为 fun
})
```

最后再把页面中加载模块的代码改成：

```
layui.config({
    base:'layui/res/',
}).extend({
    fun:'{/}layui/res/ttt/fun2'
}).use('fun',function(){
    layui.zhangsan.speak();      //fun1.js 输出接口为 zhangsan
    layui.fun.speak()            //fun2.js 输出接口为 fun
})
```

刷新页面，项目运行正常。

由此可见，通过对 config 和 extend 方法的合理使用，可以让你自定义的功能模块并不会完全暴露在全局之中。

10.3 其他全局方法

layui 提供的其他常用的全局方法如表 10-1 所示。

表 10-1

方法	说明
layui.cache	获取 config 方法中的配置参数。例如： `layui.cache.base     // 获取扩展模块目录`
layui.link(href)	动态加载外部 CSS 文件，href 即为 CSS 文件的路径
layui.data(table, settings)	持久性存储本地数据
layui.sessionData(table, settings)	会话性存储本地数据，页面关闭即失效
layui.getStyle	获得原始 DOM 节点的 style 属性值。例如： `layui.getStyle(document.body,'padding')`
layui.img(url,success,error)	图片预加载
layui.each(obj, fn)	遍历 Object、Array 或 jQuery 对象，它和 jQuery 中的 $.each 全局方法的作用完全相同
layui.sort(obj, key, desc)	将数组中的对象按某个成员重新排序

续表

方法	说明
layui.url(href)	将 URL 链接中的属性值进行对象化处理
layui.router()	获取 location.hash 中的路由结构
layui.hint()	向控制台输出一些异常信息。例如： `layui.hint().error(' 出错啦 ')`
layui.stope(e)	阻止事件冒泡

本节仅对其中的部分方法做详细说明。

10.3.1　本地数据存储方法

这方面的方法有两个：layui.data 和 layui.sessionData。它们其实是对 localStorage 及 sessionStorage 的友好封装，目的在于能够更方便地管理本地数据。这两个方法非常重要，也很常用。为了更好地使用它们，现在先大致了解一下什么是本地数据存储。

❶ **cookie 机制**

cookie 是在浏览器客户端用于记录访问信息的，大小不能超过 4kb，很显然，这属于本地数据存储。它最大的特点就是每次和服务器端交互时，都会携带在请求头中。

cookie 的保存时效是可以设定的。默认情况下，其生命周期随着浏览器的关闭而结束。如果你给它设置了过期时间，那么即使关闭了浏览器，它仍然存在，直到达到过期时间才消失。

cookie 可通过 document 对象中的 cookie 属性进行创建、读取或删除，也可使用第三方插件。例如在 cookie 中加上 username，然后随便请求一个地址：

```
document.cookie = 'username=kbin';
layui.$.get('test',function(str){
    document.write(str)
})
```

查看浏览器控制台的"Network"页签，就会发现它已经被附加在请求头中了，如图 10-4 所示。

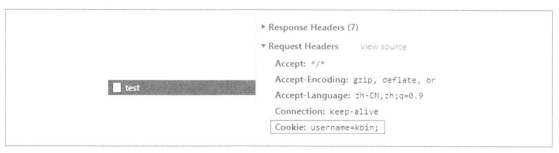

图 10-4

此时只要在 Foxtable 服务器端的 HttpRequest 事件中使用以下代码，即可获取到 cookie 值：

```
e.Cookies("username")
```

❷ **WebStorage 机制**

当需要把数据严格控制在客户端时，就不能使用 cookie 了，必须改用 WebStorage。

和 cookie 相比，WebStorage 的可存储容量更大（高达 5M），更节省网络流量（不需要和服务器端交互），运行效率更高（因为是本地获取），当然也更安全（不会附加到请求头中，不用担心被截取）。

WebStorage 分为 localStorage（本地存储）和 sessionStorage（会话存储）：前一种的生命周期是永久性的，除非你主动删除数据，否则永远都不会消失；后一种仅在当前会话下有效，关闭浏览器窗口后就会被销毁。这两种存储方式可通过 window 对象中的相关方法来执行创建、读取或删除操作。例如：

```
window.localStorage.setItem('username','kbin');      // 本地存储
window.localStorage.getItem('username');             // 获取 username 的值
window.localStorage.removeItem('username');          // 删除指定值
window.localStorage.clear();                         // 清空本地存储数据
```

由于 window 属于顶级对象，因此上述代码中的 window 可以省略。sessionStorage 存储的写法与 localStorage 完全相同。

需要注意的是，localStorage 和 sessionStorage 都只能存储字符串，而不能存储对象或数组。当你需要存储对象或数组时，必须用 JSON 进行变通处理。例如：

```
localStorage.setItem('test',JSON.stringify({a:1,b:2}));   // 存储对象
JSON.parse(localStorage.getItem('test')).a;               // 获取存储对象中 a 的值
```

为了更方便地管理本地数据，layui 专门对 localStorage 及 sessionStorage 进行了封装，并提供了相对应的 layui.data 和 layui.sessionData 方法。例如：

```
layui.data('test', {              // 存储
    key: 'username',
    value: 'kbin'
});
layui.data('test').username;      // 获取 username 的值，其值为 kbin
layui.data('test', {              // 删除 test 中 username 的值
    key: 'username',
    remove:true
});
layui.data('test', null);         // 删除 tset 的值
```

layui.sessionData 的用法与此完全相同。

10.3.2 layui.img 方法

此方法用于图片的预加载，一般在动态显示图片时可用。其语法格式为：

```
layui.img(url,success,error)
```

其中，url 表示要加载图片的路径，success 为加载成功时的回调函数，error 为加载出错时的回调函数。

例如页面中有个 id 为 pic 的 div，如果想在这个区块里动态地显示图片，就可以使用该方法。示例代码如下：

```
layui.img('./layui/res/ep1.bmp', function(dom){
    layui.$('#pic').html(dom)
}, function(){
    console.log(' 加载出错了！')
})
```

其中，加载成功时的回调函数中有个返回值，这个返回值就是包含正确图片地址的 img 元素，将它赋值给 id 为 pic 的 div，即可在区块中显示此图片；如果 URL 是错误的，那么就会导致加载失败，并在浏览器控制台输出"加载出错了！"。

10.3.3 layui.sort 方法

此方法用于将数组中的对象按某个成员重新对该数组排序，并返回新数组。其语法格式为：

```
layui.sort(array, key,true)
```

其中，array 表示要排序的数组，key 表示要排序的成员，第 3 个参数是可选的。本方法默认从低到高升序排列，如果加上参数 true，则变为从高到低降序排列。例如：

```
var arr = [{a: 3},{a: 1},{a: 5}];
var newArr = layui.sort(arr, 'a', true);
console.log(newArr)    //[{a: 5},{a: 3},{a: 1}]
```

需要强调的是，此方法仅对元素类型为 Object 对象的数组有效。如果你的 JS 基础足够好，完全可以使用数组对象本身的 sort 方法来实现，且更加灵活还不限对象类型。例如：

```
var arr = [{a: 3},{a: 1},{a: 5}];
var newArr = arr.sort(function(a,b){
    return a.a - b.a
});
console.log(newArr) // 得到的是升序结果。如果要降序，可将 return 语句改为 "-(a.a-b.a)"
```

10.3.4　layui.url 及 layui.router 方法

这两个方法都是和页面路径相关的。

layui.url(href) 方法用于将一段 URL 链接中的 pathname、search、hash 等属性进行对象化处理。当没有在方法中指定具体的 href 参数时，会自动读取当前页面的 URL。例如：

```
var str = 'http://127.0.0.1/test/getdata?type=12';
console.log(layui.url(str))
```

浏览器控制台输出的内容如图 10-5 所示。

```
▼ {pathname: Array(2), search: {…}, hash: {…}} 📄
  ▶ hash: {path: Array(0), search: {…}, hash: ""}
  ▶ pathname: (2) ["test", "getdata"]
  ▶ search: {type: "12"}
```

图 10-5

由此可见，layui.url 方法会把指定的 URL 解析成一个包含了 hash、pathname 和 search 3 个属性的 Object 对象。而这里的 hash 也被称为路由地址，它是指放在符号 "#" 后面的内容。

例如将上面的 str 属性改为：

```
var str = 'http://127.0.0.1/test/getdata?type=12#/user/set/uid=123/type=3';
```

则输出的内容如图 10-6 所示。

```
▼ {pathname: Array(2), search: {…}, hash: {…}} 📄
  ▼ hash:
      hash: ""
      href: "/user/set/uid=123/type=3"
    ▶ path: (2) ["user", "set"]
    ▶ search: {uid: "123", type: "3"}
    ▶ __proto__: Object
  ▶ pathname: (2) ["test", "getdata"]
  ▶ search: {type: "12/#/user/set/uid=123/type=3"}
```

图 10-6

很显然，这样得到的 hash 值也是一个对象，它包括以下 4 个属性值。

hash：自身锚记。这个跟系统自带的 location.hash 完全相同。

href：完整的路由地址，也就是 "#" 之后的内容。

path：路由目录结构。

search：路由的参数部分。

而这样一个 hash 值也可由专门的 layui.router 方法得到。请注意，此方法不带参数，也就是说只能获取当前 URL 的路由地址。例如给当前浏览器地址加上 hash，如图 10-7 所示。

```
ⓘ 127.0.0.1/test.html#/user/set/uid=123/type=3          ☆
```

图 10-7

然后在浏览器控制台执行 router 方法，即可得到和图 10-7 一样的 hash 结果，如图 10-8 所示。

```
> console.log(layui.router())
▼ {path: Array(2), search: {…}, hash: "", href: "/user/set/uid=123/type=3"}
    hash: ""
    href: "/user/set/uid=123/type=3"
  ▶ path: (2) ["user", "set"]
  ▶ search: {uid: "123", type: "3"}
```

图 10-8

或者可以直接使用 JS 代码给当前网址加上 hash：

```
location.hash = '/user/set/uid=123/type=3';
window.onhashchange = function(e){       //hash 改变事件
    console.log(e.newURL);               // 新 URL
    console.log(e.oldURL);               // 旧 URL
    console.log(layui.router())
};
```

需要特别强调的是，hash 必须使用 "/" 开头，layui.router 才能正确解析出它的路由地址。

10.4   内置的 class 样式类及扩展属性

为保证所开发项目风格的协调统一，layui 已经在内部预设了很多常用的 class 样式类及扩展属性。实际开发项目时，只需给相应的页面元素加上要使用的 class 类名称或者扩展属性，即可直接实现所需要的样式甚至其他的功能效果。当然你也可以使用 jQuery 中的 addClass、removeClass、attr、prop 等方法来动态地处理这些 class 类或扩展属性。所以从这个角度来说，这些内置的 class 类及属性也应属于模块化功能的范畴。

10.4.1   公共基础类

这些公共基础类的命名格式有一个特点，就是一律以 layui 为前缀，如表 10-2 所示。

表 10-2

class 名称	样式说明
layui-fluid	布局自适应容器（响应式）
layui-container	布局定宽容器（响应式）
layui-main	宽度为 1140px 且水平居中（无响应式）
layui-header	页面头部

class 名称	样式说明
layui-logo	页面 logo
layui-side	页面侧边栏
layui-side-scroll	页面侧边栏滚动
layui-body	页面主体内容
layui-footer	页面底部
layui-box	盒模型样式
layui-inline	内联块状元素
layui-text	文本内容，并对区域内的 a、li、em 等标签进行处理
layui-word-aux	灰色标注型文字，左右有间隔
layui-elip	单行文本溢出省略
layui-circle	圆形
layui-clear	清除浮动
layui-unselect	屏蔽选中
layui-disabled	不可用
layui-show	显示
layui-hide	隐藏
layui-this	选中项

10.4.2 模块专用类

顾名思义，模块专用类就是某个功能模块所特有的类。这些类一般使用"layui- 模块名 - 状态或类型"的名称来定义，但也经常需要配合"layui- 模块名"的 class 类一起使用。

例如当需要将元素显示为原始风格的按钮样式时，就应该使用以下两个类：

```
class="layui-btn layui-btn-primary"
```

layui 常用的模块专用类如表 10-3 所示。

表 10-3

模块	class 名称	样式说明
页面布局	layui-layout-body	页面布局
	layui-layout-admin	页面后台布局
	layui-layout-left	布局左对齐
	layui-layout-right	布局右对齐
栅格系统	layui-row	栅格行
	layui-col-??N	栅格列
	layui-col-space*	栅格列间隔
	layui-col-??-offset*	栅格列偏移
背景颜色	layui-bg-red	赤红
	layui-bg-orange	橙色
	layui-bg-green	墨绿
	layui-bg-cyan	藏青
	layui-bg-blue	蓝色
	layui-bg-black	雅黑
	layui-bg-gray	银灰
图标	layui-icon	图标
动画	layui-anim	动画
	layui-anim-up	从底部向上滑入
	layui-anim-upbit	微微向上滑入
	layui-anim-scale	平滑放大
	layui-anim-scaleSpring	弹簧式放大
	layui-anim-fadein	渐现
	layui-anim-fadeout	渐隐
	layui-anim-rotate	360 度旋转
	layui-anim-loop	动画循环
徽章	layui-badge	徽章
	layui-badge-dot	圆点徽章
	layui-badge-rim	边框徽章

模块	class 名称	样式说明
区块	layui-elem-quote	引用文字
	layui-quote-nm	引用文字追加样式
	layui-elem-field	字段集区块
	layui-field-title	字段集标题
	layui-field-box	字段集内容
代码修饰	layui-code	代码修饰
时间线	layui-timeline	时间线
	layui-timeline-item	时间线项目
	layui-timeline-axis	时间线节点
	layui-timeline-content	时间线内容
	layui-timeline-title	时间线标题
静态表格	layui-table	静态表格
	layui-table-link	字符链接样式
按钮	layui-btn	按钮
	layui-btn-primary	原始按钮
	layui-btn-normal	百搭按钮
	layui-btn-warm	暖色按钮
	layui-btn-danger	警告按钮
	layui-btn-disabled	禁用按钮
	layui-btn-lg	大型按钮
	layui-btn-sm	小型按钮
	layui-btn-xs	迷你按钮
	layui-btn-fluid	流体按钮
	layui-btn-radius	圆角按钮
	layui-btn-group	按钮组
	layui-btn-container	按钮容器
卡片面板	layui-card	卡片面板
	layui-card-header	卡片面板标题
	layui-card-body	卡片面板内容

续表

模块	class 名称	样式说明
折叠面板	layui-collapse	折叠面板
	layui-colla-item	折叠面板项目
	layui-colla-title	折叠面板标题
	layui-colla-content	折叠面板内容
面包屑	layui-breadcrumb	面包屑
轮播	layui-carousel	轮播
进度条	layui-progress	进度条
	layui-progress-bar	进度条值
	layui-progress-big	大尺寸进度条
选项卡	layui-tab	选项卡
	layui-tab-title	选项卡标题
	layui-tab-content	选项卡内容
	layui-tab-item	选项卡内容项
	layui-tab-brief	选项卡简洁风格
	layui-tab-card	选项卡卡片风格
导航	layui-nav	导航
	layui-nav-item	导航项目
	layui-nav-itemed	展开子菜单
	layui-nav-child	导航子菜单
	layui-nav-tree	垂直菜单导航
	layui-nav-side	侧边导航
	layui-nav-img	导航圆形图片
表单	layui-form	表单
	layui-form-item	表单项
	layui-form-label	表单标签
	layui-form-mid	文字垂直居中
	layui-form-pane	表单方框
	layui-input-block	表单输入块
	layui-input-inline	表单输入行
	layui-input	表单输入框
	layui-textarea	多行文本框
	layui-upload-drag	拖曳上传

10.4.3　元素扩展属性

在 layui 中，元素的基本交互行为一般都是由模块自动开启的。但不同的区域可能需要触发不同的动作才能开启交互，这就需要用到 layui 专门为之扩展的一些属性。

除极个别之外，扩展属性都以"lay"为前缀，如表 10-4 所示。

表 10-4

属性	属性说明
lay-filter	过滤器
lay-even	表格开启隔行显示
lay-skin	表格边框或复选框风格
lay-size	表格尺寸大小
lay-accordion	折叠面板手风琴模式
lay-allowClose	选项卡关闭按钮
lay-separator	面包屑分隔符
lay-shrink	导航手风琴模式
lay-unselect	取消 nav 导航的选中效果
lay-percent	进度值
lay-showPercent	是否显示进度值
lay-verify	表单验证规则
lay-verType	验证异常提示类型
lay-reqText	表单必填项提示文本
lay-search	表单选择框查询
lay-text	开关按钮显示文本
lay-submit	表单提交元素
lay-ignore	取消表单元素渲染
carousel-item	轮播项目

10.5　内置的字体图标一览表

layui 内置的 iconfont 图标一共有 168 个，如表 10-5 所示。

表 10-5

图标	unicode	class	样式效果
半星	&#xe6c9;	layui-icon-rate-half	
星星 – 空心	&#xe67b;	layui-icon-rate	
星星 – 实心	&#xe67a;	layui-icon-rate-solid	
收藏 – 空心	&#xe600;	layui-icon-star	
收藏 – 实心	&#xe658;	layui-icon-star-fill	
赞	&#xe6c6;	layui-icon-praise	
踩	&#xe6c5;	layui-icon-tread	
实心	&#xe68f;	layui-icon-heart-fill	
空心	&#xe68c;	layui-icon-heart	
钻石 – 等级	&#xe735;	layui-icon-diamond	
礼物 / 活动	&#xe627;	layui-icon-gift	
表情 – 微笑	&#xe6af;	layui-icon-face-smile	
表情 – 笑 – 粗	&#xe650;	layui-icon-face-smile-b	
表情 – 笑 – 细体	&#xe60c;	layui-icon-face-smile-fine	
表情 – 哭泣	&#xe69c;	layui-icon-face-cry	
表情 – 惊讶	&#xe664;	layui-icon-face-surprised	
手机	&#xe678;	layui-icon-cellphone	
手机 – 细体	&#xe63b;	layui-icon-cellphone-fine	
相机 – 空心	&#xe660;	layui-icon-camera	
相机 – 实心	&#xe65d;	layui-icon-camera-fill	
微信	&#xe677;	layui-icon-login-wechat	
QQ	&#xe676;	layui-icon-login-qq	

续表

图标	unicode	class	样式效果
微博		layui-icon-login-weibo	
邮箱		layui-icon-email	
RSS		layui-icon-rss	
Wi-Fi		layui-icon-wifi	
Android 安卓		layui-icon-android	
Apple iOS 苹果		layui-icon-ios	
Windows		layui-icon-windows	
聊天 – 对话 – 沟通		layui-icon-dialogue	
回复 – 评论 – 实心		layui-icon-reply-fill	
客服		layui-icon-chat	
客服		layui-icon-service	
用户名		layui-icon-username	
用户		layui-icon-user	
群组		layui-icon-group	
好友		layui-icon-friends	
男		layui-icon-male	
女		layui-icon-female	
密钥 / 钥匙		layui-icon-key	
密码		layui-icon-password	
验证码		layui-icon-vercode	
授权		layui-icon-auz	
退出 / 注销		layui-icon-logout	

图标	unicode	class	样式效果
亮度 / 晴	&#xe748;	layui-icon-light	
火	&#xe756;	layui-icon-fire	
雪花	&#xe6b1;	layui-icon-snowflake	
水 – 下雨	&#xe636;	layui-icon-water	
提示说明	&#xe702;	layui-icon-tips	
关于	&#xe60b;	layui-icon-about	
便签	&#xe66e;	layui-icon-note	
主页	&#xe68e;	layui-icon-home	
高级	&#xe674;	layui-icon-senior	
刷新	&#xe669;	layui-icon-refresh	
刷新	&#xe666;	layui-icon-refresh-1	
刷新 – 粗	&#xe9aa;	layui-icon-refresh-3	
旗帜	&#xe66c;	layui-icon-flag	
主题	&#xe66a;	layui-icon-theme	
消息 – 通知	&#xe667;	layui-icon-notice	
消息 – 通知 – 喇叭	&#xe645;	layui-icon-speaker	
网站	&#xe7ae;	layui-icon-website	
蓝牙	&#xe689;	layui-icon-bluetooth	
@ 艾特	&#xe687;	layui-icon-at	
控制台	&#xe665;	layui-icon-console	
设置 – 空心	&#xe716;	layui-icon-set	
设置 – 实心	&#xe614;	layui-icon-set-fill	

图标	unicode	class	样式效果
设置 – 小型	&#xe620;	layui-icon-set-sm	
工具	&#xe631;	layui-icon-util	
模板	&#xe663;	layui-icon-template	
模板	&#xe656;	layui-icon-template-1	
选择模板	&#xe630;	layui-icon-templeate-1	
引擎	&#xe628;	layui-icon-engine	
应用	&#xe653;	layui-icon-app	
组件	&#xe857;	layui-icon-component	
404	&#xe61c;	layui-icon-404	
树	&#xe62e;	layui-icon-tree	
布局	&#xe632;	layui-icon-layouts	
窗口	&#xe638;	layui-icon-layer	
穿梭框	&#xe691;	layui-icon-transfer	
滑块	&#xe714;	layui-icon-slider	
左向右伸缩菜单	&#xe66b;	layui-icon-spread-left	
右向左伸缩菜单	&#xe668;	layui-icon-shrink-right	
菜单 – 水平	&#xe65f;	layui-icon-more	
菜单 – 垂直	&#xe671;	layui-icon-more-vertical	
菜单 – 隐身 – 实心	&#xe60f;	layui-icon-menu-fill	
金额 – 人民币	&#xe65e;	layui-icon-rmb	
金额 – 美元	&#xe659;	layui-icon-dollar	
位置 – 地图	&#xe715;	layui-icon-location	

图标	unicode	class	样式效果
办公 – 阅读	&#xe705;	layui-icon-read	
调查	&#xe6b2;	layui-icon-survey	
列表	&#xe60a;	layui-icon-list	
购物车	&#xe698;	layui-icon-cart-simple	
购物车	&#xe657;	layui-icon-cart	
下一页	&#xe65b;	layui-icon-next	
上一页	&#xe65a;	layui-icon-prev	
翻页	&#xe633;	layui-icon-prev-circle	
上传 – 空心 – 拖拽	&#xe681;	layui-icon-upload-drag	
上传 – 实心	&#xe67c;	layui-icon-upload	
上传 – 圆圈	&#xe62f;	layui-icon-upload-circle	
下载 – 圆圈	&#xe601;	layui-icon-download-circle	
加载中（gif）	&#xe63d;	layui-icon-loading	
加载中（gif）	&#xe63e;	layui-icon-loading-1	
文件	&#xe621;	layui-icon-file	
文件 – 粗	&#xe655;	layui-icon-file-b	
发现 – 实心	&#xe670;	layui-icon-find-fill	
播放	&#xe652;	layui-icon-play	
暂停	&#xe651;	layui-icon-pause	
音频 – 耳机	&#xe6fc;	layui-icon-headset	
视频	&#xe6ed;	layui-icon-video	
语音 – 声音	&#xe688;	layui-icon-voice	

续表

图标	unicode	class	样式效果
静音	&#xe685;	layui-icon-mute	
录音 / 麦克风	&#xe6dc;	layui-icon-mike	
代码	&#xe64e;	layui-icon-fonts-code	
代码 – 圆圈	&#xe635;	layui-icon-code-circle	
HTML	&#xe64b;	layui-icon-fonts-html	
字体加粗	&#xe62b;	layui-icon-fonts-strong	
删除链接	&#xe64d;	layui-icon-unlink	
链接	&#xe64c;	layui-icon-link	
分享	&#xe641;	layui-icon-share	
打印	&#xe66d;	layui-icon-print	
导出	&#xe67d;	layui-icon-export	
图片	&#xe64a;	layui-icon-picture	
图片 – 细体	&#xe60d;	layui-icon-picture-fine	
轮播组图	&#xe634;	layui-icon-carousel	
左对齐	&#xe649;	layui-icon-align-left	
右对齐	&#xe648;	layui-icon-align-right	
居中对齐	&#xe647;	layui-icon-align-center	
字体 – 下划线	&#xe646;	layui-icon-fonts-u	
字体 – 斜体	&#xe644;	layui-icon-fonts-i	
字体 – 删除线	&#xe64f;	layui-icon-fonts-del	
Tabs- 选项卡	&#xe62a;	layui-icon-tabs	
单选框 – 选中	&#xe643;	layui-icon-radio	

续表

图标	unicode	class	样式效果
单选框 – 候选		layui-icon-circle	○
表格		layui-icon-table	⊞
列		layui-icon-cols	▯▯▯
添加		layui-icon-add-1	＋
添加 – 细		layui-icon-addition	＋
添加 – 圆圈		layui-icon-add-circle	⊕
添加 – 圆圈 – 细体		layui-icon-add-circle-fine	⊕
减少		layui-icon-subtraction	―
减少 – 圆圈		layui-icon-reduce-circle	⊖
编辑		layui-icon-edit	✏
删除		layui-icon-delete	🗑
文字格式化		layui-icon-fonts-clear	🖌
表单		layui-icon-form	▤
日期		layui-icon-date	▦
时间 / 历史		layui-icon-time	🕐
记录		layui-icon-log	🕒
图表		layui-icon-chart	∿
报表 – 屏幕		layui-icon-chart-screen	📊
下三角		layui-icon-triangle-d	▼
右三角		layui-icon-triangle-r	▶
返回		layui-icon-return	←
箭头 – 向上		layui-icon-up	∧

续表

图标	unicode	class	样式效果
箭头 – 向下	&#xe61a;	layui-icon-down	
箭头 – 向左	&#xe603;	layui-icon-left	
箭头 – 向右	&#xe602;	layui-icon-right	
关闭 – 实心	&#x1007;	layui-icon-close-fill	
关闭 – 空心	&#x1006;	layui-icon-close	
正确	&#xe605;	layui-icon-ok	
正确 – 圆圈	&#x1005;	layui-icon-ok-circle	
帮助	&#xe607;	layui-icon-help	
发布 – 纸飞机	&#xe609;	layui-icon-release	
圆点	&#xe617;	layui-icon-circle-dot	
搜索	&#xe615;	layui-icon-search	
top – 置顶	&#xe604;	layui-icon-top	
全屏	&#xe622;	layui-icon-screen-full	
退出全屏	&#xe758;	layui-icon-screen-restore	